科学出版社"十三五"普通高等教育本科规划教材

先进制造技术导论
（第二版）

主　编　王润孝

副主编　汤军社　刘笃喜

科学出版社

北　京

内 容 简 介

本书全面系统地论述了先进制造理念和各种先进制造技术。全书从先进设计技术、先进加工技术、先进成型技术、先进制造中的自动检测与监控技术、数字制造装备、先进制造管理技术、智能制造技术以及先进制造技术新概念等方面论述了各自的特点、技术内涵及其应用，体现了先进制造技术的发展方向。

本书可以作为机械工程及自动化、机械电子工程、材料成型与控制、工业工程等专业本科高年级学生及研究生的教材，也可以供工程技术人员学习参考。

图书在版编目（CIP）数据

先进制造技术导论/王润孝主编. —2 版. —北京：科学出版社，2020.12
科学出版社"十三五"普通高等教育本科规划教材

ISBN 978-7-03-064063-5

Ⅰ．①先⋯　Ⅱ．①王⋯　Ⅲ．①机械制造工艺－高等学校－教材
Ⅳ．①TH16

中国版本图书馆 CIP 数据核字（2019）第 294189 号

责任编辑：邓　静　朱晓颖 / 责任校对：郭瑞芝
责任印制：张　伟 / 封面设计：迷底书装

科 学 出 版 社 出版
北京东黄城根北街 16 号
邮政编码：100717
http://www.sciencep.com
涿州市般润文化传播有限公司 印刷
科学出版社发行　各地新华书店经销
*

2004 年 4 月第 一 版　　开本：787×1092　1/16
2020 年 12 月第 二 版　　印张：20
2023 年 1 月第十五次印刷　　字数：512 000

定价：69.80 元
（如有印装质量问题，我社负责调换）

前　言

《先进制造技术导论》作为原国防科工委"十五"规划教材，于 2004 年 4 月问世以来，多次重印，被全国几十所高校选用，深受广大师生的喜爱。同时，本书在本科和研究生教学、人才培养中发挥了积极的作用，评价良好。

然而，随着科学技术的进步，尤其是制造技术的发展，新的先进制造技术层出不穷。适时修订该教材，补充、更新教材内容，尤为必要和迫切。于是，2017 年 10 月，启动了本书第二版的编写工作。为了保持并延续第一版的优点及特点，本次仍以导论形式编写，且将各种制造技术分章论述。考虑到先进制造技术涉及设计、制造、检测等全过程，本次编写仍以应用过程的顺序呈现，力图层次更加清晰，逻辑更加分明。

本次编写时，除了考虑"理论与实用、先进与传统、独立与系统"的结合，还力图将编者的研究成果收入本书，将涉及先进制造的理念及技术全景呈现，将我国实施《中国制造 2025》的宏伟规划汲取采纳，使本书兼具先进性、系统性、实用性与针对性。

本书将第一版原有的第 2、3 章合并并压缩，增加了第 4 章和第 8 章内容，其余各章内容都有较大幅度的更新和补充。第 1 章由王润孝和王靖宇编写，第 2 章由汤军社编写，第 3 章由史兴宽编写，第 4 章由王永军编写，第 5 章由刘笃喜编写，第 6 章由冯华山编写，第 7 章由杨宏安编写，第 8 章由张映锋编写，第 9 章由于薇薇编写。全书由王润孝组稿、统稿。

在本书编写过程中，得到了科学出版社和西北工业大学教务处的大力支持。

编写时，我们力求取材合适、内容新颖、图文并茂、深入浅出、层次分明、条理清楚，但由于水平所限，时间紧迫，书中不足与疏漏之处在所难免，敬请各位读者谅解并批评指正。

编　者

2019 年 10 月于西北工业大学

目　　录

第1章 绪 论

1.1 先进制造技术的定义及其主要特点

1. 先进制造技术的定义

先进制造技术(advanced manufacturing technology，AMT)是一个相对的、动态的概念，是为了适应时代要求，提高竞争能力，对制造技术不断优化所形成的。虽然目前对先进制造技术仍没有一个明确的、公认的定义，但经过对其内涵和特征的分析研究，可以定义为：先进制造技术是制造业不断吸收机械、电子、信息(计算机与通信、控制理论、人工智能等)、材料、能源及现代系统管理等方面的成果，并将其综合应用于产品设计、制造、检测、管理、销售、使用、服务乃至回收的制造全过程，以实现优质、高效、低耗、清洁、灵活生产，提高对动态多变的产品市场的适应能力和竞争能力的制造技术的总称。

2. 先进制造技术的特点

先进制造技术的主要特点体现在精密化、自动化、系统化、集成化、加工方式多样化等方面。起推动作用的先进制造技术主要有两类：一是制造自动化技术；二是高精密制造技术。

生产效率、加工精度和成本是表征先进制造技术经济效益的主要标志。因而，制造技术从提高生产效率和加工精度两方面同时迅速地发展起来。前者是在保证生产效率的条件下，达到一定的加工精度并降低成本；而后者是在保证达到所要求精度的条件下，实现自动化和高效率。

1) 高效率

在提高生产效率方面，提高自动化程度是世界各国致力发展的方向。近些年来，计算机数控(CNC)、计算机辅助设计与制造(CAD/CAM)、柔性制造系统(FMS)和计算机集成制造系统(CIMS)发展非常迅速。各种新理论层出不穷，如敏捷制造、快速原型制造、并行工程、及时生产、虚拟制造，集成相关信息和资源，其本质均是实现高效率、自动化生产的思想。仅就应用于实践的 CNC、FMC、FMS 和 CIMS 来看，已有力地显示出其具有柔性化、自动化、资源共享和高效率的强大生命力。

2) 高精度

在提高精度方面，从精密加工发展到超精密加工，这也是世界各主要工业发达国家致力发展的方向。例如，超大规模集成电路、导弹火控系统、惯导陀螺、精密仪器、精密雷达、精密机床等都需要采用超精密加工技术。众所周知，在飞机、潜艇等军事设施中使用的精密陀螺、复印机的磁鼓、大型天文望远镜以及大规模集成电路的硅片等高新技术产品都需要超精密加工技术的支持。精密加工是指加工精度为 $0.1\sim1\mu m$，表面粗糙度 Ra 在 $0.1\mu m$ 以下的加工方法；而加工精度控制在 $0.1\mu m$ 以下，表面粗糙度 Ra 在 $0.02\mu m$ 以下的加工方法则称为超精密加工。

3) 多样化

随着难加工材料(高强度、高韧性、高脆性、耐高温及磁性材料)及精密、细小、形状复杂的零件需求迅速增加,与此相适应的制造技术也日新月异。许多产品要求具备很高的强度重量比,有些产品在精度、工作速度、功率及小型化方面要求很高,有些产品则要求在高温、高压和腐蚀环境中能可靠地进行工作。为了适应上述要求,新结构、新材料和复杂形状的精密零部件不断出现,其结构形状越来越复杂,材料韧性越来越强,零件精度越来越高。这些需求使激光加工、电子束和离子束加工等新方法应运而生,并得到迅速发展。

近年来,以形状尺寸微小或操作尺度极小为特征的微机械的研究和应用受到了广泛的重视并得到了快速的发展。微机械具有很多特点,如体积小、精度高、重量轻、性能稳定、可靠性高、能耗低、灵敏性和工作效率高、多功能、智能化,成本低廉,适于大批量生产等。正是由于微机械能够在狭小空间内进行作业,又不扰乱工作环境和对象,因而在航空航天、精密仪器和生物医学等领域具有广阔的应用潜力。

4) 综合化

当前,制造技术正沿着综合化方向发展。例如,在切削区引入声、光、电、磁等能量之后,可以形成超声振动切削、激光辅助切削、带电切削、磁化切削等组合化特种切削工艺。对最基本的切削工艺加以复合,可以组成电化学与机械加工复合、电火花与机械加工复合、电化学与超声波加工复合、电化学与电火花加工复合等。不同的特种工艺也可以相互复合。复合工艺的优点在于发挥各自的优势,不仅提高了质量,而且提高了工效,并求得加工能力和经济效益的统一。大力研究和应用特种工艺,尤其是复合工艺,对于航空航天、精密仪器等材料加工难度越来越大,零件形状越来越复杂,对质量要求高的行业有着十分重要的意义。

先进制造技术的核心是优质、高效、低耗、清洁等基础制造技术,即从传统的制造工艺发展起来,并与新技术实现了局部或系统集成,这也意味着先进制造技术除了通常追求的优质、高效,还要针对21世纪人类面临的有限资源与日益增长的环保压力的挑战,实现可持续发展,要求实现低耗、清洁。先进制造技术的最终目标是要提高对动态多变的产品市场的适应能力和竞争能力,因此,先进制造技术比传统的制造技术更加重视技术与原理的结合,从而产生了一系列先进的制造模式。

上述特点偏重技术本身,并贯穿于本书的选材和内容叙述上。也有学者从系统全局的角度,总结为先进制造技术具有动态先进性、集成性、系统性和实用广泛性等。还有的学者用"十化"来概括,即集成化、网络化、精密化、自动化、高速化、智能化、标准化、全球化、虚拟化和绿色化。

1.2 先进制造技术的构成及分类

1.2.1 先进制造技术的构成

先进制造技术在不同发展水平的国家和同一国家的不同发展阶段,有着不同的技术内涵,对我国而言,它是一个多层次的技术群。先进制造技术的内涵和层次及其技术构成如图1-1所示。图1-1中从内层到外层分别为基础技术、新型单元技术、集成技术。下面将分别论述。

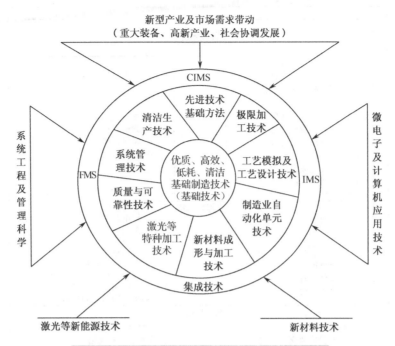

图 1-1 先进制造技术的内涵、层次及其技术构成

1. 基础技术

第一个层次是优质、高效、低耗、清洁基础制造技术。铸造、锻压、焊接、热处理、表面保护、机械加工等基础工艺至今仍是生产中大量采用、经济适用的技术，这些基础工艺经过优化而形成的基础制造技术是先进制造技术的核心及重要组成部分。这些基础技术主要有精密下料、精密成型、精密加工、精密测量、毛坯强韧化、无氧化热处理、气体保护焊及埋弧焊、功能性防护涂层等。

2. 新型单元技术

第二个层次是新型的先进制造单元技术。它是在市场需求及新兴产业的带动下，制造技术与电子、信息、新材料、新能源、环境科学、系统工程、现代管理等高新技术结合而形成的崭新的制造技术，如制造业自动化单元技术、工艺模拟及工艺设计技术、极限加工技术、先进技术基础方法、清洁生产技术、系统管理技术、质量与可靠性技术、激光等特种加工技术、新材料成型与加工技术。

3. 集成技术

第三个层次是先进制造集成技术。它是应用信息、计算机和系统管理技术对上述两个层次的技术局部或系统集成而形成的先进制造技术的高级阶段，如 FMS、CIMS、IMS 等。

1994 年，美国联邦科学、工程和技术协调委员会(FCCSET)下属的工业和技术委员会先进制造技术工作组提出将先进制造技术分为三个技术群：①主体技术群；②支撑技术群；③制造技术环境。这三个技术群相互联系、相互促进，组成一个完整的体系。图 1-2 给出了先进制造技术的体系结构。

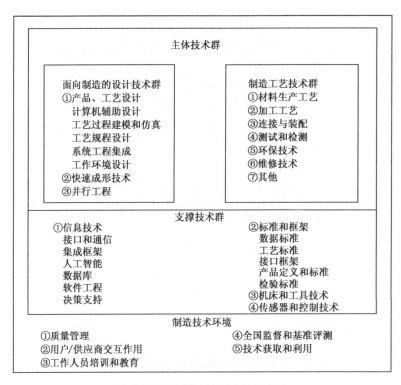

图 1-2 先进制造技术的体系结构

1.2.2 先进制造技术的分类

将目前各国掌握的制造技术系统化，对先进制造技术的研究分为下述四大领域，它们横跨多个学科，并组成一个有机整体。

1. 现代设计技术

现代设计技术主要包括计算机辅助设计技术、优化设计基础技术、竞争优势创建技术、全寿命周期设计技术、可持续性发展产品设计技术和设计试验技术等。

2. 先进制造技术

先进制造技术包括精密洁净铸造成型工艺、精确高效塑性成型工艺、优质高效焊接及切割技术、优质低耗洁净热处理技术、高效高精机械加工工艺、现代特种加工工艺、新型材料成型与加工工艺、优质清洁表面工程新技术、快速模具制造技术和虚拟制造成型加工技术等。

3. 自动化技术

自动化技术主要包括数控技术、工业机器人技术、柔性制造技术、计算机集成制造技术、传感技术、自动检测及信号识别技术和过程设备工况监测与控制技术等。

4. 系统管理技术

系统管理技术包括先进制造生产模式、集成管理技术和生产组织方法等。

1.3 先进制造技术的发展过程

制造是人类经济活动的基石，是人类历史发展和文明进步的动力。制造产业是一个国家国民经济和综合国力的重要表现。因此，制造技术的现状在很大程度上反映了一个国家的工业发展水平。现代制造技术日益成为当代科技竞争的手段。在企业生产力构成中，制造技术的作用一般占 60%左右。"亚洲四小龙"和日本的发展，在很大程度上是因为对制造技术的重视。其迅速崛起、腾飞的奥秘就在于这些国家和地区十分重视将发明通过制造技术形成产品，首先占领市场。

随着科学技术和生产实践的发展，现代制造技术与工艺不仅正在成为跨学科的综合性工程技术，而且开始成为具有自身理论体系的应用科学。不论是国家还是企业，制造技术上的优势和实力是在竞争中取得成功的有力保证。现代制造技术和工艺是提高生产效率、降低成本、保证质量、获得高效益的重要条件。正是因为先进制造技术受到了人们的普遍重视，高新科技和生产的发展也促进了先进制造技术的发展。因此，当今世界上各种先进的制造技术层出不穷。

纵观近两百年制造业的发展历程，影响其发展最主要的因素是技术的推动及市场的牵引。人类每次科学技术的革命，必然引起制造技术的发展，从而推动制造业的发展。另外，随着人类的不断进步，人类不断产生变化的需求，推动了制造业的不断发展，促进了制造技术的不断进步。

在市场需求不断变化的驱动下，制造业的生产规模沿着"小批量→少品种大批量→多品种变批量"的方向发展；在科技高速发展的推动下，制造业的资源配置沿着"劳动密集→设备密集→信息密集→知识密集"的方向发展；与之相适应，制造技术的生产方式沿着"手工→机械化→单机自动化→柔性自动化→智能自动化"的方向发展。机械制造技术是机械工业的基础和核心。随着高精度产品的增加、市场竞争的加剧及产品转型的加速等，机械制造技术促使机械制造业在加工机制与方式、生产组织形式以及自动化和柔性化等方面取得令人瞩目的进展。

20 世纪 80 年代以来，各国制造业面临复杂多变的外部环境：科学技术突飞猛进，供求关系变化频繁，产品更新日新月异，各国经济与国际市场纵横交错，竞争对手林立，等等，这些都促使各国政府和企业界寻求对策，以获取全球范围内的竞争优势。传统的制造技术已变得越来越不适应当今快速变化的环境；先进的制造技术，尤其是计算机技术和信息技术在制造业中的广泛应用，使人们正在或已经摆脱传统观念的束缚，跨入制造业的新纪元。

先进制造技术就是在这种大环境下提出来的。从技术的角度来看，以计算机为中心的新一代信息技术的发展，使制造技术达到了前所未有的新高度，先进制造技术理论的提出也是这种进程的反映。因此，先进制造技术一经提出，立即在世界上引起了积极的响应。

1.4 我国先进制造技术发展战略与路径

1.4.1 我国先进制造技术发展的重点任务

站在发展的新的历史起点上，我国及时组织制定并实施了《中国制造 2025》，以"创新驱动、质量为先、绿色发展、结构优化、人才为本"为基本方针，坚持走中国特色新型工业化道路，以促进制造业创新发展为主题，以提质增效为中心，以加快新一代信息技术与制造业深度融合为主线，以推进智能制造为主攻方向，以满足经济社会发展和国防建设对重大技术装备的需求为目标，强化工业基础能力，提高综合集成水平，完善多层次、多类型人才培养体系，促进产业转型升级，培育有中国特色的制造文化，实现制造业由大变强的历史跨越。

《中国制造 2025》明确了九项重点任务：提高国家制造业创新能力，推进信息化和工业化深度融合，强化工业基础能力，加强质量品牌建设，全面推行绿色制造，大力推动重点领域突破发展，深入推进制造业结构调整，积极发展服务型制造和生产性服务业，提高制造业国际化发展水平。

重点实施以下五大工程。

(1) 制造业创新中心(工业技术研究基地)建设工程。围绕重点行业转型升级和新一代信息技术、智能制造、增材制造、新材料、生物医药等领域创新发展的重大共性需求，形成一批制造业创新中心(工业技术研究基地)，重点开展行业基础和共性关键技术研发、成果产业化、人才培训等工作。制定完善制造业创新中心遴选、考核、管理的标准和程序。

(2) 智能制造工程。紧密围绕重点制造领域关键环节，开展新一代信息技术与制造装备融合的集成创新和工程应用。支持政产学研用联合攻关，开发智能产品和自主可控的智能装置并实现产业化。依托优势企业，紧扣关键工序智能化、关键岗位机器人替代、生产过程智能优化控制、供应链优化，建设重点领域智能工厂/数字化车间。在基础条件好、需求迫切的重点地区、行业和企业中，分类实施流程制造、离散制造、智能装备和产品、新业态新模式、智能化管理、智能化服务等试点示范及应用推广。建立智能制造标准体系和信息安全保障系统，搭建智能制造网络系统平台。

(3) 工业强基工程。开展示范应用，建立奖励和风险补偿机制，支持核心基础零部件(元器件)、先进基础工艺、关键基础材料的首批次或跨领域应用。组织重点突破，针对重大工程和重点装备的关键技术和产品急需，支持优势企业开展政产学研用联合攻关，突破关键基础材料、核心基础零部件的工程化、产业化瓶颈。强化平台支撑，布局和组建一批"四基"研究中心，创建一批公共服务平台，完善重点产业技术基础体系。

(4) 绿色制造工程。组织实施传统制造业能效提升、清洁生产、节水治污、循环利用等专项技术改造。开展重大节能环保、资源综合利用、再制造、低碳技术产业化示范。实施重点区域、流域、行业清洁生产水平提升计划，扎实推进大气、水、土壤污染源头防治专项。制定绿色产品、绿色工厂、绿色园区、绿色企业标准体系，开展绿色评价。

(5) 高端装备创新工程。组织实施大型飞机、航空发动机及燃气轮机、民用航天、智能绿色列车、节能与新能源汽车、海洋工程装备及高技术船舶、智能电网成套装备、高档数控机床、核电装备、高端诊疗设备等一批创新和产业化专项、重大工程。开发一批标志性、带动性强的重点产品和重大装备，提升自主设计水平和系统集成能力，突破共性关键技术与工程化、产业化瓶颈，组织开展应用试点和示范，提高创新发展能力和国际竞争力，抢占竞争制高点。

重点突破新一代信息技术产业、高档数控机床和机器人、航空航天装备、海洋工程装备及高技术船舶、先进轨道及交通装备、节能与新能源汽车、电力装备、农业装备、新材料、生物医疗及高性能医疗器械等十大重点领域。

1.4.2 《中国制造 2025》发展的技术路线图

为了顺利实现上述任务，我国组织制定了技术路线图，包括(图 1-3)：需求与环境，典型产品或装备，感知、物联网与工业互联网技术，大数据、云计算与制造知识发现技术，面向制造大数据的综合推理技术，图形化建模、规划、编程与仿真技术，新一代人机交互技术等方面。

需求与环境	设计、生产、管理和服务中的数据、信息和知识是企业长期积累的宝贵智力财富，它们可能是定性和定量的、精确和模糊的、确定和随机的、连续和离散的、显性和隐含的、具体和抽象的，它们的表达模型可能是同构和异构的，存储形式可能是集中和分布的。有效地感知、分析、描述、获取、创建与应用制造中的数据、信息和知识是提高企业运行质量和创新能力的必由之路		
典型产品或装备	智能传感、物联网、工业互联网、制造资源中间件及制造资源库	制造知识库及知识库管理系统、基于制造资源的图形化建模与仿真系统	大数据分析与决策支持系统、智能全息人机交互系统
感知、物联网与工业互联网技术	目标：智能传感器/传感网络/智能终端 MEMS及智能传感技术、智能终端技术	目标：工业可穿戴设备/物联网/工业互联网 工业实时传感/测控网络和物联网技术、人机协同技术	目标：支持即插即用和系统重构的实时网络操作系统 即插即用技术、工业设备驱动技术、可重构技术、实时网络操作系统技术
大数据、云计算与制造知识发现技术	目标：异构、分布数据库分析与管理 冲突消解与一致性维护技术，异构数据库透明访问技术	目标：大数据智能分析与管理 直接Web访问技术、大数据分析与挖掘技术、云计算技术	目标：异构分布知识发现/知识管理系统 异构知识表示和交互访问技术，分布异构机器学习与知识发现技术
面向制造大数据的综合推理技术	目标：复杂对象的智能控制系统 复杂对象的协同控制技术，基于多物理信息融合的智能控制技术	目标：基于大数据的智能计算与决策支持系统 面向大数据的深度学习技术，基于大数据的分布决策技术	目标：异构分布知识综合推理系统，几何物理混合约束推理系统 针对数控加工、自动装配、逆向工程、机器视觉等问题的综合协同推理与几何物理约束推理技术
图形化建模、规划、编程与仿真技术	目标：制造资源中间件/制造资源库	目标：图形化建模和仿真系统 制造资源的表示技术，资源的几何、物理、功能建模技术，制造资源与CAD模型的集成技术	目标：自主规划与自动编程系统 制造资源间相互作用/约束的抽象描述方法，基于资源的图形化建模、规划、编程与仿真技术
新一代人机交互技术	目标：增强现实与虚实融合系统 真三维显示技术，基于视觉的刚/柔体空间状态感知与运动识别技术	目标：高速、高精视觉系统 快速标定技术，高速图像处理硬件和软件技术，实时鲁棒视频处理技术	目标：智能全息人机交互系统 脑机接口、生机接口技术，全浸入式"人在场景中"三维重构和显示技术，具有物理作用效应的新一代人机交互技术

图 1-3 制造智能技术路线图

技术路线图是航标、是方向。2030 年机械工程技术发展的美景已展现在我们面前，沿着这一目标，未来 10 年机械工程技术无疑将在创新中不断发展。那么，成功实施路线图的关键要素有哪些呢？概括起来有 6 点，即创新、人才、体系、机制、开放、协同。

1. 创新——机械工程技术发展的不竭动力

我国正在努力建设创新型国家，创新是一个民族进步的灵魂，创新将成为我国经济的重要驱动力。机械工程技术和机械制造业将通过技术创新实现提升。机械工程技术与材料技术、信息技术、生物技术以及各种高新技术的交叉、融合的趋势日益明显，集成创新、融合创新是当今机械工程技术创新的重要路径。路线图的实施，必须注重集成创新、融合创新。唯有高度重视多个单项技术的集成、国内外技术的集成、相关学科的集成，大力促进信息技术与制造技术的融合，促进跨界和交叉融合，方能提高机械工程的创新能力，进而突破和掌握关键技术与核心技术，并使系统集成技术成为机械工程技术的重要组成部分。路线图的实施，必须营造有利于创新的环境和氛围，形成万众创新的局面，使广大群众的创新活力得到激发、创新智慧得到喷涌。路线图的实施，还必须重视原始创新。原始创新虽是目前机械工程技术的弱项，但在未来10年内机械工程技术若不能在若干领域取得原始创新的突破，2030年的一些目标可能落空。原始创新是机械工程技术路线图实施中一个必不可少的重要战略选择，也是每个科技工作者终生努力、永不停息、孜孜追求的崇高目标。我们期待着，再经过10年坚持不懈的攀登，原始创新终将结出丰硕成果。

2. 人才——路线图成功实施的关键所在

机械工程技术既是一门传统的工程技术，又是随着技术变革的加速、不断融入各种高新技术的充满活力的新技术领域。创新是机械工程技术的基本活动，而所有创新活动离不开人才，离不开由各方面人才组成的团队。机械工程技术路线图的实施，需要一批学科带头人、一批领军人物，这是当今机械工程技术发展中最为稀缺的资源。学科交叉、技术融合已是机械工程技术不断创新发展中的突出特点，复合人才的培养和成长对于创新活动的蓬勃发展和取得成效至关重要。机械工程技术还是一门实践性很强的技术，没有大批技能人才，创新活动难以物化成产品、装备、系统、生产线和大型工程。技能人才的缺乏，已成为机械工程技术进一步发展的瓶颈。

人才的教育、培养、成长，取决于社会、文化、经济等多种因素，但其中教育体制的改革，已成为当前非常紧迫的任务。教育体系和制度应从幼儿教育开始，有利于人们创新思维的活跃，有利于创新人才的脱颖而出，有利于创新氛围的形成。高等教育中，要加强工程教育，特别是机械工程教育，要改变轻视实践、轻视动手能力培养的倾向，扭转机械工程技术后继乏人的局面。还应该形成继续教育、终身学习的制度和良好氛围，不断补充和更新知识，使机械工程技术人员不断跟上时代的步伐。充分利用互联网，开展网络教育，最大限度地促进教育资源均等化，人人都有受教育的机会，人人都有发挥自己聪明才智的机会。

3. 体系——路线图成功实施的组织基础

创新能力的建设、创新活动的开展，没有一个健全、完善、充满生气的创新体系，是不可想象的。机械工程技术的创新体系，无疑应以企业为创新主体。但高等院校、科研机构在这一体系中并非仅仅是配角，而应发挥它们在体系中的独特作用。从构建完整的、有效的技术供应链出发，高等院校和研究机构在这一供应链中属于源头，应大大加强，避免各类机构都挤到技术供应链的下游去工作。无源之水，何以清澈；无源之水，难免断流。对机械工程技术和机械工业持续发展十分重要的产业共性技术研究，在目前的创新体系中形成了缺位的格局，必须从体系结构上补上这一空缺。机械制造业的发展离不开源源不断的技术来源，目前存在的从研究到产业的缝隙致使产业技术来源短缺，以至产业发展迟缓，必须从体系上架起从研究到产业的桥梁。产业技术联盟应在竞争前技术的攻关中发挥作用，促进一些关键技术领域形成合力、避免重复、有效利用资源、尽快取得成效。切忌联盟泛化、社团化而流于形式。创新体系中还应有大批技术服务机构和为机械制造行业发展服务的功能设计。

机械工程技术是机械制造业的技术支撑，也是制造业的技术基础。在构建制造业国家创新体系的过程中，着力构建好机械制造业的创新体系，无疑是建设创新型国家的重要任务之一，也是制造业实现创新驱动的重要保障，更是路线图成功实施的组织基础。

4．机制——路线图成功实施的重要保证

强化创新机制、构建创新氛围，为机械工程技术发展营造良好环境。贫瘠的土壤长不出好庄稼，僵化的机制不可能造就创新。机械工程技术创新活动的旺盛、创新成果的涌现，有赖于创新机制的形成和强化，有赖于创新氛围的营造。对创新人员和创新成果要有较强的激励机制，充分肯定他们的劳动，表彰他们的业绩，在全社会真正形成崇尚创新、尊重知识、尊重科技人员的氛围和环境。同时，大力倡导和弘扬潜心研究、默默无闻、坚持不懈的研究作风和精神。对于那些辛勤耕耘但没有取得显赫成就的科技人员，同样值得尊崇并表彰他们的劳动。在学术上，鼓励自由畅想，鼓励标新立异，鼓励独立思考，鼓励追求真理，宽容失败，勉励坚韧。对于创新型企业，特别是创业阶段，给予政策支持，着力于环境建设和实施普惠，以有利于创新型企业的快速成长。

主动适应变化、自如应对变化，是机制创新的要诀和宗旨。在技术变革日新月异的时代，与时俱进，不断吸纳、融入新技术、新思想，需要一种机制的保证。机械工程技术路线图的实施，应着力于这种机制的建立和完善。信息时代的互联网、云计算、大数据、人工智能等新技术、新理念、新模式纷至沓来时，机械工程技术当得益于创新机制的建立和完善，能像海绵吸水那样，不断丰富、提升、创新、演进，始终焕发出青春的活力，从而有力保障路线图一步一步得以实现。

5．开放——路线图成功实施的基本方针

当今世界是一个开放的世界，全球化的进程不可逆转。互联网的便捷和全球性加速了经济科技的全球化进程。整合全球资源的能力，已成为未来赢得世界性竞争的决定性因素。只有充分利用国际创新资源，借鉴国外、立足国内，机械工程技术的创新活力方能激活并得到快速发展。国外专家的智慧、国外的优秀团队、国外的研究资源、国外的先进理念和技术，都是可以引入和利用的。我国是一个发展中的大国，更是一个正在走自己的路、建设中国特色社会主义的国家，这就决定了我国在创新中必须坚持自主可控，不能受制于人。在开放的环境中坚持自主创新，这是发展机械工程技术的基本方针，多少年都不能动摇。

开放系统在于互相影响、互相促进、互利共赢，其生命力在于交互。机械工程技术的发展要在开放系统中博采众长，同时也要面向全球、立意高远，以世界市场为自己的视野，以世界市场的需求为自己的动力。路线图所涉及的各个领域，既是传统的又是现代的，既是机械的又是交叉的，既是工程的又是经济的。必然在开放中海纳百川、激发活力，在交互中把握趋势、不断提升。

6．协同——路线图成功实施的有效途径

协同是相关力量形成一个方向、拧成一股绳，协同是取长补短、相得益彰，协同还是资源的有效整合、充分利用。机械工程技术是一个庞大的技术体系，涉及诸多门类的技术和学科，关系各个方面和众多领域，路线图的成功实施必然立足协同。在信息时代，借助互联网和智能终端，为实现协同提供了方便和效率。过去不曾想过或难以想象的，如今都成为身边习以为常的工具和手段了。网络可以使分散在各处的创新资源迅速地集聚在一起，网络可以使成千上万的创意和思想的火花汇聚成现实的创新活动，网络也可以使不同地方的各种设备围绕一个目的开展生产。

技术领域的协同，实施主体的协同，是机械工程技术协同发展的两个重要内容。协同设计、协同创新、协同管理、网络制造，都将有可能使路线图所描述的各个方面步入捷径，加速实现路线图所确定的标志和目标。技术链、产业链、资金链的协同更是路线图成功实施必不可少的基本条件。政、产、学、研、用的协同，将使机械工程技术和机械制造业的发展，以致整个制造业从"大"迈向"大而强"的进程，进入通畅、高效的快车道。

1.4.3 实施路线图的相关政策保障

建设有中国特色的社会主义、建设创新型国家，政府起着特殊的作用。实行市场经济的工业发达国家认识到政府要在克服市场失灵中发挥作用。美国奥巴马政府面对美国制造业地位衰落的状况，意识到"一个强大的先进制造部门对国家安全必不可缺"，因此于 2011 年 6 月提出了"振兴美国先进制造业领导地位"的战略，其中关键的措施就是实施先进制造计划（AMI）。德国政府意识到新产业革命对德国制造业的挑战和机遇，为继续保持德国制造业在全球的竞争优势，提出德国工业 4.0。法国政府则推出了"新工业法国"战略。英国制造业在其经济总量中的比重已较低，但依然将制造业作为未来数十年中的发展重点。日本政府公布了"机器人新战略"并着力发展智能工厂。

我国政府审时度势，适时拟定了中国从制造大国迈向制造强国的三步走战略，并制定了相应的行动纲领——《中国制造 2025》。2011 年发布的机械工程技术路线图，曾建议国家有关部门面向 2030 年制定中国未来 20 年先进制造发展计划，以加快发展我国制造业。《中国制造 2025》对此已做出了全面部署，机械工程技术路线图提出的各个节点和目标，由此得到体现和安排。作为《中国制造 2025》的"1+X"规划体系——五项重大工程的实施方案、服务型制造和质量品牌提升的专项行动、制造业人才发展规划、新材料产业发展规划、信息产业发展规划、医药工业发展规划均已发布，机械工程技术路线图的实施从根本上得到了政策保障和措施落实。为使路线图得到更加有效的实施，针对机械制造业发展中的短板和突出问题，针对路线图成功实施关键要素的落地和具体化，需要长期持久地强调制造业在我国经济社会发展中的作用和地位，需要长期持久地明确机械制造业是制造业的龙头，机械工程技术是机械制造业乃至整个制造业的重要驱动力，不仅对于国家经济和社会建设至关重要，对于国家安全也十分重要。

因此，应将机械工程技术路线图提出的影响制造业发展的 12 大科技问题及 11 个领域中拟订的关键技术和目标，作为《中国制造 2025》"1+X"规划体系及其各项计划的重点，在国家现行的各类科技计划和科技重大专项中予以更多的安排。加强机械工程技术与"互联网＋行动计划"、国家战略性新兴产业发展规划、创业创新基地建设等国家战略行动的协调与融通。

在国家制造业创新体系建设中，着力建设机械工程技术领域的创新中心、创新网络，注重新兴领域创新中心与机械工程技术的融合，充分发挥机械工程技术领域已形成的研发基础，并仕融合中得到提升。鉴于机械制造业的广泛基础及机械工程技术的通用性和基础性，在打通国家制造业科研到产业的通道建设中，着力建设机械制造业的产、学、研、用、金创新共同体，实施"机械制造业技术来源强化工程"。

大力推进各具特色、具有国际竞争力的集群建设，以此形成特色化集聚、专业化生产、社会化服务和产业化经营的机械制造业区域布局。在每个集聚区构建研发、技术服务、人才培训、质量检测、会展/营销、金融服务等六大公共服务平台。

大批创新型中小机械制造企业的孕育和发展壮大，将给机械工程技术和机械制造业的发展带来勃勃生机。鉴于我国的风险投资体制和机制尚不完善，各级政府须制定有利于这类企业创业和成长的政策，如拓宽中小企业融资渠道、健全中小企业信用担保体系、建立中小企业借款风险补偿基金、实行所得税优惠。在"万众创业、大众创新"中，重点扶持机械工程技术领域的双创。鼓励和支持创客工坊、创意车间、体验中心、前店后厂等各种新型科研生产经营方式，并以此激发机械工程技术的创新活力。

把握市场开放程度与产业发展速度的节奏，处理好新技术应用与新产业成长的关系。建议政府有关部门研究出台有关政策时，更加注重上述两方面中的后者，更加注重后者发展市场的培育，以有利于机械工程技术创新成果的产业化、市场化，为路线图的成功实施提供市场空间和发展机遇。

在机械制造企业中开辟员工职业生涯双通道制度，即技术和行政两个通道，为潜心钻研技术的优秀人才创造更广阔的成长空间，提供更合适的待遇，不必千军万马"奔仕途"。形成全社会重视技能、尊重技工的风尚，提高技能人才的待遇和社会地位。对技能人才应扩大从技术工人通向高级技工和工程技术人员的通道，重能力、重实际，不以文凭和外语能力而扼杀创新人才的成长。

一个强大的先进制造业、一个大而强的机械制造业，对我国经济的持续发展、国家安全和人民福祉都是不可或缺的。先进的、充满创新活力的机械工程技术将给我国的先进制造业注入强大的动力，在迈向制造强国的进程中成为强有力的支撑。期待我国机械工程技术路线图成功实施，期待路线图的实施发挥不可估量的作用，期待我国机械工程技术突破原始创新、跻身于世界先进行列，期待一个大而强的制造业将屹立世界。

思　考　题

1. 先进制造技术有哪些特点？
2. 简要论述先进制造技术的构成及其分类。
3. 试论述先进制造技术的发展过程及其发展趋势。
4. 《中国制造 2025》明确的重点任务和工程是哪些？
5. 成功实施路线图的关键要素是什么？

第 2 章 先进设计技术

2.1 概 述

1. 先进设计技术的内涵

产品设计是以用户需求为目标，在设计要求约束下，利用一定的设计准则、方法和手段创造出产品结构及性能的过程。产品设计是产品全生命周期中的关键环节，它决定了产品的优劣。产品的质量事故中有 75% 是设计失误造成的，设计中的预防是最重要、最有效的预防。因此，产品设计的水平直接关系到企业的前途和命运。

设计技术是指在设计过程中解决具体设计问题的各种方法和手段，随着社会的进步，人类的设计活动也经历了"直觉设计阶段—经验设计阶段—半理论半经验设计(传统设计)阶段"的过程。自 20 世纪中期以来，随着科学技术的发展和各种新材料、新工艺、新技术的出现，产品的功能与结构日趋复杂，市场竞争日益激烈，传统的产品开发方法和手段已难以满足市场需求和产品设计的要求。计算机科学及技术的发展，促使工程设计领域涌现出了一系列先进的设计技术。

先进设计技术是先进制造技术的基础。它是以满足产品的质量、性能、时间、成本/价格综合效益最优为目的，以计算机辅助设计技术为主体，以多种科学方法及技术为手段，在研究、改进、创造产品的活动过程中所用到的技术群体的总称。其内涵就是以市场为驱动，以知识获取为中心，以产品全生命周期为对象，人、机、环境相容的设计理念。数字化设计、创新设计、绿色设计、并行设计、智能设计、优化设计，以及文化与情感创意设计等是先进设计技术的重要组成部分，它们各有适用范围和重点，但又密切相关，常常会被综合用于某一个产品的设计过程中。

2. 先进设计技术的体系结构

先进设计技术分支学科很多，其体系结构及其与相关学科的关系如图 2-1 所示。

1) 基础技术

基础技术是指传统的设计理论与方法，包括运动学、静力学、动力学、材料力学、电磁学、热力学、工程数学等。因此基础技术为现代设计技术提供了坚实的理论基础，是现代设计技术发展的源泉。

2) 主体技术

主体技术是指计算机辅助技术，如计算机辅助 X(X 指产品设计、工艺设计、数控编程、工装设计等)、优化设计、有限元分析、模拟仿真、虚拟设计、工程数据库技术等，因其对数值计算和对信息与知识的独特处理能力，这些技术正在成为先进设计技术群体的主干。

3) 支撑技术

支撑技术为设计信息的处理、加工、推理与验证提供多种理论方法和手段的支撑，主要包括：①现代设计理论与方法，如模块化设计、价值工程、逆向工程、绿色设计、面向对象的设计、工业设计、动态设计、防断裂设计、疲劳设计、耐腐蚀设计、摩擦学设计、人机工程设计、可靠性设计等；②设计试验技术，如产品性能试验、可靠性试验、环保性能试验、数字仿真试验和虚拟试验等。

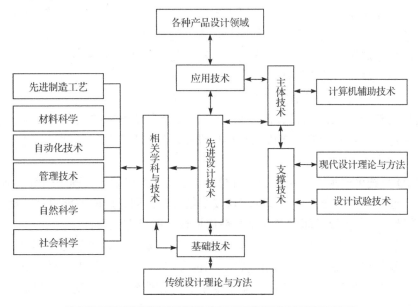

图 2-1　先进设计技术的体系结构及其与相关学科的关系

4）应用技术

应用技术是针对解决各类具体产品设计领域问题的技术，如机床、飞机、军舰、汽车、工程机械、精密机械等设计的知识和技术。

3．先进设计技术的特征

先进设计技术具有以下特征。

（1）先进设计技术是对传统设计理论与方法的继承与发展。

先进设计技术对传统设计理论与方法的继承与发展不仅表现为由静态设计原理向动态设计原理的延伸，由经验的、类比的设计方法向精确的、优化的设计方法的延伸，由确定的设计模型向随机的模糊模型的延伸，由单向思维模式向多向思维模式的延伸，而且表现为设计范畴的不断扩大。例如，传统的设计通常只限于方案设计、技术设计，而先进制造技术中的面向 X 的设计（X 可以是装配、制造、拆卸、回收等）、并行设计、虚拟设计、绿色设计、维修性设计等都是工程设计范畴扩大的集中体现。

（2）先进设计技术是多种设计技术、理论与方法的交叉与综合。

现代的机械产品，如数控机床、加工中心、工业机器人、飞机等，正朝着机电一体化、物质、能量、信息一体化，集成化，模块化方向发展，从而对产品的质量、可靠性、稳健性及效益等提出了更为严格的要求。因此，先进设计技术必须实现多学科的融合交叉，多种设计理论、设计方法、设计手段的综合运用。

（3）先进设计技术实现了设计手段的数字化与可视化。

计算机替代传统的手工设计，已从计算机辅助计算和绘图发展到优化设计、并行设计、基于特征的设计、面向制造与装配的设计制造一体化，形成了计算机辅助设计（computer aided design，CAD)、计算机辅助工程(computer aided engineering，CAE)、计算机辅助工艺规程(computer aided process planning，CAPP)、计算机辅助制造(computer aided manufacturing，CAM)的集成化、网络化和可视化。

传统设计往往先建立假设的模型，再考虑复杂的载荷、应力和环境等影响因素，最后考虑一些影响系数，这样导致计算的结果误差较大。先进设计技术则采用可靠性设计描述载荷等随机因素的分布规律，通过采用有限元法、动态仿真分析等工具和手段，得到比较符合实际工况的真实解，提高了设计的精确程度。

(4)先进设计技术实现了设计过程的并行化、智能化。

并行设计的核心是在产品设计阶段就考虑产品全生命周期中的所有因素，强调对产品设计及其相关过程进行并行的、集成的一体化设计，使产品开发一次成功，缩短产品开发的周期。

智能CAD系统可模拟人脑对知识进行处理，拓展了人在设计过程中的智能活动，原来由人完成的设计过程，已转变为由人和计算机友好结合、共同完成的智能设计活动。

(5)先进设计技术实现了面向产品全生命周期过程的可靠性设计。

除要求产品具有一定的功能之外，人们还对产品的安全性、可靠性、寿命、使用的方便性和维护保养条件与方式提出了更高的要求，并要求其符合有关标准、法律和生态环境方面的规定。这就需要对产品进行动态的、多变量的、全方位的可靠性设计，以满足市场与用户对产品质量的要求。

(6)先进设计技术是对多种设计试验技术的综合运用。

为了有效地验证是否达到设计目标和检验设计、制造过程的技术措施是否适宜，全面把握产品的质量信息，就需要在产品设计过程中根据不同产品的特点和要求，进行物理模型试验、动态试验、可靠性试验、产品环保性能试验与控制等，并由此获取相应的产品参数和数据，为评定设计方案的优劣和对几种方案的比较提供一定的依据，也为开发新产品提供有效的基础数据。另外，人们还可以借助功能强大的计算机，在建立数学模型的基础上，对产品进行数字仿真试验和虚拟现实试验，预测产品的性能。也可运用快速原型制造技术，直接利用CAD数据，将材料快速成型为三维实体模型，直接用于设计外观评价和装配试验，或将模型转化为由工程材料制成的功能零件后再进行性能测试，以便确定和改进设计。

2.2　数字化设计

近年来，以计算机为基础的数字化设计(digital design)技术被广泛地应用到产品开发中，成为提高企业综合竞争力的有效工具。以计算机辅助设计(CAD)、计算机辅助工程(CAE)、产品数据管理(PDM)和虚拟样机技术为核心的数字化设计技术作为当今最杰出的工程技术之一，成为制造业信息化的显著特征。

数字化设计就是在计算机软硬件的支持下，进行产品设计、工程分析、模拟制造和装配等过程，并同时进行运动分析、优化设计、仿真等，以保证产品结构合理、性能优良。数字化设计的目标是建立产品的数字样机，即产品零部件的数字化定义，包括产品外形及机、电、液等主要系统的数字化定义和数字化装配。图2-2为基于PDM的数字化设计。

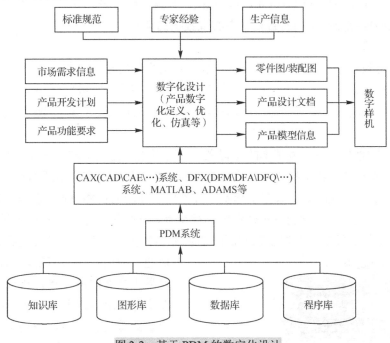

图 2-2　基于 PDM 的数字化设计

数字化设计的基础是计算机软硬件，关键是建立产品的数字化模型以及基于此模型的分析及仿真。

2.2.1　数字化设计的软硬件

数字化设计的基础是计算机软硬件。硬件(hardware)系统是数字化设计的物质基础，提供系统潜在的能力，而软件(software)则是信息处理的载体，是开发、利用其能力的钥匙。网络是数字化信息的运载工具。

根据应用领域和所完成的任务不同，系统的软硬件组成也不尽相同。一般来讲，硬件系统由计算机及外围设备组成，包括主机、存储器、输入和输出设备、网络通信设备等。软件系统通常是指程序及相关的文档，包括系统软件、支撑软件和应用软件。

1. 数字化设计硬件

数字化设计系统的硬件是指可以触摸到的计算机物理设备实体。根据系统的应用范围和软件规模，可配备不同结构、不同功能的计算机、外围设备，包括主机(计算机)、外存储器(如硬盘、软盘、光盘等)、交互输入设备(如键盘、鼠标、数字化仪、扫描仪等)、交互输出设备(如打印机、绘图仪等)等。

1) 主机(计算机)

主机(计算机)是数字化设计系统硬件的核心，其类型及性能在很大程度上决定着数字化设计系统的性能。主机由中央处理器(CPU)和内存储器等组成，其中，中央处理器由控制器、运算器及各种不同作用的寄存器组成。

2) 外存储器

用户程序、数据及各类软件通常放置在外存储器中。目前常用的外存储器主要有硬盘、U

盘、SD(security data)卡、TF(T-flash)卡、光盘、软盘、磁带等。硬盘、U 盘、磁带等属于磁存储器，它们根据磁介质不同的磁化状态实现数据的读写。

3) 交互输入设备

对于数字化设计系统来说，除了具备一般计算机系统的输入设备，还应能够提供定位(输入点坐标)、笔画(输入一系列点坐标)、数值(输入一个整数或实数)、选择、拾取和输入字符串等功能，常用的输入设备有键盘、鼠标(定位轮、操纵杆或跟踪球)、数据手套、数字化仪、扫描仪等。

(1)键盘。键盘是计算机最基本的配置之一，可以用来输入文本、命令和数据。

(2)鼠标。鼠标是一种手持式屏幕坐标定位设备，有机械式和光电式两种。

(3)数据手套(data glove)。数据手套是一种被广泛使用的传感设备，它是一种戴在用户手上的虚拟的手，用于与虚拟现实(VR)系统进行交互，可在数字化设计系统中进行物体抓取、移动、装配、操纵、控制，并把手指伸屈时的各种姿势转换成数字信号发送给计算机，计算机通过应用程序来识别出用户的手在虚拟世界中操作时的姿势，执行相应的操作。在实际应用中，数据手套还必须配有空间位置跟踪定位设备，检测手的实际位置和方向。现在已经有多种传感数据手套问世，它们之间的区别主要在于采用的传感器不同。DHM 数据手套(图 2-3)是一种金属结构的传感手套，通常安装在用户的手臂上，其安装及拆卸过程相对比较烦琐，在每次使用前需进行调整。在每个手指上安装有 4 个位置传感器，共采用 20 个霍尔传感器安装在手的每个关节处。DHM 数据手套响应速度快、分辨率高、精度高，但价格较高。常用于精度要求较高的场合。

图 2-3 DHM 数据手套与 3D 头盔显示器

可以预计，目前 VR 系统的数据手套与 3D 头盔显示器(HMD)，将会成为未来数字化设计系统常用的输入和输出设备，对提高设计效率起极大的促进作用。

(4)数字化仪。数字化仪是将图像(胶片或相片)和图形(包括各种地图)的连续模拟量转换为离散的数字量的装置。利用数字化仪既可以画图，又可以通过建立的图形菜单调用一些专用的图形符号，减少重复击键的次数，提高作图的速度和效率。

(5)扫描仪。扫描仪通过对将要输入的图样进行扫描，将扫描后得到的光栅图像进行去污及字符识别处理，再将点阵图像矢量化，通过编辑、修改成数字化设计系统所需的图形文件。这种输入方式在已有图样建立图形库或在图像处理及识别等方面有重要意义。在 CAD/CAM 领域，如何迅速获取物体的三维信息并将其转化为计算机能直接处理的三维数字模型越来越受到重视，三维扫描仪正是实现三维信息数字化的一种极为有效的工具。

常用的三维扫描仪根据传感方式的不同，分为接触式和非接触式两种，接触式三维扫描仪采用探测头直接接触物体表面反馈回来的光电信号并将其转换为数字形面信息，从而实现对物体形面的扫描和测量，以三坐标测量系统为代表，如图 2-4(a)所示。非接触式三维扫描仪可分为三维激光扫描仪(激光扫描测量)、照相式三维扫描仪(结构光扫描测量)等，如图 2-4(b)和(c)所示。

(a)接触式三坐标测量系统　　　　(b)三维激光扫描仪　　　　(c)照相式三维扫描仪

图 2-4　三维扫描测量系统

除此之外，随着硬件的发展，语言图形输入设备也逐渐投入使用，它允许人通过自然语言描述图形特征及有关参数，在显示器上直接看到图形。图形输入板(原理与数字化仪相似)、触摸屏等设备也可以用作数字化系统的输入设备。

4) 交互输出设备

数字化设计系统常用的输出设备包括显示器、打印机、绘图仪等。

(1)显示器。图形显示器是交互显示设备，显示输出数据和图形，可以随时对用户的操作做出及时的响应，将设计过程的中间结果提供给用户，以便不断编辑、修改。因此显示器是数字化设计系统必不可少的人机交互工具，在 VR 系统中使用 3D 头盔显示器(HMD)可以使设计效率提高 10～30 倍。

(2)打印机和绘图仪。在数字化设计系统和无纸化制造系统中，常见的激光打印机、喷墨打印机及绘图仪已不多用，但 3D 打印技术逐渐出现在数字化设计系统中，可以快速打印出产品原型，以检验设计的正确性。目前 3D 打印已用于很多产品的生产制造，成为先进制造技术的一个重要发展方向。

2. 数字化设计软件

数字化设计的软件系统是用于求解某一问题并充分发挥计算机计算分析功能和通信功能程序的总称，这些程序的运行不同于普通数学中的解题过程，它们的作用是利用计算机本身的逻辑功能，合理地组织整个解题流程。简化或者代替在各个环节中人所承担的工作。从而达到充分发挥机器效率、便于用户运用计算机的目的。随着数字化设计系统硬件的不断发展，与之配套的软件技术也得到了长足发展。

数字化设计软件系统可分为系统软件、支撑软件和应用软件 3 个层次。

1) 系统软件

系统软件用于计算机的管理、运行、维护和控制，以及对程序的翻译和执行等，具有通用性和基础性的特点，主要包括操作系统、语言编译系统、通信及管理系统等。

2) 支撑软件

支撑软件是为满足数字化设计工作中一些用户的共同需要而开发的通用核心软件，也是各类应用软件的基础。由于计算机应用领域迅速扩大，支撑软件的开发研制已有了很大的进展，商品化支撑软件层出不穷。

(1)工程绘图软件。工程绘图软件支持不同专业的应用图形软件开发，具有基本图形元素绘制(点、线、圆等)、图形变换(缩放、平移、旋转等)、编辑修改(删除、复制、修剪等)、存储、显示控制以及人机交互、输入和输出设备驱动等功能。目前，计算机上广泛使用的AutoCAD系列版本软件就属于这类支撑软件。

(2)几何建模软件。几何建模软件为用户提供一个完整、准确地描述和显示三维几何形状和特征的方法和工具，具有消隐、着色、光照处理、实体参数计算、物理特性计算等功能。几何建模软件有 UG、CATIA、Pro/E、Inventor 等。

(3)有限元分析(FEA)软件。有限元分析软件利用有限元法对产品或结构进行静态、动态、热特性分析，通常包括前置处理、分析处理和后置处理三个部分。比较著名的商品化有限元分析软件有 ANSYS、Nastran、COCMOS、MARC 等。目前，有限元软件逐渐向集成型方向发展，构成一个集设计、分析、制造于一体的协同仿真环境。

(4)优化方法软件。优化方法软件是把优化技术用于工程设计，综合多种优化计算方法，为求解数学模型提供强有力数学工具的软件，目的是选择最优方案，取得最优解。例如，ANSYS 可以实现以结构强度最大化为目标的拓扑优化设计，ADAMS 可以实现基于变分优化原理的机构优化设计等。

(5)数据库系统软件。数据库在数字化设计中具有重要地位，是有效地存储、管理、使用数据的一种软件。在集成化的 CAD/CAM 系统中，数据库管理系统能够支持各子系统间的数据传递与共享。工程数据库是 CAD/CAM 系统和 CIMS 中的重要组成部分。目前常用的数据库系统有 Oracle、SQL Server、DB2、Sybase、Foxbase、Access 等。

(6)系统运动学/动力学模拟仿真软件。运动学模拟可以根据系统的机械运动关系来仿真计算系统的运动特性，动力学模拟可以仿真、分析、计算机械系统在质量特性和力学特性作用下，系统的运动和力的动态特性。这类软件在 CAD/CAM 技术领域得到了广泛的应用，如MSC 的 ADAMS 机械系统动力学自动分析软件。

(7)产品数据管理软件。产品数据管理(PDM)软件是数字化设计系统的主要支撑软件，它是一项管理所有与产品相关的信息和与产品相关的过程的技术，使信息描述完整，为用户建造了一个统一界面风格、统一数据结构、统一操作方式的数字化设计环境，协助用户完成大部分工作。对基于关系数据库的面向对象的管理系统进行统一管理，使各分系统间全关联，支持并行工程和协同设计，这类软件功能强大，价格较高，但因其具有集成性、先进性而受到越来越普遍的关注。产品数据管理已发展到产品全生命周期管理(PLM)，常用的 PDM/PLM软件有 PTC 公司的 Windchill、西门子 EDS 公司的 Teamcenter、SAP 公司的 mySAP 等。

3)应用软件

应用软件是用户针对某一个专门领域，利用系统软件、支撑软件编制的解决用户各种实际问题的程序，有一定的专用性。应用软件种类繁多，内容丰富，适用范围不尽相同，但可以逐步将它们标准化、模块化，形成解决各种典型问题的应用程序。这些应用程序的组合，就是软件包(package)。开发应用软件是 CAD/CAM 工作者的一项重要工作，这项工作通常称为软件的"二次开发"。

2.2.2　数字化产品模型

产品建模是数字化设计的核心内容，以产品三维模型信息为基础，可以进行物体间的干涉检查、结构静力学分析、运动学和动力学分析，以及生成工程图纸和数控加工程序等。因此，三维建模技术在很大程度上决定了产品设计的水平。只有采用先进的建模工具，才能自由地控制产品的三维模型，快速搭建用于分析、仿真与优化的数字样机。

产品建模技术广泛地应用于机械产品开发、工业设计造型等领域，通过产品建模能将物体的形状、属性(如颜色、纹理等)及其相互关联关系存储在计算机内，形成该物体的三维几何模型，三维几何模型是对所设计物体的确切的数学描述和某种状态的真实模拟，可以为各种后续应用提供信息。面向全生命周期的产品模型是 CIMS 企业信息集成的关键。要实现 CAD、CAPP、CAM、MIS、MRPII 及 ERP 等的集成，首先要建立面向全生命周期的集成产品模型。

产品建模就是将人脑中构思的产品模型转换成计算机能表示的图形、符号或算法，并用计算机产生、存储、处理和表示产品的过程，如图 2-5 所示。

图 2-5　产品建模过程

目前所见到的产品建模方法可分为几何建模、特征建模、智能建模、装配建模和集成建模，其中有些建模方法有待进一步完善和发展。

1. 几何模型

产品三维模型是产品零件模型、装配模型、动力学分析模型、可制造性分析模型以及使用和维护模型等多种异构子模型的联合体。在这一联合体中，产品的几何形状定义与描述是其核心部分，它为结构分析、工艺设计、模拟仿真以及加工制造提供基本数据。按照对三维几何模型的几何信息和拓扑信息的描述和存储方法的不同，几何实体可以采用线框模型(wireframe model)、表面模型(surface model)和实体模型(solid model)表示，如图 2-6 所示。为了在计算机内部用一定结构的数据来描述、表示三维物体，需要计算机能够识别和处理实体的几何信息和拓扑信息。

几何信息(geometric information)是指构成几何实体的几何元素在欧几里得空间中的大小和位置。用数学表达式可以描述几何元素在空间的大小和位置。但是，数学表达式的几何元素是无界的。在实际应用时，需要把数学表达式和边界条件结合起来。

(a) 线框模型　　　　　(b) 表面模型　　　　　(c) 实体模型

图 2-6　几何模型

拓扑信息(topological information)是构成几何实体的几何元素的数目及其相互之间的连接关系。拓扑关系允许三维实体做弹性运动，可以随意地伸张扭曲。因此，对于形状、大小不一样的实体，它们的拓扑结构却有可能等价。从拓扑信息的角度看，顶点、边、面是构成模型的三种基本几何元素。上述三种基本几何元素之间存在多种可能的连接关系。描述拓扑信息的目的是便于直接对构成型体的各个顶点、边及面的参数和属性进行存取和查询，便于实现以点、边、面为基础的各种几何运算和操作。物体的拓扑信息和几何信息是相互关联的。

实体模型可以转化为表面模型，表面模型可以转化为线框模型，但这种转化一般是不可逆的。也就是说线框模型不能转化为表面模型，表面模型不能转化为实体模型，因为线框模型所包含的信息比表面模型少，表面模型所包含的信息比实体模型少。目前，随着建模技术的进展，有些 CAD 软件提供了添加几何信息的功能，协助完成由线框到表面再到实体(但不是逆转化)的建模过程，即在线框模型基础上添加面的信息，然后缝合曲面构成封闭空间，再填充封闭空间构成实体。

2. 特征模型

为获得几何模型的非几何信息，如尺寸公差、形位公差、表面粗糙度、材料性能、产品功能和技术要求等，特征建模技术应运而生。与传统建模方法相比，特征建模面向产品设计过程和生产制造过程，着眼于更好地表达产品完整的信息。

早期研究的特征建模以实体模型为基础，用具有一定设计和加工功能的特征作为造型的基本单元建立零部件的几何模型。后来，STEP 标准将形状和公差特征等列为产品定义的基本要素，特征的研究与应用变得更为重要。1992 年 Brown 给出了特征比较全面的定义：特征就是任何可以被接受的某一个对象的几何、功能元素和属性，通过它们可以很好地理解该对象的功能、行为和操作。

随着特征技术由设计向工艺规划、检验和工程分析方面的拓展，特征定义趋向于更一般化。特征源于设计、分析和制造等生产过程的不同阶段，它是设计者对设计对象的功能、形状、结构、制造、装配、检验、管理与使用新型机器关系等的具有确切的工程含义的高层次抽象描述。特征模型是用逻辑上相互关联、互为影响的语义网络对特征事例及其关系进行的描述和表达。特征兼有形状和功能两种属性，它具有特定的几何形状、拓扑关系、典型功能、绘图表示方法、制造技术和公差要求等。

针对不同的应用领域和不同的对象，特征的抽象和分类有所不同。构成机械产品零部件特征的信息可以分为 5 大类。

(1)形状特征，即与描述零件几何形状、尺寸相关的信息集合，包括功能形状、加工工艺形状和装配辅助形状等。

(2)技术特征，即描述零件的性能和技术要求的信息集合，包括材料、硬度、热处理等。

(3)精度特征，即描述零件几何形状、尺寸参数的许可变动量的信息集合，包括尺寸公差、形位公差和表面粗糙度等。

(4)装配特征，即零件的相关方向、位置、相互作用面和配合关系等。

(5)管理特征，即与零件管理有关的信息集合，包括标题栏信息(如零件名称、图纸编号、设计者、设计日期等)、零件材料，甚至批量等信息。

特征建模又称特征造型，它将特征技术引入产品设计中，使设计意图体现得更加直接，使建立的产品模型更容易为人理解和组织生产。与传统的实体建模相比，它有着显著的优点：

①特征建模着眼于更好地表达产品的完整信息，为建立产品的集成信息模型服务。②特征建模有助于加强产品设计、分析、工艺准备、加工、检验各部门之间的联系，更好地将产品的设计意图贯彻到后续环节，并及时地得到后者的反馈信息。③特征建模有助于推动一个行业内产品设计和工艺方法的规范化、标准化和系列化，在产品设计中及早考虑制造要求，保证产品结构具有良好的工艺性。④特征建模有利于推动一个行业或专业产品设计，有利于从产品设计中提炼出规律性知识及规则，促进产品智能化设计和制造的实现。特征建模系统框架如图 2-7 所示，系统由特征定义、特征设计、特征编辑、特征识别和可制造性分析模块等组成。使用特征构造的产品模型，完全满足后续工艺设计的需要，输出到 CAPP 系统，可以自动进行工艺过程规划，提高产品设计及制造自动化程度。为了实现 CAD/CAM 集成，特征建模系统应包含下述内容：①零件的几何形状信息；②机加工孔、槽、倒角和面等的形面特征；③孔、槽、倒角和面等的形面特征的尺寸、位置和公差；④形面特征的加工要求；⑤形面特征之间的尺寸和形位关联；⑥加工表面的粗糙度。

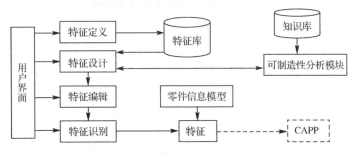

图 2-7　特征建模系统框架

图 2-8 为基于广义特征的产品模型，它包含了产品全生命周期各阶段的信息，包括维护、拆卸、质量、销售、评价等产品后续阶段的信息，不只是设计、制造和装配信息。

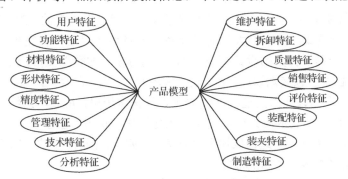

图 2-8　基于广义特征的产品模型

3. 智能模型

产品智能模型是基于知识的模型，是适应智能制造环境的产品模型，它把产品模型里的信息纳入知识的范畴，把人工智能技术应用到产品模型的产生、管理和利用中。

智能模型不仅包含几何模型和特征模型，它还要能够为计算机所理解、方便提取产品信息并为产品全生命周期各阶段共享。产品全生命周期各阶段的相互制约关系(如成本、质量、环保)形成一个复杂的约束关系网络，某一方面的变化都影响着其他许多方面，智能产品设计过程就是在满足产品全生命周期各阶段要求下的信息处理和约束求解过程。

1)基于约束的智能建模

图 2-9 为基于约束的智能建模过程，它把设计抽象为满足约束的求解过程，约束反映了若干对象之间的关系，约束求解就是找出约束为真的值，也就是设计结果。它的出发点是把设计形式化，以逻辑表达设计要求(对设计问题的描述)，通过逻辑推理的办法得到最终的设计结果。它把设计的要求概括为一组特性以及相应的约束条件，并以此作为问题求解的初始状态。设计任务从初始状态开始，每一个中间状态中都包含与这些约束对应的特征，其推理过程是不断从一系列中间状态中求出满足各个约束条件的特征，最后的状态特征即设计结果。基于约束满足模型的设计是当前最为流行的智能建模方法。

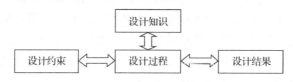

图 2-9　基于约束的智能建模过程

2)基于知识的智能建模

基于知识的智能建模把设计师的知识提炼出来构成知识库，并通过对知识的运用来进行设计，通过知识的学习来改善知识库的内容，提高系统的设计能力。其中最为成功的便是专家系统设计模型，它的设计问题知识库常被分成两类：设计过程的知识，即关于如何进行设计的知识，其中包括设计一般原理、设计的常识等；设计对象的知识，即设计对象的部件、结构、材料、用途、设计规范、典型产品、结构原型和部件类型等。

基于知识的智能建模主要有两种策略，其一是让计算机复制人类的设计行为，仅仅是让计算机进行领域的某项设计，但对具有智能行为的设计研究并未完成，使得当今的知识表达、自动推理以及问题求解技术只能完成极小部分简单的人类设计行为，专家系统便是朝着这种设计专门化的方向所做出的一种努力。

其二是借助智能工具，为设计人员提供智能支撑。爱丁堡大学的 EDS (Edinburgh designer system) 代表了这一领域。爱丁堡大学的设计者认为目前要提出一种完善的设计理论为时尚早，因而提出了一个基于探索的设计模型，用以作为对设计的智能支持，该设计模型如图 2-10 所示。图中，DKB 表示领域知识库，K_{dm} 表示领域知识，K_{dn} 表示设计知识，R_i 表示对初始设计要求的描述，E_d 表示设计探索过程，H_d 表示设计探索历史，R_j 表示最终设计结果，D_s 表示最终设计说明，而 DDD 表示设计描述文档。该模型中，知识库是动态的，设计的探索过程以及设计的历史状态将不断地引起领域知识库的充实和完善。同时，新的知识库也影响设计的过程，整个设计是在不断探索中完成的。

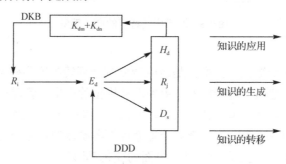

图 2-10　EDS 设计模型

3) 基于实例的建模

在智能 CAD 系统的设计模型中，人类解决问题时往往都借助于先前的某种例子，也就是求解问题时，借助于以前求解类似问题的经验或方法来进行推理，这样做可以不必从头开始。这就是我们熟知的实例推理，它是近来发展十分迅速的一种设计模型。

基于实例的建模，利用 AI 中基于实例的推理(CBR)理论，建立基于实例的设计系统(CBD)，通过对企业中已设计、制造过的零件编码和分组，可建立起设计图纸和资料的检索系统。当设计一个新零件时，设计人员将设计零件的构思转化成相应的分类代码，然后按此代码对其所属零件族的零件设计图纸和资料进行检索，从中选择可直接采用或稍加修改便可采用的原有零件图。只有当原有零件图均不能利用时，才重新设计新零件。据统计，当设计一种新产品时，往往有 3/4 以上的零件可直接利用或经局部修改便可利用已有产品的零件图。这就大大减少了设计人员的重复劳动。例如，波音(Boeing)公司建立设计检索系统后，电气电子设计组在设计新机种时，有 95%的零件可以由检索得到。英国的企业中，每设计一个新零件所需的设计费用平均约为 2000 美元。采用设计图纸和资料检索系统后，能使设计工作量减少 15%左右。如果一个企业每年要设计 2500 个新零件，则每年可节省 75 万美元的设计费用。

新产品设计中尽量利用原有的设计，为制造工艺领域增强了相似性，使企业生产的零件品种大为减少，从而大大节省工艺过程设计、工装设计和制造的时间和费用。生产准备周期因之缩短，某些零件的生产批量也将得到扩大。此外，新产品增加了对老产品的继承性，使老产品生产中所积累的许多经验，能在新产品生产中加以充分利用。

4. 装配模型

装配建模包括产品的装配结构建模、装配零部件之间的约束关系、装配的间隙分析、装配规划、可装配性(或可拆卸性)分析与评价等。在机械产品设计中，装配设计是在概念设计之后进行的，实现从概念设计到详细设计的映射。它可以将概念设计中尚未确定的构思，通过产品结构的建立逐步进行细化，设计成产品的整体装配结构，为详细设计提供一个基本框架。

装配建模从分析用户需求开始，将用户需求分解为产品功能配置(图 2-11)，每个功能或功能元用相应的零部件实现，构成产品结构树(图 2-12)。

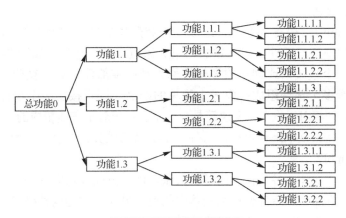

图 2-11 产品功能原理图

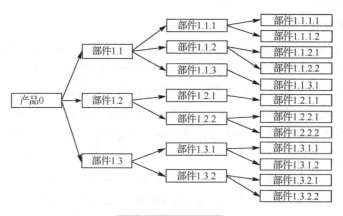

图 2-12　产品结构树

产品装配模型应该包含以下信息。①产品基本定义：产品及其零件管理的相关信息，包括产品各构成元件的名称、材料、代号、件数、技术规范或标准、设计者或供应商及版本信息等，为产品生产过程及产品全生命周期后续过程管理提供参考和基本依据。②产品形状定义：装配模型所需的几何信息可直接从相关的产品造型数据库中提取。③装配工艺信息：装配顺序、路径、工位安排与调整、夹具利用、工具介入、操作和退出等。④装配关联图：装配单元之间的装配关系（定位、连接、运动）。

需要特别注意的是，装配设计不同于零件装配，零件装配是在详细设计后进行的，是把完成的零件模型按位置要求组装在一起，而装配设计是在详细设计之前进行的，是为详细零件设计提供数据源的设计过程。但二者在三维软件中都是在同一环境中进行工作的，完成的文件类型都是装配体文件，模型显示的都是多个零件的组合体。为了区分两种装配的本质区别，有的文献将装配设计过程称为"自顶向下"（top-down）的设计，把零件装配过程称为"自底向上"（bottom-up）的设计。实际上，后者仅仅是模仿实际零部件装配的一种方法，而没有设计的含义。

装配建模要求 CAD 系统必须支持"在位设计"功能，即不退出装配设计环境，就可以随时根据需求创建或修改下层零件或子装配模型，其优点是可以将已装入的零部件作为当前编辑对象的参照，确定当前编辑对象相对于已装入的零部件的位置和大小，自动为二者添加合适的约束，确保所创建的对象与已装入的对象之间正确的装配关联关系。

1）装配体与装配树

装配体（assembly）一般称为组件，组成一个装配体的单元称为部件（component）。一个装配体是由一系列部件或零件按照一定的约束关系组合在一起的，如图 2-13 所示。其中，在装配文件中第一个被装入或创建的零部件称为基础零部件。对于复杂产品，如汽车，由发动机、变速箱等多个部件组成；而对于简单的产品，则直接由多个零件组成。产品和部件是相对而言的，如相对于汽车，变速箱是一个部件；相对于变速箱内的一个齿轮或一根轴，变速箱就是一个产品。某个部件可以是另外一个部件的成员，嵌套在装配体中的装配体称为子装配体（subassembly）。

装配树表示在装配体中各构件间的逻辑关系，即一方面表示零部件之间的层次关系，称为层次结构；另一方面表示零部件在装配体中的前后秩序，称为构件排序，用户可以在装配树中选取零部件，或者改变零部件之间的关系。

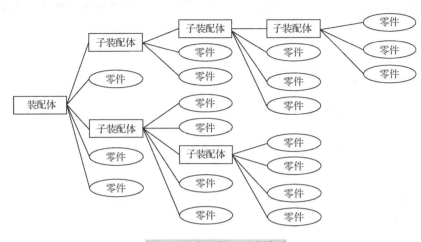

图 2-13　产品装配层次模型

2) 装配约束

任何产品内部的零部件之间都存在着一定的装配关系，如轴和孔的配合关系、螺母和垫片的表面接触关系等。参数化装配过程是根据实际的装配过程建立不同零部件之间的相对位置。其中，装配约束和自由度是重要的装配参数。

在装配环境下，一个未被约束的形体在空间有 6 个自由度，即沿 X、Y、Z 轴方向的移动和绕 X、Y、Z 轴的转动。装配的过程，事实上就是按照产品的要求一步一步地增加装配约束，逐渐减少零部件的自由度，使之按规定的约束组装起来形成产品的过程。在装配过程中，装配约束是最重要的装配参数。有些系统把约束和尺寸共同参与装配的操作也归入装配约束。在装配约束中，用作约束的几何元素是形体的点、线和面，通过这样的一对几何元素可以实现重合、对齐、平行、垂直、相切、角度等几种约束。对于不同的三维 CAD 系统，其装配约束类型在名称、数量和含义方面略有不同，但完成装配的最终目标基本一致，即构建产品的数字样机。表 2-1 给出了几个典型 CAD 系统所提供的主要装配约束类型。

表 2-1　几个典型 CAD 系统的主要装配约束类型

系统名称	主要装配约束类型				
CATIA	重合	角度	接触		偏移	
UG	贴合	角度	相切	对准	距离
Pro/E	匹配	角度	相切	对齐		插入
Inventor	配合	角度	相切			插入
SolidWorks	重合	角度	相切		距离
SolidEdge	面贴合	角度	相切	面对齐		插入
CAXA	贴合	角度	相切	对齐	距离

3) 装配关联

设计中各个相关要素，如装配中的零件、零件的结构、结构的形状和尺寸等，在设计全过程中要反复调整。任何零件都不可能单独设计出来，在进行各种各样的零件设计时，需要从相关其他零件处获取新零件的尺寸、外形、装配关系等信息，如孔与轴配合、零件与模具等。一个零件必须与相关零件进行关联、配合设计，才可能是正确的。图 2-14 为产品装配关联关系。

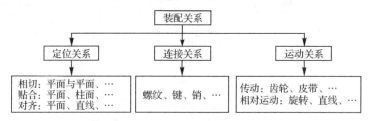

图 2-14　产品装配关联

目前大多数 CAD 系统可以实现基于参数的关联设计，Inventor 等软件还可以实现基于装配约束的自适应零件设计。

4）装配检查分析

装配设计的目标之一是验证零部件正确的装配关系，装配检查分析包含以下两方面内容：①干涉检查，对于静态装配体进行零件之间的过盈分析，检查零件之间是否存在干涉情况；②运动分析，对于动态装配体进行机构运动分析，验证零件的运动范围是否满足设计要求，进而确定相关结构精确尺寸。

5. 集成模型

面向全生命周期的产品模型是计算机集成制造系统（CIMS）企业信息集成的关键。要实现 CAD、CAPP、CAM、MIS 及 ERP 等的集成，首先要建立面向全生命周期的集成产品模型。这一模型要能满足产品全生命周期各个阶段对与产品有关信息的需求，如图 2-15 所示。

图 2-15　集成模型的应用范围

产品数据表达与交换标准（ISO10303）——STEP（Standard for the Exchange of Product Model）提供一种不依赖于具体系统的中性机制，用来建立包括产品全生命周期的、完整的、语义一致的产品数据模型，从而满足产品全生命周期内各阶段对产品信息的不同需求，并保证对产品信息理解的一致性。

在智能制造环境下产品的集成表示内容应包括三个方面：数据、几何和知识。产品数据、几何和知识分别被定义为产品全生命周期内所有阶段附加在产品上的数据、几何和知识总和。数据包括公差模型、结构模型、功能模型和性能模型；几何包括几何模型、形状模型及拓扑模型；知识包括特征模型和管理模型。因此，基于知识的产品集成表示模型如图 2-16 所示。该模型由若干个子模型互联而成，分属几何、数据和知识三种深度。从对产品描述的知识深度角度来看，自下而上深度增加，而抽象程度减小，各种深度上的每个子模型着重反映产品在该深度上的最小冗余度，使各子模型相互补充地形成一个完整的产品多知识深度表示模型。

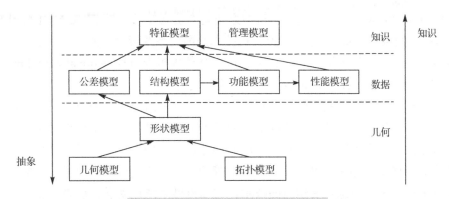

图 2-16 基于知识的产品集成表示模型

几何模型子模块是产品表示中最成熟和最基本的一个模型，由包括几何元素(坐标、点、线、面、方向)的多种定义形式构成。拓扑模型子模块包含对产品的拓扑实体及其关系的定义，如顶点边、面、路径等。目前常用的边界表示法(B-rep)可以较好地获取产品的拓扑信息。形状模型子模块是产品几何关系的数学表示，以几何模型和拓扑模型为基础，目前常用的表示方法是实体建模，即通过预先定义的一些体素，将产品表示成由这些体素构成的树结构或有向非闭环图，而体素的表示和各体素间的关系可分别从几何模型和拓扑模型中获得。结构模型子模块中的结构定义为一组具有语义的几何实体的集合，包括一组几何实体及其相互关系和几何实体的语义表示两方面的内容。目前常用的方法是结构特征建模，该模型是公差模型和功能模型的基础。公差模型子模块反映产品中具有可变动范围的一类信息，它们是产品加工过程中一种重要的非几何信息，包括尺寸公差、形位公差、表面粗糙度、材料信息。功能模型子模块实际上是对结构模型中几何实体及其关系的语义各种功能的解释，可采用知识工程中的语义网络或框架来表示。一个产品的设计过程实际是从功能模型到结构模型的转化过程，因此，产品设计工作结束后，它的功能模型也就相应确定。性能模型子模块实际上是对产品的功能或结构按用户要求或预期进行的一种评价，主要包括性能参数、行为(behavior)值等，该模型与结构模型和功能模型是产品的可靠性设计和可维护性设计中的重要基础模型，它们将有助于解决目前复杂系统的监视与故障诊断领域中深层知识(如结构、功能与行为知识)的瓶颈问题。特征模型子模块包括产品几何特征和功能特征的参数化与陈述性描述以及产品全生命周期内各环节对产品结构施加的约束，它可采用知识工程中的知识表示技术。

2.2.3 数字样机仿真技术

样机仿真(prototype simulation)技术是指产品概念设计、零件设计、装配设计、性能试验及修改完善等所有环节都在计算机环境中完成。设计模式的改变极大地加快了新产品的开发速度、降低了开发成本，例如，美国波音公司的波音 777 型飞机的开发广泛采用样机仿真技术，在计算机和网络环境中完成了飞机设计、制造、装配及试飞的全部过程，取消了传统的风洞试验、上天试飞等物理样机仿真及试验环节，使开发周期由原来的 9~10 年缩短为 4.5 年。波音 777 的全数字化和无纸化生产，充分展现了样机仿真的强大作用，开创了复杂机械系统的全新开发模式。如今，样机仿真技术在航天、空间机构研究中得到了广泛应用。

1. 虚拟样机

虚拟样机(virtual prototype，VP)是近些年在产品开发 CAX(CAD、CAE、CAM 等)和

DFX(DFA、DFM 等)基础上发展起来的机械系统动态仿真技术。按照美国 MDI 公司 Robert R. Ryan 博士对虚拟样机技术的界定，虚拟样机技术是面向系统级设计的、应用于基于仿真设计过程的技术，包含数字化样机(digital mock up)、功能虚拟样机(functional virtual prototype)和虚拟工厂仿真(virtual factory simulation)3 个方面的内容。

数字物理样机对应于产品的装配过程，用于快速评估组成产品的全部三维实体模型装配件的形态特性和装配性能；功能虚拟样机对应于产品分析过程，用于评价已装配系统整体上的功能和操作性能；虚拟工厂仿真对应于产品制造过程，用于评价产品的制造性能。这三者在产品数据管理(PDM)系统或产品全生命周期管理(PLM)系统的基础上实现集成。

虚拟样机技术是一门综合多学科的技术，它以机械系统运动学、动力学和控制理论为核心，加上成熟的三维计算机图形技术和基于图形的用户界面技术，并将零部件设计和分析技术(如 CAD 和 FEA)集成在一起，提供一个全新研发机械产品的设计方法。它通过设计中的反馈信息不断地指导设计，保证产品寻优开发过程顺利进行。应用虚拟样机技术，可以使产品的设计者、使用者和制造者在产品研制的早期，在虚拟环境中直观形象地对虚拟的产品原型进行设计优化、性能测试、制造仿真和使用仿真，这对启迪设计创新、提高设计质量及减少设计错误、缩短产品开发周期有重要意义。

ADAMS 是目前常用的虚拟样机分析软件，在汽车制造、航天航空、铁道交通等领域有着广泛的应用。它可以方便地建立参数化的实体模型，并采用多体系统动力学原理，通过建立多体系统的运动学方程和动力学方程进行求解计算。这个软件包括三个最基本的解题程序模块：ADAMS/View(基本环境)、ADAMS/Solver(求解器)和 ADAMS/Post-Processor(后处理)。另外还有一些特殊场合应用的附加程序模块，如 ADAMS/Car(轿车模块)、ADAMS/Rail(机车模块)等。

2. 数字样机

数字化设计的结果就是产生数字样机。数字样机(digital prototype，DP)是相对于物理样机而言在计算机上表达的产品数字化模型，它与真实产品之间具有 1∶1 的比例和精确尺寸表达，其作用是用数字样机验证现实世界中的物理样机的功能和性能，国际知名的研究公司 Aberdeen 最早比较正式地提出数字样机开发(digital prototyping)这个概念，同时另一家研究公司 IDC 也发表了与数字样机开发相关的白皮书。Aberdeen 公司与主流的 CAD、PLM 厂商共同完成了一项研究，表明使用数字样机开发技术，不仅能够大大减少物理样机的制作数量，从而降低成本，而且可以提高产品研发效率，缩短产品上市周期，降低产品研发的风险，使研发的产品更加适应市场需求。数字样机开发技术使得概念设计、工程设计、制造、销售和市场部门可以在产品制造之前虚拟地体验完整的产品。工业造型师、制造工程师和设计工程师可以使用数字样机技术在整个产品开发过程中对产品进行设计、优化、验证和可视化。市场人员可以使用数字样机技术在产品制造之前创建产品的真实感渲染和在模拟实景环境中的动画模拟。数字样机开发包含了创建和应用数字样机的完整过程。

与虚拟样机开发(virtual prototyping)和数字物理样机概念不同，数字样机开发向前延伸到概念设计阶段的工业设计造型，向后延伸到市场推广的宣传动画方面的应用。换句话说，数字样机开发是把一个创意(idea)变成一个可以向客户推销的数字化的产品原型的全过程。向客户推销时，并没有开始真实的制造过程。在获得了客户订单，或者客户的认同之后，才真正开始进行物理样机的制造，这样就大大降低了产品研发的风险。由此可见，相对数字物理样机和虚拟样机开发而言，数字样机开发是一个较为宽泛的概念。

数字样机技术是对功能虚拟样机技术的扩展，其支撑技术包括概念设计软件（工业设计、造型）、工程设计软件（机械、电气 CAD、EDA）、工程分析软件（CAE）、工程制造软件（CAM、逆向制造）、数据管理软件（PDM、PLM）、渲染和动画软件（虚拟现实、三维动画）等。

2.3 创 新 设 计

2.3.1 创新设计概述

创新设计是设计者通过创造性思维，采用创新设计理论、方法和手段设计出结构新颖、性能优良和高效的新产品的设计活动。创新设计既可能是一种全新的设计，也可能是对原有设计的改进。

1．创新设计的特点

（1）独创性和新颖性。设计者应追求与前人、他人不同的方案，打破常规的思维方式，提出新原理、新功能、新结构，采用新材料，并在求异和突破中实现创新。

（2）实用性。与一般意义上的发明、创造有所不同，创新设计更强调经济层面上的特征和创新本身的商业价值。发明创造成果只是一种潜在的财富，只有将其转化为生产力，才能真正推动经济发展和社会进步。

（3）优异性。创新设计应从不同的方面探究解决问题的方法和途径，并通过对多种方案的分析、评价和遴选，集思广益，得到最佳的、区别于其他同类产品的新方案。

2．创新设计的类型

（1）开发设计。开发设计是在工作原理、结构等完全未知的情况下，应用成熟的科学或经过试验证明可行的新技术，设计出以往没有的新型产品，这是一种创新设计。

（2）变异设计。变异设计是针对已有产品的缺点或新的要求，从工作原理、结构、参数、尺寸等方面进行改进设计，使新设计的产品满足新的要求和适应市场需要。在基本型产品的基础上改变参数、尺寸或功能性能的变形系列产品即变异设计产品。

（3）反求设计。反求设计是针对已有的先进产品进行深入分析研究，探索并掌握其关键技术，在消化、吸收的基础上，开发能避开专利权的创新产品。

在制造业中创新设计主要包含产品创新设计和过程创新设计两个方面，它又可分为突破性创新和渐进式创新两种。突破性创新又称原理性创新，是指在技术上有重大突破的创新。例如，电动汽车相对汽油机汽车而言就是一种突破性创新，因为它采用了完全不同形式的动力源。在过程设计方面，零件成型方法的变革（如用快速原型制造技术中的堆积成型制造代替传统的去除法加工等）、加工工艺的重大改进（如采用成组工艺）等，也属于突破性创新。通常，通过突破性创新所创造的经济效益是巨大的，但这种效益往往需要经过较长时间才能显现出来。由突破性创新引起的技术进步往往是带有革命性的进步。渐进式创新又称局部创新，实质上是一种技术上的改进。例如，在产品设计中，改变产品的造型、色彩、尺度、参数或局部结构等，使产品的性能和外观得到改进，更加适应市场的需要；在过程设计中，通过改变加工设备或工艺参数，使产品制造周期缩短、质量提高、成本降低。渐进式创新也会带来一定的经济效益，且这种效益往往在短期内就可以显现出来。

2.3.2　创新思维模式

创新思维是最高层次的思维活动，是人脑在外界信息的激励下，自觉综合主、客观信息，产生新的客观实体的思维活动过程。人们在创新实践中常用的创新思维模式可归纳为如下几种。

(1)联想思维。联想思维会引导人们由已知探索未知，使人们的思路更加宽阔。例如，看到鸟儿在空中飞翔，就联想到人是否也可以那样，经过不懈努力最终造出了扑翼飞机；看到人的手臂动作灵活，就联想到让机器也能这样，结果产生了机械手和关节式机器人；看到电闸开合时产生火花引起金属腐蚀，就联想到能否用电能去加工金属而不使用机械能，于是产生了电火花加工；看到面粉经发酵后做的面包很松软，就联想到在橡胶中加入发泡剂，因而制成了柔软多孔的海绵橡胶等。

(2)形象与抽象思维。形象思维是工程技术创新活动中的一种基本思维方式。运用形象思维可以激发人们的联想、类比和创新能力。以轧制金属板材为例，轧制金属板材时通常将金属原料送到两个轧辊之间，靠两个轧辊的转动和原料板的推进而完成板材轧制。这种方法适用于轧制塑性好的钢材，但用于轧制塑性差的金属材料时材料却常出现裂纹。为了解决这一技术难题，日本某钢厂的一位工程技术人员借鉴人们在面板上擀面条的姿势和方法，研制出了轧制钢板的新方法。这种方法被形象地称为行星轧压法，是由形象思维激发联想而产生的。

抽象思维是指凭借科学的抽象概念认识事物。早在 17 世纪初，伽利略就运用抽象思维先于牛顿发现了物体运动的惯性规律。为了研究物体下落的运动规律，伽利略进行了有名的斜面小球试验。当一个小球沿斜面从一定高度滚落时，到达斜面底部时并不会马上停下来。如果让它滚向另一斜面，只有当它到达差不多与其下落高度相等的位置时，小球的运动才停止。在此试验的基础上，伽利略运用抽象思维设想，如果把小球做成绝对的圆球，而小球下落之后不是滚向一个斜面，而是一个绝对水平的平面，且小球同平面之间没有任何摩擦力，也不受其他阻力的影响，那么，小球将会一直运动下去。由此，伽利略发现了物体运动的惯性定律。

(3)多向性思维。多向性思维的特点是在已经掌握一个(或多个)原始解的情况下，设法从多方位、多角度、多层次寻求多种解决问题的方案。这种新的更好的解决方案的产生过程就是一种创新过程。例如，电灯开关可以采用机械式、电动式、电磁式、光敏式等多种形式，也可以采用声控或红外控制电灯，以实现人来灯亮、人走灯熄。

日本狮王牙刷公司加藤信三对牙刷的改进是采用多向性思维方式的一个很好例证。据客户反映，用牙刷刷牙时常造成牙龈出血。为解决此问题，加藤信三没有按常规的方法，即从刷毛的材质、硬度、粗细以及排列方式上想办法，而是专心研究刷毛端部的形状。在放大镜下，他发现刷毛端部在切断后形成了锐利的刃口，于是就尝试将刷毛端部制成球状，经试用获得了理想效果，这种新式牙刷受到用户的青睐，给狮王牙刷公司带来了丰厚的利润。

(4)综合性思维。综合不是简单的叠加，而是对研究对象进行深入分析，概括出其规律和特点，根据需要将已有信息、现象、概念等组合起来，形成新的技术或产品。例如，电视电话是电视与电话的组合，联合收割机是收割机、脱粒机、打包机等的组合，两栖登陆艇是船舶与车辆的组合。现代发展的许多新技术实际上是多种科学原理和工程技术的组合。例如，快速原型制造技术就是将 CAD、CAM、CNC 以及新材料等先进技术集于一体而形成的一项综合性技术。医疗上用于人体检查的 CT 技术是 X 射线、微光测控器、计算机和电视等技术的有机综合。

(5) 正向、侧向、逆向和迂回思维。正向思维是工程设计中常用的思维方式，即从设计起点出发，一步一步地向前推进，直至达到最终目标。侧向思维和逆向思维都是对现行解进行分析，提出疑问，想一想为什么，能否不这样。侧向思维和逆向思维的目的在于突破思维定式的束缚，产生新的构思。

侧向思维侧重改变思考问题的角度，离开习惯思维模式和传统思考方向。

逆向思维是指从现有事物或习惯做法的对立面出发，按其相反的方向去思索和研究，以获取新的构想。例如，圆珠笔问世时常因笔头滚珠磨损而漏油，许多公司改进产品的思路都是设法延长圆珠的寿命以防止漏油。而日本一家公司则把"延长圆珠寿命"变为"控制存油量"，使每只笔存油量只够写 15000 字，在圆珠笔因磨损而漏油前油已用完，这种廉价而不漏油的产品很快赢得了市场。

迂回思维则是一种用侧面代替正面、用间接代替直接、用渐进代替一步到位等的思维方式。快速原型制造技术就是用平面生成立体的迂回思维的产物。

2.3.3　常用的创新技法

1. 头脑风暴法

头脑风暴（brain storming）法是由美国学者亚历克斯·奥斯本（Alex F. Osborn）于 1939 年首次提出，1953 年正式发表的一种激发性思维方法。头脑风暴法的特点是让与会者敞开心扉、各抒己见，使各种设想相互碰撞，从而激起脑海中的创造性风暴。这是一种集体开发创造性思维的方法。

头脑风暴法力图通过一定的讨论程序与规则来保证创造性讨论的有效性，因此，组织头脑风暴法的关键在于：①要确定好讨论的议题；②会前要有所准备；③与会人数要合适，一般以 8~12 人为宜；④与会人员要积极发表自己的意见，切忌相互褒贬；⑤主持人要掌控好讨论的时间等。

头脑风暴法成功的要领为：①自由畅谈，即鼓励与会者从不同角度、不同层次、不同方位大胆地展开想象，尽可能标新立异、与众不同，提出独创性的想法；②延迟评判，即坚持当场不对任何设想做出评价，一切评价和判断都要延迟到会议结束后才能进行；③禁止批评，批评对创造性思维无疑会产生抑制作用，影响自由畅想；④产生尽可能多的设想，产生的设想越多，其中的创造性设想就可能越多；⑤设想处理，对已获得的设想进行整理、分析，以便选出有价值的创造性设想来加以开发实施。

2. 检核表法

亚历克斯·奥斯本可谓美国创新技法之父，检核表法就是首先由他提出的。检核表法就是根据需要研究的对象的特点列出有关问题，形成检核表，并逐个问题加以讨论，从中获得解决问题的办法和创意设想。亚历克斯·奥斯本检核表法的核心是改进，引导人们在创新过程中对"能否他用"、"能否借用"、"能否改变"、"能否扩大"、"能否缩小"、"能否颠倒"和"能否组合"等九个方面的问题进行思考，以便启迪思路、开拓思维想象的空间，促进人们产生新设想，构思出新方案。

例如，电风扇的基本功能是形成负压，使空气流动。运用检核表法对风扇进行创新设计，便出现了一系列新产品。①能否他用？对风扇进行少许改变，可以得到鼓风机、吹风机、抽风机、风干机、吸尘器等。②能否借用？引入传感器和计算机，可以开发出自控风扇，其能够根据环境温度自动调节风量或模拟自然风等。③能否改变？改变风扇外形，可以在保持其功能的前提下使其成为一种装饰品；改变风扇结构，可演变出台扇、吊扇、落地扇等。④能否扩大？扩展风扇功能，可以演变出驱蚊风扇、催眠风扇、保健风扇等。⑤能否缩小？将风扇缩小，于是出现了袖珍台扇、袖珍旅行扇、帽扇等。⑥能否颠倒？由此产生了转页扇，利用外罩上扇叶的转动向不同方向送风，避免了扇头摆动，不仅简化了结构，还使送风柔和。⑦能否组合？风扇与其他产品组合，发展了落地灯扇、音乐扇等。

3. 类比法

类比就是在两个事物之间进行比较，这两个事物既可以是同类，也可以不是同类，甚至差别很大；通过比较，找出两个事物的类似之处，再据此推出它们在其他地方的类似之处。例如，著名的瑞士科学家阿·皮卡尔是一位研究大气平流层的专家，他不仅在平流层理论方面很有建树，而且还是一位非凡的工程师。他设计的平流层气球，可飞到高达 15690m 的高空。后来，他又把兴趣转到了海洋，去研究深潜器。他设计的深潜器曾下潜到海底 10916.8 m，是世界上潜得最深的深潜器。尽管海与天是两个完全不同的空间，但是海水和空气都是流体，因此，阿·皮卡尔在研究深潜器时，首先想到的是利用平流层气球的原理来改进深潜器。气球和深潜器本来是完全不同的，一个升空，一个入海，但它们都可以利用浮力原理，因此，气球的飞行原理同样可以应用到深潜器中。类比发明法是一种富有创造性的发明方法。它有利于发挥人的想象力，从异中求同、从同中见异，产生新的知识，得到创造性成果。

类比种类很多，如直接类比、仿生类比、因果类比、对称类比、象征类比等。例如，由人类行走，类比设计出机器人和两足步行机；由人盖手印，类比设计出印刷机等。

图 2-17　美国波士顿动力的仿生机械

其中，仿生类比也叫仿生创新，是目前机械设计的热点之一，仿生的对象可以是各种植物、动物和人类，图 2-17 为美国波士顿动力的仿生机械。有一种仿向日葵的太阳能电池板，每一排电池面板都配备了一个单电机跟踪系统，使面板能随着太阳的位置而转动，从而提高能源利用率。

经研究，人们发现蜂窝结构在同样容积下最省料，且蜂房单薄的结构还具有很高的强度。例如，用几张一定厚度的纸按蜂窝结构做成拱形板，竟能承受一个成人的体重。据此，人们发明了各种重量轻、强度高、隔音和隔热等性能良好的蜂窝结构材料。在航空航天工业中，蜂窝夹层结构常被用于制作各种壁板、翼面、舱面、舱盖、地板、发动机护罩、尾喷管、消音板、隔热板、卫星星体外壳等。

4. 戈登法

戈登法（Gordon method）是由美国人威廉·戈登首创的。戈登认为头脑风暴法有一种缺陷，即会议之始就提出目的，易使见解流于表面，难免肤浅。戈登法并不明确地表示课题，而是在给出抽象的主题之后，寻求卓越的构想。例如，要开发新型割草机，会议主持人一开始只提出"分离"作为议题，即进行头脑风暴式讨论，这样就能进一步突破已为人们所习惯的方式，由"分离"一词联想出许多事来，如盐与水分离、蛋黄与蛋白分离、原子与原子核分离、人与人分离、鱼与水分离，等等。主持人在这种似乎漫无边际的"分离"大讨论中，因势利导，捕捉创意的思想火花，为新型割草机的创意构思服务。最后，主持人把真正的意图和盘托出。

5. 列举法

列举法是一种借助对某一具体事物的特定对象(如特点、优缺点等)从逻辑上进行分析并将其本质内容全面地一一罗列出来的手段，来启发创造性设想、找到发明创造主题的创造技法，可分为特性列举法、缺点列举法、希望点列举法等。

(1)特性列举法。该方法较简单，在此不做介绍。

(2)缺点列举法。该方法是一种简单有效的创造发明方法。现实世界中每一件技术成果都可视为未完成的发明，只要仔细地看、认真地想，总能找出它不完善的地方。如果时时留意自己日常使用和所接触的物品的不足之处，多听听别人对某种物品的反应，那么发明课题就是无穷无尽的。例如，穿着普通的雨靴在泥泞的地上行走容易滑倒，这是因为鞋底的花纹太浅，泥水嵌入花纹缝内后，鞋底变得光滑，容易使人滑倒。针对这一缺点，将鞋底花纹改成个个突出的小圆柱，就创造出了一种新的防滑雨靴。

(3)希望点列举法。发明者根据人们提出来的种种希望，经过归纳，沿着所希望达到的目的，进行创造发明的方法称为希望点列举法。它可以不受原有物品的束缚，因此是一种积极、主动型的创造发明方法。例如，人们希望茶杯在冬天能保温，在夏天能隔热，就发明了一种保温杯；人们希望有一种能在暗处书写的笔，就发明了内装一节电池，既可照明又可书写的"光笔"。

6. 组合法

组合法是按一定的技术原理或功能目的，将两个或两个以上独立的技术因素通过巧妙地结合或重组，获得具有新功能的整体性新产品、新材料、新工艺等的创造发明方法，在人们周围，许多东西都是由两种或两种以上的物体组合而成的。例如，带橡皮的铅笔是橡皮和铅笔的组合，电水壶是电热器与炊壶的组合，航天飞机是飞机与火箭技术的组合，CT 扫描仪是 X 射线照相装置与计算机的组合。此外带日历的手表、带温度计的台历、带有圆珠笔的钢笔等，都是由两种东西组合而成的一种新东西。组合的主要方式有如下几种。

(1)主体附加型组合。主体附加型组合是以原有产品为主体，在其上添加新的功能或形式。它是一种"锦上添花"的方式。

(2)同类组合。同类组合将若干同一类型的事物组合在一种产品上，如双人自行车、双体船等。

(3)异类组合。异类组合就是将两个或多个相异的无主次之分的事物统一成一个整体，从而得到创新，如瑞士军刀、多功能组合机床等。

(4)材料组合。有些应用场合要求材料具有多种特征，而实际上很难找到一种同时具备这些特征的材料，通过某些特殊工艺将多种不同材料加以适当组合，可以制造出满足特殊需要的材料。通过对不同材料的适当组合，人们设计出满足各种特殊要求的特种材料，如具有极高磁感应强度的永磁材料、具有高温超导特性的超导材料、耐腐蚀的不锈钢材料、具有多种优秀品质的轴承合金材料。

(5)技术组合。技术组合方法是将现有的不同技术、工艺、设备等技术要素加以组合，形成解决新问题的新技术手段的发明方法。随着人类实践活动的发展，在生产、生活领域里的需求也越来越复杂，很多需求都远不是通过一种现有的技术手段所能够满足的，通常需要使用多种不同的技术手段的组合来实现一种新的复杂技术功能。

德国科学家发明的一种清除肾结石的方法，就是两种现象的组合：一种现象是电力液压效应——水中两个电极进行高压放电时，产生的巨大冲击力能把坚硬的宝石击碎；另一种现象是在椭球面上的一个焦点上发出声波，经反射后会在另一个焦点上汇集。利用这两种现象，便可设计出能击碎人体内肾结石的装置。其治疗过程是让患者卧于温水槽中，并使结石位于椭球面的一个焦点上，把电极置于椭球面的另一个焦点上。经过约 1min 的不断放电，通过人体的冲击波就可汇集作用于结石，将结石击得粉碎。

技术组合方法可具体分为聚焦组合方法和辐射组合方法。

① 聚焦组合方法是指以待解决的问题为中心，在已有的技术手段中广泛地寻找与待解决问题相关的各种技术手段，最终形成一套或多套解决这一问题的综合方案，如图 2-18 所示。应用这种方法的过程中，一个特别重要的问题是寻求技术手段的广泛性，要尽量将所有可能与所求解问题有关的技术手段包括在考察的范围内，不漏掉每一种可能的选择，才可能组合出最佳的技术功能。

② 辐射组合方法是指从某种新技术、新工艺、新的自然效应出发，广泛地寻求各种可能的应用领域，将新的技术手段与这些领域内的现有技术相组合，可以形成很多新的应用技术。应用这种方法可以在一种新技术出现以后迅速地扩大它的应用范围，世界发明历史上有很多重大的技术发明都经历过这样的组合过程。例如，以强磁材料为技术核心，应用辐射组合形成多种应用(图 2-19)。

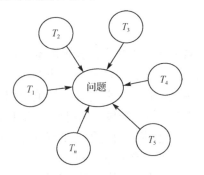 

图 2-18　聚焦组合　　　　　　　　　　图 2-19　辐射组合

7. 移植法

移植法是将某一领域的科学原理、方法、成果应用到另一领域中，进而取得创新成果的创新技法。例如，将激光技术、电火花技术应用于机械加工，产生了激光切割机、电火花加工机床。又如，将真空技术移植到家电产品，出现了吸尘器。

8. 功能思考法

采用功能思考法时需要以事物的功能要求为出发点，广泛进行思考，从而进行机器功能原理方案的构思。例如，洗衣机的功能是洗净衣物，衣服脏的原因是灰尘、油污、汗渍的吸附与渗透，而洗净的关键是分离。分离的方法有机械法、物理法、化学法等，其中，机械法又有吹、吸、抖、扫、搓、揉等，化学法又有溶解、挥发等。这样，从功能出发就可以产生多种多样的原理方案。

0. 形态分析法

形态分析法是美国加利福尼亚州理工学院教授兹维基首创的一种方法。它是从系统的观点看待事物，把事物看成几个功能部分的组合，然后把系统拆成几个功能部分，分别找出能够实现每一个功能的所有方法，最后将这些方法进行组合的方法。

例如，有一种太阳能热水器采用的是带有玻璃盖的矩形箱子，让阳光透过玻璃照在箱底上，由箱底反射、吸收或散热，抽水时水流过箱子变热，然后流进室内暖气片进行循环。研究表明，最重要的变量是箱底颜色、箱底质地和箱子深度。那么，怎样设计太阳能热水器呢？先列出箱底颜色、箱底质地和箱子深度三个因素，然后找出每个因素的可能方案，列出形态表（表 2-2）。根据形态表可以得到多种设计方案，然后对这些方案进行试验，从中选出最优的方案。

表 2-2　太阳能热水器的形态表

因素	可能方案		
箱底颜色	白色	银白色	黑色
箱底质地	有光泽	粗糙	—
箱子深度	深	浅	—

2.4　优 化 设 计

优化设计（optimum design，OD）是在计算机广泛应用的基础上发展起来的一项设计技术，以求在给定技术条件下获得最优设计方案，保证产品具有优良性能。一般工程设计都有多种可行的设计方案，优化问题就是采用一定的方法和手段从众多的方案中找出距设计目标最近的方案。

目前优化设计已广泛应用到多个工程领域中。如飞行器和宇航结构设计，在满足性能质量的前提下使重量最轻，使空间运载工具的轨迹最优；连杆、齿轮、机床等零部件设计，在实现功能的基础上使结构最佳；机械加工工艺过程设计，在限定的设备条件下使生产效率高；等等。

根据数学形式的不同，优化问题可以划分为线性规划、非线性规划和动态规划三大类。线性规划的目标函数和约束方程均为设计变量的线性函数，多用于生产组织和管理方面的优化求解。非线性规划的目标函数和约束方程中，至少有一个与设计变量存在非线性关系。动态规划的设计变量是成序列、多阶段的决策过程。

优化的实质是对问题寻优的过程，它是人们从事任何工作都希望实现的目标。要实现优化必须具备两个条件：①存在一个优化目标；②有多个可供选择的方案。在产品开发过程中，满足上述两个条件的问题广泛存在。实际上，在产品设计中早已有优化的思想。例如，在设计新产品方案时，设计人员一般提出几种不同的设计方案，通过分析评价，选择其中综合性能较好的方案。但是，这种方案优化往往具有经验性，需要根据人们的直觉、经验以及反复试验来实现。由于受到经验、时间和条件等的限制，难以得到真正最优的结果。

随着计算机技术的发展和应用，以运筹学理论为基础，逐渐形成了现代优化技术，包括优化设计、优化试验和优化控制等。机械产品优化设计是优化设计的一个分支，它将数学规划理论、计算技术和机械设计有机结合起来，按照一定的逻辑格式优选受各种因素影响和制约的设计方案，以确定最佳方案，使所设计的产品最优。本书将重点介绍机械优化设计的技术和方法。

2.4.1　机械优化设计的数学模型

1．目标函数

优化设计是要在多种因素下寻求最满意、最适宜的一组设计参数。最满意是针对某一特定目标而言的，根据特定目标建立起来的、以设计变量为自变量的、一个可计算的目标函数。它是评价设计方案的标准，是评价优化问题性能的准则性函数，因此又称为评价函数。

优化设计的过程实际上是寻求目标函数最小值或最大值的过程。因为求目标函数的最大值可转换为求负的最小值，故目标函数统一描述为

$$\min f(x) = f(x_1, x_2, \cdots, x_n)$$

式中，$f(x)$ 为目标函数；$x_1, x_2, \cdots, x_n$ 为函数中的自变量；n 为自变量的个数。

在工程设计问题中，追求的目标各种各样，根据目标的数量可分为单目标函数和多目标函数。目标函数作为评价方案中的一个标准，有时不一定有明显的物理意义和量纲，而是设计指标的一个表征。正确建立目标函数是优化设计中很重要的工作，它既要反映用户的要求，又要敏感地、直接地反映设计变量的变化，对优化设计的质量及计算难易都有一定影响。

2．设计变量和设计空间

目标函数的优化是通过对设计变量的调节来实现的。对设计性能指标有影响的基本参数称为设计变量。机械设计中常用的设计变量包括几何外形尺寸(如长、宽、厚等)、材料性质、速度、加速度、温度等。

作为设计变量的基本参数一般相互独立，它们的取值都是实数。一项设计若有 n 个设计变量 $x_1, x_2, \cdots, x_n$，则可以按一定次序排列，用 n 维列向量来表示，即

$$X = [x_1, x_2, \cdots, x_n]^T$$

设计变量的个数称为优化问题的维数，它表示设计的自由度。设计变量越多，设计的自由度越大，可供选择的方案越多，设计也越灵活。但是维数越多，优化问题的求解越复杂，难度也随之增加。因此，考虑计算、求解的方便性，应尽量降低优化问题的维数，即减少设计变量的个数。一般地，将维数 $n=2\sim10$ 的优化问题称为小型优化问题，$n=10\sim50$ 的称为中型优化问题，而维数大于 50 时称为大型优化问题。

根据设计要求，大多数设计变量是有界的连续量。但有些情况下设计变量取值是跳跃的离散量，如齿轮的齿数、模数，零件的孔数、键槽数等。对于离散量，在优化设计中常常先把它视为连续量，在求得连续的优化结果后再进行圆整或标准化，得到实用的最优方案。

以 n 个设计变量作为坐标轴所组成的矢量空间称为设计空间。例如，当 $n=1$ 时，其设计空间为一个实数轴，该问题为一维优化问题；当 $n=2$ 时，其设计空间为一个平面，该问题为二维优化问题；当 $n=3$ 时，其设计空间为三维空间；当 $n>3$ 时，设计空间称为超越空间，也称为欧几里得空间，简称欧氏空间。

每个设计方案均由一组设计变量构成，相当于设计空间中的一个点，也称为设计点。因此，设计空间就是一系列设计点(设计方案)的集合。

3．约束条件和可行域

机械优化设计问题中，设计变量的取值往往不是任意的，总要受到某些实际条件的限制，这些限制条件称为约束条件或约束函数。

　　约束条件一般分为边界约束条件和性能约束条件，它们的存在增加了优化问题的计算量，边界约束条件又称区域约束条件，是指对设计变量的取值范围界限的限制，如齿轮优化设计中对齿数和模数的限制等。性能约束条件也称为功能约束条件或状态约束条件，是指对设计变量的取值要满足某些性能要求。例如，机械产品设计中，往往需要对零件的强度、稳定性、刚度、惯量等提出一些要求。

　　约束条件按其数学表达形式又可以分为不等式约束和等式约束，写成统一的格式为

$$\begin{cases} g_i(x) \leqslant 0 \text{ 或 } g_i(x) \geqslant 0 \quad (i=1,2,\cdots,m) \\ g_j(x)=0 \quad (j=m+1,m+2,\cdots,p) \end{cases}$$

式中，m 为不等式约束的个数；$p-m$ 为等式约束的个数。

　　由于约束条件的存在，整个设计空间被分为可行域和非可行域两部分，如图 2-20 所示。

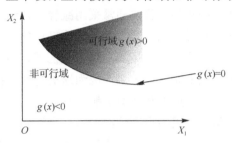

图 2-20　设计空间可行域与非可行域

　　可行域是指设计变量允许取值的设计空间，它是满足约束条件的设计空间。而不允许设计变量取值的设计空间，称为非可行域。约束条件 $g(x)=0$ 将二维设计空间划分成两个部分，其中 $g(x) \geqslant 0$ 满足约束条件，为可行域，另一部分为非可行域。两部分的分界面为 $g(x)=0$ 的曲线，称为"约束面"。约束面也满足约束条件，属于可行域。

2.4.2　CAE 优化设计方法

　　随着产品市场竞争的日益加剧，必须对产品进行精细设计，从对已设计产品性能的简单校核，逐步发展到对产品性能的准确预测，再到产品工作过程的精确模拟，使得人们必然借助于 CAE 方法来加以实现。为了达到产品性能的准确预测，分析时对其结构不应做较大的简化，此时，往往不能采用解析法，而必须采用 CAE 方法。另外，在进行结构的形状优化、拓扑优化设计时，必须采用 CAE 分析方法。基于 CAE 有限元分析的优化设计包含以下基本要素。

　　(1) 设计变量(DVs)。设计变量是设计过程中需要不断调整赋值的独立设计参数，每个设计变量可能有上下限，用于规定设计变量的取值范围。设计变量最主要的是几何参数，如长度、直径等。根据需要，材料属性和其他变量也可以作为设计变量。

　　(2) 状态变量(SVs)。状态变量是设计要求满足约束条件的变量，是因变量，是设计变量的函数，通常这种函数关系不是显式的，对状态变量的约束构成约束方程，状态变量必须通过 CAE 程序计算才可以得到数值。状态变量也可以有上下限，也可能只有上限或只有下限。常见的状态变量有应力、变形、温度、频率等。

　　(3) 目标函数(objective function)。目标函数是设计中最小化的量，是设计变量的函数，即改变设计变量的数值使目标函数的数值达到最小。在 CAE 程序中，一般只允许设计一个目

标函数，如果有多个目标，则事先必须用加权等方法变为单目标优化问题。常见的目标函数有质量、费用、应力等，或者某种导出结果，如方差最小、平均值最小。

(4)优化算法，优化算法是获得优化结果的具体计算方法，例如，ANSYS 提供了 5 种优化算法：单步法、随机搜索法、扫描法、乘子评估法、梯度法，用来推测设计问题空间的大小。MSC/Nastran 提供了 3 种算法：序列线性规划法、序列二次规划法和改进的可行方向法，其中改进的可行方向法是 3 种算法的核心，也是默认的优化方法。

1. 结构拓扑优化设计

结构优化在产品设计领域受到了越来越多的关注，具有良好优化结构的产品会给用户带来经济耐用、使用成本降低等诸多好处。因此，优化设计实际上就是使产品的综合性能达到最优，既不影响产品的性能，又尽量使产品的使用成本(或能耗)降到最低。单就零件结构设计而言，为达到降低产品能耗的目的，目前通常采用减轻零件结构重量、降低活动部件之间的摩擦等方法，其中又以结构轻量化为主要方法。结构轻量化主要依靠采用高性能、低密度材料和结构优化设计两种方法来实现。采用第一种方法固然可以大幅提升产品的性能——能耗比，但是有能力采用这种方法的企业并不多。因为这类材料在提供高比刚度、高比强度的同时，往往也意味着研发、制备、加工乃至购买都很困难。

结构优化设计的方法就是通过采用合理的结构形式来达到优化的目的，以求付出较低成本而达到较好的轻量化效果。然而，采用这种方法设计的产品需要通过试验来反复验证，对设计工程师的工作经验和结构分析能力要求很高。结构优化设计的主观影响因素很多，不同的设计师设计出来的零件形状各不相同，综合性能也不尽相同。当广大的工程技术人员迫切需要能以一种客观、固定、自动的算法来帮助解决结构轻量化设计问题时，结构拓扑优化设计应运而生。

结构优化研究分为 3 个层面：尺寸优化(sizing optimization)、形状优化(shape optimization)和拓扑优化(topology optimization)。相对于前两种优化，结构拓扑优化能从根本上改变结构的拓扑，更能体现真正意义上的结构最优设计。但结构拓扑优化设计比较困难，被公认为结构优化领域中最具挑战性的课题，在工程设计中尚处在探索性的阶段。

2. 形状拓扑优化的原理

拓扑优化的目标是在满足给定的实际约束的条件下需要极大或极小的参数，通常采用的目标函数是结构柔度能量极小化和基频最大化等。因此，拓扑优化的原理是在满足结构体积缩减量的条件下使结构的变形能极小化，目前结构拓扑优化的主要研究对象是连续体结构。优化的基本方法是将设计区域划分为有限单元，依据一定的算法删除部分区域，形成带孔的连续体。目前比较成熟的方法有均匀化方法(homogenization method)、变密度(artificial materials)方法和渐进结构优化(evolutionary structural optimization)方法。下面以均匀化方法为例说明拓扑优化的基本原理。

均匀化方法是连续体结构拓扑优化中最常采用的一种材料描述方法。其基本思想是在拓扑结构的材料中引入如图 2-21(a)所示带有"孔洞"的微结构，给定的设计区域 Ω 被 n 个该微结构所离散，则整个设计区域总质量 W 可以表达为

$$W = \sum_{i=1}^{n} \Omega_s \cdot \rho_s$$

$$\varOmega_s = \int_\varOmega (1-\varOmega_i)\mathrm{d}\varOmega = \int_\varOmega (1-ab)\mathrm{d}\varOmega$$

式中，W 为设计区域总质量；$\varOmega$ 为设计区域；$\varOmega_s$ 为实体区域；$\varOmega_i$ 为孔洞区域；ρ_s 为材料密度；a、b 为微结构参数，$0 \leqslant a \leqslant 1$，$0 \leqslant b \leqslant 1$。

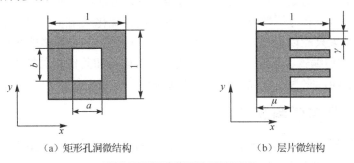

（a）矩形孔洞微结构　　　　　　　（b）层片微结构

图 2-21　拓扑优化中的微结构

将微结构孔洞区域大小 $\varOmega_i$ 作为设计变量，W 为目标函数，则拓扑优化的数学模型为

$$\begin{cases} \min W(x) = \min \sum_{i=1}^{n}(1-\varOmega_i)\cdot\rho_s \\ g_i \leqslant 0 \end{cases}$$

约束条件 g_i 可以考虑应力约束和稳定约束。微结构的形式和参数决定了材料的弹性和密度等宏观属性，例如，层状材料拓扑优化设计中可以选用如图 2-21（b）所示的"层片"微结构形式。优化过程中以微结构尺寸作为拓扑设计变量，以微结构尺寸的消长实现微结构的增删，并产生由中间尺寸微结构构成的新材料，以拓展设计空间，实现结构拓扑优化模型与尺寸优化模型的统一和连续。

在建立拓扑优化模型时，目前的拓扑优化软件除了需要设定优化三要素，还可以根据用户需要由用户自行定义一些工艺性的约束，通常考虑铸造工艺，如铸造分型面、拔模方向、拔模斜度等参数的设置，这样就使优化结构有了更强的实用性。另外，对于一些重要的结构部位，如需要与其他零件配合的表面，多数软件可以通过不同的方法进行保留，防止这些部位在优化过程中被破坏。

3．形状拓扑优化的应用

图 2-22 为一般零件形状优化设计流程图。其中确定目标就是确定结构在满足功能及刚度最大化条件下的结构变形能最小化，使形状最节省材料。建立 CAD 模型可以使用任何三维 CAD 系统，或者是有限元分析软件自身的建模系统，如 ANSYS 的 DM 参数化模型，将 CAD 模型转化为有限元模型，即除了继承 CAD 模型的几何参数、物理属性，还要在有限元分析环境下添加约束和载荷等边界条件，进行求解计算获得优化的拓扑结构形状，针对优化结果可以再次进行有限元分析，判断是否达到既

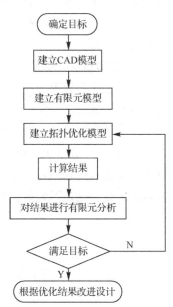

图 2-22　形状优化设计流程图

定的目标。一般一次优化很难恰好达到确定目标，需要两次、三次等逐级增多地去重复迭代计算，直到获得满意结果。根据满意的优化结果，修改或重建 CAD 模型参数和结构，用于指导减重结构的改进设计。

拓扑优化技术现在仍处于发展的阶段，与传统设计方法相比较也还显得很不成熟，优化结果往往需要大量试验和分析数据支持，而且由于拓扑优化采用了在结构上形成"孔洞"的优化方式，所以结果只能以有限元模型或者各优化软件采用的特殊格式来处理，无法直接在 CAD 软件中形成方便编辑、修改的模型。但随着基础理论和其他相关技术的发展，拓扑优化还有很大的发展空间，它为工程设计、分析人员提供了一条新的结构优化技术途径。

2.4.3　复杂产品多学科优化

随着科学的发展和技术的进步，产品优化设计技术已由单目标优化发展到多目标优化，由零件优化发展到系统优化。现代机械产品优化设计研究的重点集中在多学科优化问题上，主要原因如下。

(1)现代机械产品的系统性、综合性、复杂性和规模化导致设计模型的横向扩展，例如，一台复杂机器往往有多种功能动作，涉及机械机构、液压气动、光电测速、自动控制、数据采集、软件程序及接口等学科领域的知识集成与优化匹配。

(2)对产品全生命周期优化的市场需求导致设计模型的纵向扩展，例如，从功能原理优化到方案设计优化；从性能参数优化、结构参数优化到面向制造的优化；从设计参数优化到加工方案和工艺参数优化；最终直至考虑产品的可装配性、可使用性、可维修性、再制造性和可回收再用性等全生命周期优化。

(3)对产品的要求由单一的技术性扩展到经济性、社会性和生态性等，导致基于全性能的多目标综合优化。因此，现代机械产品设计是面向全系统、全性能和全过程的优化设计。全系统优化的对象包含零部件、整机、系列产品和组合产品的整体优化。全性能优化要实现技术性能、经济性能和社会性能的综合评估和优化。全过程优化要实现包含功能、原理方案和原理参数、结构方案、结构参数、结构形状和公差优化的全设计过程的优化。

1. 多学科优化问题的特点

多学科优化问题是当前复杂产品设计研究中最新、最活跃的领域，在航空、航天领域得到很多应用，如大型客机、飞行器的设计等。

传统的单学科设计问题，包括一个输入向量 X、一个分析模型 A 和一个输出向量 Y，分析过程如图 2-23(a)所示。对单学科问题进行优化，只需用优化算法将输入和输出联系起来，由算法选择输入向量(设计点)，通过分析模型进行分析得到输出向量，根据输入向量、输出向量判断此设计点是否为最优设计点。

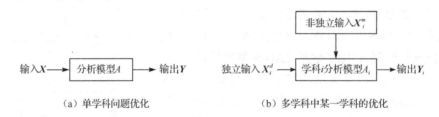

（a）单学科问题优化　　　　　　　　　（b）多学科中某一学科的优化

图 2-23　不同学科问题的优化过程

多学科问题中各个学科的分析过程与单学科类似,如图 2-23(b)所示,但学科的输入向量包含两大部分:只与本学科 A_i 相关的独立输入向量 X_i^d 和与其他学科相关的非独立输入向量 X_i^m。其中, X_i^m 可能有 3 种情况:对应于其他学科的输入向量 X_i^m 的部分参数,称为关联变量;也可能对应于其他学科的输出向量 Y_i 的部分参数,称为耦合变量;或者二者皆有。学科之间的耦合效应就是通过 X_i^m 体现出来的。

多学科优化问题是在给定的目标下评定一个系统的优劣。由以上分析可知,单学科最优不一定代表系统最优,独立地将各个学科进行优化,即使各个学科都达到最优,但忽略了学科之间的耦合效应,会导致学科之间耦合变量或关联变量的不一致,因而对于系统来说,优化结果可能是不真实的。因此,在进行多学科优化问题设计时,既需要考虑学科间的耦合效应,进行系统意义上的优化,还应当保持学科分析的相对独立性。

2. 多学科问题的优化流程

在多学科设计问题中,学科组织形式可分为层次型和非层次型,如图 2-24 所示。层次型结构指的是各学科之间的组织严格按照金字塔形自上而下的结构,上层对下层提出需求,下层计算以后反馈给上层,非层次型的学科之间是交叉的。

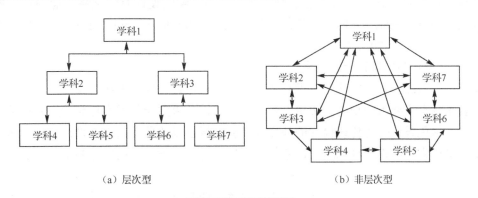

(a) 层次型   (b) 非层次型

图 2-24 多学科问题

对于层次型问题,不需要考虑学科之间的一致性,因此每次设计并不需要在学科之间进行迭代求解。但是对于非层次型问题,由于学科之间存在耦合变量,为了在每个设计点中寻找一个统一解,需要进行多次迭代循环。此循环包括设计初始化、系统分析、敏感性分析和设计优化几个过程。标准地采用这种设计结构的多学科优化方法称为多学科可行(multidisciplinary feasible,MDF)方法。

MDF 方法的缺点是在处理复杂多学科优化问题时,由于每次系统分析需要进行冗长的迭代过程,优化问题相当耗时,因此,许多研究致力于其他多学科优化方法,如并行子空间优化(concurrent subspace optimization,CSO)方法、协同优化(collaborative optimization,CO)方法、BLISS(bi-level integrated system synthesis)方法等。

多学科优化方法必须要与已有的数字化设计方法、先进的样机仿真技术等结合起来,通过建立复杂机械产品的全功能化数字样机,使设计过程形成闭环,强调对产品全性能、多学科的集成数字化仿真,才能驱动设计过程的执行,不断地评估改进设计,形成一个协同的、自动的、集成的迭代优化设计过程,缩短产品开发周期。

2.5　绿色设计

2.5.1　绿色设计概述

1. 绿色设计的定义

绿色设计(green design，GD)就是指在进行产品设计时将产品全生命周期内的环境属性(可拆卸性、可回收性、可维护性、可重复利用性等)作为设计目标，使得设计出的产品在满足环境目标要求的同时，保证产品应有的功能、使用寿命、质量等。也就是说在设计产品时必须按环境保护的要求选用合理的原材料、结构、尺寸及精度等，在制造和使用过程中能耗最小、对环境的影响最少，报废后的产品易于拆卸和回收，回收的材料可用于再生产。

产品绿色设计的核心是"3R"(reduce、recycle、reuse)，即不仅要减少物质和能源的消耗，减少有害物质的排放，而且要使产品及零部件能够方便地分类回收并再生循环或重新利用。按照产品绿色设计过程所考虑的侧重点的不同，绿色设计有时又称为面向环境的设计(design for environment，DFE)、可拆卸性设计(design for disassembly，DFD)、可回收性设计(design for recycling，DFR)等。

2. 绿色设计与传统设计的关系

传统设计是绿色设计的基础。没有传统设计，绿色设计也就无从谈起，因为，任何产品都必须首先具有所要求的功能、质量、寿命和经济性，否则绿色程度再高的产品也是没有实际意义的。绿色设计是对传统设计的补充和完善，绿色设计只有在原有设计目标的基础上将环境属性也作为产品设计目标之一，才能使所设计的产品满足绿色性能要求，才能有市场竞争力。

绿色设计与传统设计的根本区别在于：绿色设计要求设计人员在概念设计阶段就把降低能耗、易于拆卸、再生利用和保护生态环境与保证产品的性能、质量、寿命、成本列为同等重要的设计目标。设计时就让产品在整个生命周期内不产生环境污染，而不是产品产生污染后再采取措施补救。

绿色设计和传统设计在设计依据、设计人员、设计过程、设计目的等方面都存在着明显区别。表 2-3 为绿色设计与传统设计的比较。

表 2-3　绿色设计与传统设计的比较

比较因素	传统设计	绿色设计
设计依据	产品应满足的功能、性能、质量和经济性要求	产品应满足的功能、性能、质量、经济性要求和生态环境要求
设计人员	设计人员很少或没有考虑到产品对环境的影响和对资源的消耗	要求设计人员在产品设计阶段就考虑资源消耗和对环境的影响程度
设计过程	在设计、制造和使用过程中很少考虑产品回收，有也仅是有限的材料回收，用完后就被废弃	在设计、制造和使用过程中考虑产品的可拆卸性和可回收性，采用绿色材料和绿色包装，对环境产生毒副作用最少和废弃物最少
设计目的	为需求而设计	为需求和环境而设计，满足可持续发展的要求
产品	传统意义的产品	绿色产品或绿色标志产品

表 2-3 中的绿色产品是指以绿色设计方法设计和生产的可以拆卸与分解的产品。其零部件经过翻新处理后可以重复使用。

绿色设计扩大了产品的生命周期范围。传统的生命周期为"产品的生产到投入使用"，也称为"从摇篮到坟墓"的过程。绿色设计的生命周期延伸到"产品使用结束后的回收重用及处理处置"，即"从摇篮到再现"的过程。

绿色设计涉及产品生命周期的每一个阶段，即使设计时考虑得非常全面，但由于所处时代的技术水平的限制，在有些环节或多或少还会产生非绿色的现象。

3．绿色设计的特征

(1)技术先进性。技术先进性是绿色设计的前提。绿色设计强调在产品全生命周期中采用先进的技术，从技术上保证安全、可靠、经济地实现产品的各项功能和性能，保证产品生命周期全过程具有很好的环境协调性。

(2)技术创新性。绿色设计作为一门新兴的交叉性边缘学科，它面对的是以前从来没有解决过的新问题，这样的学科必然伴随着技术上的创新。所以在绿色设计中，设计者要善于思考、敢于想象、大胆创新。

(3)功能先进实用。绿色设计的最终目标是向用户和社会提供功能先进实用的绿色产品。不能满足顾客需求的设计是绝对没有市场的。所以不管任何时候，都应将产品功能先进实用作为设计的首要目标。

同样的功能用先进技术来实现不仅容易，产品的可靠性也会增强，产品会变得更加实用，功能的扩展也更容易，功能实用性意味着产品的功能能够满足用户要求，并且性能可靠、简单易用，同时它排斥了冗余功能的存在。

(4)环境协调性。绿色设计强调在设计中通过在产品生命周期的各个阶段中应用各种先进的绿色技术和措施使所设计的产品具有节能降耗、保护环境和人体健康等特性。

(5)资源最佳利用。在选用资源时，应充分考虑资源的再生能力，避免因资源的不合理使用而加剧资源的稀缺性和资源枯竭危机，从而制约生产的持续发展。在设计上应尽可能保证资源在产品的整个生命周期中得到最大限度的利用，因技术限制而不能回收再生重用的废弃物应能够自然降解，或得到便捷安全的最终处理，以免增加环境的负担。

(6)能源最佳利用。在选用能源类型时，应尽可能选用可再生能源，优化能源结构，尽量减少不可再生能源的使用。通过设计，力求使产品全生命周期中的能量消耗最少，以减少能源的浪费。

(7)污染极小化。绿色设计应彻底抛弃传统的"先污染、后治理"的末端治理方式，在设计时就充分考虑如何使产品在其全生命周期中对环境的污染最小、如何消除污染源并从根本上消除污染，产品在其全生命周期中产生的环境污染为零是绿色设计的理想目标。

(8)安全宜人性。绿色设计不仅要求考虑如何确保产品生产者和使用者的安全，而且要求产品符合人机工程学、美学等有关原理，安全可靠、操作性好、舒适宜人，对人们的身心健康造成的伤害为零或最小。

(9)综合效益最佳。经济合理性是绿色设计中必须考虑的因素之一。一个设计方案或产品若不具备用户可接受的价格，就不可能走向市场，与传统设计不同，在绿色设计中不仅要考虑企业自身的经济效益，而且要从可持续发展观点出发，考虑产品全生命周期的环境行为对生态环境和社会所造成的影响，即考虑设计所带来的生态效益和社会效益。以最低的成本费用收到最大的经济效益、生态效益和社会效益。

产品类型不同，对产品绿色性的要求侧重点是不一致的，例如，产品根据其应用情况，可重点考虑对人体健康的无害性、节能性、可回收性、对环境的无害性或者制造过程中的低污染和低耗能性等。

4．绿色设计的研究内容

绿色设计主要研究以下内容：绿色产品的描述与建模，即在传统产品模型基础上加入绿色属性，如噪声、污染、排放等环境指标属性、能源属性及资源属性等；绿色设计方法；绿色设计的材料选择；产品的可回收性设计；产品的可拆卸性设计；绿色产品的成本分析；绿色设计数据库；绿色设计评价等。

2.5.2　绿色设计方法

1．绿色设计过程

绿色设计过程一般需要经历以下几个阶段：需求分析、提出明确的设计要求、概念设计、初步设计、详细设计和设计实施，如图 2-25 所示。表面上看这与一般的产品设计没有多大区别，但在每一个设计阶段以及设计评价和设计策略中都包含了对环境的考虑。

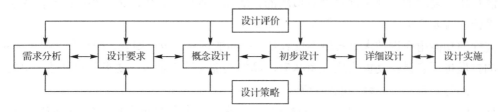

图 2-25　绿色设计阶段划分

在产品的需求分析阶段，首先要确定产品开发的目的和范围，明确用户需求，然后由这些需求形成完整的设计要求，其中包括环境需求；接着采用各种设计策略来满足设计要求。在设计的各个阶段要不断对可行的设计方案评价优选，这里的评价是产品的生命周期评价。成功的产品设计最终必须综合平衡产品性能、成本和环境这三个方面的设计要求。

在产品开发的初始阶段，有关零件材料和加工工艺方面的知识是很有限的，因此，产品对环境的影响也就很难准确确定，但此时对产品设计方案修改的自由度较大。随着设计的进行，材料和工艺及知识水平逐渐提高，评价的准确性上升，但方案修改的自由度下降。这就对设计评价方法提出了较高的要求，它既要能对概念设计和初步设计结果进行定性分析评价，又要能对详细设计结果进行定量评价。设计评价本身不能直接对产品进行改进，但它能指出方案在哪里能有效地进行改进。

设计要求决定了预期的设计结果，它是把用户需求和环境目标转换成设计方案的依据。只有当设计方案被设计要求清晰限定时，设计才能有效进行。在设计过程中，设计方案也是按满足设计要求的程度来进行分析评价的。设计要求的制定必须合理，不可过紧或过宽。过紧会从方案空间中去除一些有吸引力的设计，过宽则易引起设计方案的最优搜索难以收敛。如前所述，产品生命周期成本的 70%～80%是由设计阶段确定的，而提出产品设计要求阶段所花的费用只占产品开发总费用的 10%左右，但这一阶段做出的设计决策却确定了产品成本的 60%左右，由此可以看出设计要求对产品开发的重要性。

　　绿色设计除了考虑一般用户需求，还要考虑以下环境方面的要求：①自然资源的使用最小；②能源的消耗最少；③废弃物的产生最少；④对生态系统平衡的危害最小；⑤对人类健康和安全的危害最小。

　　设计者可以根据具体的产品定性或定量地表达这些要求。

　　因此，绿色设计应是以系统工程和并行工程为指导，以产品生命周期分析为手段，集现代工程设计方法为一体的系统化、集成化设计方法。

　　图 2-26 为绿色设计过程模型。

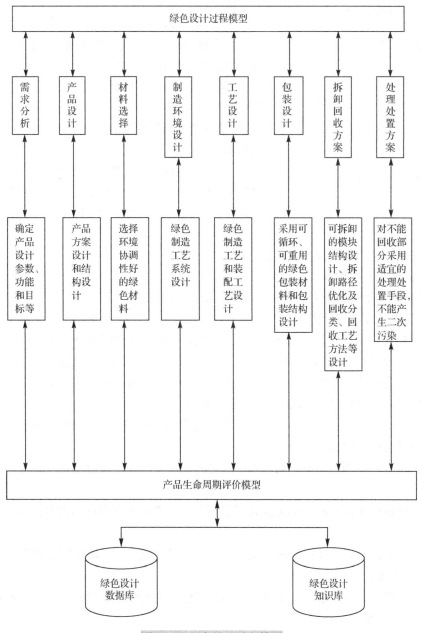

图 2-26　绿色设计过程模型

2. 绿色设计步骤

图 2-27 为绿色设计的主要步骤，包括建立绿色设计小组、搜集绿色设计信息、建立绿色设计准则、初步绿色设计、绿色设计评价和绿色设计决策等。其中建立绿色设计准则是关键。

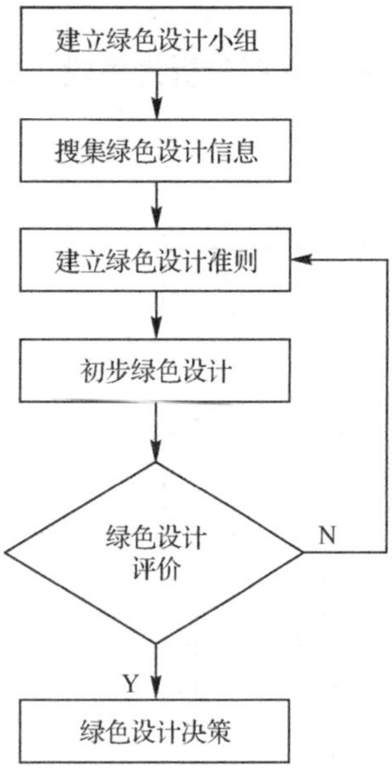

绿色设计准则包括下面 4 方面内容。

1) 与材料有关的准则

产品的绿色属性与材料有着密切的关系，因此必须仔细而慎重地选择和使用材料。与材料有关的准则包括以下几个方面。

① 少用短缺或稀有的原材料，多将废料、余料或回收材料作为原材料，尽量寻找短缺或稀有原材料的代用材料，提高产品的可靠性和延长产品的使用寿命。

② 尽量减少产品中的材料种类，以利于产品废弃后的有效回收。

③ 尽量采用相容性好的材料，不采用难于回收或无法回收的材料。

④ 尽量少用或不用有毒有害的原材料。美国国家环境保护局于 1988 年公布了 33/50 计划，要求制造业使用的 10 多类有害化学品，于 1992 年使用量削减 33%，到 1995 年削减 50%。

图 2-27　绿色设计的主要步骤

⑤ 优先采用可再利用或再循环的材料。

2) 与产品结构有关的准则

产品结构设计是否合理对材料的使用量、维护、淘汰废弃后的拆卸回收等有着重要影响。在设计时，应遵循以下设计准则。

① 在结构设计中树立"小而精"的设计思想，在同一性能情况下，通过产品的小型化尽量节约资源的使用量，如采用轻质材料、去除多余的功能、避免过度包装等，减轻产品重量。

② 简化产品结构，提倡"简而美"的设计原则，如减少零部件数目，这样既便于装配、拆卸、重新组装，又便于维修及报废后的分类处理。

③ 采用模块化设计，此时产品是由各种功能模块组成的，既有利于产品的装配、拆卸，也便于废弃后的回收处理。

④ 在保证产品耐用的基础上，赋予产品合理的使用寿命，努力减少产品使用过程中的能量消耗。

⑤ 在设计过程中注重产品的多品种及系列化，以满足不同层次的消费需求，避免大材小用，优品劣用。

⑥ 简化拆卸过程，如结构设计时采用易于拆卸的连接方式、减少紧固件数量、尽量避免破坏性拆卸方式等。

⑦ 尽可能简化产品包装，采用适度包装，避免过度包装，使包装可以多次重复使用或便于回收，且不会产生二次污染。

3) 与制造工艺有关的准则

制造工艺是否合理对加工过程中的能量消耗、材料消耗、废弃物产生的多少等有着直接影响，绿色制造工艺技术是保证产品绿色属性的重要内容之一。与制造工艺有关的设计准则包括以下几个方面。

① 优化产品性能，改进工艺，提高产品合格率。

② 采用合理工艺，简化产品加工流程，减少加工工序，谋求生产过程的废料最少化，避免不安全因素。

③ 减少产品生产和使用过程中的污染物排放，如减少切削液的使用或采用干切削加工技术。

④ 在产品设计中，要考虑到产品废弃后的回收处理工艺方法，使产品报废后易于处理处置，且不会产生二次污染。

4) 绿色设计的管理准则

除上述准则之外，还必须对绿色设计过程进行有效的管理。没有良好的管理，最终无法获得真正意义上的绿色产品。绿色设计的管理准则包括以下几个方面。

① 规划绿色产品的发展目标，将产品的环境属性转变为具体的设计目标，以保证在绿色设计阶段寻求最佳的解决办法。因为一旦产品概念设计和技术细节确定下来，所有用于改善产品环境属性的工作都将是对外部要求的一种弥补方法，而且费用高、周期长，末端治理即是如此。

② 绿色设计要求在产品设计阶段设计小组成员与管理人员之间进行广泛的合作。管理人员应该为产品全生命周期设计定义一种定量的方法，设计人员依据这种量化方法来设计产品性能参数、工艺路径和工艺参数，以便使产品环境性能和经济效益之间达到最佳协调，并由此确定合适的产品制造技术。

由于绿色设计面向产品全生命周期，因此，需要建立一个网络系统，以便材料及零部件供应部门、产品设计人员和用户之间进行信息交流，使各网络成员了解有关设计阶段的决策。网络成员之间的良好合作可以给产品管理者带来两个好处：第一，由于对材料流、部件类型等的控制得到改善，因而设计决策的范围将更加广泛；第二，寿命终结产品的回收问题可以在用户和回收者之间协调共同解决。

③ 产品设计者应该考虑产品对环境产生的附加影响(如洗衣机使用时的水、电消耗问题)。以洗衣机生产为例，企业不仅需要将自己看成产品制造者和供应者，而且要具有这样的观点，那就是：洗衣机不仅让人们穿上干净的衣服，而且不能对环境造成损害。

④ 提供有关产品组成的信息，如材料类型及其回收再生性能等，以便于产品废弃后的回收、重用等。

2.5.3　绿色设计的材料选择

1. 绿色材料的特征

选择材料是产品设计的第一步，绿色设计应该选用绿色材料。绿色材料(green material, GM)又称环境协调材料或生态材料，是指从原材料获取、生产、加工、使用、再生和废弃等生命周期全程中具有较低环境负荷值、较高可循环再生率和良好使用性能的材料。环境负荷主要包括资源摄取量、能源消耗量、污染排放量及危害、废物排放量与回收和处置的难易程度等因素。与传统材料相比，绿色材料具有如下特征。

(1)节约能源和资源。采用更优异的性能(如质轻、耐热、绝热性、能量转换等)提高能量效率。改善材料的性能可以降低能量消耗，达到节能目的。通过更优异的性能(强度、耐磨损、耐热、绝热性、催化性等)可降低材料消耗，从而节省资源。采用能提高资源利用率的材料(催化剂等)和可再生的材料。

(2)可重复使用和循环再生。产品材料经过收集后，仅需要净化过程(如清洗、灭菌、磨光和表面处理等)即可再次使用，或作为另一种新产品使用。

(3)对环境无害和对生物安全。材料在使用环境中不会对动物、植物和生态系统造成危害。不含有毒、有害、导致过敏和发炎、致癌的物质和环境激素，具有很高的生物学安全性。

(4)化学稳定性。材料在很长的使用时间内通过抑制其在使用环境中(暴风雨、化学、光、氧气、水、土壤、温度、细菌等)的化学降解实现稳定性。

(5)有毒、有害替代。绿色材料可以用来替代已经在环境中传播并引起环境污染的材料，因为已经扩散的材料是不可回收的，使用具有可置换性的材料是为了防止进一步的污染，如生物降解塑料对塑料的可置换性。

(6)舒适性和环境清洁治理功能。材料有在使用时给人提供舒适感的性质，包括抗震性、吸音性、抗菌性、湿度控制、除臭性等，具有对污染物分离、固定、移动和解毒以便净化废气、废水和粉尘等的性质以及探测污染物的功能。

2. 绿色材料的分类

绿色材料一般可以分为天然材料、低环境负荷材料、循环再生材料和环境功能材料4类。

(1)天然材料。木材是应用最广泛、历史最悠久的天然材料。木材集生物材料、能源材料、信息材料和人工材料于一体，随着社会技术的进步，木材也逐渐扩大到以不同形状木材组元为基本单元的新型木质材料，如胶合板、纤维板、刨花板、胶合梁、石膏刨花板、木基复合材料、木质陶瓷等。

(2)低环境负荷材料。具有下列主要特征：①废弃物在处理或处置过程中能耗和物耗很小；②废弃物在处理或处置过程中不形成二次污染。简而言之，这类材料对环境的影响相对较小。低环境负荷材料主要包括高分子材料和无机材料。

聚乙烯是最常用的高分子材料之一。它是农用地膜和日用包装袋的主要原料。随着聚乙烯的大量使用，其废弃量大量地增加，形成了严重的白色污染。为了解决白色污染，使聚乙烯能够自行降解，人们开发了生物降解塑料薄膜和光生物降解薄膜。对于生物降解材料，多数研究者的思路是在聚乙烯中加入淀粉等天然聚合物，研究的重点是如何改善淀粉和聚乙烯的混合性能及提高淀粉热塑性的各种添加剂。如果能在生物降解薄膜中加入光激活剂，则可加速生物降解的速度，使降解的过程更加彻底。

(3)循环再生材料。材料的再生利用是节约资源、实现可持续发展的一个重要途径，同时，也减少了污染物的排放，避免了末端处理的工序，增加了环境效益。

循环再生材料具有下列特征：多次重复循环使用；废弃物可作为再生资源；废弃处理消耗能量少；废弃物的处理对环境不产生二次污染或对环境影响小。实质上，现有的许多材料，如某些钢材或高分子材料已基本具备良好的可循环再生利用条件，如各种废旧塑料、农用薄膜的再生利用，铝罐、铁罐、塑料瓶、玻璃瓶等旧包装材料的回收利用，冶金炉渣的综合利用，废旧电池材料、工业垃圾中金属的回收利用等。对于钢而言，在其废弃之后的再生冶炼过程中，有些合金元素或杂质元素是难以去除的，目前已研究了多种方法，以除去或利用这些元素或杂质，使钢真正可循环再生利用。

(4) 坏境功能材料。能分离、分解或吸收废气或废液的材料称为环境功能材料或净化材料,具有下列特征：材料在使用的过程中具有净化、治理、修复环境的功能,在其使用过程中不形成二次污染,材料本身易于回收或再生。

一般来说,环境工程材料可分为治理大气污染或水污染、处理固态废弃物等不同的几类材料。如离子交换纤维,其净化环境功能的作用基础在于离子交换；陶瓷过滤器,主要应用于汽车尾气的污染控制,为了在高温或腐蚀环境中使用,一般用堇青石制成蜂窝结构作为净化触媒的载体；废水净化材料(如有机或无机的薄膜材料和陶瓷球)等。

3. 绿色材料选择

绿色设计中材料的选择原则如下。

(1)材料的最佳利用原则。提高材料的利用率,不仅可以减少材料浪费,解决资源枯竭问题,而且可以减少排放,减少对环境的污染。尽量选择绿色材料和可再生材料,使材料的回收利用与投入比趋于1。

(2)能源的最佳利用原则。在材料全生命周期中应尽可能采用清洁型可再生能源(如太阳能、风能、水能、地热能)。使材料生命周期能量利用率最高,即输出能量与输入能量的比值最小。

(3)污染最小原则。在材料生命周期全过程中产生的环境污染最小。选择材料时必须考虑其对环境的影响,严重的环境污染会给人类乃至整个生物圈造成巨大的损害。

(4)损害最小原则。在材料生命周期全过程中对人体健康的损害最小。在选择材料时必须考虑其对人体健康的损害,通常应注意材料的辐射强度、腐蚀性、毒性等,尽量少用或不用有害的原材料。

在进行绿色设计时,不仅要正确选择材料,还要重视材料的管理,例如,做好材料的标志,对不同种类和性能的材料要分类保存和管理,不把含有害成分与无害成分的材料混放。对于达到生命周期的产品,其有用部分要充分回收利用,不可用部分要采用一定的工艺方法进行处理,使其对环境的影响最低,建立材料数据库,包括材料性能数据库和材料环境负荷数据库,开发材料计算机管理系统。

面向绿色设计和绿色制造的材料选择途径有以下一些：①尽量选用绿色材料。②选用原料丰富、成本低、污染小的材料替代昂贵、污染大的材料。③选用无毒无害材料。④选用可回收利用或再生的材料。⑤减少所用材料种类。产品所用材料种类繁多,不仅会增加产品制造的难度,而且给产品报废后的回收处理带来不便,从而造成环境污染。使用较少的材料种类,有利于零件的生产、标记、管理以及材料的回收。⑥考虑所选材料的相容性。材料相容性好,意味着这些材料可以一起回收,能大大减少拆卸回收的工作量。⑦减少不必要的表面装饰。在产品设计中为了达到美观、耐用、耐腐蚀等要求,大量使用表面覆饰材料,这不仅给废弃后的产品回收再利用带来困难,而且大部分覆饰材料本身有毒,覆饰工艺本身会给环境带来极大的污染,因此应尽量选用表面不加任何涂饰、镀覆、贴覆的原材料。

在实际的材料选择中,还应结合产品具体情况,从全局的角度出发,充分考虑材料对产品全生命周期各阶段的环境影响以及产品性能、成本等因素的约束,使得产品整体环境性能协调优化。

2.5.4　产品的可拆卸性设计和可回收性设计

1. 基本概念

产品的可拆卸性设计和可回收性设计是绿色设计的重要内容之一。拆卸是将废弃淘汰产品的连接按照需要和回收目标拆开，将零部件相互分离；回收则是将产品中的可重用零部件及材料按照其性质进行分类，以实现零部件重用或材料循环。拆卸是回收的前提，良好的拆卸性能，可以使产品中的有用部分得到充分的循环利用，提高资源能源的利用率，减小环境污染，最终获得良好的社会效益和经济效益。

可拆卸性设计(DFD)是指产品设计时，充分考虑从产品或部件上有规律地拆下可用零部件，保证不因拆卸过程造成该零部件的损伤。可拆卸性设计有利于产品零部件的重复利用和材料的回收，避免了因产品整体报废而导致的资源浪费和环境污染。

可回收性设计(DFR)是指在产品设计时，充分考虑产品零部件及材料回收可能性、回收价值、回收处理方法、回收处理结构工艺性，以及与可回收性有关的一系列问题，以实现零部件及材料资源和能源的有效利用，并在回收过程中对环境的污染减至最小。

产品可拆卸性设计是可回收性设计的前提和基础，产品拆卸和回收过程不应对环境造成二次污染。

2. 产品拆卸与回收的方法与原则

机电产品的拆卸方式有 3 种：①将产品自顶向下拆到最底层，即对产品进行完全拆卸，最终得到一个个单独的零件，这种拆卸方式仅适用于理论研究，在实际中应用很少，因为对产品进行完全拆卸往往是不经济的；②对产品进行部分拆卸，这种拆卸方式在实际拆卸中应用最为广泛；③特定目标的拆卸，这种特定目标往往是可翻新重用、零部件材料的价值很高或对环境影响较大。

机电产品在其整个生命周期过程中的回收过程如图 2-28 所示。对已拆卸产品所进行的回收方式主要有以下几种类型：①回收零部件的直接重用(对于制造成本高、革新周期长或使用

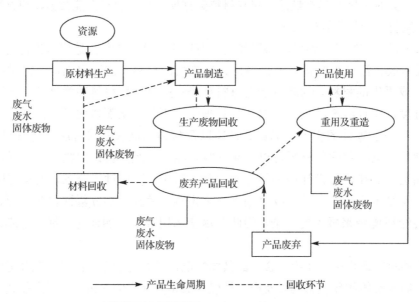

图 2-28　机电产品生命周期中的回收过程

寿命长的零部件单元可考虑直接利用,如盛液体的瓶子);②回收的零部件再加工后的利用(如汽车零部件经过加工后再利用);③重新处理的零件材料被应用在另一更高价值的产品中的高级回收;④回收的零件材料用于低价值产品中的次级回收;⑤通过化学方式将回收零件分解为基本元素的三级回收;⑥焚烧用于发电的四级回收;⑦无法处理部分的填埋处理。

产品的拆卸与回收受废物处理费用、操作条件、工作场地、环境温度等诸多因素的影响,故应对影响产品拆卸与回收价值的因素进行细致的分析。根据废旧产品回收效益与回收费用的比较,确定产品回收的可行性。根据废旧产品的拆卸费用与处理费用之比,确定是否继续拆卸。

产品拆卸与回收设计的总原则是,一方面需获取最大的利润,另一方面使零部件材料得到最大限度的利用,并使最终产生的废弃物数量最少。在产品拆卸回收过程中,当某一点(该点称为经济回收的极限点)的回收价值已小于拆卸成本时,表明此时的拆卸回收已开始进入负价值阶段。在这种情况下,产品的进一步拆卸与回收从经济利益的角度来讲已无利可图。具体而言,回收过程中必须遵循以下原则。

(1)若零件的回收价值加上该零件不回收而进行其他处理所需的费用大于拆卸费用,则回收该零件。

(2)若零件的回收价值小于拆卸费用,而两者之差又小于该零件的处理费用,则回收该零件。

(3)若零件的回收价值小于拆卸费用,而两者之差又大于该零件的处理费用,则不回收该零件,除了为获得剩余部分中其他更有价值的零件材料所必须进行的拆卸。

(4)对所有无法回收利用的零件材料都需要进行填埋或焚烧处理。

3. 可拆卸性设计

传统的产品设计是以功能性、经济性为主要指标的设计,设计过程中仅考虑产品的基本属性(功能、质量、寿命、成本),以及制造与装配的工艺性,很少或根本没有考虑产品的可拆卸性及零部件的再生利用。当某个零件失效时,由于拆卸困难,只好将整个部件全部废弃;当产品寿命终结后,大量可重用零部件及组成材料也由于拆卸困难或拆卸成本太高而不能回收,这样既浪费了资源,又可能造成环境污染。在一些工业发达国家已开始以法律的形式规定:谁造成环境污染,谁负责治理。这使得制造商开始重视产品报废的回收处理问题,从设计阶段就考虑可拆卸与可回收问题。

根据拆卸目的不同,可把拆卸方法分为破坏性拆卸、部分破坏性拆卸和非破坏性拆卸。

1)产品拆卸困难的原因

(1)产品设计不易于连续拆卸和回收。

① 连接结构难于拆卸。产品的连接方法是根据简化装配和安全连接而选择的,因而存在不可拆连接以及难以接近的连接,使得拆卸难以进行。

② 材料的多样性。材料的选择仅从经济性和最佳性能的角度考虑,采用了大量不同种类甚至不可回收的材料,且需高昂的拆卸分类费用。

③ 产品结构是基于功能和装配要求优化的,导致了大量不必要的拆卸步骤。

(2)产品在使用阶段由于修理、污染、腐蚀等发生了变化。

(3)需要拆卸的产品缺乏完整的产品信息。

可拆卸性设计就是要克服上述不利因素，在产品设计阶段就将维护及可回收、可拆卸要求作为设计目标，明确将来哪些零部件要被拆卸和回收，并从产品结构、连接方式、材料选择等方面充分考虑产品的可拆卸性。

2)常用的拆卸设计准则

拆卸设计准则是为了将产品的拆卸性要求及回收约束转化为具体的产品设计而确定的，需要根据设计和使用、回收中的经验拟定。

(1)简化产品功能准则。产品功能多样化，特别是机电产品的功能日趋增多，是导致产品结构与使用复杂化的根源。当前产品的小型化设计已成为设计领域的趋势，它可以有效地节约资源的使用量。在满足使用要求的前提下，应减少产品零部件数量，以便于装配、拆卸、重新组装、维修及报废后的处理并尽量简化掉一些不必要的功能。

① 合理寿命原则。考虑产品报废因素，赋予产品合理的使用寿命及注重产品的多品种及系列化，以满足不同层次的消费需求。

② 零件合并准则，将功能相似或结构上能够组合在一起的零部件进行合并，零件合并必须满足：该零件与其他零件不能相对移动；该零件与其他零件的材料相同；该零件无装配或拆卸要求。在零件合并时，应该满足合并后的零件的结构要易于成型和制造，以免增加制造成本，如由工程塑料制成的零件，由于工程塑料本身的成型性能良好，故可制造结构复杂的复合零件。

(2)紧固连接易于拆卸准则。产品零部件之间的连接方式对拆卸性有重要影响。设计过程中要尽量采用简单的连接方式，尽量减少紧固件数量，统一紧固件类型，并使拆卸过程具有良好的可达性及简单的拆卸运动。

① 采用易拆卸或易破坏的连接，采用易于拆卸的连接方式，如搭扣式连接；快速紧固件可以减少拆卸所需的时间及工具种类。

② 紧固件数量最少。拆卸部位的紧固件数量要尽可能少，使拆卸容易且省时省力。

③ 紧固件类型统一。以减少拆卸工具种类，简化拆卸工作。

④ 简化拆卸运动。这是指完成拆卸只要做简单的动作即可，具体地讲，就是拆卸应沿一个或几个方向做直线移动，尽量避免复杂的旋转运动，并且拆卸移动的距离要尽可能短。

⑤ 可达性准则。手工及自动分离的零件的连接部位和连接应易于接近及操作。可达性包括视角可达，为拆卸提供便于观察的空间；实体可达，拆卸工具应能够接触到被拆零部件，若希望用电动工具进行拆卸，则要留出电动工具进入的空间；空间可达，应预留足够的拆卸操作空间。

(3)减少材料种类准则。

① 材料相容性准则。组成产品的零件材料之间的相容性好，使得这些零件材料可以一起回收，即将零部件作为整体回收，因而可大大简化拆卸过程。

② 单纯材料零件准则。尽量避免金属材料与塑料零件的相互嵌入，例如，目前广泛采用的注型零件就往往将金属部分嵌入塑料中，这会使以后的分离拆卸工作难以进行。

③ 有害材料的集成准则。有些产品必须使用对环境或人身有毒或有害的材料，产品结构设计中，在满足产品功能要求的前提下，应尽量将这些材料组成的零部件集成在一起，便于以后的拆卸与分类处理。

(4)拆卸易于操作准则。拆卸过程中，不仅拆卸动作要快，而且要易于操作，这要求在结构设计时，在要拆下的零件上预留可供抓取的表面，避免产品中有非刚性零件存在。

① 零部件合理布局准则。易损坏、可重复利用的零部件或有毒有害的零部件往往必须拆下，应该接近拆卸路径的顶层，连接方式选择易于分离的连接，以减少拆卸难度，此外零件配合面应简化及标准化。

② 废液排放准则。有些产品在废弃淘汰后，其中往往含有部分废液，如机床中的润滑油、汽车中的机油和润滑油等。为了不使这些废液在拆卸过程中遍地横流，在拆卸前要先将废液放出。在产品设计时要留有易于接近的排放点，使这些废液能方便地完全排出。

③ 便于抓取准则。当待拆卸的零部件处于自由状态时，要能方便地拿取，必须在其表面预留便于抓取的部位，以便准确、快速地取出目标零部件。

④ 刚性零件准则。由于拆卸麻烦，产品设计时，应尽量不采用非刚性零件。

(5)易于分离准则。

① 一次表面准则。组成产品的零件的表面最好是一次加工而成，尽量避免在表面上再进行电镀、涂覆、油漆等二次加工。因为二次加工后的附加材料往往很难分离，残留在零件材料表面则形成材料回收时的杂质，影响材料的回收质量。

② 完好性准则。在拆卸过程中不能损坏零件材料本身，也不能损坏拆卸设备。例如，洗衣机原先的底座平衡块是由混凝土制造而成的，在底座粉碎过程中，混凝土往往会损坏破碎机，而现在已改为铸铁材料制成，避免了这一问题。

③ 标准化准则。从简化拆卸及维修的角度，要求尽量采用国际标准、国家标准的硬件(元器件、零部件等)和软件(如技术要求等)，减少元器件、零部件的种类、型号和式样。实现标准化有利于产品的设计、制造和拆卸，也有利于废弃淘汰后产品的拆卸回收。

④ 模块化设计准则。模块化是实现部件互换通用、快速更换和拆卸的有效途径，因此，在设计阶段采用模块化设计，可按功能将产品划分为若干个能各自完成的模块，并统一模块之间的连接结构、尺寸，这样不仅制造方便，而且拆卸回收非常有效。

(6)产品结构的可预估性准则。产品在使用过程中，由于存在污染、腐蚀、磨损等，且在一定的时间内需要进行维护或维修，这些因素均会使产品的结构产生不确定性，即产品的最终状态与原始状态之间产生了较大的改变。为了使产品被废弃淘汰时，其结构的不确定性减少，设计时应遵循以下准则。

① 避免将易老化或易被腐蚀的材料与所需拆卸、回收的材料零件组合。

② 要拆卸的零部件应防止被污染或腐蚀。

③ 若零件暴露在恶劣环境下，则应采用防锈连接。

上述这些准则是以有利于拆卸回收为出发点的，在设计过程中有时准则之间会产生矛盾或冲突，此时应根据产品的具体结构特点、功能、应用场合等综合考虑，从技术、经济和环境三方面进行全局优化和决策。

4. 可回收性设计

产品的可回收性是绿色产品设计的主要内容之一，产品可回收性设计的实质是：设计产品使得产品废弃后可以回收材料或零部件，然后再把它们用到新产品上。主要内容包括：①可回收材料及其标志；②可回收工艺与方法；③可回收性经济评价；④可回收性结构设计。产品可回收性设计应遵循以下准则。

(1)产品结构易于拆卸,这是最基本的要求。

(2)洁净的净化工艺。可重用零件的布局应考虑其净化工艺不对环境造成污染。

(3)可重用零件材料要易于识别分类。可重用零件的状态(如磨损、腐蚀等)要能明确地识别,这些具有明确功能的拆卸零件应易于分类,结构尺寸应标准化,并根据其结构、连接尺寸及材料给出识别标志。

(4)结构设计应有利于维修及调整。设计的结构尽可能用简单的夹具、调整装置及尽可能少的材料种类,其布局应符合人机工程学原理,便于对拆下的零件进行再加工,易于调整件及新换零件的重新安装。同时尽可能避免磨损或使磨损最小,可根据任务分解原理,将易损件布局在能调整、再加工或需更换的零件上或区域内,对于由磨损引起的易损件,可采用减少腐蚀表面、特殊材料或表面保护措施来改善。

(5)尽可能减少零部件数量。零部件数量少,也会使材料种类减少、产品结构简化,其后的拆卸回收也较容易。因此,在不影响产品功能及加工工艺的情况下,尽可能合并零件(如工程塑料可通过其能形成复杂零件的能力实现多件合并);若合并零件有困难,也可考虑将零部件分解,将拆卸复杂、难于回收的零部件分解成几个简单零件。

(6)尽可能利用回收零部件或材料。在回收零部件的性能、使用寿命满足使用要求时,应尽可能将其应用于新产品设计中,或者在新产品设计中尽可能选用回收的可重用材料。

(7)应便于分离拆卸不合理的材料组合。有些零件为满足使用性能要求,在目前状况下不得不采用不同材料组合,这样在设计时应从结构上考虑其便于拆卸分离,便于以后的回收工作。

(8)对有可能产生性能退化的材料或有毒有害材料进行标记,这些标志可对回收时的材料识别及分类提供便利。

5. 产品全生命周期中的回收

回收既可以是能源回收,也可以是资源回收。能源回收就是通过焚烧等手段使包含在零部件材料上的能量得以释放,是其他回收方法无法进行时才采用的一种回收手段;资源回收是指回收废旧产品中的材料或零部件,使其直接进入生产过程而获得重用。按回收在产品生命周期中所处的位置,可将回收划分为生产阶段回收、使用阶段回收和废弃后回收 3 种类型。

(1)生产阶段回收:指对产品在生产制造过程产生的废弃物和材料进行回收,例如,当产品检验不合格时,可将其合格的零部件回收重用;机械加工过程中金属切屑、边角料、切削液等的回收利用等。

(2)使用阶段回收:指在使用阶段,对产品在维护时更换下来的失效零部件进行回收,通常这样的失效零部件进行修整重造后,仍可使用或可移作他用,或者其成分含有有价值的材料。

(3)废弃后回收:回收的最终结果应是达到寿命周期的产品具有最大的零部件重复利用率、尽可能大的材料回收量,减少最终处理量,不污染或少污染环境。废弃后回收的全过程包括以下几个方面。

① 取下可重用的零部件并作为旧零件进行销售。

② 对某些旧零件进行修理重造,实现重用或移作他用,赋予其二次生命。

③ 分解剩余的残骸，并将金属和其他高价值的材料分离以便回收。

④ 将无价值的部分进行废弃处理，使之进入废物流并最终进入焚烧炉或填埋到垃圾场。

2.5.5　绿色设计评价

1. 绿色设计评价指标体系

绿色设计的最终结果是绿色产品，绿色设计评价即绿色产品的评价。因此，绿色设计评价的指标体系即绿色产品的评价指标体系。

绿色设计的评价指标体系除包含传统设计评价的指标外，还必须满足环境属性要求。其评价一般应从技术、经济和生态环境等方面进行，评价指标通常包括环境属性指标、资源属性指标、能源属性指标及经济性指标四个方面，如图 2-29 所示。

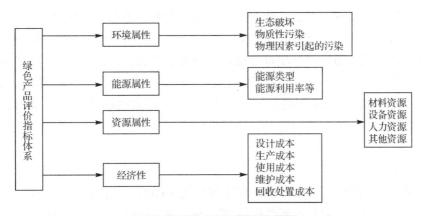

图 2-29　绿色产品评价指标体系

1) 环境属性指标

环境属性指标是反映绿色设计不同于一般设计的重要特征之一。环境属性主要是指在产品整个生命周期内与环境有关的指标，主要包括环境污染和生态环境破坏两方面的指标。图 2-30 是环境属性的具体评价指标。

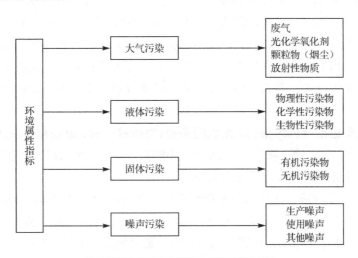

图 2-30　绿色产品环境属性评价指标

(1)大气污染。大气是人类赖以生存的最基本的环境要素。材料生产、产品制造、运输和使用等生命周期阶段都直接或间接地消耗能量,产生对全球、地区或人体有害的气体,造成空气污染,影响社会和经济的发展。臭氧空洞、温室效应和酸雨等都是气体污染的结果。任何一个地方的污染都可以通过扩散成为区域性污染并影响全球环境。因此,绿色设计应将与大气污染有关的指标控制在最低限度。

大气污染物的主要指标有硫氧化物、碳氧化物、氮氧化物、碳氢化合物、臭氧等氧化剂、颗粒物。大气污染评价中,一般都用污染物的浓度值(mg/m^3)作为评价参数,即将实际排放浓度值与评价标准的浓度值进行比较,以评价产品对大气环境的影响。

(2)液体污染。产品生产与使用过程中所产生的废水排入水体就形成了水体的工业污染源。行业不同,产生的工业废水中所含污染物的成分也有很大差异,这主要由各种工业原材料和工艺过程不同造成。冶金工业所产生的废水主要有冷却水、洗涤水和冲洗水等,含有酚、氰、硫化氰酸盐、硫化物、钾盐、焦油、石灰、氟化物、硫酸、油、铁的氧化物、悬浮物、锌、锡、镍、铬等,其中以含氰、含酚废水危害最大;轻工业所加工的原料多为农副产品,因此轻工业废水主要包含有机物质,有时还常含有大量的悬浮物质、硫化物和重金属(如汞、镉、砷等);机械制造业加工对象主要是各种金属材料、非金属材料等,在加工过程中还要使用不同成分合成的切削液,因此,这类工业废水中主要含有金属成分及硫、磷、氯等。

目前在水体污染评价中,常见的评价指标有 30 多种,其中主要的指标包括以下几个方面。
① 氧平衡参数指标:包括溶解氧、化学需氧量(COD)、生物需氧量(BOD)等。
② 重金属参数指标:包括小毒性指标(铁、锰、铜、锌等)、大毒性指标(汞、铬、铅等)。
③ 有机污染物指标:包括酚类、油类等。
④ 无机污染物指标:包括氨氮、硫酸盐、磷酸盐、硝酸盐、氰化物、氟化物等。

在水体污染评价中依据评价目标的不同及工业生产对水体的影响,可选用不同的参数来评价水体污染程度。

(3)固体污染。随着国民经济的发展、人口的增加和人民生活水平的提高,工业固体废物的产生量与日俱增。电力、煤炭、钢铁等工业产生的粉煤灰、煤矸石、钢渣和高炉铁渣占用大量的农田;化工、有色金属等工业产生的有害废物对人类健康和环境构成了即时的和潜在的威胁。固体废弃物的大量产生是产品设计中没有充分考虑拆卸性、回收重用性的结果,绿色设计就是使产品的材料、零部件得到尽可能高的重复利用率,而使固体废弃物减少到最小或最终消除。

固体废物主要包括有机污染物、无机污染物(包括对动物、植物有害的元素及其化合物,如铜、镍、钴、锰、锌、砷、硼等)、工业及城市的固体废物、大气沉降物(大气中的 SO_2、氮氧化物和颗粒通过沉降和降水而降落到地面)。

(4)噪声污染。工业噪声主要来自生产和各种工作过程中机械振动、摩擦、撞击及气流扰动而产生的声音。一般电子工业和轻工业的噪声在 90dB 以下,机械工业噪声为 80~120dB,凿岩机、大型球磨机达 120dB,风铲、风镐、大型鼓风机在 130dB 以上,因此工业噪声是环境噪声污染的主要来源之一。噪声不仅危害健康、干扰休息或使人烦恼,而且会降低工作效率，使人精神涣散，注意力不集中，以致造成工伤事故。因此必须控制工业产品在生产、使用过程中产生的噪声污染。

绿色工业产品的噪声影响包括其在整个生命周期中对生产者、使用者及环境的影响，如生产过程中的噪声量级、使用过程中的噪声量级等。噪声量级是反映噪声强度的计量，由于用某一瞬时的噪声量级来代表该地区的噪声强度是不合理的，因此，现在大部分国家都采用等效连续 A 声级来衡量噪声的强度，它的定义可用下式表示：

$$L_{eq} = 10 \times \lg \frac{1}{T_1 - T_2} \int_{T_1}^{T_2} 10^{0.1L_p} \mathrm{d}t$$

式中，L_{eq} 表示时间 $T_1 \sim T_2$ 内的平均噪声量级；T_1 表示起始时间；T_2 表示终止时间；L_p 表示 t 时刻的噪声量级。

2) 资源属性指标

这里所说的资源是广义的资源，包括产品全生命周期中使用的材料资源、设备资源和人力资源等，是绿色产品生产所需的最基本条件。其中最重要的是材料资源指标。

(1) 材料资源指标。材料资源指标反映了产品全生命周期中材料流的有效利用程度。材料选择是产品设计的第一步，材料的绿色特性对产品的绿色性能具有重要影响。传统产品设计中材料选择的不足之处表现在：所用材料种类繁多，不利于产品废弃后回收；材料本身或加工中会产生有毒或有害的物质，对环境和人体健康造成危害；没有考虑产品报废后回收利用问题；材料加工利用率不高，造成了资源浪费。因此，绿色设计评价中的材料资源指标以材料利用率、材料种类、材料的回收率、有毒有害材料的使用率等来表示。

(2) 设备资源指标。设备资源指标是衡量绿色产品生产组织合理性的重要方面，包括设备资源利用率和先进、高效设备使用率等。

(3) 人力资源指标。人力资源就是存在于人身上的社会财富创造力，是人类可用于生产产品或提供服务的体力、技能和知识。对绿色设计而言，人力资源包括管理人员、掌握绿色技术的技术人员、绿色产品生产人员和服务人员。与其他资源相比，人力资源具有以下特点。

① 支配性。生产过程中的各种资源需要结合运用，其中人力资源是其他资源的支配者，其他资源均为人力资源所用。

② 自控性。人力资源的利用程度由人自身控制，积极性的高低调节着人的作用的发挥程度，其他资源的利用程度具有完全的它控性。

③ 成长性。材料资源、设备资源一般来说只有客观限定的价值，而人的创造力可以通过培训及实践经验的积累而不断成长。

④ 社会性。人的劳动以协作的方式进行，个人创造力受社会关系、文化气氛的影响和制约，其他资源的利用则不存在这个问题。

⑤ 消耗性。人有一定的寿命，不加以利用就自然消失，而且要消耗生活资料，这也是与其他资源的不同之处。

人力资源指标反映了企业的技术人员、生产操作人员、管理人员的素质及对绿色知识的掌握情况。绿色产品资源属性评价指标如表 2-4 所示。

表 2-4　绿色产品资源属性评价指标

内容	指标	含义
材料资源	材料种类	产品中所使用的材料种类总数
	材料利用率	产品总重/投入材料总重
	零部件回收重用率	产品中回收零部件数量/产品的总零部件数
	材料的回收率	产品回收材料总重/产品总重
	有毒材料使用率	产品所有材料中有毒材料所占的比例
	有害材料使用率	产品所有材料中有害材料所占的比例
	材料可处理处置性	不能回收的材料处置的难易程度及对环境的影响大小
设备资源	设备资源利用率	设备平均每天有效使用时间
	先进、高效设备使用率	先进设备数/总设备数
人力资源	专业人员比例	专业技术人员/全体职工数
	绿色知识的普及	企业中成员的环保知识和绿色技术的教育情况
其他资源	土地资源利用率及基础设施完好率与利用率	国有资产的保值增值情况

(4) 其他资源指标。其他资源指标包括土地资源、工厂的基础设施资源等。

3) 能源属性指标

能源是人类赖以生存和发展的重要物质基础。随着生产的快速发展和人类生活水平的提高，能源的消耗量与日俱增，供需矛盾十分突出，缓解此矛盾的重要途径就是节约能源，力求能源的优化利用。节约和充分利用能源是绿色产品的又一大特性，从另一个侧面来说，能源利用率高，也就节约了资源，减少了环境污染。一般来说，能量生产过程需要利用其他各种资源(如煤、石油等)，且会产生一定的环境污染，因此，必须最大限度地节约和利用能源。当今全世界生产的能量的 80% 被世界上 20% 的人口所消耗，当其余 80% 的人口达到同样的消费水平时，将迫使能源生产转变方向。因此，必须研究出最佳的利用能源的方法，研究最佳利用能源的制造工艺及废弃物处置或回收再生技术和工艺。在产品设计中，要尽量使用清洁能源和再生能源、采用合理的生产工艺，提高能源利用率。绿色产品的能源属性主要体现在以下几个方面。

(1) 能源类型：指在产品生产及使用中所用能源的类型，是否为清洁能源，如水力能、电能、太阳能、沼气能等。

(2) 再生能源使用比例：指产品生产中再生能源的使用比例。

(3) 能源利用率：指产品生产中的能源利用率。

(4) 使用能耗：指产品使用过程中的能量消耗。

(5) 回收处理能耗：指产品废弃后回收处置所用能量/产品生产能量消耗。

4) 经济性指标

绿色产品的经济性面向产品的整个生命周期，与传统的经济性(成本)评价有着明显的不同。其评价模型也应反映产品全生命周期的所有特性。

以往采用的经济性指标大都主要考虑产品的设计成本、生产成本以及运输费用、储存费用等附加成本，很少考虑因工业生产、经济活动所造成的环境污染而导致的社会费用，也很少或不考虑因有毒有害生产工艺对人体健康造成危害而导致的额外医疗费用及产品达到生命周期后的拆卸、回收、处理处置费用对产品总体经济性的影响，绿色产品的经济性分析则必须考虑上述因素。图 2-31 是绿色设计的经济性评价指标。

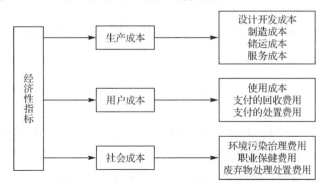

图 2-31　绿色设计的经济性评价指标

2．绿色设计评价方法

评价方法是绿色设计评价的核心，评价方法本身必须具有可操作性，并且正确、简便。绿色设计评价是一个非常复杂的过程，原因如下。

(1)绿色设计方案具有多样性。如对产品进行部分改进的绿色设计方案、全新的绿色设计方案等，对这些方案的评价是在不同层次上进行的，因而绿色设计评价方法要能适应这种多方案的评价特征。

(2)采用不同的绿色设计方案的效果大不相同，如经济效益、产品及工艺等对环境的影响，或对企业形象的影响等，评价方法同时要满足多目标、多指标的评价。

由于绿色产品评价指标中既有定性指标又有定量指标，可以将定性指标转换成用语言表达的准则，以便于对更为复杂的产品开发方案进行评价。模糊理论和 AHP 可以用来处理评价中的定性指标。其中 AHP 是处理定性指标较为有效的一种方法。为了能有效地处理不确定的影响因素，也可采用模糊表达方法，这种方法需要复杂的分析，还要考虑人的思想和判断的模糊性。

思　考　题

1．先进设计技术有哪些特征？

2．什么是数字化设计？它和传统设计有什么区别与联系？

3．产品模型有哪些类型？如何建立面向全生命周期的集成产品模型？

4．数字样机的特点是什么？它与真实样机和虚拟样机有什么区别？

5．常用的创新设计方法有哪些？各有何特点？

6．多学科优化的特点是什么？

7．试述绿色设计与传统设计的关系。

8．绿色设计的特点有哪些？绿色材料的特征是什么？

9．常用的拆卸设计准则有哪些？

10．如何建立绿色设计评价指标体系？

第3章 先进加工技术

3.1 概　述

先进加工技术是适应现代制造技术发展的一种新工艺，主要涉及精密与超精密加工技术、高能束加工、复合加工技术和超高速加工技术。

精密与超精密加工(ultra precision machining，UPM)技术综合应用了机械技术发展的新成果及现代电子技术、测量技术和计算机技术中先进的控制、测试手段等，使机械加工的精度得到进一步提高，尤其是超精密加工技术的不断完善，使之加工的极限精度目前正向着纳米(nm)和亚纳米级(Å)精度发展。从目前的发展水平来看，加工精度为 $0.1\sim1\mu m$，表面粗糙度 Ra 在 $0.1\mu m$ 以下的加工方法属于精密加工；而加工精度控制在 $0.1\mu m$ 以下，表面粗糙度 Ra 在 $0.02\mu m$ 以下的加工方法称为超精密加工。

高能束(high energy density beam，HEDB)加工技术是利用高能量密度的束流(激光束、电子束、离子束)作为热源，对材料或构件进行加工的先进特种加工技术。高能束加工技术是当今科技与制造技术相结合的产物，是制造工艺发展的前沿领域和重要方向，也是航空、航天和军事等尖端工业领域以及微电子等高新技术领域中必不可少的特种加工技术，被世界上各工业发达国家誉为"21世纪加工技术"。高能束流加工技术正朝着高精度、大功率、高速度及自动控制的方向发展。

复合加工(combined machining，CM)技术是指对零件加工部位同时施加两种或多种不同类型的能量，使被加工材料去除或改性的加工方法。其意义在于通过各种加工方法组合，弥补单个加工方法的不足，使之相辅相成，从而进一步发挥单个加工方法的优点。与组成复合加工的单个加工方法相比，复合加工的优点是既提高了加工效率，又兼顾了加工精度、加工表面质量和工具损耗等。

超高速加工技术是指采用超硬材料刀具和磨具，利用能可靠地实现高速运动的高精度、高自动化和高柔性的制造设备，以提高切削速度来实现提高材料切除率、加工精度和加工质量的先进加工技术。其显著标志是使被加工塑性金属材料在切除过程中的剪切滑移速度达到或超过某一阈值，开始趋向最佳切除条件，使得切除被加工材料所消耗的能量、切削力、工件表面温度、刀具和磨具磨损、加工表面质量等明显优于传统切削速度下的指标，而加工效率则大大高于传统切削速度下的加工效率。

先进加工技术已成为一个国家制造技术水平的重要标志，应用领域也越来越广泛，并向柔性化、数字化、智能化和多功能等方向进一步发展。

3.2 超精密加工技术

超精密加工是尖端技术产品发展不可缺少的关键加工手段，不管是国防科技还是军民两用，都需要这种先进加工技术。例如，关系到现代飞机、潜艇、导弹性能和命中率的惯导仪表的精密陀螺框架、激光核聚变用的反射镜、大型天文望远镜的透镜、大规模集成电路的各种基片、计算机磁盘基底及复印机磁鼓、各种高精度的光学元器件、各种硬盘及记忆体的衬底等都需要超精密加工技术的支持。超精密加工技术促进了机械、计算机、电子、半导体、光学、传感器和测量技术等的发展，从某种意义上来说，超精密加工担负着支持最新科学技术进步的重要使命，也是衡量一个国家制造技术水平的重要标志。

超精密加工包括超精密切削(车削、铣削)、超精密磨削、超精密研磨和超微细加工等，每种超精密加工方法应针对不同零件的精度要求而选择，其所获得的尺寸精度、形状精度和表面粗糙度都很高。

超精密切削是借助锋利的金刚石刀具对工件进行车削或铣削。主要用于加工要求低粗糙度和高形状精度的有色金属或非金属零件，如激光或红外的平面，非球面反射镜、磁盘铝基底、VTR 辊轴、有色金属轴套和塑料多面棱镜等，甚至直接加工纳米级表面的硬脆材料。超精密车削可达到粗糙度 Ra 为 0.005μm 和 0.1μm 的非球面形状精度。

超精密磨削是利用磨具上尺度均匀性好、近似等高的磨粒对被加工零件表面进行摩擦、耕犁及切削的过程。主要用于加工硬度较高的金属和非金属零件，如对加工尺寸及形状精度要求很高的伺服阀、空气轴承主轴、陀螺仪超精密轴承、光学玻璃基片等。超精密磨削可达到 0.002μm 的表面粗糙度和 0.01μm 的圆度。

超精密研磨(抛光)主要用于加工高表面质量与低面型精度的集成电路芯片和各种光学平面及蓝宝石窗等。超精密研磨可达到 5Å 的表面粗糙度和 1/200λ 的平面度(为 100mm)。

超微细加工是指各种的纳米加工技术，主要包括激光、电子束、离子束、微操作等加工手段，它也是获得现代超精产品的一种重要途径。

3.2.1　超精密加工刀具

超精密加工要求刀具能均匀地去除不大于工件加工精度且厚度极薄的金属层或非金属层。超精密加工工具必须具备超微量切削特征，因此对完成微量切削的刀具必须做出严格的规定。超精密切削刀具一般是指天然单晶金刚石刀具，它是目前超精密切削的主要刀具。由于金刚石晶格间原子的结合力非常牢固、硬度高、耐磨性好，所以金刚石刀具的刀面与刃口质量保证是超精密切削中的一个难题。刃磨质量包含两方面内容：①晶面选择，其正确与否直接影响着各向异性的单晶金刚石刀具的使用性能；②与金刚石刀有锋利性相关的刀刃最小钝圆半径的获得。刀刃的钝圆半径关系到刀具的最小切削厚度，并影响超微量的切除能力及加工质量。从理论分析可知，单晶金刚石刀具的刀刃钝圆半径可小至 10Å。超精密磨削的主要使用工具是砂轮。砂轮中的磨料品级与粒度均匀性十分重要，一方面确保砂轮在加工中十分锐利，另一方面应具有极高的耐磨性，磨料颗粒分散度要小，分布密度均匀。普通磨料的砂轮(白刚玉、碳化硅)适合于一般金属材料的超精密磨削，而立方氮化硼砂轮和金刚石砂轮适合于硬脆材料的超精密磨削，但这两种超硬磨料砂轮的修整十分困难。

3.2.2　超精密加工设备

超精密加工机床是实现超精密加工的首要条件，目前的超精密加工机床一般采用高精度空气静压轴承支撑主轴系统，空气静压导轨支撑进给系统的结构模式。要实现超微量切削，必须配有微量移动工作台的微进给驱动装置和满足刀具角度微调的微量进给机构，并能实现数字控制。

(1) 主轴及其驱动装置。主轴是超精密机床的圆度基准，故要求极高的回转精度，其精度范围为 0.02～0.1μm。超精密机床主轴广泛采用空气静压轴承，主轴驱动采用皮带卸载驱动和磁性联轴节驱动的主轴系统。

(2) 导轨及进给驱动装置。导轨是超精密机床的直线性基准，精度一般要求为 (0.02～0.2) μm/100mm。在超精密机床上，应用最广泛的是空气静压导轨与液体静压导轨。液体静压导轨与空气静压导轨的直线性最稳定，可达 0.02μm/100m；采用激光校正的液体静压导轨和空气静压导轨精度可达 0.015μm/100mm。利用静压支承的摩擦驱动方式在超精密机床的进给驱动装置上的应用越来越多，这种方式驱动刚性高、运动平稳、无间隙、移动灵敏。

(3) 微量进给装置。在超精密加工中，微量进给装置用于刀具微量调整，以保证零件尺寸精度。微量进给装置有机械式微量进给装置、弹性变形式微量进给装置、热变形式微量进给装置、电致伸缩微量进给装置、磁致伸缩微量进给装置以及流体膜变形微量进给装置等。

3.2.3　超精密加工的工作环境

工作环境的任何微小变化都可能影响加工精度的变化，使超精密加工达不到精度要求。因此，超精密加工必须在超稳定的环境下进行。超稳定环境主要是指恒温、超净化和防振三个方面。

超精密加工一般应在多层恒温条件下进行，不仅放置机床的房间应保持恒温，还要求机床及部件应采取特殊的恒温措施。一般要求加工区温度和室温保持在 20℃±0.06℃的范围内。

超净化的环境对超精密加工也很重要，因为环境中的硬粒子会严重影响被加工表面的质量，超精密加工对环境洁净度都有明确规定。

外界振动对超精密加工的精度和粗糙度影响甚大。采用带防振沟的隔振地基和把机床安装在专用的隔振设备上，都是极有效的防振措施。

3.2.4　超精密加工精度的在线检测及计量测试

超精密加工精度可采取两种减少加工误差的策略，一种是误差预防策略，即通过提高机床制造精度、保证加工环境的稳定性等方法来减少误差源，从而使加工误差消失或减少。另一种是误差补偿策略，是指对加工误差进行在线检测，实时建模与动态分析预报，再根据预报数据对误差源进行补偿，从而消除或减少加工误差。实践证明，加工精度高出某一要求后，利用误差预防技术来提高加工精度要比用误差补偿技术的费用高出很多，误差补偿技术已成为超精密加工的主导方向。西方工业发达国家先后研制出激光干涉仪、扫描隧道显微镜、原子力显微镜等，极大地推动了超精密加工技术的发展，如图 3-1、图 3-2 所示。

图 3-1　激光干涉仪

图 3-2　原子力显微镜

3.2.5　超精密加工的主要方法

1. 超精密镜面切削

超精密镜面切削是指表面粗糙度优于 $0.02\mu m$ 的切削加工方法，天然单晶金刚石刀头是超精密镜面切削的关键刀具，是超精密加工的一种最佳切削刀具材料。超精密镜面切削主要从以下几个方面考虑。

1)金刚石刀头的特性

(1)金刚石的颜色。天然金刚石硬度随颜色而不同，茶色的最硬，无色的和黄色的次之。在难切削材料镜面加工中，几乎都是采用茶色金刚石刀具材料。

(2)硬度。金刚石最强的结晶位置是(111)面，抛光后的抗拉强度为 $400\sim1000kg/mm^2$。制作刀头时，尽可能与(111)面平行研磨并形成前刀面，但与(111)面平行研磨会使加工成本过高，通常以 3°左右的倾角进行研磨以形成前刀面和锋利的切削刃。

(3)热导率。金刚石热导率在矿物中是最大的，由于前刀面及刃口十分光滑，摩擦系数小，切削加工时发热量小，且所产生的热量能被金刚石迅速地导入刀体材料中。

2)金刚石刀头的制造

(1)成型。天然金刚石的加工成型多采用研磨加工方法，对研磨位置、研磨方向有严格的限制，刀头通常由平面组合成型。

(2)研磨方法。金刚石刀具的研磨，一般用空气轴承的研磨机，可达到很低的粗糙度与极小的刃口半径，研磨盘多采用低压烧结工艺而制成的镶嵌金刚石微粉的铸铁研磨盘。

(3)特殊刀头的形状。小型刀头和全 R 刀头属于特殊形状的刀头。另外，还有直线拟合曲线形成的特殊用途的刀头，要求复杂形状时，可采用几个刀片组合而成。

3)刀头的使用特性

(1)刀尖的磨损。图 3-3 为切削距离与后刀面磨损宽度的关系。副后刀面和主后刀面磨损宽度都随着切削距离的增大而变大，从图中可以看出切削距离在达到 100km 以前时磨损急剧上升，以后磨损逐渐减慢。

(2)切削速度和振动。提高软质金属的切削速度有利于获得光滑的加工表面，但高速主轴回转容易产生振动，因此，提高切削速度要以不产生振动为准则。铝合金的临界切削速度达到 550m/min 以上时，积屑瘤引起的白浊现象几乎消失，部分材料精加工的切削速度如表 3-1 所示。

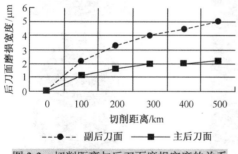

图 3-3　切削距离与后刀面磨损宽度的关系

表 3-1　常用切削速度

被切削材料	切削速度/(m/min)
铝	300～1200
铜	240～300
玻璃	15～30
大理石	9～18
陶瓷	12～30

4) 超精密切削的金刚石刀头

(1) 刀头形状。刀头都要制成不产生走刀痕迹的形状，并能获得普通刀头无法比拟的高精度表面。由于超精密加工的表面精度要求为 0.01μm 左右，所以刀头要设计成不易产生走刀痕迹的形状，大体上分为直线刃和圆弧刃两种形状，如图 3-4 所示。

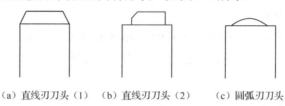

（a）直线刃刀头（1）　（b）直线刃刀头（2）　（c）圆弧刃刀头

图 3-4　金刚石刀头的形状

(2) 金刚石车刀切削部分。金刚石车刀切削部分的基本形状如图 3-5 所示，前角 $\gamma_0 = 0°$，后角 $\alpha_0 = 5°\sim8°$，主偏角 $K_r = 45°$。刃口圆角半径 ρ_0 和后刀面光洁度是影响工件表面质量的主要因素。研究表明：当 $\rho_0 = 0.3μm$，加工铝合金的表面粗糙度 Ra 达 0.025μm；$\rho_0 = 0.1μm$ 时 Ra 为 0.012μm。图 3-6 为金刚石刀头刃口放大图片，（a）中刃口缺陷为 0.37nm，（b）中没有明显缺陷。

直线刃刀尖的精度比圆弧刃优越，原因是刀头加工精度易于保证。据资料报道，圆弧刀刃可得到 Ra_{max} 为 0.01μm，直线刃可得到 Ra_{max} 为 0.004μm。

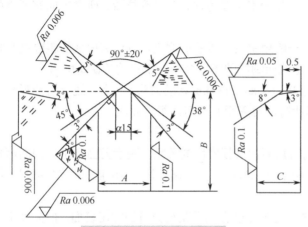

图 3-5　金刚石车刀切削部分

（a）　　　　　（b）

图 3-6　金刚石刀头的切削几何角度

2．超精密磨削

超精密磨削是指加工精度在 0.1μm 级、表面粗糙度 Ra 为 0.002～0.02μm 的磨削方法。超精密磨削对磨床的精度、砂轮的修整和环境控制要求也很高。

一般情况下，超精密磨削采用细粒度（$80^{\#}$～$400^{\#}$）的砂轮，经过精细修整，光磨 4～6 次，便可获得表面粗糙度 Ra 为 0.005～0.02μm 的加工表面。也可采用微细粒度（10μm）以下的大气孔砂轮进行磨削。近几年来，国内外在此方面有不少先进的技术报道并取得了大量的研究成果。

1）超精密磨削表面的形成机制

当砂轮表面一颗有效切刃切削工件时，将在工件表面产生一个切痕，可以认为，工件表面的微观轮廓是砂轮表面微观轮廓的某种复印。因此，超精密磨削表面与砂轮微观轮廓、砂轮特性、修整方法、修整用量、磨削参数等有密切关系。

采用精细修整的陶瓷结合剂砂轮进行超精密加工，修整后的砂轮微刃比较锋利，切削作用很强，随着磨削时间的增加，微刃被磨得平坦，这时微刃的等高性获得改善，作用在每一颗微刃上的磨削力也减小，磨粒的摩擦抛光作用加强，而这种摩擦抛光作用在超精密磨削过程中对稳定尺寸、降低表面粗糙度都起至关重要的作用。因此，超精密磨削获得极低的表面粗糙度值，主要靠砂轮精细修整得到大量的、等高性很好的微刃，实现微量切削作用，并通过磨粒对工件的摩擦抛光作用，最后又经过光磨作用进一步细化工件的起伏不平，从而得到高质量的磨削表面。

2）影响超精密磨削的主要因素

超精密磨削加工系统由机床、砂轮和工件材料组成。与机床有密切关系的因素是磨削工艺参数，与砂轮有关的因素是砂轮特性及其修整参数。影响超精密磨削的主要因素包括磨削工艺参数、砂轮特性及其修整参数、工件材质等。

（1）砂轮特性及其修整对超精密磨削质量的影响。

① 砂轮特性的影响。砂轮特性包括磨料、粒度、硬度、结合剂、组织、强度、形状和尺寸等 8 个方面。其中磨料、粒度及尺寸是超精密磨削质量控制方面的首要因素。磨料性能及应用范围如表 3-2 所示。

表 3-2 磨料性能及应用范围

磨料类别	磨料名称	磨料代号	显微硬度 HV	磨料特性	应用范围
氧化铝	白刚玉	WA	2200～2300	硬度较高，韧性较好	磨削高硬度钢类零件
	单晶刚玉	SA	2200～2400	硬度和韧性比白刚玉好	磨削不锈钢、高速钢等韧性大、强度高的材料
	微晶刚玉	MA	2000～2200	强度高，硬度和韧性良好	不锈钢、轴承钢等高速、低粗糙度磨削加工
	单晶白刚玉	SWA	2350～2500	性能优于单晶刚玉	工具钢的磨削加工
碳化硅	黑碳化硅	C	2840～3200	硬度高于白刚玉，脆性大，磨刃锋利，导热性好	磨削铸铁、铜、铝及非金属材料
	绿碳化硅	GC	3200～3400	硬度和脆性比黑碳化硅更高，导热性和导电性好	磨削陶瓷、玻璃、硬质合金等材料
	立方碳化硅	SC	3600～4200	强度优于黑碳化硅，磨削较好	不锈钢、轴承钢的超精研磨
超硬磨料	人造金刚石	JR	9700～10 000	硬度高，比天然金刚石脆	各种硬脆材料的加工
	立方氮化硼	CBN	8000～9000	硬度仅次于金刚石，研磨性好，导热性也好	钛合金、高温合金、高钒、高钼合金的磨削加工

② 砂轮硬度的影响。砂轮硬度是标志砂轮特性的一个重要参数。它影响着被磨削工件的表面质量和砂轮的寿命。在超精密磨削过程中，要减少砂轮表面上的磨粒脱落，以免划伤和拉毛工件表面。为了增强砂轮磨削过程中的摩擦抛光作用，砂轮应具有合适的弹性，要求所选用砂轮的硬度也不宜过高，基于此，硬度中软的砂轮较适用于超精密磨削。

③ 结合剂的影响。在超精密磨削时宜用陶瓷结合剂(V)，其次是树脂结合剂(B)。对两种结合剂的砂轮在相同的磨削条件下进行磨削试验的磨削结果对比如图 3-7 所示。由图 3-7 中可见陶瓷结合剂砂轮比树脂结合剂砂轮能获得更低的工件表面粗糙度。

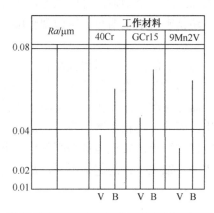

图 3-7　不同结合剂对表面粗糙度的影响

④ 砂轮组织的影响。超精密磨削要求砂轮表面微刃等高性好、磨粒耐磨，单位面积磨粒数要多。因此，在超精密磨削时，应选用组织精密、紧密的砂轮，而且磨粒分布要均匀。

(2)砂轮修整对超精密磨削表面的影响。

① 砂轮的修整方法。砂轮的修整方法有车削法、对磨法、滚压法、电解法、电火花法、激光烧蚀和超声研磨法等。对于超精密磨削，车削法和电解法是最佳也是应用最广泛的修整法。车削法适用普通磨料砂轮的修整而电解法适用金属结合剂超硬磨料砂轮的修整。车削法修整砂轮如图 3-8 所示，这种修整方法是用金刚石刀具压碎磨料而在砂轮表面上形成微刃。电解法修整砂轮如图 3-9 所示，这种修整方法是通过结合剂发生电解作用，使微粉磨粒露出表面而形成微刃。

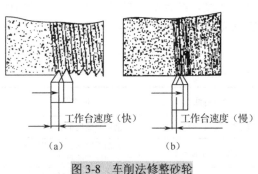

图 3-8　车削法修整砂轮

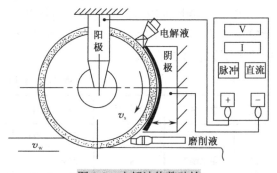

图 3-9　电解法修整砂轮

② 砂轮的修整用量。作为修整用量的参数有砂轮每转的工作台纵向进给量(也称修整导程)、每个修整行程的进给量(也称修整切深)、修整次数以及光修次数等，这些参数都对超精密磨削质量有一定的影响。

③ 修整次数对磨削质量也有影响。修整次数不宜过多也不宜过少，确保砂轮表面上形成等高性良好的微刃，应合理选择修整次数。

④ 光修次数也是不可忽视的。一般地，超精密磨削砂轮光修次数不宜超过 5 次。

(3)磨削用量对超精密磨削表面的影响。

① 砂轮速度 v_s 的影响。为了保证超精密磨削工件表面的质量和防振要求，以采用较低速度为宜，一般取 $v_s=15\sim30\text{m/min}$。

②工作台速度 v_w 的影响。确保工作台速度的稳定运行，减轻磨削力及振动的影响，消除磨削烧伤等磨削缺陷，宜选用低一点的工作台速度。

③磨削深度 a_p 的影响。在超精密磨削时，为了避免切深过大而使工件烧伤和表面粗糙度恶化，切深不能过大。对于超精密磨削，一般应使 $a_p \leqslant 0.003mm$。

④光磨次数的影响。光磨次数与工件表面粗糙度的关系也相当紧密。在开始光整阶段，工件表面粗糙度随光磨次数的增加而降低，后续增加时工作表面粗糙度降低不明显。一般只须光磨 3~10 次即可。

⑤冷却润滑液的影响。为了充分发挥砂轮对工件的摩擦抛光作用，选用合适的冷却润滑液是很重要的。超精密磨削中砂轮与工件之间的挤压作用很强，易产生冷焊等问题。采用冷却润滑液不仅冷却效果好且有良好的清洗性，可以净化磨削表面。

不同的磨削方式，所选用的磨削用量不同，表 3-3 列出外圆、平面超精密磨削所采用的磨削用量。只要按表 3-3 中所列参数进行磨削加工，可获得合格的超精密磨削表面。

表 3-3　不同磨削方式的磨削参数

外　圆　磨　削　参　数			
工艺参数	磨削加工方法		
	精密磨削 $Ra\,0.02\sim0.1\mu m$	超精密磨削 $Ra\,0.001\sim0.02\mu m$	镜面磨削 $Ra\,0.001\sim0.05\mu m$
砂轮粒度	60#~80#	80#~320#	W5~W20
修整工具	金刚石笔	金刚石修整棒	锋利天然金刚石颗粒
砂轮速度/(m/s)	20~35	15~25	15~25
修整时工作台速度/(m/min)	15~50	10~15	10~15
修整时横进给量/mm	≤0.005	0.001~0.005	0.004~0.008
修整时横进给次数	2~4	—	2~4
光修次数(单个行程)	1~2	1~4	1~2
工件进给速度/(m/min)	10~15	3~10	8~12
磨削时工作台速度/(mm/min)	80~300	50~150	50~100
磨削时横进给量/mm	≤0.005	≤0.002	≤0.0015
磨削时横进给次数	1~3	1~3	1~3
光磨次数	1~3	4~7	10~20
磨前工件表面粗糙度要求	≤Ra 0.63μm	≤Ra 0.08μm	≤Ra 0.04μm
外　圆　磨　削　参　数			
工艺参数	磨削加工方法		
	精密磨削 $Ra\,0.02\sim0.1\mu m$	超精密磨削 $Ra\,0.001\sim0.02\mu m$	镜面磨削 $Ra\,0.001\sim0.05\mu m$
砂轮粒度	60#~80#	80#~320#	W5~W10
修整工具	金刚石笔	单颗粒天然金刚石	天然金刚石颗粒
砂轮速度/(m/s)	20~35	15~25	15~25
修整时工作台速度/(m/min)	15~30	3~10	10~15

续表

外 圆 磨 削 参 数			
工艺参数	磨削加工方法		
	精密磨削 Ra 0.02～0.1μm	超精密磨削 Ra 0.001～0.02μm	镜面磨削 Ra 0.001～0.05μm
修整时工作台横进给量/mm	≤0.5	0.1～0.5	0.1～0.5
修整时横进给次数	2～4	2～4	2～4
光修次数(单个行程)	1～2	1	1
磨削深度/mm	0.002～0.03	0.001～0.004	0.001～0.003
磨削时工作台速度/(mm/min)	8000～20000	500～1500	500～1000
磨削时横进给量/mm	≤1/2 砂轮宽度	≤1/2 砂轮宽度	≤1/2 砂轮宽度
光磨次数	1～3	4～7	3～10
磨前工件表面粗糙度要求	≤Ra 0.63μm	≤Ra 0.08μm	≤Ra 0.04μm

3. 超精密研磨、抛光

超精密研磨和抛光都是利用研磨剂使工件与研具之间通过相对复杂的轨迹而获得高质量、高精度的加工方法。十多年来,通过研究其加工原理、技术改造和采用新的加工原理已开发出更多新颖的超精密研磨和抛光技术,以适应高精度和高表面质量零件加工的需要。

1)超精密研磨、抛光加工的机制和特点

(1)研磨加工的机制和特点。

研磨加工通常使用 1～10μm 的普通磨粒、超硬磨粒和软质磨粒在研具之间并借助机床提供的复杂运动,实现零件表面加工轨迹高度不重合。

研磨时磨粒的工作状态有以下 3 种:①磨粒在工件与研具之间进行转动;②由研具面支承磨粒研磨加工面;③由工件支承磨粒研磨加工面。

由于工件、磨位、研具和研磨液等的不同,上述 3 种研磨方法的研磨表面状态也不同。例如,研磨玻璃、单晶硅等硬脆性材料,需要修整由微小破碎痕迹构成的无光泽的加工面。若研磨金属材料,磨粒的压痕会形成有塑性变形痕迹的暗光泽面。工件材料质量的不同,研磨面状态也各不相同。总之,研磨表面的形成,是在产生切屑、研具的磨损和磨粒破碎等综合因素作用下进行的,图 3-10 示出了研磨加工模型。

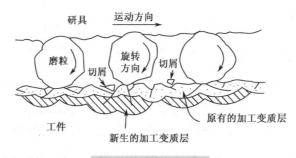

图 3-10　研磨加工模型

(2)抛光加工的机制和特点。

抛光和研磨一样,是将研磨剂擦抹在抛光器上对工件进行抛光加工的。抛光使用的磨粒粒径是 1μm 以下的微细磨粒，抛光器则须使用沥青、石蜡、合成树脂、人造革、聚氨酯、特福隆等软质材料制成。抛光时磨粒的变化如图 3-11 所示。抛光器弹性地夹持微小的磨粒研磨工件，因而磨粒对工件的作用力很小，即使抛光脆性材料也不会产生裂纹。

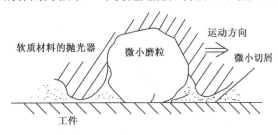

图 3-11　抛光加工模型

抛光的加工机制是：①由磨粒利用极小摩擦强制压入进行塑性切削而生成切屑；②借助磨粒和抛光器与工件流动摩擦使工件表面的凹凸变平；③在加工液中进行化学性溶析；④工件和磨粒之间直接的化学反应有助于上述现象发生，也不可忽视。

工件、磨粒、抛光器和加工液等的组合作用应当是各不相同的。其中以化学活性溶液作加工液的机械化学抛光是一种重点提高加工质量的超精密加工方法。

2) 实现超精密研磨、抛光的各主要因素

超精密研磨、抛光的有关因素汇总于表 3-4 中，这些因素对实施超精密研磨、抛光加工至关重要。

表 3-4　超精密研磨、抛光的主要因素

项　目		内　容
研磨法	加工方式、加工运动、驱动方式	单面研磨、双面研磨、旋转、往复手动、机械驱动、强制驱动、从动
研　具	材料、形状、表面状态	硬质、软质、人造、天然、平面、球面、非球面、圆柱、有槽、有孔、无槽
磨　粒	种类、材质、形状	金属氧化物、金属碳化物、氮化物、硼化物硬度、韧性、形状 0.01μm 到几十微米
加工液	水质、油质	酸性～碱性、界面活性剂、界面活性剂
工件、研具相对速度/(km/mm)		$(1\sim100)\times10^{-3}$
加工压力/Pa		$(0.01\sim30)\times10^{5}$
加工时间/h		10
环　境	温　度	室温设定温度±0.1℃
	尘　埃	利用净化槽、净化操纵台

3) 超精密研磨和抛光的主要新技术

通过对传统研磨和抛光技术的改造，并采用新的加工原理，已开发出了很多超精密研磨和抛光的新技术。表 3-5 汇总了各种超精密研磨和抛光方法，就各种方法的特点简要说明如下。

(1) 超精密研磨。

研磨硬脆材料时，由于有微细的碎粒，生成的切屑参与研磨。但研磨金属材料时无法生成碎粒，完全由磨粒进行研磨。由于塑性变形生成切屑，利用微细的磨粒研磨可用于抛光那样表面质量零件的加工。由于研具是硬质材料，塌边越小，加工精度越高。

表 3-5　超精密研磨和抛光方法

加工方法	磨　粒	研　具	加工液	加工机械、方式	加工机制	应用示例
超精密研磨	微细磨粒	铸铁	煤油、机油	双面研磨机、手工研磨	以磨粒的机械作用为中心	量具、量规端面
超精密抛光	微细磨粒、软质磨粒	软质研具、有槽	过滤水、蒸馏水、净化水	透镜研磨机、修正轮型加工机、加压运动稳定化	以磨粒的机械作用为中心	载物台、光学元件、振动干基板、玻璃板
液中研磨	微细磨粒	合成树脂板	过滤水、蒸馏水、净化水	选择研磨材料、液中浸渍	同上，由加工液进行磨粒分，起缓冲冷却效果	硅片
机械化学抛光	微细磨粒	人造革	湿式	高速高压运转	通过机械化学除反应生成物	硅片
	软质磨粒	玻璃板	干式			蓝宝石片
化学机械抛光	微细磨粒	软质研具	碱性液、酸性液	修正轮形加工机、双面研磨机	磨粒的机械作用和加工液的磨粒作用	GGG 基片、Mn-Zn 铁素体
EEM	微细磨粒(粗磨粒)	使工作悬浮的动压研具	净冲水、碱性液	加工时通过动压使工件与工具呈非接触状态的结构	磨粒的冲刷引起微量弹性破坏，破碎的磨粒与试件的原子、分子的相互作用，加工液的腐蚀作用	硅片、玻璃
非固体接触加工		研质材料				
液面抛光	不使用磨粒	软质研具	Br-甲醇(甘醇20%)	保证工件与研具呈非接触状态的结构	利用加工液的磨粒作用	GaAs 晶片、InP 晶片

(2) 超精密抛光。

光学零件的超精密抛光指工件和研具借助研磨剂进行配研，并在贴合状态下进行研磨。为了获得高质量的镜面，使用微细磨粒是很必要的。对于研具来说，要使磨粒能稳定地作用在工件表面上，作为弹塑性变形小的材料，石蜡比沥青更好。为避免磨粒聚合和灰尘的影响，要使用有细网槽状的研具，加工液和清洗研磨夹具的水要使用蒸馏水或净化水，并在洁净环境下操作。

(3) 液中研磨。

液中研磨法是将经过超精密抛光或研磨的零件浸入在含磨粒的研磨剂中，在充足的加工液中，借助水波效果，利用浮游的细小磨粒进行加工，该方法对磨粒作用部分所产生的热有极好的冷却效果，对研磨时产生的微小冲击也有缓冲效果。利用微细的磨刃、磨粒和聚氨酯研具研磨硅片时，可以得到无损伤、高质量的镜面。

(4) 机械化学研磨。

机械化学研磨加工机制是利用化学反应进行机械研磨，有湿式和干式两种研磨方法。湿式条件下的机械化学研磨，用于硅片的最终精加工，加工质量、加工精度和加工的经济性等都很令人满意。研磨剂用含有 $0.01\mu m$ 大小的 SiO_2 磨粒的弱碱性胶状水溶液，而与它相配合的研具，是表层由微细结构的软质发泡聚氨基甲酸涂敷的人造革。

研磨状态如图 3-12 所示，由于硅片的直径大，人造革研具没有网眼而且平坦，所以借助研磨剂使两者对研时，在高速高压的研磨条件下，两者之间可形成研磨剂层。人造革研具面有微小的凹凸，虽然有可能粘有硅粉末，但在两者间研磨剂呈封闭状态，而且研磨过程中，硅片表面上形成软质水膜。同时被水膜掩盖的硅表面，不直接受到研具的机械作用，而是通过水和膜进行加工的，所以能进行良好的研磨。

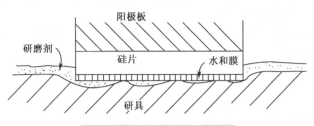

图 3-12　硅片的机械化学研磨

(5) 化学机械抛光。

化学机械抛光是一种利用研磨液的腐蚀作用和磨粒的机械作用双重作用的研磨方法。在利用磨粒和有腐蚀效果的研磨液进行研磨时，可使用氧化铁和硫酸或盐酸的水溶液，也有使用 Mn-Zn 铁素体磨粒和盐酸水溶液研磨钆镓石榴石基板的实例，其目的都是提高加工效率和加工质量。不使用磨粒而只利用具有腐蚀效果的加工液进行摩擦抛光的研磨，更适合化合物半导体晶片的加工。对于 GaAs 晶片，使用 NaCl 水溶液或甲醇和人造革研具，可以进行几乎无加工缺陷的镜面研磨。

4. 新原理的超精密研磨技术

1) 水合抛光

水合抛光法是一种利用在工件界面上生成水合化学反应的研磨方法，其主要特点是不使用磨粒和加工液，而加工装置又与当前使用的研磨盘或抛光机相似，只是在水蒸气环境中进行加工。因此，要极力避免使用能与工件产生固相反应的材料作研具。图 3-13 示出了水合抛光装置的示意图。

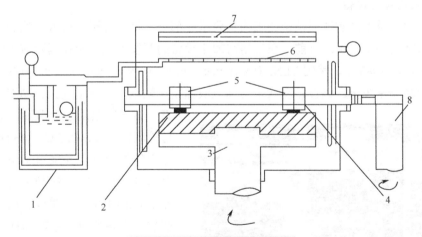

图 3-13　水合抛光装置的示意图

1. 水蒸气发生装置；2. 试件；3. 研磨盘；4. 试件夹持器；5. 加载装置；6. 喷射水蒸气的喷嘴；7. 加热器；8. 偏心凸轮

2) 悬浮抛光

悬浮抛光技术旨在进行电子材料无畸变的超精密加工，是应用于高密度磁性薄膜及磁性材料加工的唯一途径。悬浮抛光加工具有以下特点：研具平面可采用超精密金刚石切削；有极高的平面度、最光滑的表面和无加工变质层的表面；加工面无污染；生产效率高；操作简单，生产管理容易。

(1)悬浮抛光应具备的基本条件。

具有加工性极好的锡质研具；无振动的高精度回转主轴的研磨盘；超洁净的水；洁净的空气；高质量的预加表面；材质均匀的工件材料。

(2)悬浮抛光加工装置及方法。

悬浮抛光装置的原理如图 3-14 所示。装置由高精度回转轴、锡质研具及加工槽等组成。为了使工件和研具的界面保持一定厚度的液膜，在研具表面上开有宽 1mm、深 0.5～1mm、节距为 2mm 的槽，以获得高精度的抛光平面。

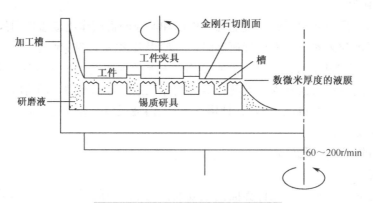

图 3-14　悬浮抛光装置的原理示意图

3.2.6　超精密加工的设备与环境

1. 超精密加工设备

超精密加工设备是实现超精密加工的重要组成部分，世界各国都投入大量的人力和财力开发新型超精密加工设备。目前，在超精密加工设备的开发方面，走在国际前列的是美国、日本和英国。在 1983 年，美国 LLNL(Lawrence Livermore National Laboratory)成功地制造出 TDTM-3 型超精密车床。该设备首次采用高压液体精压轴承，具有刚度大、动态性能好等特点。该车床采用了恒温油浴系统，油温可控制在 20±0.0025℃，有效地消除了加工中的热变形，并采用了压电陶瓷晶体误差补偿系统，使位移误差控制在 0.013μm/1000mm。美国已成为国际超密加工设备的重要生产基地，目前已开发出非球面 CNC 超精密车床，如图 3-15 所示，另外还相继研制出多面体棱镜超精密铣床、全大理石超精密平面磨床等；英国 NPL(National Physical Laboratory)开发出了四面体结构的高刚度立轴超精密磨床(图 3-16)。

图 3-15　CNC 超精密车床

上述超精密加工设备的结构表明，超精密加工设备应由精密结构化、温度控制、振动控制和先进驱动装置组成。

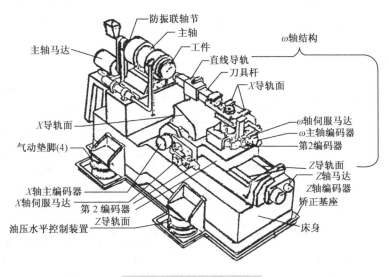

图 3-16　ω 超精密加工机床

2. 超精密加工环境

要求 0.1μm 精度的超精密加工必须能控制 0.1℃之内的温度变化。另外，对于装备光学器件的超精密加工设备，外部环境的微小变化都会引起光轴的偏移，因此，这种设备对微振动的影响、房屋地面水平精度、日照和温度变化引起房屋的伸缩、室内空气的波动和电磁波的影响等都有相应的要求。

超精密加工的环境如图 3-17 所示。因加工零件的精度和用途不同而对超精密加工环境的要求有所不同，必须建立符合各自要求的特定环境。

超精密加工的主要组成环境如下。

1) 空气环境的净化

大气中有微细粒子，包括经空调进入实验室的空气都有各种各样的微细粒子，这就需要高性能过滤器。空气中这些微粒笼罩着生产加工区，黏附在加工面上，造成工件污染和损伤。因此，超精密加工环境中净化问题是一个很重要的控制因素。

随着半导体技术的进步，空气环境净化技术得到了很大的发展。根据国际标准化组织对空气净化的定级，超精密加工需在"超级洁净室"，即 10 级以下的高精度环境的洁净室中进行。在超级洁净室的环境中，关键部件是过滤器，过滤器要求过滤粒径为 0.1μm 以上微粒应达 99.999%以上，现在正在开发一种过滤器，其能对粒径为 0.05μm 的微粒过滤达 99.9999%以上，各种粒子的分布如图 3-18 所示。

2) 温湿度环境

在要求纳米加工的超精密环境中，温湿度也是要求的基本环境因素。因为温度、湿度的微小变化都会对加工精度产生极大的影响，所以应严格控制超精密环境中的温湿度。表 3-6 为温度、湿度控制系统性能参数。

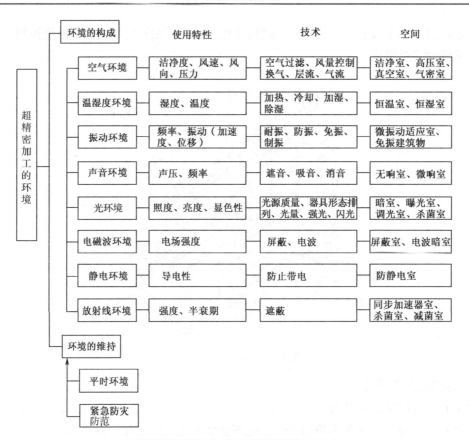

图 3-17　构成超精密加工环境的基本条件

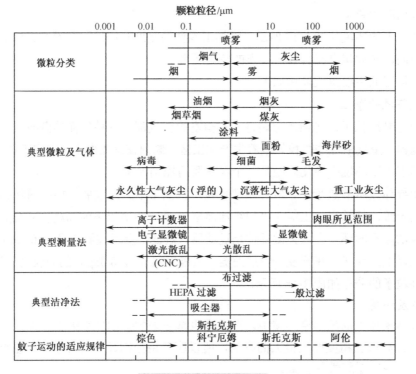

图 3-18　粒子粒度的分布

表 3-6　温度、湿度控制系统性能参数

控制幅度	室内传感器	控制仪器	空调机的控制	外部调节机器的控制	热源控制
±0.1℃ ±2%	电子温度传感器	电子调节器	盘管冷却出口温度固定(±1℃) 电加热器的再热控制(可控硅控制) 吹出气体的温度在1℃以内	风扇出口气温固定(±1℃) 冷水、温水盘管控制由出口露点传感器控制加湿器 加温器(干蒸汽、红外加湿)	送水温度固定(±1℃)
±0.5℃ ±5%	电子温度传感器	电子调节器	管冷却水出口温度固定(±1℃) 温水管再热控制吹出气体的温度在5℃以内	风扇出口气温固定(±1℃) 冷水、温水盘管控制由出口露点传感器控制加湿器 加温器(干蒸汽、红外加湿)	送水温度固定(±1℃)
±0.1℃ ±10%	电子温度传感器	电子调节器	管冷却水出口温度固定(±1℃) 吹出气体温度在10℃以内	风扇出口气温固定(±1℃) 冷水、温水盘管控制由出口露点传感器控制加湿器 加温器(干蒸汽、红外加湿)	送水温度固定(±2℃)

当前，半导体工业要求的精度非常严格，其范围是温度为±0.05℃，湿度为 1%。通常，为了保持洁净室的洁净度和温湿度，要加大空调机的供气量，使室温的变动幅度缩小。

3) 气流和压力的保持

为了持续地维持超精密加工的环境，必须控制气流和保持压力。

(1) 气流的控制。

① 紊流方式。将经过超高性能过滤器(HEPA)净化的空气，用普通的空调从天棚吹进室内，再从地面或接近地面的墙壁将空气吸出，用洁净的空气稀释室内灰尘的浓度，从而达到净化空气的目的。这种方式适用于洁净度低(1000~10000 级)的洁净室，是建设费和运转费都很低的方式。

② 层流方式(单向气流方式)。层流方式使室内的气流以均匀的速度向一个方向流动，让洁净的空气直接流过作业区域，用洁净的空气冲洗灰尘，能得到很高的净化度。它适用于洁净度高(100 级以上)的洁净室，但其建设费和运转费很高。

(2) 室内压力的保持。

为保持超精密加工环境内的洁净度和温湿度，防止外部环境的污染空气和不同温湿度的空气侵入室内，需要使室内的压力比外部高。为保持室内的压力是正压，空气的输入量应比排出量大。因此，应正确掌握从作业空间排出的空气量，为保持室内与室外的稳定压差，可通过压力调整装置来实现。

3.3　高能束加工和复合加工技术

3.3.1　高能束加工技术

高能束加工主要包括激光加工(laser beam machining，LBM)、电子束加工(electron beam machining，EBM)和离子束加工(ion beam machining，IBM)。这类加工技术的特点可归纳于表 3-7。

表 3-7　高能束加工技术的特点

项　目	激光加工	电子束加工	离子束加工
原　理	激光加工利用激光固有的高亮度、高方向性和高单色性等特性使光能转变为热能来去除金属	电子束加工利用高速电子冲击被加工工件时动能转变为热能来加工工件	离子束加工依靠加速的离子束射到工件表面时极大的撞击能量对材料进行加工
能量载体	光量子	电子	等离子
最大功率/kW	100	500	1000
热源功率密度 /(W/cm²)	连续 $10^5 \sim 10^9$ 脉冲 $10^7 \sim 10^{13}$	连续 $10^6 \sim 10^9$ 脉冲 $10^7 \sim 10^{10}$	射流 $10^4 \sim 10^5$ 束流 $10^5 \sim 10^6$
共同特点	① 束流经聚焦后具有极高的能量密度，对激光加工、电子束加工来说，这样高的能量密度可使任何坚硬、难熔的材料在瞬间熔解、气化。而离子束加工是以极大的能量撞击工件的表面，引起材料产生变形、分离破坏等机械作用 ② 束流直径可达微米级，能够高精度聚焦，进行微细加工 ③ 束流加工是一种非接触加工，无工具变形或损耗等问题 ④ 束流控制方便，能与其他先进技术(如机器人、计算机数控、自动监测等)相结合，实现加工过程的自动化 ⑤ 对金属材料可实现超高速加热(10^4℃/s)，加工速度快，热量输入少，表面变形小 ⑥ 适用于金属、非金属材料加工，实现高质量、高精度、高效率和经济性加工		

　　高能束加工方法为实现产品元件的微细加工、精密和超精密加工提供了有利的手段，并在机械工业的某些领域中得到广泛的应用。利用 HEDB 高速加热和高速冷却的特点，对金属材料进行表面改性、非晶态化，制备特殊功能涂层和新型材料，包括金属材料、非金属复合材料、陶瓷材料、超细颗粒材料和超高纯材料等。

　　复合加工是应用机械、化学、光学、电力、磁力、流体力学和声波等多种能量，在加工过程中同时运用两种或多种加工方法，通过不同的作用原理对加工部位材料进行改性和去除的加工技术。复合加工的主要优点是提高了加工效率，生产率一般大大高于单独用各种加工方法的生产率之和，在提高加工效率的同时，又兼顾了加工精度、加工表面质量和工具损耗等。现已发展出多种适用于各类特殊需求的最佳复合加工方法，主要以机械加工(切削、磨料加工)、电化学加工、电火花加工、超声加工和化学加工等方法为主，以其他加工方法为辅，组合而成的复合加工方法见表 3-8。

表 3-8　常见的复合加工方法

主要加工作用 辅助作用		机械加工 (切削、磨料加工)	电化学加工	电火花加工	超声加工	化学加工
机　械			电解铣削，电解磨削，电解研磨和抛光	电火花仿铣，电火花磨削、抛光	超声铣削	化学机械抛光
电加工	电化学	电解在线修整磨削	—	—	—	—
	电火花	电火花修整磨削	电解电火花加工	—	—	—
	电弧	—	电解电弧加工	—	—	—
超　声		超声切削，超声磨削，超声研磨和抛光	电解超声加工	电火花超声加工	—	—
热　能		加热切削和磨削	—	—	—	—
磁　力		磁力研磨	磁场辅助电解加工	—	—	—
水射流		磨料水射流切割	—	—	—	—
化　学		机械化学抛光	—	—	—	—
多种能量		超声电火花磨削，电解电火花磨削	电解超声磨削	电火花超声抛光	—	—

　　高能束和复合加工已广泛应用于航空、航天、兵器和原子能等工业领域中难加工材料的高效精密加工，也广泛应用于精密机械和电子工业中大量使用的硬脆材料(如硬质合金、陶瓷、光学玻璃和宝石等)和晶体材料(如超大规模集成电路的半导体晶片、电子枪的单晶体和蓝宝石晶体)的超精密加工。对于陶瓷、玻璃和半导体等硬脆性材料，复合加工是经济、可靠地实现高的成型精度和极低的表面粗糙度($Ra<10nm$)，并使表面和亚表面层晶体结构组织的损伤减少至最低程度的有效方法。

1. 激光加工技术

1) 激光加工的基本原理及特点

(1) 激光加工的基本原理。

　　激光加工是一种重要的高能束加工方法，它是利用材料在激光聚焦照射下瞬时急剧熔化和气化，并产生很强的冲击波，使被熔化的物质爆炸式地喷溅来实现材料去除的加工技术。由于激光聚焦后，光斑直径仅为几微米，能量密度高达 $10^7\sim10^{11}W/cm^2$，能产生 $10^4℃$ 以上的高温。因此，激光能在千分之几秒甚至更短的时间内熔化、气化任何材料。

(2) 激光加工的特点。

　　激光加工主要是指激光切割、打孔、焊接、动平衡去重、电阻微调、表面处理和改性等。与其他加工方法相比，激光加工具有以下特点：①适应性强。激光加工的功率密度高。②加工精度高。激光束可聚焦成微米级的光斑(理论上光斑直径可小于 $1\mu m$)，所以能加工小孔、窄缝，适合于精密微细加工。③加工质量好。工件热变形极小，无机械加工变形和工具损耗等问题，对精密零件加工非常有利。④加工速度快、效率高。激光切割可比常规方法效率提高 8～20 倍，激光焊接效率可提高 30 倍，激光微调薄膜电阻可提高工效 1000 倍，提高精度 1～2 个数量级。⑤容易实现自动化加工。激光束传输方便，易于控制，便于与机器人、自动检测、计算机数字控制等先进技术相结合。⑥通用性强。用同一台激光器改变不同的导光系统，可以处理各种形状和各种尺寸的工件。也可以通过选择适当的加工条件，用同一台装置对工件进行切割、打孔、焊接和表面处理等多种加工。⑦节能和节省材料。激光束的能量利用率为常规热加工工艺的 10～1000 倍，激光切割可节省材料 15%～30%。⑧经济性好。不需要设计和制造工具。与电子束加工相比，不需要高电压、射线防护装置以及真空系统，因此装置较简单。⑨激光可通过光学透明介质(如玻璃、空气、惰性气体甚至某些液体)对工件进行加工。

2) 激光加工的基本设备

　　激光加工的基本设备包括激光器、激光器电源、光学系统和机械系统四大部分。近代将激光技术与计算机控制结合，组成柔性激光制造系统。此系统可控制全部激光输出参数和光学调整量以及正确迅速地控制工作台位置，对不同的产品只须更换软件，从而大大提高了激光加工的效率、精度以及产品更换的适应性。

(1) 激光器。

　　激光器是激光加工的核心设备，通过激光器可以把电能转化成光能，获得方向性好、能量密度高、稳定的激光束。按产生激光的材料种类不同，激光器可分为固体激光器、气体激光器、液体激光器、半导体激光器以及自由电子激光器等。按激光器的工作方式可大致分为连续激光器和脉冲激光器。激光加工中要求输出功率和能量大，目前多采用固体激光器和气体激光器。表 3-9 是几种常用激光器的特性。

表 3-9　常用激光器的性能特点

种类\特性		固体激光器			气体激光器
工作物质	名称	红宝石	钕玻璃	掺钕钇铝石榴石	CO_2
	母体	Al_2O_3 人工晶体	非晶体硅酸盐玻璃	YAG(Ae_5O_{12}，Nd^{3+})	CO_2(He、Xe、N_2、H_2)
	激活粒子	含 0.05%Cr^{3+}	含 1%~5% Nd^{3+}	含 1% Nd^{3+}	CO_2
激光波长/μm		0.6943	1.06	1.06	10.63
导热性能		较好			
(需通风或水冷)		差(需水冷)	良好	差(需水冷)	
振荡形式		脉冲	脉冲(低重复频率)	脉冲(连续)	脉冲(连续)
能量效率/%		0.1~0.3	4~6	3~7	15~30
输出能量或功率/(J 或 W)		几到十焦耳	几到几十焦耳	脉冲　几到几十焦耳	脉冲　几焦耳
				连续　100~1000W	连续　几十到几千瓦
稳定性		较好	次之	次之	—
主要用途		打孔、焊接	打孔、焊接	打孔、切割、焊接、微调	切割、焊接、热处理、微调

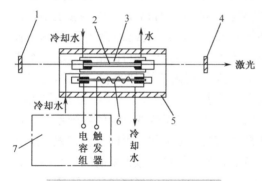

图 3-19　固体激光器的结构示意图

1. 全反射镜；2. 工作物质；3. 玻璃套管；
4. 部分反射镜；5. 聚光镜；6. 氙灯；7. 电源

固体激光器由工作物质、光泵、玻璃套管、滤光液、冷却水、聚光器和谐振腔等组成，其结构示意图如图 3-19 所示。

80%左右的光强集中在工作物质上。不同聚光器的聚光效率不同，实用中常用圆柱形和椭圆柱形两种类型的聚光器(图 3-20)。椭圆柱形聚光器虽较难制造，但聚光效率和均匀性皆高于圆柱形聚光器，所以应用更广泛。为了提高反射率，聚光器的内壁一般要抛光到表面粗糙度为 0.025μm，并镶银膜或金膜。谐振腔又称光学共振腔，其作用在于使受激光子沿输出轴方向多次往复反射，相互激发，产生连锁反应，加强和改善激光的输出，得到单色性和方向性很好的激光。在固体激光器的谐振腔中，使用最多的是平行平面谐振腔，它是在工作物质的两端各加一块相互平行的反射镜，其中一块为全反射镜，另一块为部分反射镜。正确设计反射镜和谐振腔长度就可得到光学谐振。

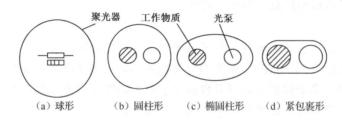

(a) 球形　　(b) 圆柱形　　(c) 椭圆柱形　　(d) 紧包裹形

图 3-20　聚光器结构示意图

气体激光器有氦氖激光器和 CO_2 激光器等。它是以一定比例的 He 和 Ne 混合气体或 CO_2 为工作物质，封入抽空的玻璃管中，管的两端各装一块反射镜，形成谐振腔，在端部封入电极，通以千伏以上高压，产生气体放电。CO_2 激光器是利用分子振动能级跃迁发射激光的。激光粒子(工作物质)是 CO_2 分子，工作物质中的辅助气体 N_2、He、Xe、H_2 等都起加强激光跃迁的作用。它不靠光泵激励，而是通过高压电源使电子直接碰撞激发工作物质，实现粒子数反转分布。图 3-21(a)为 CO_2 激光器的结构示意图。它主要由放电管、谐振腔、冷却系统和激励电源等部分组成。CO_2 激光器的输出功率与放电管长度成正比，为了节省空间，长的放电管可以做成折叠式，如图 3-21(b)所示。CO_2 激光器的谐振腔多采用平凹腔，一般总以凹面镜作为全反射镜，而以平面镜作为输出端反射镜。

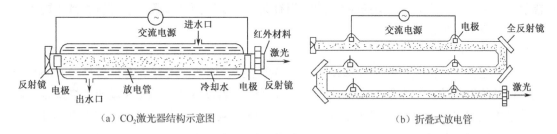

（a）CO_2激光器结构示意图　　　　　　　　　（b）折叠式放电管

图 3-21　CO_2 激光器的结构

气体激光器输出的激光单色性好、频率稳定，大都能连续工作，激光谱线波长丰富，从紫外线到远红外线有数千条，结构简单、成本低廉。

（2）激光器电源。

激光器电源根据加工工艺的要求，为激光器提供所需的能量及控制功能。它包括电压控制、时间控制及触发器等。由于各类激光器的工作特点不同，因而它们对供电电源的要求也不同。例如，固体激光器电源有连续和脉冲两种；气体激光器电源有直流、射频、微波、电容器放电以及这些方法的综合使用等，故电源种类较多。

（3）光学系统。

光学系统包括激光聚焦系统和观察瞄准系统。聚焦系统的作用在于把激光引向聚焦物镜，并聚焦在加工工件上；为了使激光束准确地聚焦在加工位置上，要有焦点位置调节系统以及观察瞄准系统。

在精密加工中，还要另加补偿装置来补偿由调节时用的可见光焦距与激光(大都是不可见光)聚焦不一致造成的误差，使观察到的焦点位置即为激光束的实际焦点位置。当需要对一个工件同时从几个方位加工或者为提高生产率，同时加工几个工件时，可采用分光装置。

（4）机械系统。

机械系统主要包括床身、工作台和机电控制系统等。激光加工是一种微细精密加工，机床设计时要求传动链短，尽可能减小传动间隙。由于激光加工不存在明显的机械力，强度问题不必过多考虑，但刚度问题不容忽视，而且要防止受环境温度等影响而引起变形。为保持工件表面及聚焦物镜的清洁，必须及时排除加工产物，机床上都设计有吹气和吸气装置。激光加工机床不仅是一个床身支架，而且要有一个三坐标移动的工作台。为了利用激光加工没有工具损耗及可以连续工作的特点，先进的激光加工设备采用数控系统来自动控制，以便大大提高生产率。

3) 激光加工技术的应用

激光加工的应用范围很广，主要是打孔、切割、焊接、动平衡去重、电阻微调、表面处理和改性等几个方面。它们之间从加工原理上看，基本上是相同的，都是利用激光产生的瞬时高温进行加工，只是随加工条件的不同，所要求的温度和加工延续时间有所差异。例如，打孔、切割属蚀除加工，需要把熔化、气化材料排除，因此要求能量密度高，加工延续时间短促；而焊接、热处理是非蚀除加工，故要求能量密度较低，加工延续时间稍长。

材料加热温度的高低主要取决于激光辐射功率密度。功率密度为 $10^3\sim10^4\mathrm{W/cm^2}$ 时只能加热材料，不能使材料熔化和气化；功率密度提高到 $10^5\sim10^6\mathrm{W/cm^2}$ 时，材料开始熔化；功率密度提高到 $10^6\sim10^7\mathrm{W/cm^2}$ 时，材料产生蒸发。激光辐射在被加工材料上引起的作用不仅与辐射的功率密度有关，还与辐射的延续时间有关，调节这两个参数，便可以得到不同的工艺规范，进行不同的加工。

(1) 激光打孔。

许多高精尖产品的关键零部件都设计有许多微小孔。例如，用有 5 万个直径为 0.064mm 小孔的机翼的飞机的防冰系统的微小孔多达 35 万个。一台高推重比航空发动机的燃烧室和涡轮叶片要加工出 7 万～10 万个直径为 0.127～1.27mm，且有一定的角度和方向的微小孔，若采用气膜或发散冷却技术，微小孔数量将高达 50 万个。激光打孔目前已应用于火箭发动机和柴油机的燃料喷嘴、飞机机翼、航空发动机燃烧室、涡轮叶片、化学纤维喷丝板、宝石轴承、印刷电路板、过滤器、金刚石拉丝模、硬质合金、不锈钢等金属和非金属材料小孔的加工。微小孔的优质、高效、低成本加工已成为现代制造技术的关键问题之一。

激光打孔与其他打孔方法相比，具有效率高、效果好、重复精度高、通用性强、成本低及综合技术经济效益显著等优点。激光打孔的主要特点如下。

① 可加工精度高、深径比大的微小孔。瑞士某公司利用固体激光器在飞机涡轮叶片上打孔，可以加工直径为 20～80μm 的微小孔，深径比可达 80∶1。

② 能加工小至几微米的小孔，而一般机械加工钻孔只能加工直径大于几十微米的孔。

③ 可加工各种异型孔。在硬脆材料，如陶瓷上加工各种微小的盲孔和方孔等异型孔。目前较成熟的激光加工异型孔的方法有两种：一种是复制法，即将激光束形状复制于加工表面；另一种是轮廓迂回法，即被加工表面的形状由光束和被加工零件相对位移的轨迹决定，以实现切割成型。

④ 能在所有金属和非金属材料上打孔。特别在加工与工件表面成各种角度(15°～90°)的小孔、薄壁零件上的微小孔、复合材料上的深小孔以及硬、脆、软和高强度等难加工材料上的微小孔等方面，更显出其优越性。

⑤ 容易实现自动化，加工效率高。激光打孔不需要加工工具，适合于自动化连续打孔。其工效是电火花打孔的 12～15 倍，是机械钻孔的 200 倍。例如，飞机发动机每一台都有 10 万多个冷却孔，孔径为 0.127～1.27mm，深为 15.24mm，且有一定的角度和方向，现采用 YAG 激光器以及数控多坐标定位工作台，打孔速度为 20～30 孔/s。

激光打孔的方式有：①单脉冲打孔，一般打孔精度不超过 3 级。②多脉冲打孔，即用多个低能脉冲打深孔，比用单个高能脉冲更有效，若正确选择加工规范，可以打出 3 级精度以上轮廓清晰的小孔。在脆性材料上打孔，为避免产生裂纹，一般宜采用持续时间短的单脉冲打孔。

(2) 激光切割。

激光切割的原理和激光打孔的原理基本相同，都是基于聚焦后的激光具有极高的功率密度(达 $10^5 \sim 10^7 W/cm^2$)而使工件材料瞬时气化蚀除。所不同的是工件与激光束要相对移动，一般都是移动工件。如果是直线切割，还可借助于柱面透镜将激光束聚焦成线，以提高切割速度。

激光切割可分为脉冲激光切割和连续激光切割两大类。脉冲激光适用于切割金属材料，连续激光适用于切割非金属材料。与传统切割方法相比，激光切割具有下列特性。

① 激光束聚焦后功率密度高，能够切割任何难加工的高熔点材料、耐高温材料和硬脆材料等。

② 切割精度高。切缝窄(一般为 0.1～0.2mm)、加工精度和重复精度高。对轮廓复杂和小曲率半径等外形均能达到微米级精度的切割可以节省材料 15%～30%。

③ 非接触切割，被切割工件不受机械作用力、变形极小。适宜于切割玻璃、陶瓷和半导体等硬脆材料及蜂窝结构和薄板等刚性差的零件。

④ 切割速度高。一般可达 2～4m/min。英国生产的 CO_2 激光切割机附有氧气喷枪，切割 6mm 厚的钛板，速度为 3m/min 以上。

⑤ 切割的深宽比大。对于金属可达 30 左右，对于非金属一般可达 100 以上。

⑥ 切口质量优良。切口边缘平滑、无塌边、无切割残渣、热影响区小，被切割部位热影响层仅厚 0.05～0.1mm。

⑦ 可与计算机数控技术结合，实现加工过程自动化，改善劳动条件。CNC 激光切割不需要模具，不用划线，生产准备周期短。

目前已用激光切割加工飞机钛合金蒙皮、尾翼壁板、蜂窝结构、框架、发动机匣、火焰筒、直升机主旋翼及航天飞机陶瓷隔热瓦等。国外已采用功率为 500W 数控五坐标 CO_2 激光切割机，切割三维空间的飞机零件，如图 3-22 所示。YAG 激光器输出的激光还成功地应用于半导体划片，重复频率为 5～20Hz，划片速度为 10～30mm/s，宽度为 0.06mm，成品率达 99%以上，比金刚石划片优越得多，可将 $1mm^2$ 的硅片切割成几十个集成电路块或几百个晶体管管芯。此外，还可用于化学纤维喷丝头的型孔加工以及精密零件的窄缝切割与划线。

图 3-22　激光切割飞机零件

(3) 激光焊接。

激光焊接时不需要很高的能量密度使工件材料气化蚀除，而只要将工件的加工区"烧熔"，使其黏合在一起。因此，激光焊接所需的功率密度较低，一般为 $10^5 \sim 10^6 W/cm^2$，通常可通过减小激光输出功率来实现。

按激光器焊接的工作方式，可分为脉冲激光焊接和连续激光焊接。其中，脉冲输出的红宝石激光器和钕玻璃激光器适合于点焊，而连续输出的 CO_2 激光器和 YAG 激光器适合于缝焊。此外，氩离子激光器用于集成电路的引线焊接时效果也相当好。

激光焊接有如下优点。

① 激光照射时间短，焊接过程极为迅速。它不仅有利于提高生产率，而且被焊材料不易氧化，热影响区极小，适合于热敏感性很强的晶体管元件的焊接。

② 具有熔化净化效应，能纯净焊缝金属。既没有焊渣，也不须去除工件的氧化膜。焊缝的力学性能在各个方面都相当于或优于母材。

③ 激光能量密度高，对高熔点、高热导率材料的焊接特别有利。不仅能焊接同种材料，而且可以焊接不同的材料，甚至还可以焊接金属与非金属材料。例如，对于用陶瓷做基体的集成电路，由于陶瓷熔点很高，又不宜施加压力，采用其他焊接方法很困难，而用激光焊接是比较容易的。当然，激光焊接不是所有的异种材料都能很好地焊接，而是有难有易。

④ 激光可透过透明体进行焊接，以防止杂质污染和腐蚀，适宜于精密仪表和真空仪器元件的焊接。

⑤ 能以简单的措施实现光束偏转，比电子束更适用于焊接复杂零件。

激光焊接的材料很广，有铝合金、钛合金、镍铬合金、铂银合金、铜合金、不锈钢，各种热敏材料以及其他不同种类的材料。随着大功率 CO_2 激光器的研制和推广应用，激光焊接的深宽比高达 12∶1，其功效比传统焊接方法约提高 30 倍，并可实现对焊、充填焊和角焊等。目前，在航空航天工业中，激光焊接广泛应用于涡轮发动机叶片、火箭壳体的加强筋、导弹发射架、仪器壳体等零部件的焊接。储存高压气体的铝制和钛制容器均改用激光焊接可获得气密性很高的精密焊缝。航空航天用继电器对气密性要求很高，一架大型客机要用 400~500 个继电器，采用 YAG 激光封焊工艺可满足继电器的气密性和可靠性指标要求。

(4) 激光热处理。

激光热处理指利用大功率连续波激光器对材料表面进行激光扫描，使金属表层材料产生相变甚至熔化。随着激光束离开工件表面，工件表面的热量迅速向内部传递而形成极高的冷却速度，使表面硬化，从而提高零件表面的耐磨性、耐腐蚀性和疲劳强度。激光热处理采用的激光器有 CO_2 激光器和 YAG 激光器。激光热处理有多种形式，如激光相变硬化、激光表面合金化、激光冲击硬化和激光非晶化等，其中以激光相变硬化和激光表面合金化应用最为广泛。

激光淬火需要的激光功率密度为 10^3~$10^5 W/cm^2$，照射时间约 $10^{-2}min$，在激光照射区内，材料表面的升温速度可达 10^5~$10^6℃/s$，使材料表面迅速达到相变温度。一旦激光束移开后，热量从材料表面迅速向内部传导发散，其冷却速度可达 $10^4℃/s$ 以上，在急热急冷过程中，实现快速自冷淬火。激光淬火的重要特征是变形极小，仅为高频淬火变形的 1/5~1/3。激光淬火变形极小是由于它采用高能量密度的热量移动淬火，其热影响区比普通淬火要小得多，因而产生的热应力小。为了增加对激光的吸收率，必须对被处理的工件表面涂上一层涂料，以提高激光淬火的质量。

激光表面合金化是一种局部表面改性的新型热处理工艺。它是在高能量密度激光束的照射下，将外加的合金元素熔化在工件表面的薄层内，从而改变工件表面层的化学成分，形成具有特殊性能的合金化层，以提高工件表面的耐磨损、耐腐蚀和抗高温氧化等性能，达到材料局部表面改性的目的。采用这种新型激光热处理工艺，可以使廉价的普通材料的表面变成昂贵的优质合金材料表面。激光表面合金化所需的功率密度要比激光相变硬化的功率密度高 3 倍以上，一般为 10^4~$10^6 W/cm^2$。激光表面合金化是一种有广泛应用前景的先进热处理方法。

2. 电子束加工技术

1) 电子束加工的原理和特点

电子束加工是在真空条件下,利用电子枪中产生的电子经加速、聚焦后形成的功率密度极高($10^6 \sim 10^9 W/cm^2$)的电子束流,以极高的速度轰击到工件被加工部位极小面积上,在极短时间(几分之一微秒)内,其能量大部分转换为热能,导致该部位的材料达到几千摄氏度以上的高温,从而引起材料的局部熔化或气化,然后被真空系统抽走;或者利用能量密度较低的电子束轰击高分子材料,使它的分子链切断或重新聚合,从而使高分子材料的化学性质和分子量产生变化,进行加工。近几十年来,电子束才越来越多地应用于打孔、切割、光刻等加工。

电子束加工具有如下特点。

(1) 电子束加工是一种精密微细加工方法。由于电子束能够极其微细地聚焦(束径可达 0.1μm),所以加工面积可以很小,能加工微孔、窄缝、半导体集成电路等。

(2) 加工材料范围很广。由于电子束能量密度高,足以使任何材料熔化和气化,所以可加工脆性、韧性、导体、非导体和半导体等材料。

(3) 加工精度高,表面质量好。电子束加工是一种非接触式热能加工,主要靠瞬时蒸发去除材料,加工部位的热影响区很小,工件很少产生受力变形,而且不存在工具损耗问题。

(4) 加工生产率很高。电子束能量密度很高,每秒可在 2.5mm 厚的钢板上加工 50 个直径为 0.4mm 的孔。

(5) 便于采用计算机控制,实现加工过程自动化。能够通过磁场或电场对电子束的强度、位置、聚焦进行直接控制。位置控制的准确度可达 0.1μm 左右,强度和束斑的大小控制误差也在 1%以下,且自动化程度高,易于加工图形、圆孔、异形孔、盲孔、锥孔、弯孔及狭缝等。

(6) 由于电子束加工在真空中进行,因此污染少,加工表面在高温时也不易氧化,特别适用于加工易氧化的金属及合金材料,以及纯度要求极高的半导体材料。

(7) 电子束加工需要一整套专用设备和真空系统,设备价格较贵,加工成本高。

2) 电子束加工装置

电子束加工装置的基本结构如图 3-23 所示。它主要由电子枪系统、真空系统、控制系统、电源系统以及一些测试仪表和辅助装置等组成。

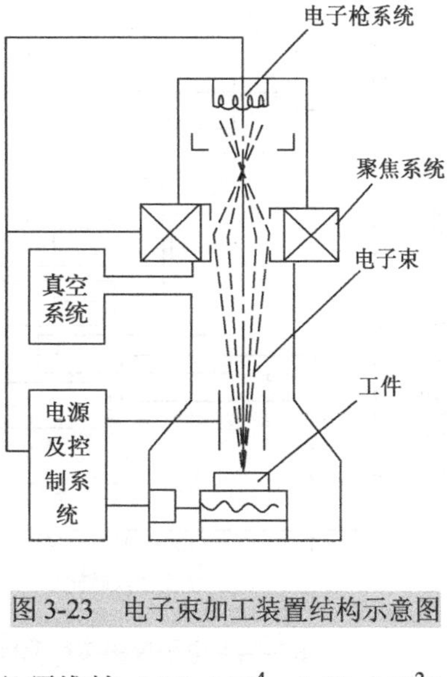

(1) 电子枪系统。

用来发射高速电子流,完成电子束的预聚焦和强度控制。它包括电子发射阴极、控制栅极和加速阳极等。发射阴极一般用纯钨或纯钽制成,在加热状态下(数千摄氏度)发射大量电子。控制栅极为中间有孔的圆筒形,在其上加与阴极相比为负的偏压,既能控制电子束的强弱,又有预聚焦作用。加速阳极通常接地,而在阴极加以很高的负电压,以驱使电子加速。

图 3-23　电子束加工装置结构示意图

(2) 真空系统。

用来保证真空室内所需的真空度。电子束加工时,必须维持 $1.33 \times 10^{-4} \sim 1.33 \times 10^{-2} Pa$ 的高真空度。因为只有在高真空时,才能避免电子与气体分子之间的碰撞,保证电子的高速运动；还可保护发射阴极不至于在高温下被氧化，也避免使被加工表面氧化。此外，加工时产生的金属蒸气会影响电子发射，产生超声不稳定现象，也需要不断把金属蒸气抽出。真空系统一般由机械旋转泵和油扩散泵或涡轮分子泵两级组成。

(3) 控制系统。

电子束加工的控制系统包括束流聚焦控制、束流位置控制、束流强度控制以及工作台位移控制等。

束流聚焦控制使电子流压缩成截面直径很小的束流，以提高电子束的能量密度。束流聚焦控制决定加工点的孔径和缝宽。通常有利用高压静电场使电子流聚焦成细束和通过"电磁透镜"的磁场聚焦两种聚焦方法。有时为了获得更细小的焦点，要进行二次聚焦。

束流位置控制是为了改变电子束的方向，常用磁偏转来控制电子束焦点的位置。具体方法是通过一定程序改变偏转电压或电流，使电子束按预定的轨迹运动。

束流强度控制是通过改变加在阴极上的负高压(50～150kV 及 150kV 以上的负高压)来实现的。为了避免加工时热量扩散至工件的不加工部位，常使用间歇性的电子束，所以加速电压应是脉冲电压。

工作台位移控制是为了在加工过程中控制工作台的位置。因为电子束的偏转距离只能在数毫米之内，过大将增加像差和影响线性。因此，在大面积加工时需要用伺服电机控制工作台沿纵横两个方向的移动，并与电子束的偏转相结合。

(4) 电源系统。

电子束加工对电源电压的稳定性要求较高，要求波动范围不得超过百分之几。这是因为电子束聚焦以及阴极的发射强度与电压波动有密切关系，因此需要稳压设备。各种控制电压和加速电压由升压整流器供给。

3) 电子束加工的应用

电子束加工的应用范围很广，如图 3-24 所示，可用来打孔、切割、焊接、光刻、表面改性等，它既是一种精密加工方法，又是一种重要的微细加工方法。近年来，出现了多脉冲电子束照射等技术，使电子束加工有了更进一步的发展。

(1) 高速打孔。

电子束打孔时，其功率密度必须提高到能使电子束击中点的材料产生气化蒸发。一般功率密度为 $10^6 \sim 10^9 \text{W/cm}^2$。电子束打孔的最小直径可达 0.003mm，孔的深径比可达 100∶1，孔的内侧臂斜度为 1°～2°。电子束打孔的效率极高，每秒可达几千至几万个。

喷气发动机套上的冷却孔、机翼吸附屏的孔，不仅密度连续变化，孔的数量达数百万个，而且有时改变孔径，宜采用电子束高速打孔。高速打孔是在工

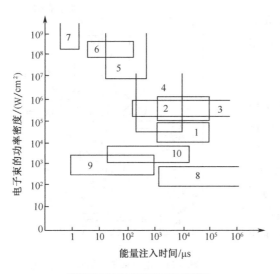

图 3-24　电子束的应用范围

1. 淬火硬化；2. 熔炼；3. 焊接；4. 打孔；5. 钻、切割；
6. 蚀刻；7. 升华；8. 塑料聚合；9. 电子抗蚀剂；10. 塑料打孔

作运动中进行的，例如，在 0.1mm 厚的不锈钢上加工直径为 0.2mm 的孔，速度为 3000 孔/s。玻璃纤维喷丝头要打 6000 个直径为 0.8mm、深度为 3mm 的孔，用电子束打孔可达 20 孔/s，比电火花加工快 100 倍左右。

(2)加工型孔及特殊表面。

电子束可以用来切割或截割各种复杂型面，切口宽度为 3~6μm，边缘粗糙度可控制为 0.5μm。在 0.05mm 厚的钢板上加工宽 0.05mm、长 3mm 的槽仅需 20~30s。为了使人造纤维具有光泽、松软、有弹性、透气性好，喷丝头的型孔都是一些特殊形状的截面，出丝口的窄缝宽度为 0.03~0.07mm，长度为 0.8mm，喷丝板厚度为 0.6mm，用电子束加工后缝口光洁。

离心过滤机、造纸化工过滤设备中钢板上的小孔希望为锥孔。用电子束在 1mm 厚不锈钢板上打 0.13mm 的锥孔，每秒可打 400 个孔；在 3mm 厚的不锈钢板上打直径为 1mm 的锥孔，每秒可打 20 个孔。

燃烧室混气板及某些透平机叶片需要大量的不同方向的斜孔，使叶片容易散热，提高发动机的输出功率。用电子束加工能廉价地在某种叶片上打 30000 个斜孔，比电火花打孔速度提高 30 倍。

(3)电子束焊接。

电子束焊接是电子束加工中开发较早且应用较广的技术。电子束焊接通过材料的熔融和气化使材料牢固地结合。电子束焊接可以焊接难熔金属，如钽、铌、钼等，也可焊接钛、锆、铀等化学性能活泼的金属。它可焊接很薄的工件，也可焊接几百毫米厚的工件。电子束还能焊接一般焊接方法难以完成的异种金属焊接。

由于电子束焊接对焊件的热影响小、变形小，可以在工件精加工后进行焊接，又由于它能够实现异种金属焊接，所以就有可能将复杂的工件分成几个零件。这些零件可以单独地使用最合适的材料，采用合适的加工方法制造，最后利用电子束焊接成一个完整的工件，从而可以获得理想的技术性能和显著的经济效益。目前，电子束焊接已越来越多地应用在核反应堆和火箭技术上，来解决高熔点金属和活泼金属及其合金的焊接。电子束精密焊接在半导体技术领域内发展很快。对于在电气技术中对极薄薄膜的精密焊接，将极细的金属丝连接于正确的位置上，或是将薄膜连接于厚钢板上等这些技术要求，采用电子束焊接特别容易解决。另外，在某些有特殊要求的结构中采用电子束穿透焊，在穿透时熔融材料的强度不变。

3．离子束加工技术

1)离子束加工的原理、分类与特点

离子束加工的原理和电子束加工基本类似，也是在真空条件下，将离子源产生的离子束经过加速聚焦，使之击打到工件表面，从而对工件进行加工。不同的是离子带正电荷，其质量比电子大数千、数万倍，如氩离子的质量是电子的 7.2 万倍。所以一旦离子加速到较高速度，离子束比电子束具有更大的撞击动能。与电子束不同，它是靠微观的机械撞击能量，而不是靠动能转化为热能来加工工件的。

离子束加工的物理基础是离子束射到材料表面时所发生的撞击效应、溅射效应和注入效应。具有一定动能的离子射到材料(靶材)表面时，可以把靶材表面的原子击出，形成离子的撞击效应。如果将工件直接作为离子轰击的靶材，工件表面就会受到离子刻蚀。如果将工件放置在靶材附近，靶材原子就会溅射到工件表面，进行溅射沉积吸附，使工件表面镀上一层薄膜。如果离子能量足够大，射到靶材的离子，就会钻进靶材表面，这就是离子的注入效应。

因此，离子束加工按照其所利用的物理效应和达到的目的不同，可以分为四类，即利用离子撞击效应和溅射效应的离子刻蚀、离子溅射沉积、离子镀覆以及离子注入。前两种属于成型加工，后两种属于特殊表面层制备。

离子束加工的特点如下。

(1)由于离子束可以通过光学系统进行聚焦扫描，离子束轰击材料是逐层击除原子，其离子流密度及离子能量可以精确控制，所以，离子刻蚀可以达到纳米(nm)级的加工精度，离子镀膜可以控制在亚微米级精度，离子注入的深度和浓度也可以极精确地控制。可以说，离子束加工是最有前途的超精密和微细加工方法，是纳米加工技术的基础。

(2)由于离子束加工在高真空中进行，所以污染少，特别适用于对易氧化的金属、合金材料和半导体材料的加工。

(3)离子束利用机械碰撞能量加工，故对金属、非金属都适用。

(4)由于离子束加工靠离子轰击材料表面来去除或注入材料，是一种微观作用，作用面积微小，所以，产生的加工应力、热变形等极小，加工表面质量好。

(5)易于实现自动化。

(6)加工设备费用高、成本高、加工效率低，因此应用范围受到一定限制。

2)离子束加工装置

离子束加工装置与电子束加工装置类似，它也包括离子源、真空系统、控制系统和电源等部分，主要的不同部分是离子源。

离子源用原子电离的方法产生离子束流。具体来说是把要电离的气态原子注入电离室，经高频放电、电弧放电、等离子体放电或电子轰击，使气态原子电离为等离子体(正离子数和负电子数相等的混合体)。用一个相对于等离子体为负电位的电极(吸极)，就可以从等离子体中引出离子束流。根据离子束产生的方式和用途的不同，离子源有很多形式。常用的有考夫曼型离子源和双等离子管型离子源。图3-25为考夫曼型离子源示意图。它由热阴极灯丝发射电子，在阳极的吸引下向下方的阴极移动，同时受线圈磁场的偏转作用，做螺旋运动前进。惰性气体(如氩、氪、氙等)由注入口进入电离室，并在高速电子的撞击下被电离成离子。阴极和阳极上各有几百个直径为0.3mm的小孔，上下位置严格对齐，位置误差小于0.01mm。这样便可形成几百条准直的离子束，均匀地分布在直径为50～300mm的面积上。考夫曼型离子源结构简单、尺寸紧凑、束流均匀且直径很大，已成功用于离子推进器和离子束微细加工领域。

3)离子束加工的应用

离子束加工的应用范围正在日益扩大。目前，用于改变零件尺寸和表面力学物理性能的离子束加工有：用于从工件上去除加工的离子刻蚀加工，用于给工件表面添加材料的离子镀覆加工，用于表面改性的离子注入加工等。

(1)离子刻蚀加工。

离子刻蚀加工是通过撞击从工件上去除材料的过程。当离子束轰击工件，入射离子的动能传递到靶原子，传递的能量超过原子间的键合力时，靶原子就从工件表面溅射出来，达到刻蚀的目的。为了避免入射离子与工件材料发生化学反应，必须用惰性元素的离子。氩气的原子序数高，而且价格便宜，所以，通常用氩离子进行轰击刻蚀。由于离子直径很小(约十分之几纳米)，可以认为离子刻蚀的过程是逐个原子剥离的，刻蚀的分辨率可达亚微米级，但刻蚀速度很低，剥离速度大约为每秒一层到几十层原子。离子束刻蚀加工原理如图3-26所示。

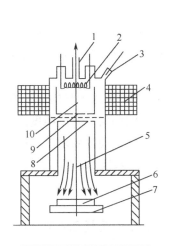

图 3-25　考夫曼型离子源

1. 真空抽气口；2. 灯丝；3. 惰性气体注入口；
4. 电磁线圈；5. 离子束流；6. 工件；7. 阴极；
8. 引出电极；9. 阳极；10. 电离室

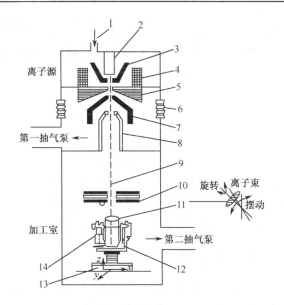

图 3-26　离子束刻蚀加工原理图

1. 惰性气体入口；2. 阴极；3. 中间电极；4. 电磁线圈；5. 电极；
6. 绝缘子；7. 控制电极；8. 引出电极；9. 离子束；10. 聚焦装置；
11. 工件；12. 摆动装置；13. 工作台；14. 回转装置

在刻蚀加工时，对离子入射能量、束流大小、离子入射角度以及工作室气压等分别调节控制，根据不同加工需要选择参数。大多数材料在离子能量为 300～500eV 时的刻蚀率最高。一般入射角 $\theta=40°～60°$ 时的刻蚀率最高。

离子刻蚀有极高的分辨率。在半导体工艺中已能刻出宽 0.1μm 的线条；在光学工业中已能刻蚀出间距为 0.13μm 的光栅。

离子束刻蚀可以加工任何材料，如金属、半导体、橡胶、塑料、陶瓷等。用离子刻蚀可以致薄石英晶体振荡器和压电传感器；可以致薄月球岩石样品，从 10μm 致薄到 10nm。

(2) 离子镀覆加工。

离子镀覆是将一定能量的离子束轰击某种材料制成的靶，离子将靶材粒子击出，使其镀覆到工件表面上。离子镀覆主要利用溅射效应，但是目的不是加工而是镀膜，以改善工件材料表面的特定性能。

镀覆时将镀膜材料置于靶上，一般使靶面与离子束方向成一定角度接受离子束的轰击，被镀工件表面应与溅射粒子运动方向相垂直，如图 3-27 所示。

离子镀的膜层附着力强，镀层组织致密，可镀材料广泛，各种金属、非金属、合金、化合物、半导体、高熔点材料和某些合成材料均可镀覆。也用于对工件表面镀覆耐磨材料、抗腐蚀材料、耐热材料、润滑材料以及装饰膜层等。

(3) 离子注入加工。

用离子束轰击工件表面，使离子钻入被加工材

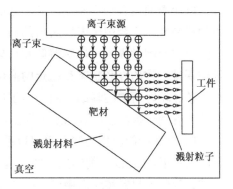

图 3-27　离子镀覆原理图

料表面层，以改变表面层性能的方法称为离子注入。将离子强行注入金属表面后，可改变表面层性能，且注入元素的种类和数量不受合金系统平衡相图中固溶度限制，因而可以获得一般冶金工艺无法得到的各种表面合金。

离子注入技术主要应用在半导体掺杂方面，即把磷(P)或硼(B)等"杂质"注入单晶硅中规定的区域及深度后，可以得到不同导电型的 P 型或 N 型和制造 P-N 结。也可用来制造一些通常用热扩散难以获得的各种特殊要求的半导体器件。

离子注入的优点在于注入元素数量和注入深度可以精确控制，注入元素的选配不受限制，注入元素的数量也不受材料溶解度的限制，注入工件表面元素的均匀性好、纯度高，注入元素不受温度限制。但是，离子注入设备昂贵、成本高、生产率低，而且要求较高的安全性、可靠性。因此，在使用价值很高的半导体器件方面宜采用离子注入技术。

3.3.2　复合加工技术

复合加工技术主要包括机械复合加工、电化学复合加工、电火花复合加工、超声复合加工、磨料水射流加工等先进加工技术。

1. 机械复合加工

机械复合加工以常规机械加工(切削和磨料加工)为主，并辅助化学、光学、电力、磁力、流体力学和声波等多种能量进行综合加工。这类复合加工中主要有机械-超声、机械-激光、机械-磁力、机械-化学、机械-超声-电火花、机械-电化学-电火花等多种组合方式，相应形成了电解在线修整磨削、电火花修整磨削、超声切削、超声磨料加工(磨削、研磨和抛光)、加热切削、激光辅助切削和磨削、磁力研磨、机械化学研磨和抛光、超声电火花磨削以及电解电火花机械磨削等复合加工工艺。

1) 电解在线修整磨削

电解在线修整(electrolytic in-process dressing，ELID)磨削是把细粒度超硬磨料(金刚石和CBN)砂轮磨削与电解在线修整砂轮相结合，并与精密磨削技术结合，可达到镜面磨削，并获得较高生产率的复合加工技术。ELID 磨削技术首次解决了细粒度超硬磨料砂轮的修整难题，为细粒度金属结合剂超硬磨料砂轮的工业应用创造了条件。

图 3-28 是 ELID 磨削在平面磨床和端面磨床上应用的原理示意图。ELID 磨削所用砂轮通常为青铜或铸铁结合剂砂轮，冷却润滑液为一种特殊的电解液。当电极与砂轮之间接上电压时，砂轮表面结合剂不断被电解，新的磨料不断地露出，以保证金属结合剂砂轮在磨削过程中的锐利性，不会由于表层磨料的磨损和脱落而失去切削能力，造成切屑堵塞现象。在电解在线修整磨削过程中，电解溶解和氧化钝化作用达到平衡时，既可以保证砂轮在整个磨削过程中保持一致的锋利状态和稳定的磨削性能，能充分发挥超硬磨料的磨削能力，又可节约以往修整砂轮时所需的辅助时间。由于电解修整过程在磨削时连续进行，所以在使用微细粒度砂轮时有利于提高磨削表面质量和生产率。

ELID 磨削的应用范围几乎可以涉及所有的工件材料，磨削后的工件表面粗糙度 Ra 可达 1nm 的水平。ELID 磨削的生产率远远超过常规的研磨抛光加工，特别适合陶瓷、单晶硅和光学玻璃等硬脆材料实现高精度、高效率的超精密镜面磨削。

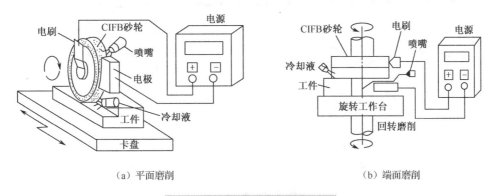

（a）平面磨削　　　　　　　　　　　（b）端面磨削

图 3-28　ELID 磨削的原理示意图

2）超声切削、磨削、研磨和抛光

这种加工方法是在通用机械加工方法中引入超声振动形成的复合加工方法。超声振动切削是通过把超声振动引入车、钻、锪、铰、攻丝、切割等加工过程中，给刀具（或工件）以适当方向、一定频率和振幅的振动，以加速加工过程和改善切削效能的加工方法。同样，磨削、研磨和抛光等磨料加工过程中采用超声振动也能加速这些精密加工过程。

超声振动切削按切削效能可分为两类：一类以断屑为主要目的，在进刀方向上施加低频（几百赫兹）、大振幅（最高可达几毫米）的振动；另一类以改善加工精度和表面粗糙度、提高切削效率、扩大切削加工适用范围为目的，主要采用高频（略高于声频的超声波）、小振幅（最大约 30μm）振动。

大量试验研究表明，超声振动切削可使切削力减小到 1/20～1/3；超声振动攻丝扭矩可降低到普通攻丝的 1/8～1/3；超声振动切削不锈钢时，刀具寿命可延长 40～60 倍，钻削时可使钻头寿命延长 17 倍；在保证加工精度和加工质量的前提下，超声振动切削的效率比一般切削方法提高 2～3 倍。

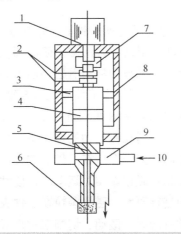

图 3-29　内圆超声振动磨削的主轴结构

1. 电机；2. 电刷；3. 轴承；4. 振子；5. 变幅杆；6. 砂轮；7. 联轴节；8. 主体；9. 转接套；10. 冷却液

超声磨削是在磨削过程中，利用砂轮（或工件）的强迫振动进行磨削的一种工艺方法。按振动方式分为扭转振动和纵向振动。由于超声振动施加于砂轮上比施加于工件上容易实现，可以避免因工件尺寸、形状不同对超声振动系统产生影响，因此，通常通过砂轮主轴将超声振动施加于砂轮上，使砂轮沿轴向做高频振动。内圆超声振动磨削的主轴结构如图 3-29 所示。超声振动磨削具有磨削力小、磨削温度低、砂轮不易堵塞等优点，能较好地解决普通磨削中存在的问题。

3）加热切削

加热切削方法是在机械加工过程中引入热能的复合加工方法。在切削或磨削过程中，用热源加热工件的待加工区（图 3-30），以改善材料的切削加工性，使难加工材料的切削得以顺利进行。利用加热切削法，不但可减小切削力，提高切削速度，减少刀具磨损，而且可以降低表面粗糙度，提高加工表面的质量。

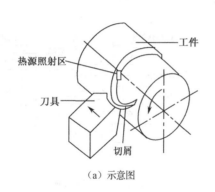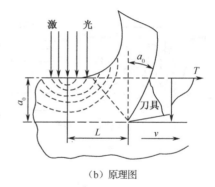

（a）示意图　　　　　　　　　　　　（b）原理图

图 3-30　加热切削

加热切削的热源种类很多，如通电加热、焊炬加热、整体加热、火焰和感应局部加热及导电加热，但它们都存在加热区过大、热效率低、温控困难、加工质量难以保证等问题，难以应用到生产实际中。而等离子弧和激光束热源主要用于毛坯预加工的整体加热和粗加工。

等离子弧加热切削时，用等离子弧喷枪中的钨作阴极，工件材料作阳极，通电后形成高温的等离子弧，对工件进行局部加热。等离子弧具有功率密度大、温度高、升温快、加热瞬时完成、加热区域小的特点，而且通过改变电流、喷嘴直径、气体流量等参数可方便地进行调节，是一种较理想的加热切削热源。等离子弧加热切削的温度高、能量集中，有利于对难加工材料进行高效切削。研究表明，在加热切削冷硬铸铁和高锰钢等难加工材料时，切削速度高达 100～150m/min，刀具耐用度可提高 1～4 倍。

激光束加热切削以激光束为热源，对工件进行局部加热，其优点是热量集中，升温迅速；热量由表及里逐渐渗透，刀具与工件交界面的热量较低；激光束可照射到工件的任何加工部位并形成聚焦点，光斑的形状和大小都能调节，便于实现局部加热。研究结果表明，激光束加热切削可使切削力下降 25%左右，还能有效改善工件的表面粗糙度。

4) 磁力研磨

磁力研磨就是指利用磁性磨料(必须兼有可磁化及能进行研磨两种性能的颗粒状物)在磁场中形成的磁性刷子，对工件表面进行精加工的一种方法。用这种方法磁力研磨圆柱形工件的原理如图 3-31 所示。将磁性磨料放入磁场中，磁性磨料在磁场中将沿着磁力线方向有序地

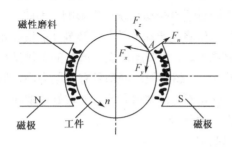

图 3-31　磁力研磨原理示意图

排列成磁力刷。把圆柱形工件放入 N-S 磁极中间，并使工件相对 N 极和 S 极保持一定的距离。放在间隙内的磁性磨料在磁场力的作用下，颗粒就会沿磁力线方向产生一个压在工件上的力。

当工件相对磁极做相对运动时，磁性磨料将对工件表面进行研磨。磁性磨粒在工件表面的运动状态通常有滑动、滚动、切削三种形式。磁力研磨的加工特点可归纳为：①通过改变磁场强度可以很方便地控制研磨压力，调节磁性磨料的保持力，磁性磨料的自动供给、排出及回收也可控制。②由于磁性研磨刷是柔性的，而且磁极和工件表面的间隙在几毫米范围内可调，因此除简单的回转表面和平面外，也能研磨复杂形状零件的内外表面，并且可实现多面同时研磨。③可以去毛刺以及进行 0.01mm 级的表面精

密加工。④自锐性好，磨削能力强，研磨效率高。⑤具有改善形状精度(如圆度、同轴度)的能力。⑥切削深度小，加工表面光洁平整，表面粗糙度可以达到甚至超过抛光的程度。⑦磁力研磨温升小，工件变形小。⑧磁性研磨工具可快速更换，可像机床的配附件一样，在普通机床上改造磁性研磨加工装置。⑨由于使用磁性磨料，粉尘被磁极吸引，磨粒无飞散，因此工作环境良好。

磁力研磨适用于零件表面的光整加工、棱边倒角和去毛刺。既可用于加工外圆表面，也可用于加工平面或内表面，甚至用于齿轮表面、螺纹和钻头等复杂表面的研磨抛光。通常用于液压元件和精密耦合件的去毛刺，效率高、质量好，棱边倒角可以控制在 0.01mm 以下，这是其他工艺方法难以实现的。磁力研磨工艺在多种抛光工艺中是最具有潜力实现模具抛光自动化的工艺。半导体产业中，输送高纯度气体的容器及管道、制药工业的物流管道都需要内壁表面粗糙度为 0.2μm 以下的高光洁表面，与珩磨或其他工艺相比，物流管道内表面研磨采用旋转磁场磁力研磨是最佳工艺方案。

5) 超声电火花磨削

超声电火花磨削是超声加工和电火花加工同时作用于磨削过程的复合加工方法。超声电火花磨削系统如图 3-32 所示。这种方法仅仅适用于导电材料加工。采用超声电火花磨削时，磨削抗力的变化与其他加工方法大不相同。由于超声电火花磨削的磨削抗力明显减小，砂轮锋利度保持性好，从而发挥出极好的磨削效果。超声电火花磨削法最适宜于各种导电性陶瓷材料和超硬材料的磨削加工。从电火花加工特性的角度出发，加工液介质的电阻率不宜太高。

6) 电解电火花机械磨削

电解电火花机械磨削方法是日本应用磁学研究所在20世纪80年代中期开发成功的一种复合加工方法。把机械磨削(mechanical grinding)、电解(electrolysis)、电火花(electrical discharge)和复合(combined)几个英文单词的首字母组合成"MEEC"来命名这种复合加工方法。

MEEC 磨削加工原理如图 3-33 所示。这种复合加工方法的技术关键是使用外圈上均匀分布的 8～16 个导电区的特制树脂结合剂砂轮，在特殊导电砂轮和被加工零件之间施加 25～30V 的直流电压(工件接电源正极)，并注入具有导电性的低浓度电解液作为磨削液，使砂轮在进行机械磨削的同时，还通过电脉冲进行电解、电火花加工。对于非导电材料，在磨削区附近设置了电极，甚至以喷嘴作为电极，通过电解液形成电解和放电回路。

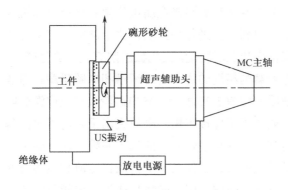

图 3-32 超声电火花磨削系统图

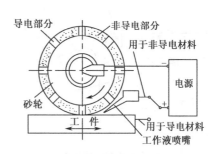

图 3-33 MEEC 磨削的加工原理示意图

在砂轮的旋转过程中，当砂轮不导电部分与工件相接触时，磨粒对工件产生机械磨削作用；当导电部分接近工件时，通过喷射到砂轮和工件间的磨削液，产生电解作用；在工作液中发生电化学作用时，工件表面产生大量气泡，形成比较高的电位梯度，即产生非导电相；当电脉冲到来时，就发生电火花放电，甚至产生电弧，从而在一定程度上去除工件材料；除此之外，电火花放电所产生的高温会使磨粒周围的结合剂熔化和气化，起到修整砂轮和保持砂轮锋利的作用；同时，所产生的高温还使陶瓷等某些工件材料表面加热而有利于磨削。在MEEC磨削加工过程中，磨削、电解、电火花放电三者共同作用，大大提高了加工效率，极大地改善了加工表面质量。以平面磨削95%氧化铝陶瓷为例，研究表明，应用MEEC磨削技术的加工效率是普通磨削的3~6倍，复合加工时砂轮消耗几乎为零，且复合加工后的表面粗糙度明显低于普通磨削加工。经过改进的MEEC磨削复合加工系统增设了在线修整砂轮装置，如图3-34所示。

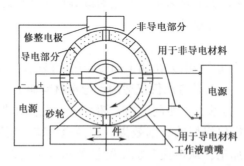

图3-34　附加了在线修整砂轮装置的MEEC磨削系统示意图

2. 电化学复合加工

电化学复合加工以电化学加工为主，辅助应用机械、电力、磁力、流体力学和声波等多种能量进行综合加工。这类复合加工中主要有电化学-机械、电化学-电火花、电化学-电弧、电化学-超声、电化学-磁力、电化学-机械-超声等多种组合方式，其中电化学的阳极溶解作用和硬质刀具或磨料的机械作用结合起来形成的复合加工工艺包括电解钻孔、电解铣削、电解磨削、电解珩磨、电解研磨和抛光等。此外，与其他加工方法组合形成的复合加工工艺还包括电解电火花加工、电解电弧加工、电解超声加工、场致(磁场)电化学加工以及电解超声磨削等。

1) 电解磨削

电解磨削是靠阳极金属电化学腐蚀作用和机械磨削作用相结合进行加工的，比电解加工有更好的加工精度和表面质量，比机械磨削有更高的生产率。与电解磨削相近的还有电解珩磨和电解研磨。电解磨削原理如图3-35所示。导电砂轮接直流电源的阴极，被加工工件接阳极。磨粒突出于导电砂轮的基体而维持工件与砂轮之间的加工间隙，加工间隙中充满了电解液。工件表面的金属在电流和电解液的作用下发生电解作用，被氧化成为一层极薄的氧化物或氢氧化物薄膜(阳极薄膜)。但刚形成的阳极薄

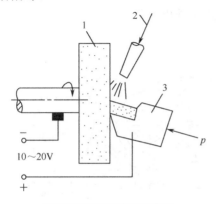

图3-35　电解磨削原理图

1. 导电砂轮；2. 电解液；3. 工件

膜迅速被导电砂轮中的磨料刮除，在阳极工件上又露出新的金属表面并被继续溶解。这样电解作用和刮削薄膜的磨削作用交替进行，并不断通过流动的电解液带走阳极溶解产物及产生的热量，对工件进行连续加工，直至达到一定的尺寸精度和表面粗糙度。

电解磨削可用于磨削外圆、内圆、平面及成型表面。当磨削外圆时，工件和砂轮之间的接触面积较小，为此，可采用"中极法"电解磨削，在普通砂轮之外再附加一个中间电极接阴极，工件接阳极，电解作用在中间电极和工件之间进行。砂轮可以不导电，只起刮除阳极反应膜的作用。从而大大增加了导电面积，提高了生产率。

目前，电解磨削主要用来磨削一些高硬度的零件，如硬质合金刀具、量具、挤压拉丝模、轧辊等。此外，电解磨削还适宜于加工采用易产生硬化现象及热敏感性材料的零件。它不仅可以保证加工精度及加工表面质量，而且可以提高生产率。

2) 电解珩磨

电解珩磨的加工原理与电解磨削近似，电解珩磨内孔的加工原理如图 3-36 所示。其加工过程主要靠阳极溶解作用，油石的作用主要是通过往返和旋转运动清除表面的电解产物，使电解液和新露出的金属表面接触。由可胀式的心棒调节油石的外径，以维持小的加工间隙。由于电解珩磨时机械作用较小，可以避免热变形，使工件维持较低的温度。电解珩磨可用于小孔和深孔精密加工以及薄壁套筒等零件的精密加工。齿轮的电解珩磨也已在生产中得到应用，其生产率比机械珩磨高，珩磨油石的磨损也少。

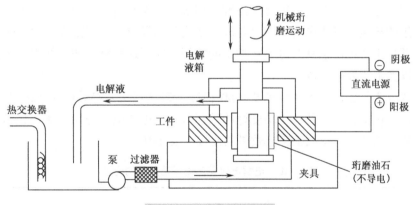

图 3-36　电解珩磨原理图

3) 电解研磨

电解研磨是把电解加工与机械研磨结合形成的加工方法，采用钝化型电解液，利用机械研磨去除表面微观不平高点的钝化膜，并再次形成钝化膜，反复进行以实现工件的镜面加工。电解研磨可分为固定磨料加工和离散磨料加工两种。图 3-37 表示一种固定磨料加工方式。固定磨料加工是先将磨料粘在无纺布上，再将粘有磨料的无纺布贴覆在工具阴极上。无纺布的厚度即电极间隙，加工一段时间后，应更换新的粘有磨料的无纺布。游离磨料电解研磨是在工具阴极上只贴覆无纺布，而将磨料悬浮于电解液中呈自由状态，这种电解研磨由于研磨轨迹复杂而不重复，能得到更低的表面粗糙度值。

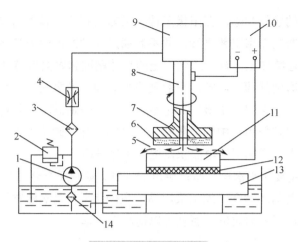

图 3-37　电解研磨加工

1. 液压泵；2. 溢流阀；3. 过滤器；4. 节流阀；5. 电解液；6. 研具；7. 工具阴极；
8. 主轴；9. 变速箱；10. 电流电源；11. 工件阳极；12. 绝缘层；13. 工作台；14. 粗过滤器

4) 电解电火花加工

电解电火花加工是电化学腐蚀作用和电火花蚀除作用同时进行的加工方法。加工过程中电极对(工件阳极和工具阴极)接低压直流电源，以实现电解加工，同时由脉冲发生器供给脉冲电压，以保证电火花作用。在电解液中，去除金属是阳极电化学溶解和电火花蚀除综合作用的结果。这种方法一方面利用电化学溶解作用去除导电材料；另一方面利用电化学反应时在工具上产生的气泡，形成电解液中火花放电所需的非导电相，产生火花放电作用。因此具有明显的电解加工特征，也具有电火花加工的特征。应用这种复合加工技术既可以加工导电材料，也可以加工非导电材料。

应用电解电火花加工金属合金等导电材料时，合理选择工艺参数可使其达到加工效率高、表面质量好、电极损耗小以及加工精度好的工艺效果。电解电火花加工钛合金和合金钢的工艺效果与电解加工和电火花加工工艺效果的比较见表 3-10。

表 3-10　电解电火花加工工艺效果的比较

加工参数与结果	加工方法					
	电火花加工		电解加工		电解电火花加工	
工作电压/V	75(脉冲)		20(直流)		75(脉冲)20(直流)	
脉宽/间隔	128/30μs		—		—	
峰值电流	60A		80A/cm^2		60A	
电解液	煤油		8%NaCl-23%NaNO$_3$		复合加工工作液	
电解液压力	15		15		15	
被加工材料	TC$_4$	40Cr	TC$_4$	40Cr	TC$_4$	40Cr
金属腐蚀率/(mm^2/min)	40	29.2	105	86.4	360	286
最大侧面间隙/mm	0.13	0.11	0.32	0.30	0.15	0.12
表面粗糙度 Ra/μm	22	16.5	7.9	6.4	11	9.6
电极损耗率/%	8.7	14.5	0	0	1.2	1.3

由于电解电火花加工是利用电化学反应时在工具上产生的气泡，形成电解液中火花放电所需的非导电相，因而气体相形成的速度慢，放电击穿延时长，且大量消耗电解能而削弱了起加工作用的电火花蚀除的能量。因此，用这种方法加工非导电材料时，仅可以进行切割或打小孔，且效率低、能耗大。

新近利用高速旋转齿电极的气流吸附及涡流作用或采用可控充气的方法，形成电解液中火花放电所需的非导电相。其基本原理如图 3-38 所示，加工时，在每一次脉冲到来之前，先通过可控充气系统在工具电极和工件之间形成气相体，用于产生气泡触桥。当脉冲电压到来时，便会在工具电极端面形成高电位梯度，产生所需要的高的火花击穿电压，再借助电解液的导电作用，在工具电极端面某处的电场强度会增至气泡触桥的击穿强度，形成火花放电通道。这时放电通道产生的瞬时高温

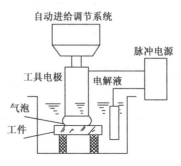

图 3-38　电解电火花加工系统

和冲击波，引起工件表面的液相介质气化。最终使非导电材料表面局部被蚀除。

新型气体电解电火花加工技术有效地解决了传统电解电火花加工气体相形成缓慢等缺点，从而可以高效地对聚晶金刚石、聚晶立方氮化硼和不导电陶瓷等材料进行较大面积和较深孔的加工。气体电解电火花加工新技术火花放电所需气体相的形成速度快，其击穿放电延时为 $10^{-6} \sim 10^{-5}$s，不依靠电化学作用便能形成电解液中火花放电所需的气体相，可高效地在各种非导电材料上进行较大面积和较深孔的加工，可用软的工具电极加工高硬度、高强度、高耐磨性的非导电材料，不仅能加工异型腔和复杂形状工件，而且可加工硬脆材料，加工过程中工具电极损耗小。

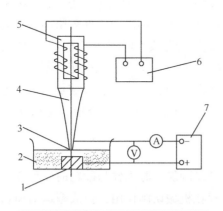

图 3-39　电解超声加工深小孔示意图

1. 工件；2. 含磨粒电解液；3. 工具；4. 变幅杆；
5. 换能器；6. 超声波发生器；7. 电解电源

5) 电解超声加工

电解超声加工是把电化学阳极溶解与超声振动磨粒的机械作用结合起来的复合加工方法。图 3-39 为电解超声加工深小孔示意图。工件接正极，工具接负极，电解液中加入一定比例微小磨粒形成悬浮液，工具电极的超声波振动供给微小磨粒的动能。加工时，被加工表面在电解液中产生阳极溶解，电解产物(阳极钝化膜)被超声振动的工具和磨粒刮除。超声振动引起的空化作用加速了钝化膜的破坏和含磨粒电解液的循环更新，促使阳极溶解过程的进行，从而大大提高加工速度和质量。采用电解超声加工与单纯用超声波加工几种难加工材料时加工速度和工具损耗的比较见表 3-11。

表 3-11　电解超声加工与超声加工工艺效果的比较

加工材料	电解超声加工					超声加工			
	频率 /kHz	双振幅/μ	电流密度 /(A/cm²)	加工速度 /(mm/min)	工具损耗 /(%)	频率 /kHz	双振幅 /μ	加工速度 /(mm/min)	工具损耗/(%)
5CrNi 淬火钢	17.3	100	32	0.3	46	17.5	100	0.1	206
耐热合金	17.9	98	32	0.25	57	17.5	98	0.12	171
耐热合金	18.1	100	32	0.24	51	18.1	100	0.13	209
耐热合金	18.5	53	32	0.08	57	18.7	53	0.04	180
T15K 硬质合金	18.8	53	30	0.2	50	18.8	53	0.08	100

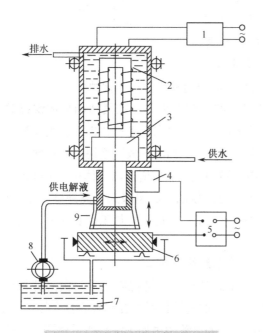

图 3-40　电解超声磨削装置示意图

1. 超声发生器；2. 磁致伸缩换能器；3. 变幅杆；4. 电刷；5. 整流器；6. 被加工毛坯；7. 电解液箱；8. 泵；9. 电解液供给部件

6) 电解超声磨削

图 3-40 为电解超声磨削装置示意图，这种复合加工是在电解磨削的基础上，引入超声振动，以超声振动的工具(砂轮)破坏电解产物阳极钝化膜，同时超声振动引起的空化作用加速了钝化膜的破坏和电解液的循环，促进了阳极溶解过程的进行。从而可以大大提高加工速度和改善加工表面质量。

3．电火花复合加工

电火花复合加工是以电火花的蚀除作用为主，结合不同的机械运动方式或结合超声等作用形成的加工方法。实际生产中，工具电极相对于工件采用不同的运动方式组合形成不同的加工方法，如电火花铣削、电火花磨削、电火花切断、电火花共轭回转加工、电火花展成加工等；电火花作用与超声作用结合形成电火花超声加工等。

1) 电火花磨削

电火花磨削加工时，工件与电极的运动方式与普通磨削加工时工件与砂轮的运动方式类似。电火花磨削加工依靠火花放电的能量来实现，不存在机械切削作用。按成型运动和功用常可分为电火花平面磨削、电火花内圆磨削、电火花成型磨削和电火花小孔磨削等。电火花平面磨削或电火花成型磨削如图 3-41 所示。

电火花磨削主要用于硬质合金、高温难加工材料和双金属复合材料的加工。与机械磨削相比，电火花磨削生产率可提高 1~2 倍。

2) 电火花超声加工

电火花超声加工是综合利用电火花加工和超声波加工的优点而进行的复合加工。电火花超声加工原理如图 3-42 所示。超声声学部件固定在电火花加工机床主轴头下部,电源为直流电源,其两极分别与工件和工具电极相连,工件与机床绝缘,主轴做伺服进给,工具电极以超声频率周期性上下振动,使极间距随电极高频伸缩而改变,在极间形成一个周期性变化的电场,借助于极间距的改变,极间电压击穿两极间含有磨料颗粒的工作液,产生放电和停歇的交替,实现极间脉冲放电。放电作用使工件表面局部材料熔化、气化并抛离到工作液介质中,或使工件材料通过热应力作用蚀除。超声波振动的磨粒还有助于去除放电作用在工件表层产生的残余应力和显微裂纹。在该复合加工中,放电加工和超声波的共同作用实现了材料高效、高质量的加工。

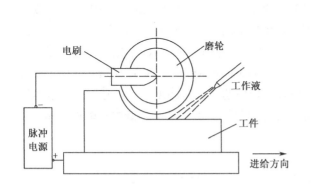

图 3-41 电火花磨削原理示意图　　　　图 3-42 电火花超声加工原理示意图

在电火花加工时引入超声波,使电极工具端面做超声振动,强化加工过程,促使电腐蚀产物的排除,并能使间隙稳定;当输入液体中的超声能量足够大时,就会产生空蚀现象,空蚀现象会进一步强化加工过程;工具超声振动可有效地提高电火花放电脉冲的利用率。当不加超声振动时,电火花精加工的放电脉冲利用率仅为 3%~5%;而加上超声振动后,电火花精加工的放电脉冲利用率可提高到 50% 以上。因此采用电火花超声加工可使生产率提高几倍,甚至几十倍。电火花超声加工主要用于加工硬质合金、聚晶金刚石和导电陶瓷等硬脆材料,在加工小孔、深孔、窄缝及异型孔时,可获得较好的工艺效果。

4．超声复合加工

超声复合加工是以超声加工为主,辅助应用机械、电力、磁力、流体力学等多种能量的综合加工方法,可以提高加工效率,减小工具磨损。

超声复合加工靠磨粒和液体分子的连续冲击、抛磨和空化作用去除被加工材料。具有精度高、表面粗糙度低,不受工件材料的限制,工件无热损伤和残余应力等优点。它是加工玻璃、陶瓷、石英、宝石以及半导体等硬脆材料工件的最有效方法。

1）超声旋转加工

超声旋转加工方法是结合不同的机械运动方式和不同的机械切削作用形成的复合加工方法。超声旋转加工方法按其工艺特征,大致可分为两类:一类是采用离散磨料和固结磨料磨具的超声旋转磨料加工;另一类主要是采用切削工具(如铣刀、钻头等)、冲头、压头之类工具,或利用超声高频振动特性,与其他机械加工方法相结合的超声旋转加工。

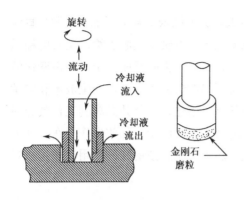

图 3-43　超声旋转加工的原理示意图

应用金刚石空心钻工具进行超声旋转加工的原理示意图如图 3-43 所示。金刚石空心钻做旋转运动(转速可达 5300r/min)，同时在超声换能器作用下做高频(≥20kHz)振动。工件以恒定的压力(而不是以一定的速度)向工具做进给运动，冷却液从钻芯由泵注入，流过加工区，冲走碎屑并冷却工具。

日本制成新型 UMT-1 型三坐标数控超声旋转加工机，功率为 450W，工作频率为 20kHz，加工孔径为 1.6mm、深 150mm。玻璃小孔的精度为：圆度 0.005mm，圆柱度 0.02mm。我国研制成功的超声旋转加工机，在硬脆材料的钻孔、套料、端铣、内外圆磨削及超声螺纹加工中取得了显著的工艺效果，已成功用于 YAG 激光晶体棒的成型加工。该机工作频率为 7～22kHz，功率为 400W。套料加工晶体棒直径为 3～10mm，加工精度为圆度<0.005mm，圆柱度一般为 0.03mm。另外，采用超声旋转加工方法，进行微晶玻璃零件高精度深小孔(1.6mm×120mm)加工，取得了良好的效果。加工精度为圆度<0.005mm，圆柱度一般为 0.03～0.04mm，最高 0.01mm。

2) 超声数控分层仿铣加工

超声数控分层仿铣是借鉴快速成型技术中分层制造思想和利用超声数控仿铣加工而形成的新型加工方法。采用超声数控分层仿铣能有效解决三维轮廓型面精密旋转超声加工技术问题。

利用简单工具超声数控分层铣削加工三维陶瓷工件的加工装置如图 3-44 所示。采用截面为圆形、方形、管状等简单形状的金属或石墨工具，像铣刀一样在数控机床上实现三维型腔的超声旋转铣削加工。机床本体采用数控立式铣床的框架结构，X、Y 轴都采用交流伺服电机驱动，精密滚珠丝杠螺母传动，X、Y 轴联动使工作台带动工件完成 X、Y 平面的加工轨迹。另一台交流电动机驱动换能器、变幅杆、工具头做整体旋转运动，Z 轴伺服电机驱动旋转电机、换能器、变幅杆、工具头一起做 Z 向进给运动。X、Y、Z 三轴伺服电机由计算机控制。借助压力传感器实时检测工具和工件间的加工压力，并以压力信号对 Z 轴实现恒定加工压力的伺服控制。伺服电机光电编码器反馈的位置信号与压力传感器反馈的信号，使整个系统构成双闭环控制。通过循环的压力反馈、数值比较以及控制进给实现 Z 轴的在线补偿，从而保证加工精度。

5. 磨料水射流加工

磨料水射流(abrasive-water jet，AWJ)加工技术是近年来发展较快的一门高新技术，它是在水射流加工(water jet machining，WJM)的基础上引入磨料射流加工(abrasive jet machining，AJM)，集两种加工技术的优点于一身的复合加工技术。

AWJ 切割的基本原理是用高压水加速具有一定微刃和硬度的磨料，使其以一定角度冲击物体表面或以高速磨料流沿物体表面研磨，实现对物料的切割。其实质是一个直径不断变化的液体砂轮对工件的冲蚀和磨削。AWJ 切割系统如图 3-45 所示。目前 AWJ 切割所使用的磨料主要有氧化铝、碳化硅玻璃等，喷嘴材料是高硬、高耐磨的蓝宝石。显而易见，AWJ 切割加工对工艺无特殊要求，可以从任何部位开始切割，噪声很小，切口整齐，几乎无热影响区。

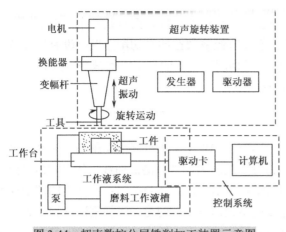

图 3-44　超声数控分层铣削加工装置示意图

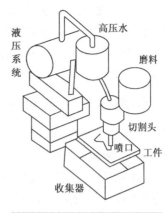

图 3-45　磨料水射流切割系统

随着对 AWJ 加工设备在设计上的不断改进和性能的改善,AWJ 加工技术获得了越来越广泛的应用。AWJ 加工技术不仅可用于切割,而且扩展到车削、钻削和铣削等。可以加工金属材料、合成材料和非金属材料,特别适用于热敏、硬质和高脆材料及由于材料的厚度太大而不能采用激光和等离子加工的情况。

3.4　超高速加工技术

3.4.1　超高速加工技术的内涵和范围

由于不同的工件材料、不同的加工方式有着不同的切削速度范围,因而很难就超高速加工的切削速度范围给定一个确切的数值。目前,对于不同加工工艺和不同加工材料,超高速加工的切削速度范围分别如表 3-12 和表 3-13 所示。

表 3-12　不同加工工艺的切削速度范围

加工工艺	切削速度范围/(m/min)
车削	700～7000
铣削	300～6000
钻削	200～1100
铰削	20～500
磨削	5000～10000

表 3-13　不同加工材料的切削速度范围

加工材料	切削速度范围/(m/min)
铝合金	2000～7500
铜合金	900～5000
钢	600～3000
铸铁	800～3000
耐热合金	>500
钛合金	150～1000
纤维增强塑料	2000～9000

应当指出的是，超高速加工的切削速度不仅是一个技术指标，而且是一个经济指标。也就是说，仅仅有了技术上可实现的切削速度，而没有经济效益的高切削速度是没有工程意义的。在保证加工精度和加工质量的前提下，将通常切削速度下的加工时间减少 90%，同时将加工费用减少 50%，以此衡量高切削速度的合理性。

3.4.2 超高速加工的机制

超高速加工的理论研究可追溯到 20 世纪 30 年代。1931 年 4 月德国切削物理学家萨洛蒙 (Carl Salomon) 曾根据一些试验曲线，即人们常提及的著名的"萨洛蒙曲线"（图 3-46），提出了超高速切削的理论。超高速切削的概念可用图 3-47 示意。萨洛蒙指出：在常规的切削速度范围内（图 3-47 中 A 区），切削温度随切削速度的增大而升高。但是，当切削速度增大到某一数值 v_ε 之后，切削速度再增加，切削温度反而降低；Salomon 超高速切削理论的最大贡献在于创造性地预言了超越 Taylor 切削方程式的非切削工作区域的存在，被后人誉为"高速加工之父"。

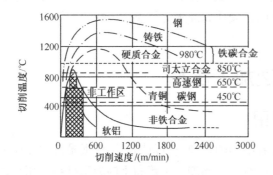

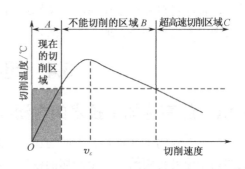

图 3-46　Salomon 提出的切削速度与切削温度曲线　　图 3-47　超高速切削概念示意图

在超高速切削铸铁、钢及难加工材料时，即使在很大的切削速度范围内也不存在这样的"死谷"，刀具耐用度总是随切削速度的增加而降低；而在硬质合金刀具超高速铣削钢材时，尽管随切削速度的提高，切削温度升高，刀具磨损逐渐加剧，刀具寿命 T 继续下降，且 T-v 规律仍遵循 Taylor 方程，但在较高的切削速度段，Taylor 方程中的 m 值大于较低速度段的 m 值，这意味着在较高速度段刀具寿命 T 随 v 提高而下降的速率减缓。这一结论对于高速切削技术的实际应用有重要意义。

20 世纪 70 年代美国海军和空军先后与 Lockheed 飞机制造公司合作进行了一系列超高速铣削试验，研究论证了生产条件下进行超高速加工的可能性。发现超高速铣削可以大大缩短工件的加工时间，大幅度提高生产效率。铣削力减小了约 70%，成功地实现了厚度为 0.33mm 薄筒件的铣削。1979 年美国"先进加工研究计划"的研究成果表明，随着切削速度的提高，刀具磨损主要取决于刀具材料的导热性，铝合金的最佳切削速度范围为 1500～4500m/min。

以德国 Darmstadt 工业大学的生产工程与机床研究所为首的 40 家公司参加的两项联合研究计划，全面系统地研究了超高速切削机床、刀具、控制系统等相关工艺技术，分别对各种工件材料的超高速切削性能进行了大量试验，取得了国际公认的高水平研究成果。H. K. Tonshoff、H. Winkier 和 M. Patzke 等对超高速切削的成屑机制也进行了若干研究。

各种超高速切削试验表明，在超高速切削时，按照被加工材料的类型和工艺条件，存在连续切屑和断续切屑两种类型。在超高速切削高导热性、低硬度合金或金属(如铝合金、软低碳钢等)时易形成连续切屑，而在超高速切削低导热性、密排六方多晶结构、高硬度材料(如钛合金、超耐热镍合金、高硬度合金钢)时易形成断续切屑。高速切削中切削力减小是此项技术应用发展的物理基础。确定这一界限，寻找最佳对应切削速度具有很大的工程意义。切屑上的切削热来不及传到工件和刀具而被切屑带走对高速切削是十分有利的，它可使刀具寿命延长、工件加工质量提高。

在超高速磨削机制的研究方面，"萨洛蒙曲线"也有重要的启示。20 世纪 60 年代初，日本京都大学冈村健二郎教授首先提出高速磨削理论。当时砂轮速度曾一度达到 90m/s，但更多的还是在 45～60m/s 使用。提高砂轮速度可以减小磨削力和砂轮磨损，并且可以获得更低的表面粗糙度和提高磨削效率。1979 年，德国的 P.G.Wemer 博士预言了高效深磨区存在的合理性，并通过研究表明：只要采用适当的磨削条件，即使在高速和大切除率的深磨情况下，工件表面温度也可以控制在 200～400℃。由此，Wemer 提出了高效深磨的新概念。

3.4.3　超高速切削加工的优越性

高速切削加工技术与常规切削加工技术相比，在提高生产率，降低生产成本，减少热变形和切削力以及实现高精度、高质量零件加工等方面具有明显优势。

(1)加工效率高。高速切削加工比常规切削加工的切削速度高 5～10 倍，进给速度随切削速度的提高也可相应提高 5～10 倍，这样，单位时间材料切除率可提高 3～6 倍，因而零件加工时间通常可缩减到原来的 1/3，从而提高了加工效率和设备利用率，缩短生产周期。

(2)切削力小。和常规切削加工相比，高速切削加工切削力至少可降低 30%，这对于加工刚性较差的零件(如细长轴、薄壁件)来说，可减少加工变形，提高零件加工精度。同时，采用高速切削，单位功率材料切除率可提高 40%以上，有利于延长刀具使用寿命，通常刀具寿命可提高约 70%。

(3)热变形小。高速切削加工过程极为迅速，95%以上的切削热来不及传给工件，而被切屑迅速带走，零件不会由于温升而导致弯翘或膨胀变形。因而，高速切削特别适合于加工容易发生热变形的零件。

(4)加工精度高、加工质量好。由于高速切削加工的切削力和切削热影响小，刀具和工件的变形小，保持了尺寸的精确性，另外，由于切屑被飞快地切离工件，切削力和切削热影响小，从而使工件表面的残余应力小，达到较好的表面质量。

(5)加工过程稳定。高速旋转刀具切削加工时的激振频率高，已远远超出"机床工件刀具"系统的固有频率范围，不会造成工艺系统振动，使加工过程平稳，有利于提高加工精度和表面质量。

(6)减少后续加工工序。高速切削加工获得的工件表面质量几乎可与磨削相比，因而可以直接作为最后一道精加工工序，实现高精度、低粗糙度加工。

(7)技术经济效益良好。采用高速切削加工将能取得较好的技术经济效益，如缩短加工时间，提高生产率；可加工刚性差的零件；零件加工精度高、表面质量好；提高了刀具耐用度和机床利用率；节省了换刀辅助时间和刀具刃磨费用等。

3.4.4　超高速磨削加工的优越性

超高速磨削的试验研究预示，采用磨削速度 1000m/s(超过被加工材料的塑性变形应力波速度)的超高速磨削会获得非凡的效益。尽管受到现有设备的限制，迄今实验室最高磨削速度为 400m/s，更多的则是 250m/s 以下的超高速磨削研究和实用技术开发。但是，可以明确，超高速磨削与以往的磨削技术相比具有如下突出优越性。

(1)可以大幅度提高磨削效率。在磨削力不变的情况下，200m/s 超高速磨削的金属切除率比 80m/s 磨削提高 150%，而 340m/s 时比 180m/s 时提高 200%。尤其是采用超高速快进给的高效深磨(HEDG)技术，金属切除率极高，工件可由毛坯一次最终加工成型，磨削时间仅为粗加工(车、铣)时间的 5%～20%。超高速磨削参数和效率与其他磨削方法的对比见表 3-14。

(2)磨削力小，零件加工精度高。当磨削效率相同时，200m/s 时的磨削力仅为 80m/s 时的50%。但在相同的单颗磨粒切深条件下，磨削速度对磨削力影响极小。

(3)可以获得低粗糙度表面。其他条件相同时，33m/s、100m/s 和 200m/s 速度下磨削表面粗糙度分别为 2.0μm、1.4μm、1.1μm。对高达 1000m/s 超高速磨削效果的计算机模拟研究表明，当磨削速度由 20m/s 提高至 1000m/s 时，表面 Ra_{max} 值将降低至原来的 1/4。另外，在超高速条件下，获得的表面粗糙度数值受切刃密度、进给速度及光磨次数的影响较小。

表 3-14　不同磨削方法的比较

磨削参数	磨削方法			
	普通磨削	缓进给磨削(CFDG)	超高速磨削(UHSG)	
			精密超高速磨削(PUHSG)	高效深磨(HEDG)
磨削深度 a_p/mm	小 0.001～0.05	大 0.1～30	小 0.003～0.05	大 0.1～30
工件进给速度 v_w/(m/min)	高 1～30	低 0.05～0.5	高 1～30	高 0.5～10
砂轮周速 v_s/(m/s)	低 20～60	低 20～60	高 80～250	高 80～250
金属切除率 Q'/[mm³/(mm·s)]	低 0.1～10	低 2～20	中<60	高 50～2000

(4)可大幅度延长砂轮寿命，有助于实现磨削加工的自动化。在磨削力不变的条件下，以200m/s 磨削时砂轮寿命比以 80 m/s 磨削时提高 1 倍，而在磨削效率不变的条件下砂轮寿命可提高 7.8 倍。砂轮使用寿命与磨削速度呈对数关系增长，使用金刚石砂轮磨削氮化硅陶瓷时，磨削速度由 30m/s 提高至 160m/s，砂轮磨削比由 900 提高至 5100。

(5)可以改善加工表面完整性。超高速磨削可以越过容易产生磨削烧伤的区域，在大磨削用量下磨削时反而不产生磨削烧伤。

3.4.5　超高速加工技术的应用

1. 超高速切削技术的应用

超高速切削的工业应用目前主要集中在以下几个领域。

1)航空航天工业领域

高速切削加工在航空航天领域应用广泛，如大型整体结构件、薄壁类零件、微孔槽类零件和叶轮叶片等。国外许多飞机及发动机制造厂已采用高速切削加工来制造飞机大梁、肋板、舵机壳体、雷达组件、热敏感组件、钛和钛合金零件、铝或镁合金压铸件等航空零部件产品。

现代飞机构件都采用整体加工技术，即直接在实体毛坯上进行高速切削，加工出高精度、高质量的铝合金或钛合金等有色轻金属及合金的构件，而不再采用铆接等工艺，从而可以提高生产效率，降低飞机重量。美国波音公司制造 F15 战斗机两个方向舵之间的气动减速板，以前需要约 500 多个零部件装配而成，制造一个气动减速板所需的交货期约为 3 个月，现在应用高速切削技术直接在实体铝合金毛坯上铣削加工气动减速板，交货期仅需几天。英国 EHV 公司采用主轴转速为 40000r/min 的高速加工机床加工航空专用铝合金整体叶轮，单个叶片的加工精度可达 5μm，整个叶轮精度为 20μm。美国普惠公司与以色列叶片技术公司合作开发钛合金涡轮叶片的高速切削，选用主轴转速为 20000r/min 的铣床加工叶片锻件，可在 7min 内完成粗加工，再经 7min 精加工成叶片。用高速铣削加工中心加工机载雷达组件，可使加工效率提高 7～10 倍。瑞士米克朗(Mikron)公司的 HSM 系列高速铣削柔性单元可加工薄至 0.04mm 的薄壁件，加工微孔最小直径可达 0.08mm。HSM400U 五轴联动高速铣床则可大大提高叶轮加工效率，以 120mm 的小型铝制叶轮为例，用一台普通加工中心需要 35min，而使用米克朗 HSM400U 则只需 10min。

2) 汽车工业领域

除航空工业外，现在也开发了针对汽车工业等大批生产领域中铸铁和钢的高速切削加工设备。高速加工在汽车生产领域的应用主要体现在模具和零件加工两个方面。应用高速切削加工技术加工零件范围相当广，其典型零件包括伺服阀、各种泵和电机的壳体、电机转子、汽缸体和模具等。例如，美国福特(Ford)汽车公司与 Ingersoll 公司合作研制的 HVM800 卧式加工中心及镗汽缸用的单轴镗缸机床已实际用于福特公司的生产线。汽车零件铸模以及内饰件注塑模的制造正逐渐采用高速加工。

3) 模具工具工业领域

在模具工具工业领域，高速切削为模具制造行业提供了新契机。采用高速切削时可以直接由淬硬材料加工模具，这不单单省去了过去机加工到电加工的几道工序，节约工时，而且由于目前高速切削已经可以达到很高的表面质量($Ra≤0.4μm$)，因此省去了电加工后表面研磨和抛光的工序。另外，切削形成的已加工表面的压应力状态还会提高模具工件表面的耐磨程度(据统计模具寿命因此能提高 3～5 倍)。因此，锻模件和铸件仅经高速铣削就能直接完成零件成型。对于复杂曲面加工、高速粗加工和淬硬后高速精加工很有发展前途，并有取代电火花加工(EDM)和抛光加工的趋势。瑞士米克朗公司研制的 HSM 系列高速加工中心和新型 XSM400 高速加工中心的主轴转速可达 60000r/min，快速进给速度分别达到 40m/min 和 80m/min，加速度分别达到 1.7g 和 2.5g，可加工铝合金、铜合金、塑料和硬度 HRC62 的淬硬钢，用这种机床可加工高精度冲压模具和塑料模具等。

4) 难加工材料领域

高速车削加工硬金属材料(HRC55～62)现已被广泛用于代替传统的磨削加工，车削精度已可达 IT5～IT6 级，表面粗糙度可达 0.2～1μm。Ingersoll 公司的"高速模块"所用切削速度如下：加工航空航天铝合金时为 2438m/min，加工汽车铝合金时为 1829m/min，加工铸铁时为 1219m/min，这均比常规切削速度高出几倍到几十倍。

5) 超精密微细切削加工领域

在电路板上，有许多 0.5mm 左右的小孔，为了提高小直径钻头的钻刃切削速度，提高效率，目前普遍采用高速切削方式。日本的 FANUC 公司和电气通信大学合作研制了超精密铣床，其主轴转速达 55000r/min，可用切削方法实现自由曲面的微细加工，据称，生产率和相对精度均为目前光刻技术领域中的微细加工所不及的。

高速切削的应用范围正在逐步扩大，不仅用于切削金属等硬材料，也越来越多用于切削软材料，如橡胶、各种塑料、木头等，经高速切削后这些软材料被加工表面极为光洁，比普通切削的加工效果好得多。

2. 超高速磨削技术的应用

超高速磨削技术最先在德国发展，德国 Guehring Automation 公司较为著名。它于20世纪80年代最先推出超高速磨床，并曾为亚琛工业大学开展 500m/s 磨削研究制造了超高速磨削设备。在 FD613 超高速平面磨床上磨削宽为 1~10mm、深为 30mm 的转子槽时进给速度可达 3000mm/min（CBN 砂轮，150m/s 周速）；在 RB625 超高速外圆磨床上由毛坯直接磨成曲轴，每分钟可磨除 2kg 金属（CBN 砂轮，120~160m/s 周速）；在 NU534、NU535R 和 NU635 型沟槽磨床上使用陶瓷结合剂 CBN 砂轮，周速 125m/s，一次快进给磨出 20mm 钻头沟槽，切除率达 $500mm^3/(mm \cdot s)$。轴齿轮齿槽、扳手开口槽、蜗杆螺旋齿槽等的一次性高效磨削加工也是 Guehring Automation 超高速磨床的主要工艺。Kapp 公司制造的高效深磨用超高速磨床利用 300m/s 的砂轮周速在 60s 内对具有 10 个沟槽的成组转子毛坯完成一次磨削成型，在砂轮寿命期间，可完成 1300 个转子的加工，沟槽宽度精度为 2μm。另外，Schaudt 公司、Studer 公司等也已推出各自的超高速磨床。Soag Machinery、Naxos Union 等企业在超高速磨削方面也卓有建树，反映了欧洲超高速磨削技术实用化的领先地位。

日本将砂轮圆周速度超过 100m/s 的磨削工艺称为超高速磨削。日本的超高速磨削主要不是以获得高生产率为目的，而对磨削的综合性能更感兴趣，其切除率普遍维持在 $60mm^3/(mm \cdot s)$ 以上。日本三菱重工推出的 CA32-U50A 型 CNC 超高速磨床采用陶瓷结合剂 CBN 砂轮，砂轮线速度达到 200m/s。丰田工机在其开发的 G250 型 CNC 超高速外圆磨床上装备了最新研制的 Toyoda State Bearing 轴承，使用 v_s＝200m/s 的陶瓷结合剂 CBN 砂轮，对回转件零件进行高效、高精度、高柔性加工。此外，利用超高速磨削实现对工程陶瓷和光学玻璃等硬脆材料的高性能加工也是日本超高速磨削的另一个重要应用领域。

美国的 HEDG 机床也得到应用。Edgetek Machine 公司是全美首家生产高效深磨机床的企业，该公司推出采用单层 CBN 砂轮、砂轮周速 203m/s 的超高速磨床，用于加工淬硬的锯齿等，可以达到很高的金属切除率。采用电镀 CBN 砂轮及油性磨削冷却液的 HEDG 磨床磨削 Inconel 718（镍基合金），砂轮周速 v_s＝160m/s，金属切除率 Q' 可达 $75mm^3/(mm \cdot s)$，砂轮不需修整，使用寿命长，Ra 平均值为 1~2μm，可达到的尺寸公差为 13μm。

3.4.6　超高速切削的相关技术

超高速切削是一种综合性的高新技术，超高速切削技术的推广应用是多项相关技术发展到与之相匹配的程度而产生的综合效应。无论应用高速切削技术进行生产，还是开发高速切削机床都应对相关技术进行考察。超高速切削的相关技术可用图 3-48 表示。下面就超高速切削中的刀具技术、高速主轴技术、直线滚动导轨和直线驱动技术、高速数控技术、机床结构、安全性、切削液等技术进行详述。

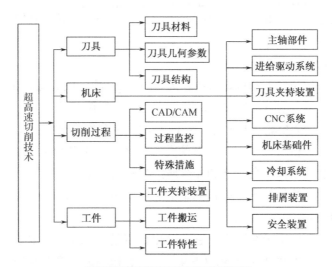

图 3-48　超高速切削的相关技术

1. 超高速切削的刀具技术

1) 超高速切削的刀具材料

超高速切削加工要求刀具材料与被加工材料的化学亲和力小，并且具有优异的力学性能、热稳定性、抗冲击性和耐磨性。目前适合超高速切削的刀具材料主要有涂层刀具、金属陶瓷刀具、陶瓷刀具、聚晶金刚石(PCD)刀具、立方氮化硼(CBN)刀具等。特别是聚晶金刚石刀具和聚晶立方氮化硼(PCBN)刀具的发展推动超高速切削走向更广泛的应用领域。

(1) 涂层刀具材料。

涂层刀具指在刀具基体上涂覆金属化合物薄膜，以获得远高于基体的表面硬度和优良的切削性能。常用的刀具基体材料主要有高速钢、硬质合金、金属陶瓷、陶瓷等；涂层既可以是单涂层、双涂层或多涂层，也可以是由几种涂层材料复合而成的复合涂层。硬涂层刀具的涂层材料主要有氮化钛(TiN)、碳氮化钛(TiCN)、氮化铝钛(TiAlN)、碳氮化铝钛(TiAlCN)等，其中 TiAlN 在超高速切削中性能优异，其最高工作温度可达 800℃。近年来相继开发的一些新型 PVD 硬涂层材料，如 CBN、氮化碳(CN_x)、Al_2O_3、氮化物(TiN/NbN、TiN/VN)等，在高温下具有良好的热稳定性，也适合用于超高速切削。金刚石膜涂层刀具主要适用于加工有色金属。软涂层刀具(如采用硫族化合物 MoS_2、WS_2 作为涂层材料的高速钢刀具)主要用于加工高强度铝合金、钛合金或贵重金属材料。

(2) 金属陶瓷刀具材料。

金属陶瓷具有较高的高温硬度及良好的耐磨性。金属陶瓷材料主要包括高耐磨性 TiC 基硬质合金(TiC＋Ni 或 Mo)、高韧性 TiC 基硬质合金(TiC＋TaC＋WC)、强韧 TiN 基硬质合金(以 TiN 为主体)、高强韧性 TiCN 基硬质合金(TiCN＋NbC)等。金属陶瓷刀具可在 300～500m/min 的切削速度范围内高速精车钢和铸铁。

(3) 陶瓷刀具材料。

陶瓷刀具材料主要有氧化铝基和氮化硅基两大类，是通过在氧化铝和氮化硅基体中分别加入碳化物、氮化物、硼化物、氧化物等得到的。目前国外开发的氧化铝基陶瓷刀具有 20 余个品种，约占陶瓷刀具总量的 2/3；氮化硅基陶瓷刀具有 10 余个品种，约占陶瓷刀具总量的

1/3。陶瓷刀具可在 200～1000m/min 的切削速度范围内高速切削软钢(如 A3 钢)、淬硬钢、铸铁等。

(4) PCD 刀具材料。

PCD 是在高温高压条件下通过金属结合剂(如 Co 等)将金刚石微粉聚合而成的多晶材料。虽然它的硬度低于单晶金刚石，但属各向同性，且由于晶粒在各个方向上自由分布，裂纹很难从一个晶粒传向另一个粒晶，大大提高了 PCD 的抗弯强度和韧性；PCD 材料还具有高导热性和低摩擦系数；其价格只有天然金刚石的几十分之一至十几分之一，因此得以广泛应用。PCD 刀具主要用于加工耐磨有色金属和非金属，与硬质合金刀具相比能在切削过程中保持锋利刃口和切削效率，使用寿命一般高于硬质合金刀具 10～500 倍。

(5) CBN 刀具材料。

立方氮化硼的硬度仅次于金刚石，它的突出优点是热稳定性(1400℃)好，化学惰性大，在 1200～1300℃下也不发生化学反应。CBN 刀具具有极高的硬度及红硬性，可承受高切削速度，适用于超高速加工钢铁类工件，是超高速精加工或半精加工淬火钢、冷硬铸铁、高温合金等的理想刀具材料。

2) 超高速切削的刀具几何角度

为了使刀具具有足够的使用寿命和低的切削力，刀具的几何角度必须选择合理数值。超高速切削各种工件材料时，刀具前角和后角的推荐值见表 3-15。

表 3-15　几种材料超高速切削用刀具的前角、后角推荐值

工件材料	前角	后角
铝合金	12°～15°	13°～15°
钢　材	0°～5°	12°～16°
铸　铁	0°	12°
铜合金	0°	16°
纤维强化复合材料	20°	15°～20°

3) 超高速切削刀具的结构

超高速切削刀具的几何结构和装夹结构是非常重要的。由于超高速铣刀在 1000～10000m/min 的切削速度下工作，在这样高的回转速度下工作的机夹可转位铣刀刀体和可转位刀片均受很大的离心力作用，故要求设计十分可靠的刀片夹紧结构和刀体结构。超高速切削刀具的切削部分应尽可能短一些，以提高刀具的刚性和减小刀刃破损的概率。

用于高速切削($n > 6000$r/min)的可转位面铣刀通常不允许采用摩擦力夹紧方式，而必须采用带中心孔的刀片，用螺钉夹紧，并控制螺钉在静止状态下夹紧刀片时所受预应力的大小。

从安全性考虑，高速铣刀已采用高强度铝合金制造刀体，应尽量避免采用贯通式刀槽，减少尖角，防止应力集中。刀体结构应对称于回转轴，使其重心通过铣刀轴线；刀片和刀座的夹紧、调整机构应消除游隙，且应保证良好的重复定位性。刀体与刀片之间的连接配合要封闭，刀片夹紧机构要有足够的夹紧力。超高速回转刀具还应提出动平衡的要求。目前最简单的方法是用在刀体上径向安装调整螺钉来调整刀具动平衡。

2．超高速切削机床

1)超高速切削的主轴系统

在超高速数控机床中，几乎无一例外地采用了主轴电机与机床主轴合二为一的结构形式——主轴单元，即采用无外壳电机，将其空心转子直接套装在机床主轴上，带有冷却套的定子则安装在主轴单元的壳体内，形成内装式电机主轴(build-in motor spindle)，简称电主轴(electro-spindle)。电机的转子就是机床的主轴，机床主轴单元的壳体就是电机座，从而实现了变频电机与机床主轴的一体化。

集成式电机主轴振动小，由于直接传动，减少了高精密齿轮等关键零件，消除了齿轮的传动误差。同时，集成式电机主轴也简化了机床设计中的一些关键性的工作，如简化了机床外形设计，容易实现高速加工中快速换刀时的主轴定位等。

超高速主轴单元是超高速加工机床最关键的基础部件。高速主轴单元的设计是实现高速加工最关键的技术领域之一。超高速主轴单元包括主轴动力源、主轴、轴承和机架 4 个主要部分，这 4 个部分构成一个动力学性能和稳定性良好的系统。超高速主轴的结构如图 3-49 所示。

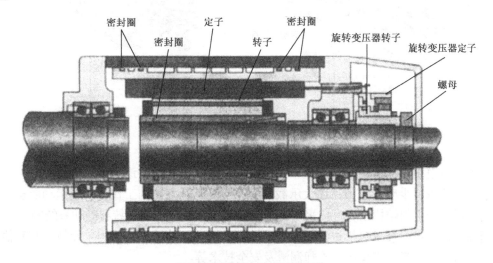

图 3-49　超高速主轴的结构

国外高速主轴单元的发展较快，中等规格的加工中心的主轴转速已普遍达到 10000r/min，甚至更高。美国福特汽车公司推出的 HVM800 卧式加工中心主轴单元采用的液体动静压轴承最高转速为 15000r/min。瑞士米克朗公司作为铣削行业的先锋企业，一直致力于高速加工机床的研制开发，先后推出了主轴转速 42000r/min 和 60000r/min 的高速铣削加工中心。

2)超高速切削机床的进给系统

超高速切削进给系统是超高速加工机床的重要组成部分，是评价超高速机床性能的重要指标之一，不仅对提高生产率有重要意义，而且是维持超高速切削中刀具正常工作的必要条件。超高速切削在提高主轴速度的同时必须提高进给速度，并且要求进给运动能在瞬时达到高速和瞬时准停等。在复杂曲面的高速切削中，当进给速度增加 1 倍时，加速度增加 4 倍才能保证轮廓的加工精度要求。这就要求超高速切削机床的进给系统不仅能达到很高的进给速度，还要求进给系统具有大的加速度以及高的定位精度。

目前进给系统采用滚珠丝杠结构的加工中心最高的快速进给速度是 60m/min，工作进给速度是 40m/min。日本在采用滚珠丝杠作为进给方案的研究应用中处于领先地位。Mazak 公司推出的 FJV20 立式加工中心，所用的滚珠丝杠使 X、Y、Z 方向快速进给和切削工作进给达到 60m/min 的速度。一般认为，这种结构的最高加速度很难突破 $1g$。要获得高的进给加速度，只有采用直线电机直接驱动的形式。

直线电机直接驱动系统如图 3-50(a)、(b) 所示。直线电机直接驱动技术是把电机平铺下来，电机的动子部分直接与机床工作台相连，从而消除了一切中间传动环节，实现了直接驱动，直线驱动最高加速度可提高到 $1g$ 以上，加速度的提高可大大提高盲孔加工、任意曲线曲面加工的生产率。

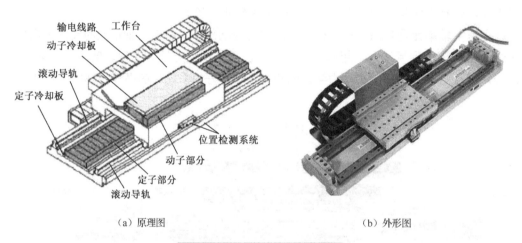

输电线路　工作台
动子冷却板
滚动导轨
定子冷却板
位置检测系统
动子部分
定子部分
滚动导轨

(a) 原理图　　　　　　　　　　　(b) 外形图

图 3-50　直线电机直接驱动系统

采用直线电机直接驱动方式的机床须采用位置测量系统随时进行在线位置监测；应采用滚动直线导轨以减少摩擦阻力、增大承载能力；应采用轻型结构工作台以使运动质量尽可能小，同时保证一定的结构刚度；应采用高速数控系统；采用冷却系统和制动系统等。

超高速进给单元技术包括进给伺服驱动技术、滚动元件技术、监测单元技术和其他周边技术，如防尘、防屑、降噪声、冷却润滑及安全技术等。

3) 高速切削的刀具夹持系统

(1) 刀柄系统。

刀柄是超高速加工机床(加工中心)的重要配套件。在超高速切削条件下，刀具与机床的连接界面结构装夹要牢靠，工具系统应有足够整体刚性，同时，装夹结构设计必须有利于迅速换刀，并有最广泛的互换性和较高的重复精度。

超高速切削加工主要使用了一种可使刀柄在主轴内孔锥面和端面同时定位的新型连接方式——两面定位刀柄系统，其中最具代表性的是日本的 BIG-PLUS 刀柄系统和德国的 HSK 刀柄系统。

日本 BIG-PLUS 刀柄系统采用 7:24 锥度，其结构设计可减小刀柄装入主轴时(锁紧前)与端面的间隙(如 40# 刀柄的间隙为 0.2mm±0.005mm)，锁紧后可利用主内孔的弹性膨胀对该间隙进行补偿，使刀柄与主轴端面贴紧。HSK 刀柄系统是由德国亚琛工业大学及 40 余家机床厂家、刀具厂商和用户共同开发的，刀柄以锥度 1:10 代替传统的 7:24，如图 3-51 所示，楔作用较强,采用锥面再加上法兰端面的双定位。转速高时,锥体向外扩张,增加了压紧力。HSK 刀柄系统的质量轻、刚性高、转速扭矩大、重复精度好、连接锥面短,可以缩短换刀时间,因此适应主轴高速运转,有利于高速 ATC 及机床的小型化。采用这种中空短锥两面接触强力 HSK 刀柄的机床全世界已突破 6000 台。

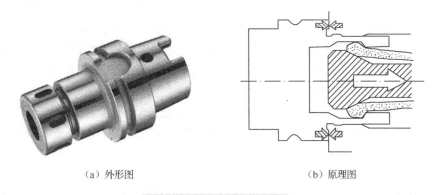

（a）外形图　　　　　　　　　　　　　（b）原理图

图 3-51　德国 HSK 刀柄系统

(2)接装刀具模块。

刀柄与刀具间的接装有多种形式,常用的锥形夹头具有灵活性好、适用于不同的刀具直径的优点,它的缺点是可传递的扭矩有限且装夹精度很低。要提高装夹精度和刚度需采用其他方法,目前常用的有收缩夹头、液压膨胀夹头和力膨胀夹头。

力膨胀夹头的原理如图 3-52 所示。刀柄的孔呈三棱形,在装夹刀具时,先用辅助装置在三棱孔的三个顶点施加预先调整好的力,使刀柄孔变形成圆,然后把刀具插入刀柄,再除去变形外力,刀柄孔弹性回复,刀具就被夹持在孔内。这种夹头的优点在于装夹精度高、操作简单、结构紧凑、造价较低。缺点是须备有一个辅助的加力装置。

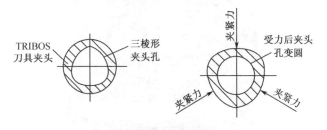

图 3-52　力膨胀夹头

4)超高速加工机床的支承

超高速加工机床的支承制造技术是指超高速加工机床的支承构件如床身、立柱、箱体、工作台、底座、托板、刀架等的制造技术。

由于超高速加工机床同时需要高主轴转速、高进给速度、高加速度,又要求用于高精度的零部件加工,因而集"三高"(高速度、高精度、高刚度)于一身就成为超高速加工机床的最主要特征。机床在总体结构上将进给机构全部或大部分移出工作台,以最大限度地减小运动惯量。

机床的床身一般采用整体铸造结构。图 3-53 是美国 Giddings & Lewis 公司 RAM630 型高速加工中心的基础结构,其立柱与底座采用密烘(meehanite)铸铁整体铸造,因而满足高刚度要求。超高速加工机床有"三刚"要求，即要求具有静刚度、动刚度、热刚度都极好的机床支承。近年来出现的聚合物混凝土材料（人造花岗岩）以石英岩等矿物的颗粒作填料，用热固性树脂为黏合剂，通过聚合反应成型，制成高速或超高速加工机床的床身和立柱。德国亚琛工业大学的研究表明，在同等体积条件下，聚合物混凝土的质量只是铸铁的 1/3，这更适合于高速度和高加速度的要求。德国 Hermle 公司高速加工中心的立柱与底座采用聚合物混凝土整体铸造，其刚度很高。美国 Edgetek Machine 公司生产的经济型高效深磨磨床的床身及立柱结构采用封有花岗岩的钢基体，以提高刚性，减小振动，利用成型 CBN 砂轮对淬硬钢进行高效磨削，表面质量可与普通磨削相比。Ingersoll 公司 HVM800 卧式加工中心的床身也采用钢板焊接件，其内腔充满阻尼材料。

超高速加工机床中，为减少直线和回转运动的动量与惯量（移动质量和转动质量），对于相同刚度而言，可采取轻质材料来制造运动零部件，如钛合金、铝合金和纤维强化复合材料等。

5) 超高速切削机床结构的变化

目前，绝大多数数控机床，即便是配备了最新型数控系统的机床，其基本结构也都为串联式结构。机床运动轴串联地设置在笛卡儿坐标系中，工件与刀具之间由机座、X、Y 和 Z 轴以及其他旋转轴组成封闭的运动链。按照这种模式制造的机床，容易计算和控制。机床的轴线与笛卡儿坐标轴对应，至少在三轴机床上使坐标变换成为多余，同时其工作空间相当于一个以各个轴的行程为边长的长方体。各个轴之间几乎没有联系，每个轴的理论位置可以单独地通过各自的轴向调节器调节。

图 3-53　美国 Giddings & Lewis 公司 RAM630 型加工中心的基础结构

高速切削的基本要求是刀具与工件间相对运动速度要快，即高切削速度、高进给速度、高加速度。高速度必然导致运动部件轻型化。由于主轴和刀具与工件相比，一般重量小而且基本确定，所以机床设计在构思上趋于让工件处于静止，而让主轴和刀具运动。

新近推出的吊篮式六条腿（Hexapod）机床结构是一种建立在 Stewart 平台基础上的并联式结构。Hexapod 机床的基本结构由上、下两个平台和一个工作主轴头组成，加上测量系统和伺服控制系统。上、下平台由六根圆管连成一个刚性框架体，下平台上有机床工作台，其上可以安装夹具和工件，上平台则供固定伺服驱动装置和测量系统用。主轴头通过无间隙的球头万向节及六根伸缩腿和六根矩形截面驱动杆吊挂在上平台之下。六根矩形截面长杆与由伺服电机驱动的滚轮组成六对摩擦传动副，使工作主轴头做六个自由度的空间运动。其中所允许的最大角度限制在 30°～40°。在机床运动中看不到笛卡儿坐标轴，它仅仅虚拟地存在于控制系统之中。许多专家都称此机床为 21 世纪的机床模式。

1994 年美国 Giddings & Lewis 公司研制成功并联虚拟轴机床，在美国 IMTS 上展出，令人耳目一新，立刻引起一阵研究开发热潮。此后不久，Ingersoll 公司、NEOS 公司、Geodetic 公司、Carl Zeiss 公司、Lapit 公司也推出类似样机。

这类机床的优点是：① 结构简单、刚性好，采用框架结构和伸缩杆的球头万向节连接，各杆只受拉压力；② 运动和定位精度高，机床无导轨，主轴头的运动、定位精度不受其他部件影响；③ 运动质量小，可以高速度运动；④ 对结构架的制造、装配无特别精度要求。它的主要缺点是：① 测量控制的计算量大，即便是简单的直线运动或绕某一轴线的转动也须六轴联动；② 与同样结构尺寸的机床相比其工作空间较小；③ 目前价格很高。此外，由于 6 条腿机床的可伸缩腿不是标准组件，如果要求刚性很高，在结构上很难有其他的方法；可伸缩腿的驱动是一个热源，会引起误差；六腿机床的工作空间始终是旋转对称的，没有优先方向，不能随意造型。

图 3-54 是德国斯图加特大学研制的并联结构六杆机床。它的六条杆的长度是固定的。六条杆在垂直导轨上做直线运动以实现主轴的六个自由度的运动。这种机床结构紧凑，刚性较大，部件的种类很少，易于实现大批量生产，可降低机床制造费用。

图 3-55 是德国亚琛工业大学研制的另一种采用并联结构的机床。机床有两个由直线电机驱动的伸缩杆和两个随动的折叠杆。改变两伸缩杆的长度便可实现主轴 X-Y 平面内的运动。为了实现 Z 向的运动，主轴装在一个由直线电机驱动的 Z 向滑台上。对于大多数三轴铣削过程来讲，要求 Z 向有最快的运动，该机床由于把 Z 向运动部件的质量减少到最低的程度，因而可大幅度地提高 Z 向的进给速度。

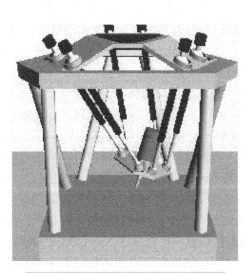

图 3-54　固定杆长的并联结构六杆机床

图 3-55　四杆并联结构机床

3. 超高速加工机床的数控技术

超高速加工机床不但主轴转速、进给速度和进给加速度非常高，而且，由于进给方向采用直线电机直接驱动，对超高速加工机床的控制系统也提出了更高的要求。目前，主轴电机的设计仍然是在现有的矢量控制变频调速交流电机的基础上，优化现有的技术，采用更复杂的、性能更好的半导体器件和处理速度更高的处理器以及进一步优化矢量控制技术等。

高速切削中，数字主轴控制系统和数字伺服轴驱动系统应该具有超高速响应特性。主轴单元的控制系统，除要求控制主轴电机时有很高的快速响应特性之外，对主轴支撑系统也应该有很好的动态响应特性。采用气浮、液压或磁悬浮轴承时，要求能够根据不同的加工材料、不同的刀具材料以及加工过程的动态变化自动调整相关参数。由于机床检测系统的精度、可靠性对超高速机床的加工精度起着非常关键的作用，因此，工件加工的精度检测装置应选用具有高跟踪特性和分辨率的检测元件。国外系统中多选用双频激光干涉仪。

由于采用直线电机的进给系统具有高进给速度和进给加速度，因此进给驱动的控制系统应具有很高的控制精度和动态响应特性。尽管早在 20 世纪 60 年代，人们就对直线电机进行过研究，但同旋转电机相比，在当时的工业环境下，直线电机没有体现出任何优越性。因此，有关直线电机的设计及控制技术的研究很少出现。后来，一些小型电控机械设备的应用，如绘图仪、打印机等，使得直线电机技术得到了较快的发展，但应用领域仍然局限于微小型设备。高速、超高速机床对进给系统的高性能要求，使得直线电机的优越性充分体现出来，并受到高度的重视。直线电机的研究和应用重新成为热点领域。目前，对直线电机的应用研究基本采用两种方案：一是根据直线电机的特点，对直线电机本身和控制系统进行重新设计，探索和开发适用于直线电机的控制理论和控制技术；二是将研究重点集中在直线电机本身，对直线电机的原理、结构、工作特性及相关技术进行研究，而控制系统则仍然利用现有的变频调速和矢量控制技术。这种方案可以充分利用已成熟的控制技术和产品，如矢量控制技术、变频调速器等，使现有资源得到更充分的利用，并缩短产品的开发时间，降低开发费用。

在高速加工中，输入的控制程序仍是标准的 ISO NC 代码。但在高速条件下，采用传统的 NC 程序仍然有许多问题需要解决：① 应充分考虑高速切削加工的特点和高速机床的特性，采用特殊的编程方法，使切削数据适合高速主轴的功率特征曲线；② 如何选择高速切削条件下的新型高速刀具、切削参数，以及如何优化切削参数；③ 刀具切削运动轨迹的优化；④ 如何解决高速加工时 CAD/CAM 高速通信时的可靠性；⑤ 如何开发一些附加的功能，充分体现高速切削时的一些特点，如铣削轮廓拐角时进给速度及加速度的控制等。

高速切削对数控系统的要求不断提高，最基本的要求是保证高精度、高速度，其主要内容有：为了适应高速，要求单个程序段处理时间短；为了在高速下保证加工精度，要有前馈和大量的超前(look ahead)程序段处理功能；要求快速形成刀具路径，此路径应尽可能圆滑，走样条曲线而不是逐点跟踪，少转折点、无尖转点；程序算法应保证高精度；碰到干扰能迅速调整，保持合理的进给速度，避免刀具振动等。为了满足以上要求，数控系统生产厂家做了大量工作，取得了以下几项进展：① 将高性能 PC 用于数字控制器，使数控装置能充分利用 PC 的硬件、软件及价格优势；② 按分层及模块化方式开发了开放式数控，使机床厂家和用户可以按自己的生产经验和需要灵活配置与扩展数控装置；③ 开发了 SERCOS 串行实时通信界面，它加速了机床控制器、智能驱动器和电机之间的通信，可以在多轴控制中同步协调多台驱动器；④ 开发了直接按照非均匀有理 B 样条(NURBS)方式直接形成刀具路径的数控方式。NURBS 方式可以整体地处理光滑曲线、直线、圆弧、椭圆等曲线的描述，用 NURBS 方式进行内插补，可以使 NC 语言减少到 10%～20%。这样不仅减少了后处理时间，提高了进给速度，而且大大提高了加工曲面精度。这四项进展使数控技术满足了高速切削的要求，并推动其进一步发展。

4. 超高速切削的安全性

1) 高速切削刀具系统的动平衡

刀具系统(刀刃、刀柄、刀盘、夹紧装置)不平衡会缩短刀具寿命，增加停机时间，并会增大加工表面粗糙度，降低工件加工尺寸精度和主轴轴承使用寿命。离心力会使主轴轴承受到方向不断变化的径向力作用而加速磨损并引起机床振动，甚至可能造成事故。高速切削刀具系统的平衡更为重要。一般来说，对于小型刀具，平衡修正量只有百分之几克；对于紧密型刀具，采用静平衡即可；对于悬伸长度较大的刀具则必须进行动平衡。

引起高速切削刀具系统不平衡的主要因素有：刀具的平衡极限和残余不平衡度、刀具结构不平衡、刀柄不对称、刀具及夹头的安装(如单刃镗刀)不对称等。设刀具在距离旋转中心 $e\,(\text{mm})$ 处存在等效的不平衡质量 $m\,(\text{g})$，则刀具不平衡量 $U\,(\text{g·mm})$ 可定义为刀具不平衡质量与其偏心距的乘积，即 $U=me$。设 G 为反映刀具平衡量与旋转速度 $n\,(\text{r/min})$ 之间关系的参数，则

$$G = \omega \times e = \frac{\pi n}{30} \times \frac{U}{m}$$

式中，ω 为角速度。

刀具产生的惯性离心力 $F_e\,(\text{N})$ 为

$$F_e = me\left(\frac{\pi n}{30}\right)^2 \times 10^{-6}$$

图 3-56 为由刀具不平衡引起的离心力与主轴转速和刀具不平衡量的关系。由图 3-56 可知，当主轴转速进一步提高时，离心力将以平方倍数增大。因此，高速切削刀具(主要是旋转刀具)使用前除进行静平衡外还必须进行动平衡，应根据其使用速度范围进行平衡，以实现最佳加工效益。对高速切削刀具进行平衡时，首先需对刀具、夹头、主轴等各个元件单独进行平衡，然后对刀具与夹头组合体进行平衡，最后将刀具连同主轴一起进行平衡。推荐采用微调螺钉进行精细平衡，或直接采用内装动平衡机构的镗刀通过转动补偿环移动内部配重以补偿刀具不平衡量。国外一些企业以 G1.0(刀具以 10000r/min 的转速回转时，回转轴与刀具中

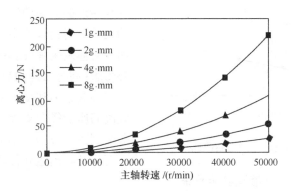

图 3-56　离心力与主轴转速和刀具不平衡量的关系

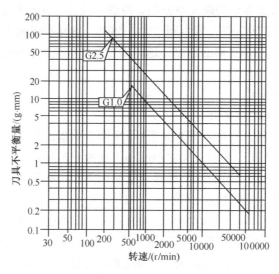

图 3-57　高速切削旋转刀具和刀柄系统平衡要求

心轴线的偏心距为 1μm) 作为平衡标准；有的企业对转速 6000r/min 以上的高速切削刀具以 G2.5 作为平衡标准。高速切削旋转刀具和刀柄系统的平衡要求可参照图 3-57 所示的 G1.0 或 G2.5 标准。

2) 高速切削刀具的安全性

切削刀具安全性涉及的主要对象是高速旋转的铣刀和镗刀，尤其是高速铣刀，因为高速铣削是目前高速切削应用的主要工艺。普通铣刀的结构和强度不能适应高速切削的要求，因此高速铣刀安全性的研究更具有紧迫性。德国在 20 世纪 90 年代初开始对高速铣刀安全技术进行研究，制定了 DIN6589-1《高速铣刀的安全要求》标准草案，其中规定了高速铣刀失效的试验方法和准则，该标准已成为评价高速铣刀安全性的指导性文件。

高速切削用可转位铣刀的安全性除对刀体强度的要求外，还包括对零件、刀片夹紧等的可靠性要求。高速切削时，离心力是造成铣刀破损的主要因素，防止离心力造成破坏的关键在于刀体应具有足够的强度。为了能在设计阶段对刀具结构强度在离心力作用下的受力和变形情况进行定性和定量分析，目前一般利用高速铣刀的有限元模型(FEM)来计算不同转速下

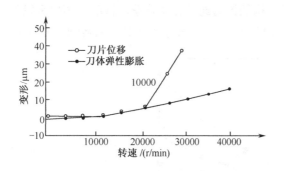

图 3-58　失效过程与转速的关系曲线

应力的大小，模拟刀具失效过程，改进设计方案。图 3-58 为模拟计算显示的两种失效过程与转速的关系曲线。在静止状态下，刀片的夹紧力对刀体产生向心变形，随着转速增加，刀体发生弹性膨胀，刀片随刀体一起向外膨胀；同时刀片的离心力克服螺钉夹紧力，使向心夹紧力和变形量逐渐减小，直至完全脱离刀座的径向支撑，此时夹紧已完全失效，即达到图 3-58 所示曲线上的拐点，通过拐点后刀片开始迅速外移直至甩飞。

5. 超高速切削的切削液及供液系统

超高速切削加工中，一般在刀具系统开设一个直接供给冷却液的通路，并主要采用主轴

中心供液方式。Ingersoll 公司为了及时冷却并清除过热的切屑，从高速运转的主轴孔向刀柄喷射冷却液，压力达 5.5～6.9MPa，流量为 37.85L/min。

超高速加工中，高金属切除率、高速流出的切屑以及高压喷洒的冷却润滑液需要一个足够大的密封工作室，而且防护装置必须有灵活控制系统。

冷却液在加工中的作用是减少摩擦、降低温升，以及提高加工精度、表面质量和刀具耐用度，并有利于断屑和排屑。但随着加工速度的日益提高，冷却液的用量急剧增加，不但增加了生产成本，而且造成严重的环境污染，并直接危害工人健康。根据美国一些企业的统计，消耗在冷却液和废液处理方面的费用要占总成本的 14%～16%，而刀具费用只占 2%～4%。为了保护环境和降低生产成本，最好的方法是不使用冷却液，即采用干切削(dry cutting)或干加工(dry machining)。

6. 高速切削的工件材料

高速切削加工除与刀具材料、刀具几何结构、机床结构等有关外。工件材料也对超高速切削加工有较大影响。

目前在美国的航天工业中，高速铣削铝合金工件，采用 7500m/min 的切削速度已是很普通的事。铝合金作为一种高强度的轻型材料，在航空、航天和汽车工业中很受欢迎。目前铝合金的切削速度主要受限于机床主轴所能达到的最高转速。

镁合金由于具有低密度($1.8kg/dm^3$)和高强度的优良特性也颇受青睐。加工镁合金也可采用很高的切削速度，而且切削力很小，刀具寿命长，这就在一定程度上抵消了镁合金价格高的弱点。但镁合金燃点低(650℃)，在加工中必须进行强力冷却，并把镁的切屑迅速从加工区带走。因此，镁合金的切削速度主要受限于工件材料的易燃性。

铸铁和钢进行高速加工的最高速度目前只能达到加工铝合金时的 1/5～1/3，为 1000～1200m/min。其原因是切削热使刀尖发生热破损。由此可见，加工黑色金属的最高速度主要受限于刀具材料的耐热性。

超级合金包括镍基合金、钴基合金、铁基合金和钛基合金四种材料，其共同特点是在高温下能保持高强度和高耐腐蚀性。但它们又是一类难加工材料，目前这类材料的最高切削速度可达 500m/min，主要受限于刀具材料及其几何结构。

碳素纤维增强塑料等合成材料也适合于进行高速切削，并且可用于极高的切削速度和进给量。切削中切削热很小，并可防止材料的"分层"。此外，还具有效率高、精度好的特点。

3.4.7　超高速磨削的相关技术

1. 超高速磨削的砂轮

1)超高速砂轮的结构和制造

超高速磨削砂轮应具有强度高、抗冲击强度高、耐热性好、微破碎性好、杂质含量低等优点。超高速磨削砂轮可以使用 Al_2O_3、SiC、CBN 和金刚石磨料。从超高速磨削的发展趋势看，CBN 和金刚石砂轮在超高速磨削中所占的比重越来越大。超高速磨削砂轮的结合剂可以是树脂、陶瓷和金属结合剂。20 世纪 90 年代，陶瓷或树脂结合剂 Al_2O_3、SiC 或 CBN 磨料砂轮的线速度可达 125m/s，极硬的 CBN 或金刚石砂轮的使用速度可达 150m/s，而单层电镀 CBN 砂轮的线速度可达 250m/s 左右，甚至更高。由于减少了磨料层厚度并改善了相应的制造工艺措施，目前日本的陶瓷结合剂砂轮已在 300m/s 的周速下安全回转，单层电镀 CBN 砂轮的使用速度可达 250m/s。亚琛工业大学在其砂轮的铝基盘上使用熔射技术实现了磨料层与基体的可靠黏结。

国外在 20 世纪 80 年代中后期开始以高温钎焊替代电镀开发了一种具有更新换代意义的新型砂轮——单层高温钎焊超硬磨料砂轮。高温钎焊砂轮研制开发的着眼点在于期望钎焊所能提供的界面上的化学冶金结合从根本上改善磨料、结合剂(钎焊合金材料)、基体三者间的结合强度。由于钎焊砂轮结合强度高，砂轮寿命很高，极高的结合强度也意味着砂轮工作线速度可达到 300～500m/s；在欧洲，主要使用单层电镀 CBN 砂轮进行高效成型磨削和开槽磨削；而日本以金属和陶瓷结合剂薄片砂轮居多。图 3-59 是普通电镀 CBN 砂轮和 MSL CBN 砂轮的对比。MSL 砂轮的磨料突出比已达到 70%～80%，容屑空间大大增加，结合剂抗拉强度超过了 1553N/mm^2，在相同磨削条件下可使磨削力降低 50%，进一步提高了磨削效率极限，但其制造成本极高，仍处于实验室研究阶段。

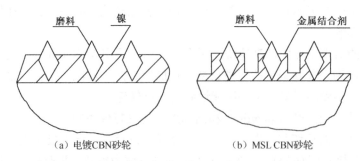

图 3-59　普通电镀 CBN 砂轮和 MSL CBN 砂轮的对比

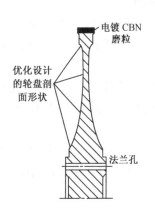

图 3-60　超高速磨削单层 CBN 砂轮的结构形式

单层砂轮基体材料及形状必须依据机床性能、使用要求、加工对象等进行综合优化设计。国外最新设计的一种超高速磨削单层 CBN 砂轮如图 3-60 所示，这种砂轮以铝合金为基体，其最大特点是没有中心孔，砂轮轮盘的剖面形状及法兰孔的数目都是经过优化设计的。

2)超高速砂轮的修整

超高速单层电镀砂轮一般不须修整。特殊情况下利用粗磨粒、低浓度电镀杯形金刚石修整器对个别高点进行微米级修整。试验表明，当修整轮进给量在 3～5μm 时不仅保证了工件质量，而且可以延长砂轮寿命。

超高速金属结合剂砂轮一般采用电解修整。超高速陶瓷结合剂砂轮的修整精度对加工质量有重要影响。日本丰田工机在 GZ50 超高速外圆磨床的主轴后部装有全自动修整装置，金刚石滚轮以 25000r/min 的速度回转，采用声发射传感器对 CBN 砂轮表面接触进行检测，以 0.1μm 的进给精度对超高速砂轮进行修整。

2. 超高速电主轴和超高速轴承

1)超高速电主轴技术

超高速磨削主要采用大功率超高速电主轴。超高速电主轴惯性扭矩小，振动噪声小，高速性能好，可缩短加减速时间，但它有很多技术难点。从精度方面看，如何减小电动机发热以及如何散热等将成为今后研究开发的课题，其制造难度所带来的经济负担也是相当大的。目前，德国 Hoffmann 公司正在进行高速磨削试验，为实现 500m/s 的线速度，采用最大功率为 25kW 的高频主轴，使其能在 30000r/min 和 40000r/min 转速下正常工作。日本一家轴承厂采用内装 AC 伺服电机研制了一种超高速磨头，在 250000r/min 高速下也能稳定工作。

2) 超高速轴承技术

超高速主轴系统的核心是高速精密轴承。因滚动轴承有很多优点，故目前国外多数高速磨床采用的是滚动轴承，但钢球轴承不可取。为提高其极限转速，主要采取如下措施：第一，提高制造精度等级，但这样会使轴承价格成倍增长。第二，合理选择材料，陶瓷球轴承具有重量轻、热膨胀系数小、硬度高、耐高温、超高温时尺寸稳定、耐腐蚀、弹性模量比钢高、非磁性等优点。选用陶瓷球和钢制轴承内外圈的混合球轴承，若润滑良好，可使其寿命提高 3～6 倍，极限转速增加 60%，而温升降低 35%～60%，其 dn 值可达 300 万。若同时采用密珠结构或一体轴承结构等，则可使其 dn 值达到 300 万以上。它的缺点是制造难度大，成本高，对拉伸应力和缺口应力较敏感。第三，改进轴承结构，德国 FAG 轴承公司开发了 HS70 和 HS719 系列的新型高速主轴轴承，它将球直径缩小至 70%，增加了球数，从而提高了轴承结构的刚性，若润滑合理，其连续工作时 dn 值可达 250 万。采用空心滚动体可减少滚动体质量，从而减小离心力和陀螺力矩。为减少外围所受的应力，还可以使用拱形球轴承。

日本东北大学庄司研究室开发的 CNC 超高速平面磨床使用陶瓷球轴承，主轴转速为 30000r/min。日本东芝机械公司在 ASV40 加工中心上，采用了改进的气浮轴承，在大功率下实现 30000r/min 主轴转速。日本 Koyoseikok 公司、德国 Kapp 公司曾经成功地在其高速磨床上使用了磁力轴承。磁力轴承的传动功耗小，轴承维护成本低，不需复杂的密封，但轴承本身成本太高，控制系统复杂。德国 Kapp 公司采用的磁悬浮轴承砂轮主轴，转速达到 60000r/min，德国的 GMN 公司的磁浮轴承主轴单元的转速达 100000r/min 以上。此外，液体动静压混合轴承也已逐渐应用于高效磨床。

3. 超高速磨削的砂轮平衡技术与防护装置

超高速砂轮的基盘通常经过精密或超精密加工，仅就砂轮而言不需要平衡。但是砂轮在主轴上的安装、螺钉分布、法兰装配甚至磨削液的干涉等都会改变磨削系统的原有平衡。对于超高速砂轮系统不能仅仅进行静平衡，还必须根据系统及不平衡质量划分平衡阶段进行分级动平衡，以保证在工作转速下的稳定磨削。

超高速磨削中，砂轮的平衡主要采用自动在线平衡技术，即砂轮在工作转速下自动识别不平衡量的大小和相位，并自动完成平衡工作。根据自动平衡装置的平衡原理和结构形式的不同，砂轮自动平衡技术可分为机电式、液体注入式和液汽式三种。

1) 机电式自动平衡技术

20 世纪 80 年代末，美国 Schmit Industries 公司生产出了一种被誉为"世界上最先进的磨床在线砂轮平衡系统"——SBS 磨床砂轮平衡系统，该系统由微机控制微电机来移动平衡装置内部的微小重块从而修正砂轮不平衡量。如图 3-61 所示，平衡装置直接安装于砂轮主轴端部，在砂轮以工作转速转动并加冷却液的条件下，由微机确保砂轮的平衡精度。

日本研制出一种光控平衡仪，这种平衡技术也是通过微机控制平衡装置内部的传动机构和驱动元件来移动平衡块。与以前平衡装置不同的是在其内部还装有电源、受光元件和控制电路。驱动元件的动作通过受光元件接收砂轮罩上发光元件发出的信号控制，即在非接触的状态下，由静止部分将信号传至回转部分，实现平衡砂轮的补偿作业。

2) 液体注入式自动平衡技术

德国 Hoffmann 公司和 Herming Hausen 工厂提出了砂轮液体自动平衡装置，这种装置如图 3-62 所示。在砂轮的法兰盘加工或安装容量一定的 4 个储水腔，均匀分布于不同象限，每一个进水槽与一个由电磁阀控制的喷水嘴相对应，因此通过不同的喷水嘴就可向不同的储水腔注入一定量的液体，从而改变砂轮不同象限的质量，实现砂轮的自动平衡。日本 KURE-NOTRON 公司把液体注入式砂轮平衡装置与微机控制高精度砂轮装置有机结合，生产出称为 Balance Doctor 的全自动砂轮平衡系统，该系统能按机床自动或全自动指令完成砂轮自动平衡。

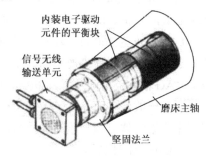

图 3-61　机电式自动平衡系统

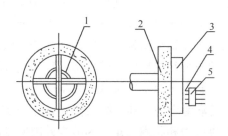

图 3-62　液体注入式自动平衡砂轮原理示意图

1. 进水槽；2. 砂轮；3. 储水腔；4. 喷水嘴；5. 电磁阀

3) 液汽式自动平衡技术

美国 Balance Dynamics Corporation 研制成功一种采用氟里昂作为平衡介质的 Baladyne 型液汽式砂轮平衡装置。如图 3-63 所示，这种平衡装置在砂轮法兰盘上有四个密封腔，每个腔内分别装有氟里昂液。相对的密封腔通过输送管相连，管道只允许汽化的氟里昂通过。工作时，对不平衡量所在相位的密封腔用电气加热，使腔内液体氟里昂汽化流入对面的不平衡腔内补偿不平衡量，使砂轮获得平衡。这个平衡装置的控制器采用整套的 CMOS 集成电路，并附加一个转速表，监控主轴转速。这种平衡装置的特点是结构简单，没有开口、喷嘴、阀门、齿轮等运动零件，因此性能可靠，不需维修，使用方便。汽态氟里昂冷却后还原为液态，保留在所在的腔内，即使砂轮停转，仍能保持平衡状态。福特汽车公司使用的 SPC 磨床平衡系统也是利用电极适时汽化与主轴相连的空腔内液体达到系统动平衡目的。

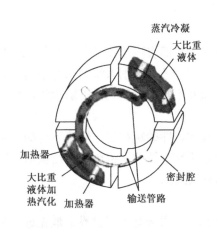

图 3-63　液汽式自动平衡系统

超高速磨削必须利用软垫及合成树脂垫等吸能材料的加厚防护罩或附加可动盖板，以有效地防止砂轮破损引起的危害。在封闭的超高速磨床上可以安装各种自动开启、闭合的通道口，如上下料口、砂轮安装口、观察口等。

4．超高速磨削的磨削液选择和使用

超高速磨削对磨削液的润滑性及冷却性能要求很高。油基磨削液(矿物油)的润滑作用比水基磨削液优越，它不仅可以防止 CBN 磨粒切刃的磨耗，抑制 CBN 的水解反应，提高砂轮耐用度，而且可有效地降低磨削功率及提高工件的表面完整性。油基磨削液中加入硫系及氯系极压添加剂可获得更为优越的效果。对于油基液必须采用可靠的油气分离技术。尝试以一种含有多量的表面活性剂、油性极压添加剂的特殊水基磨削液来代替油基磨削液是磨削液发展的新趋势。日本超高速磨床上更多地采用水基磨削液取得了满意效果。密闭高效磨床使用防腐的低泡磨削液，否则会使工件磨削质量及加工效率大打折扣。

高速回转的砂轮表面存在各种回转气流：圆周环流、浸透流、内部流及径向流，砂轮转速越高，空气层越厚。空气层的存在使磨削液难以进入磨削区。普通供液方法如滴注法或浇注法在超高速磨削中的冷却效果与干磨无异，仅仅在砂轮外周面及侧面设置可调节气流挡板是不够的。在超高速深磨中一般使用压力在几至几十兆帕的冷却液。过高的压力会引起磨削液发热并易使空气渗入，同时进一步加剧了磨削液的飞溅与雾化。

利用超高速砂轮本身的结构特点可将磨削液直接引入磨削区，图 3-64 所示的砂轮内冷却结构在磨削耐热钢及耐热合金方面都取得了良好的效果，此系统需配置高精度过滤装置及消雾设备。

利用喷嘴内衬的锯齿形或楔形结构使磨削液获得与砂轮周速相当的速度，可强烈地清洗砂轮，有效地防止砂轮黏结及阻塞，但冷却效果不是很理想，且制动效应较大。直角喷嘴的设计简单，效果突出，已广泛地应用于超高速磨削。从磨削区的磨削液压力测定试验可以看出，直角喷嘴在很宽的速度范围上可消除空气流对磨削液的阻滞影响。高速磨削工艺应用范围很广，应当根据磨削液在不同使用条件下的具体特点来选择适当的磨削液及供液方法。可将各种供液方法取长补短，进行组合设计来获得更有利的磨削效果。

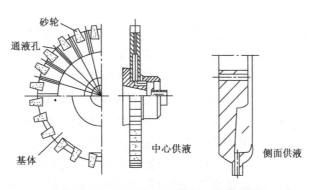

图 3-64　超高速金属基体砂轮内冷却结构

超高速磨削中，以实现无磨削液为目标，日本已开发了一种采用低温压缩空气冷却法的磨削新技术，其应用可使污染即有损操作者健康的磨削变成环境清洁、安全舒适的操作。

3.4.8　超高速加工测试技术

超高速加工测试技术主要指在超高速加工过程中，通过传感、分析、信号处理等，对超高速机床及系统的状态进行实时在线的检测和控制，包括刀具状态检测、CNC 机床位置检测、

工件状态检测以及机床工况监控等多方面的检测技术，这些检测技术的成功应用，可大大延长刀具寿命、保证产品质量、提高效率、保证设备及人员安全。

超高速加工测试技术所涉及的关键技术主要有：给予监控参数的在线监测技术；超高速加工的多传感信息融合检测技术；超高速加工机床中各单元系统功能部件的测试技术；超高速加工中工件状态的测试技术；超高速加工中自适应控制技术及智能控制技术等。

1. 刀具状态检测

在高速加工中，若有刀片崩裂或刀具碎片飞出，是非常危险的事情。特别是刀具磨损情况会对加工质量产生很大影响。因此，必须采取积极的实时监控系统，通过各种传感器，对刀具的破损、磨损状态进行在线识别与控制。

监控方法可以分为直接监控法和间接监控法。直接监控法是通过一定的测量手段来确定刀具材料在体积上或重量上的减少量，并通过一定的数学模型来确定刀具的磨损或破损状态。这类监控法有光学图像法和接触电阻法等。间接监控法则是测量切削过程中与刀具磨损或破损有较大内在联系的某一种或几种参量，或测量某种物理现象，根据其变化并通过一定的标定关系来监控刀具的磨损或破损状态。这类监控方法有切削力监控法、振动监控法和声发射监控法等。

多数研究者认为，声发射(AE)技术是一种比较有前途并具有工业应用潜力的监控方法。此外，测力轴承(force-monitoring bearing)作为一种测量机床主轴受力情况的新型测力传感器日益受到重视。测力轴承监控系统能根据切削力及频谱能量的变化，有效地监控刀具的磨损和破损情况。

2. CNC 机床位置检测

为了保证加工精度，高速加工的 CNC 机床须配备速度反馈系统或位置反馈系统。速度反馈系统可用来检测与控制移动的进给速度，常用的速度检测器是测速发电机。速度反馈系统在实际应用中不多。

位置反馈系统用来检测和控制刀架或工作台等按数控装置的指令值移动的移动量。在 CNC 机床的每个调好位置的导向轴上安装一个测量装置，它可将刀架溜板或工作台的各自实际位置通报给调节器(位置跟踪系统)，从而测量直线运动的行程和位置受控的旋转运动的角度。CNC 机床上可使用的位置测量方法有直接位置测量法、间接位置测量法、模拟位置测量法、数字位置测量法、绝对位置测量法、循环绝对位置测量法和增量位置测量法。

目前用于数控机床上的常用测量元件有三速感应同步器、直线(圆形)感应同步器、自动同步器、磁尺、光栅、数码盘、光电盘等。位置检测装置是数控机床的关键部件之一。不同类型的数控机床对测量元件和测量系统的精度和速度要求也不同。在高速加工中，主轴最高转速高达 $10^4 \sim 10^5 \mathrm{r/min}$，最大进给速度为 $10 \sim 100 \mathrm{m/min}$，要求精度为 $1\mu\mathrm{m}$、$0.1\mu\mathrm{m}$ 甚至 $0.01\mu\mathrm{m}$ 的地方也越来越多，发展适应高速度、高精度的位移和转速传感器，并提高处理速度和发展高速数字跟踪位置测量系统已是必然趋势。例如，日本 FANUC 公司新近研制的每周可分辨 10 万个等分、能在最高为 10000r/min 的速度下使用的绝对位置检测脉冲编码器，与每转的位移当量为 10mm 的滚珠丝杠相连接，可以检测出 $0.01\mu\mathrm{m}$ 的位移量，用该编码器与交流伺服电机组合驱动滚珠丝杠，可以实现速度高达 100m/min(分辨率为 $1\mu\mathrm{m}$ 时)或 24m/min(分辨率为 $0.1\mu\mathrm{m}$ 时)的进给。

3．工件状态检测

加工精度是数控机床的一个重要性能指标，它反映了该台机床所能保证的理论加工质量。在自动化的高速加工生产中，为了确保工件的加工质量，必须对加工过程中存在的误差进行及时检测、补偿和控制。为此，需要首先检测被加工工件的状态。

CNC机床上的工件测量方法可分为在工作区外测量和在线工作区测量。在工作区外测量是指抽检已加工完成的成品或半成品的实际质量，并对生产进行反馈控制，实际上是一种事后质量控制技术；在线工作区测量则属于加工过程在线质量监测方法。高速加工中心应尽量采用后一种方法，即在加工过程中对工件的尺寸、形状、表面粗糙度等进行测定，并把测定的数据反馈到机床的进刀机构，以控制工具的位置，因此又称为加工中的过程测量。采用非接触式传感器，更适合工件在线测试系统。

随着现代科技的发展，各种新技术、新原理不断应用于加工工件的自动测量中。随着智能制造技术的飞速发展，大量的在线质量检测系统被工业界广泛接受，高速加工技术正在实现可视化与动态实时在线感知与测控。

4．机床工况监控

超高速加工机床是在比常规速度高得多的条件下工作的，其切削过程的"危险性"比传统加工方法大得多。为了避免机床的损坏和工件的报废，必须对机床的运行状态(如主轴振动、温升等)进行实时监控。需要采用多传感的数据融合技术和多模型技术，应用小波理论、神经网络以及模糊控制技术，快速、有效地提取故障信号特征，对机床故障进行快速诊断与报警。

思　考　题

1．试说明超精密车削、超精密磨削加工的特点和各自的适用场合。
2．浮法抛光与一般的机械抛光有何区别？浮法抛光应具备什么条件？
3．超精密加工的环境条件有哪些要求？
4．试述激光加工的能量转换过程，并说明其是如何蚀除材料的。
5．电子束加工、离子束加工和激光加工相比各自的适用范围如何？
6．电子束加工和离子束加工在原理和应用范围上各有何异同？
7．试述超高速加工的机制。
8．试述超高速切削加工与超高速磨削加工的优点。
9．试述超高速切削加工与超高速磨削加工的相关技术。
10．什么是复合加工？复合加工技术有何特点？
11．复合加工技术有哪些组合形式？简述其加工原理。

第4章　先进成型技术

4.1　概　　述

材料的物态分为液态、固态、气态三种（图4-1），因此材料成型工艺可分为固态成型工艺、液态成型工艺和气态成型工艺。

固态成型工艺是利用固态材料，通过适当的方法使其变形转化为一定形状的固体的工艺，主要包含塑性成型工艺、粉末成型与烧结等。

液态成型工艺是采用液态材料，通过适当的方法使其流动转化为一定形状并最终成为固体的工艺，主要包含浇铸、注射等。

气态成型工艺是采用气态材料，通过适当的方法使其沉积转化为一定形状并最终成为固体的工艺，主要包含气相沉积、化学沉积等。

在以上基础上，还有液压+固态成型，即采用液态和固态材料，通过合适的方法使液态和固态材料成型为一定形状并最终成为固体的工艺，如半固态成型。

随着技术的进步，发展出许多先进的成型技术，本章将进行简要介绍。

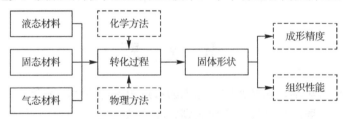

图4-1　成型过程流程图

4.2　精密铸造技术

1. 精密铸造原理

精密铸造技术以熔模精密铸造技术为主，逐渐容括消失模铸造、压力铸造、金属型铸造、陶瓷型铸造、石膏型铸造等先进铸造技术。

精密铸造的工艺特点为：尺寸精度高，可达名义尺寸的5‰，光洁度好，粗糙度为0.8～3.2μm；铸件的力学性能优越，成型成本低；适合于大部分铸造合金。

2. 精密铸造工艺分类

精密铸造工艺主要包括熔模精密铸造、消失模铸造、金属型铸造、压力铸造、低压铸造、离心铸造、陶瓷型铸造、半固态铸造成型以及定向凝固等方法。

3. 精密铸造方法

1)熔模精密铸造

熔模精密铸造，简称熔模铸造，又称为失蜡铸造，是一种近净成型工艺。铸件精密、复杂，接近于零件设计形状，可不加工或经很少加工后使用。

　　熔模铸造通常是在蜡模表面涂上数层耐火材料，待其硬化干燥后，将其中的蜡模熔去而制成型壳，再经过焙烧，然后进行浇注而获得铸件的一种方法。由于获得的铸件有很好的尺寸精度和表面粗糙度，故称为熔模精密铸造。

　　其主要特点如下。

　　(1)模型熔失后的铸型无分型面。

　　(2)铸件形态复杂，尺寸精度和表面粗糙度较高，机械加工量少，金属材料的利用率高。

　　(3)最小壁厚可达 0.7mm，最小孔径可达 1.5mm。

　　熔模铸造适用范围如下。

　　(1)适用于尺寸要求高的铸件，尤其适用于无加工余量的铸件(涡轮发动机叶片等)。

　　(2)能铸造各种碳钢、合金钢及铜、铝等各种有色金属，尤其适用于难切削加工合金。

　　熔模精密铸造的工艺过程主要包括蜡模制造、型壳制造、脱蜡、焙烧、浇注和铸件清理。

　　2) 消失模铸造

　　消失模铸造又称为汽化模铸造或实型铸造。它采用泡沫塑料模样代替普通模样，造好铸型后不取出模样，直接浇入金属液，在高温金属液的作用下，泡沫塑料模样受热汽化，燃烧而消失，金属液取代原来泡沫塑料模样占据的空间位置，冷却凝固后即获得所需的铸件。

　　消失模铸造过程包括制造模样、模样组合、涂料及干燥、填砂及紧实、浇注、取出铸件等工序。

　　与砂型铸造相比，消失模铸造方法具有如下主要特点。

　　(1)铸件的尺寸精度高、表面质量好。铸件的尺寸精度可达 CT5～CT6 级、表面粗糙度 Ra 值可达 6.3～12.5μm。

　　(2)应用范围广，几乎不受铸件结构、尺寸、重量、材料和批量的限制，特别适用于生产形状复杂的铸件。

　　(3)简化了铸件生产工序，提高了劳动生产率，容易实现清洁生产。

　　消失模铸造是一种近无余量的液态金属精确成型技术，被认为是"21 世纪的新型铸造技术"及"铸造中的绿色工程"，目前它已被广泛应用于航空、航天、能源行业等精密铸件的生产。

　　消失模铸造与其他铸造方法的区别主要在于泡沫模样留在铸型内，泡沫模样在金属液的作用下在铸型中发生软化、熔融、汽化，产生"液相—汽相—固相"的物理化学变化。由于泡沫模样的存在，也改变了金属液的填充过程及金属液与铸型的热变换。在金属液流动传热过程中，存在复杂的物理、化学反应并伴随汽化膨胀现象。

　　3) 金属型铸造

　　金属型铸造是将液态金属浇入金属铸型以获得铸件的铸造方法。

　　由于金属型导热速度快，没有退让性和透气性，为了确保获得优质铸件和延长金属型的使用寿命，应该采取下列工艺措施。

　　(1)金属型的预热。金属型浇注前需预热，预热温度：铁合金铸件为 250～350℃，非铁合金铸件为 100～250℃。

　　(2)涂料。为保护铸型，调节铸件冷却速度，改善铸件表面质量，铸型表面应喷刷涂料。

　　(3)浇注温度。由于金属型导热快，所以浇注温度应比砂型铸造高 20～30℃，铝合金为 680～740℃，铸铁为 1300～1370℃。

(4) 及时开型。因为金属型无退让性，铸件在金属型内停留时间过长，容易产生铸造应力而开裂，甚至会卡住铸型。所以，铸件凝固后应及时从铸型中取出。

金属型铸造的优点如下。

(1) 金属型铸件力学性能比砂型铸件高。

(2) 铸件精度和表面光洁度比砂型铸件高，而且质量和尺寸稳定。

(3) 铸件的收复率高，液体金属损耗量减少，一般可节 15%～30%。

(4) 实现"一型多铸"，提高生产率，改善劳动条件。

此外，金属型铸造使铸件产生缺陷的原因减少，工序简单，易实现机械化和自动化。

金属型铸造虽有很多优点，但也有如下不足之处。

(1) 金属型铸造成本高。

(2) 金属型不透气，而且无退让性，易造成铸件浇不到、开裂和铸铁件白口等缺陷。

(3) 金属型铸造时，铸型的工作温度、合金的浇注温度和浇注速度，铸件在铸型中停留的时间，以及所用的涂料等，对铸件质量的影响甚为敏感，需要严格控制。

(4) 金属型铸造主要用于铜合金、铝合金等非铁金属铸件的大批量生产，如活塞、汽缸盖等。

4) 压力铸造

压力铸造是将熔融的金属在高压下快速压入金属铸型中，并在压力下凝固，以获得铸件的方法。压铸时所用的压力为 30～70MPa，填充速度可达 5～100m/s，充满铸型的时间为 0.05～0.14s。高压和高速是压力铸造区别于一般金属型铸造的两大特征。

压力铸造的特点如下。

(1) 铸件尺寸精度高。

(2) 可压铸形状复杂的薄壁精密铸件，铝合金铸件最小壁厚可达 0.4mm，最小孔径为 0.7mm。

(3) 铸件组织致密，力学性能好，其强度比砂型铸件提高 25%～40%。

(4) 生产率高，并容易实现机械化和自动化。

(5) 由于压射速度高，型腔内气体来不及排除而形成针孔，铸件凝固快，补缺困难，易产生缩松，影响铸件的内在质量。

(6) 设备投资大，铸型制造费用高，周期长，故适用于大批量生产。

压力铸造应用广泛，可用于生产锌合金、铝合金、镁合金和铁合金等铸件。在压铸件产量中，占比重最大的是铝合金压铸件，为 30%～50%，其次为锌合金压铸件，铜合金和镁合金压铸件的产量很小。应用压铸件最多的是汽车、拖拉机制造业，其次为仪表和电子仪器工业。

5) 低压铸造

低压铸造是液态金属在压力作用下由下而上充填型腔，以形成铸件的一种方法。由于所用的压力较低(0.02～0.06MPa)，所以称为低压铸造。低压铸造是介于重力铸造和压力铸造之间的一种铸造方法。低压铸造的特点和应用范围如下。

(1) 液体金属充型平稳，无冲击、飞溅现象，不易产生夹渣、砂眼、气孔等缺陷。

(2) 供助压力充型和凝固，铸件轮廓清晰，对于大型薄壁、耐压、防渗漏、气密性好的铸件尤为有利。

(3) 铸件组织致密，力学性能高。

(4) 浇注系统简单，浇口兼冒口，金属利用率高。

(5) 充型压力和速度便于调节，可适用于金属型、砂型、石膏型、陶瓷型及熔模型壳等。

(6) 劳动条件好。

(7) 设备简单，易于实现机械化和自动化。

低压铸造目前广泛应用于铝合金铸件的生产，如汽车发动机缸体、缸盖、活塞、叶轮等，还可用于铸造各种镁合金铸件以及球墨铸铁等。

6) 离心铸造

离心铸造是将熔融金属浇入旋转的铸型中，使液态金属在离心力作用下充填铸型并凝固成型的一种铸造方法。

离心铸造的特点如下。

(1) 铸件在离心力作用下结晶，组织致密，无缩孔、缩松、气孔、夹渣等缺陷，力学性能好。

(2) 铸造圆形中空铸件时，可省去型芯和浇注系统，工艺简化，节约材料。

(3) 便于铸造双金属铸件，如钢套镶铸铜衬，不仅表面强度高，内部耐磨性好，还可节约贵重金属。

(4) 离心铸造内部表面粗糙，尺寸不易控制，需增大后续加工余量，且不适用于易产生偏析的合金。

目前，离心铸造已广泛用于铸铁管、汽缸套、铜套、双金属轴承、特殊钢的无缝管坯、造纸机滚筒等铸件的生产。

7) 陶瓷型铸造

陶瓷型铸造是在砂型铸造和熔模铸造的基础上发展起来的一种精密铸造方法。

陶瓷型铸造的工艺过程如下。

(1) 砂套造型。为了节约昂贵的陶瓷材料和提高铸型的透气性，通常先用水玻璃制出砂套。制造砂套的模样要比铸件模样大一个陶瓷料厚度。砂套的制造方法与砂型铸造相同。

(2) 灌浆与胶结，即制造陶瓷面层。其过程是将铸件模样固定于模底板上，刷上分型剂，扣上砂套，将配制好的陶瓷浆料从浇注口注满砂套和铸件模样之间空隙，经数分钟后，陶瓷浆料便开始胶结。陶瓷浆料由耐火材料(如刚玉粉、铝矾土等)、黏结剂(如硅酸乙酯水解液)等组成。

(3) 起模与喷烧。等浆料浇注 5~15min 后，趁浆料有一定弹性时可起出模样。为加速固化过程、提高铸型强度，须用明火喷烧整个型腔。

(4) 焙烧与合型。陶瓷型在浇注前要加热到 350~550℃，焙烧 2~5h，以烧去残存的水分及其他有机物质，并使铸型的强度进一步提高。

(5) 浇注。浇注温度可略高，以便获得轮廓清晰的铸件。

陶瓷型铸造的特点及应用如下。

(1) 陶瓷型铸件的尺寸精度和表面粗糙度等与熔模铸造相近。这是由于陶瓷面层是在弹性状态下起模的，同时陶瓷面层耐高温且变形小。

(2) 陶瓷型铸件的大小几乎不受限制，可从几千克到数吨。

(3) 在单件、小批量生产条件下，投资少，生产周期短，一般铸造车间即可生产。

(4)陶瓷型铸造不适于生产批量大、质量轻或形状复杂的铸件,生产过程难以实现机械化和自动化。

目前,陶瓷型铸造主要用于生产厚大的精密铸件,广泛用于生产冲模、锻模、玻璃器皿模、压铸型模和模板等,也可用于生产中型铸钢件等。

8)半固态铸造成型

半固态铸造成型的基本原理是在液态金属的凝固过程中进行强烈的搅动,形成分散的颗粒状组织形态,从而制得半固态金属液,然后将其铸成坯料或铸件。半固态铸造成型与传统压力铸造成型相比,具有成型温度低、模具寿命长、节约能源、铸件性能好(气孔率低、组织呈细颗粒状)、尺寸精度高(凝固收缩小)等优点;它与传统的锻压技术相比,又具有充型性能好、成本低、对模具的要求低、可制造复杂零件等优点。

半固态铸造成型的特点如下。

(1)由于固液共存,在两者界面熔化、凝固不断发生,产生活跃的扩散现象,因此溶质元素的局部浓度不断变化。

(2)由于晶间或固相粒子间夹有液相成分,固相粒子间几乎没有结合力,因此其宏观流动变形抗力很低。

(3)随着固相分数的降低,呈现黏性流体特性,在微小外力作用下即可很容易变形流动。

(4)当固相分数在极限值(约为75%)以下时,浆料可以进行搅拌,并可很容易混入异种材料的粉末、纤维等,实现难加工材料(高温合金、陶瓷等)的成型。

(5)因液相成分很活跃,不仅半固态金属间容易结合,而且与一般固态金属材料也容易很好地结合。

(6)当施加外力时,液相成分和固相成分会出现分别流动的情况,通常,液相成分先流动。

(7)具有独特的非枝晶、近似球形的显微组织结构。这是由于强烈的搅拌使枝晶之间互相磨损、剪切,以及液体的剧烈冲刷,导致枝晶臂被打断,形成了更多的细小晶粒。

半固态铸造成型的优点如下。

(1)黏度比液态金属高,容易控制。模具夹带的气体少,减少氧化、改善铸造质量,减少模具黏接,改善零件的表面精度,易于实现自动化铸造成型。

(2)流动应力比固态金属低。半固态浆料具有流变性和触变性,变形抗力小,可以更高的速度成型零件,而且可进行复杂件的成型;加工周期短,材料利用率高,加工成本低。

(3)应用范围广。凡具有固液两相区的合金均可实现半固态加工成型。适用于多种加工工艺,如铸造、轧制、挤压和锻压等,还可进行复合材料的成型加工。

9)定向凝固

定向凝固又称定向结晶,是使金属或合金在熔体中定向生长晶体的一种工艺方法。定向凝固技术是在铸型中建立特定方向的温度梯度,使熔融合金沿着热流相反方向,按要求的结晶取向进行凝固铸造的工艺。它能大幅度地提高高温合金的综合性能。

铸件中形成定向凝固的柱状晶组织需要两个基本条件:首先,热流向单一方向流动并垂直于生长中的固-液界面;其次,晶体生长前方熔体中没有稳定的结晶核心。为此,在工艺上必须采取措施避免侧向散热,同时在靠近固-液界面的熔体中维持较高的温度梯度和固-液界面向前推进的速度即晶体生长速度。

（1）定向凝固方法。

① 发热剂法。将型壳置于绝热耐火材料箱中，底部安放水冷结晶器。型壳中浇入金属液后，在型壳上部加以发热剂，使金属液处于高温，建立自下而上的凝固条件。由于无法调节凝固速率和温度梯度，因此该法只能制备小的柱状晶铸件。

② 功率降低法。铸型加热感应圈分两段，铸件在凝固过程中不移动。当型壳被预热到一定过热度时，向型壳内浇入过热合金液，切断下部电源，上部继续加热。温度梯度随着凝固距离的增大而不断减小。

③ 快速凝固法。与功率降低法的主要区别是铸型加热器始终加热，在凝固时铸件与加热器之间产生相对移动。另外，在加热区底部使用辐射挡板和水冷套。在挡板附近产生较大的液相温度梯度和固相温度梯度。与功率降低法相比，该法可大大缩小凝固前沿两相区，局部冷却速度增大，有利于细化组织，提高力学性能。

④ 液态金属冷却法。液态金属冷却法工艺过程与快速凝固法基本相同。当合金液浇入型壳后，按一定的速度将型壳拉出炉体，浸入保持在一定温度范围的金属浴池中，并使金属浴池的水平面保持在凝固的固-液界面近处。

（2）单晶生长。

定向凝固是制备单晶体的最有效的方法。首先要在金属熔体中形成一个单晶核，而后在晶核和熔体界面上不断生长出单晶体。单晶在生长过程中要绝对避免固-液界面不稳定而长出胞状晶或柱状晶，因而固-液界面前沿不允许有温度过冷和成分过冷。固-液界面前沿的熔体应处于过热状态，结晶过程的潜热只能通过生长着的晶体导出。定向凝固满足上述热传输的要求，通过恰当地控制固-液界面前沿熔体的温度和晶体生长速率，可以得到高质量的单晶体。定向凝固高温合金制造的航空发动机单晶涡轮叶片与柱状晶组织相比，在使用温度、抗热疲劳强度、蠕变强度和抗热腐蚀性等方面都具有更为良好的性能。

单晶体是从液相中生长出来的，按其成分和晶体特征，可以分为三种。

① 晶体和熔体成分相同，纯元素和化合物属于这一种。

② 晶体和熔体成分不同，这类材料为二元或多元系。在固-液界面上会出现溶质再分配，要得到均匀成分的单晶困难较大。

③ 有第二相或出现共晶的晶体。高温合金的铸造单晶组织不仅含有大量基体相和沉淀析出的强化相，还有共晶析出于枝晶之间。整个零件由一个晶粒组成，晶粒内有若干柱状枝晶，枝晶是十字形花瓣状，枝晶干均匀，二次枝晶干互相平行，具有相同的取向。纵截面上互相平行排列着一次枝干，这些枝干同属一个晶体，不存在晶界。

4.3　精密塑性成型技术

1. 精密塑性成型原理

塑性成型加工是利用材料的塑性，借助外力使材料发生塑性变形，使其成为具有所要求的形状、尺寸和性能的制品的加工方法。

精密塑性成型是先进制造技术的重要组成部分，可以生产接近最终形状的金属零件，不仅可以节约材料、能源，减少加工工序和设备，而且可以显著提高生产率和产品质量，降低生产成本。

2. 精密塑性成型分类

精密塑性成型主要分为精密模锻、挤压成型、精密冲裁、超塑成型、增量成型、多点成型、液压成型和高能率成型等。

3. 精密塑性成型方法

1) 精密模锻

精密模锻是在普通模锻的基础上发展起来的，与普通模锻相比，精密模锻的主要优点如下。

① 机械加工余量少。

② 尺寸精度高。

③ 表面质量好。

与切削加工相比，精密模锻的主要优点如下。

① 材料利用率高。

② 零件的力学性能和抗腐蚀性能高。

目前，精密模锻主要应用在两个方面：一是精化毛坯，即利用精锻工艺取代粗切削加工工序，将精密模锻件直接进行精加工而得到成品零件，如齿轮坯。叶片、小型连杆、管接头、中小型阀体、中小型万向节叉、十字轴、轿车等速万向节零件等均属于这一类，是目前主要的应用方面。二是精锻零件，即通过精密模锻直接获得成品零件，迄今，完全通过精密模锻获得成品零件的实例尚少，仅是一些简单零件和尺寸精度要求不是很高的零件。

精密模锻工艺的发展趋势是，由接近形向净形发展。影响精密模锻件尺寸精度的主要因素如下。

(1) 毛坯体积的波动。

在开式精密模锻中，因为模腔周围设有飞边槽，多余金属全部挤入飞边槽，毛坯体积波动并不影响锻件的尺寸。

在闭式精密模锻中，毛坯体积的波动直接引起锻件尺寸的变化。当不产生飞边或飞边体积不大时，毛坯体积偏差增大，将使锻件尺寸偏差增大。

(2) 模腔的尺寸精度和磨损。

模腔的尺寸精度和在模锻过程中的磨损对锻件尺寸精度有直接影响，在同一模腔的不同位置，由于变形金属的流动情况和所受到的压力不同，其磨损程度也不相同。

(3) 模具温度和锻件温度的波动。

热模锻时即使采用良好的冷却措施，模具温度一般也在 300℃以上。对于室温下的冷态体积成型，由于金属变形发热导致模具升温，尤其在挤压成型时模具温度也常常升温 100℃以上甚至到 200℃。模具温度的波动会引起模腔容积的变化，从而引起锻件尺寸的变化。

2) 挤压成型

挤压成型是指对挤压模具中的金属坯锭施加强大的压力作用，使其发生塑性变形，从挤压模具的模口中流出，或充满凸、凹模型腔，从而获得所需形状与尺寸的精密塑性成型方法。

挤压成型的特点如下。

(1) 挤压时，金属处于强烈的三向压应力状态，能充分提高金属坯料的塑性，可成型难成型金属材料。挤压材料有铜、铝、碳钢、合金结构钢、工业纯铁、高碳钢、轴承钢甚至高速钢等。

(2)挤压成型不仅可以生产出断面形状简单的管、棒等型材，而且可以生产出断面极其复杂的或具有深槽、薄壁和变断面的零件。

(3)挤压制品精度较高，表面粗糙度值小，一般尺寸精度为 IT8～IT9，表面粗糙度值可达0.2～0.4μm，从而可以实现少无切屑加工。

(4)挤压变形后零件内部的纤维组织连续，基本沿零件外形分布，提高了零件的力学性能。

(5)材料利用率高、生产率高，易于实现生产过程的自动化。

挤压成型的分类如下。

(1)根据金属流动方向和凸模运动方向进行分类。

正挤压：金属流动方向与凸模运动方向相同。

反挤压：金属流动方向与凸模运动方向相反。

复合挤压：挤压过程中坯料的一部分金属流动方向与凸模运动方向相同，而另一部分金属流动方向与凸模运动方向相反。

径向挤压：金属流动方向与凸模运动方向垂直。

(2)根据挤压时金属坯料所处的温度进行分类。

热挤压：是指挤压时坯料的变形温度高于金属材料的再结晶温度。热挤压时，金属变形抗力较小，塑性较好，允许每次变形程度较大，但产品的尺寸精度较低，表面较粗糙。热挤压广泛应用于生产铜、铝、镁及其合金的型材和管材等，也可用于生产挤压强度较高、尺寸较大的中高碳钢、合金结构钢、不锈钢等零件。

冷挤压：是指挤压时坯料的变形温度为室温的挤压工艺。冷挤压时金属的变形抗力比热挤压时大得多，但产品尺寸精度较高，可达 IT8～IT9，表面粗糙度可达 0.4～3.2μm，而且产品内部组织为冷变形强化组织，提高了产品的强度。目前，可以对非铁金属及中、低碳钢的小型零件进行冷挤压成型。为了降低变形抗力，在冷挤压前要对坯料进行退火处理。挤压时，为了降低挤压力，防止模具损坏，提高零件表面质量，必须采取润滑措施。由于冷挤压时单位压力大，润滑剂容易被挤掉从而失去润滑效果，所以对钢质零件必须进行磷化处理，使坯料表面呈多孔结构，以存储润滑剂。

温挤压：是指将坯料加热到再结晶温度以下且高于室温的合适温度下进行挤压的方法。温挤压介于热挤压和冷挤压之间。与热挤压相比，坯料氧化脱碳少，表面粗糙度较小，产品尺寸精度较高；与冷挤压相比，降低了变形抗力，增加了每道工序的变形程度，延长了模具的使用寿命。温挤压材料一般不需要进行预先软化退火、表面处理和工序间退火。温挤压零件的精度和力学性能略低于冷挤压零件。表面粗糙度可达 3.2～6.3μm。温挤压不仅适用于挤压中碳钢，而且适用于挤压合金钢零件。

3)精密冲裁

(1)普通冲裁。

冲裁是利用模具使材料分离的一种冲压工序。冲裁即可以加工出成品零件，又可以为其他成型工序制备毛坯。

冲裁件的质量主要是指切断面质量、表面质量、形状误差和尺寸精度。

冲裁件切断面质量是关系到冲裁工序成功与否的重要因素。

影响冲裁件表面质量的因素有模具刃口间隙、刃口状态；制件材料性能、料厚、表面状态以及压力机的精度、刚度。

影响冲裁件尺寸精度的因素有模具刃口间隙、刃口尺寸、进距误差；制件材料弹性模量、定位精度、表面状态和压力机的精度、刚度。

其中，凸凹模之间的间隙值是最主要的影响因素。提高冲裁件质量，要清楚凸凹模间隙的影响规律以及确定方法。

普通冲裁获得的工件尺寸精度在 IT11 以下，表面粗糙度一般为 12.5～25μm，光亮带所占断面比例不大，断面具有斜度，只能满足一般产品的普通要求。通常采用修整、光洁冲裁或齿圈压板冲裁等方法来提高零件精度和表面质量。

利用整修模沿冲裁件外形或内形边缘修切去一层薄屑，或采用挤光等方法除去普通冲裁时在冲件断面留下的圆角、断裂带、毛刺等，从而提高冲裁件精度和表面质量。整修后的零件精度可以达到 IT6～IT7，表面粗糙度为 0.8～1.6μm。

(2) 光洁冲裁。

光洁冲裁主要有小间隙圆角刃口冲裁和负间隙冲裁等方法。小间隙圆角刃口冲裁将冲裁凸凹模间隙采用小间隙，落料的凹模和冲孔的凸模刃口带椭圆角或小圆角。这种方法适用于塑性较好的材料，尺寸精度可达到 IT9～IT11，表面粗糙度为 0.8～3.2μm。

负间隙冲裁是指落料凸模直径大于凹模直径，负间隙冲裁只能适用于落料工序。负间隙冲裁凹模刃口设计成圆角，圆角半径一般取料厚的 5%～10%，凸模刃口则越锋利越好。

(3) 齿圈压板冲裁(又称精冲法)。

冲裁件断面上光亮带越少，断裂带所占的比例越大，冲裁件质量越差。光亮带的形成是

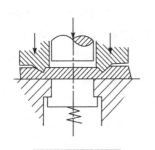

图 4-2　精密冲裁

由于出现挤压效应产生塑性流动的结果。图 4-2 是带 V 形环齿圈压板进行冲裁的方法，精冲法将凸、凹模选用极小的间隙，凹模刃口带有小圆角，增大反向推杆压力，尽可能向冲裁件分离区施加高静水压力，防止材料的裂纹产生，使其以塑性变形的方式完成分离。因此，精冲法所获得的零件切断面的光亮带可达材料厚度的 100%，断面垂直、表面平整，零件精度可达 IT6～IT9，表面粗糙度为 0.2～3.2μm。精冲可以与其他成型工序复合，提高了生产效率，降低了成本，扩大了冲压的加工范围，提高了冲压产品的质量。

4) 超塑成型

超塑成型是指在一定的内部组织条件(如晶粒形状及尺寸、相变等)和外部工况条件(如温度、应变速率等)下，呈现出异常低的流变抗力、异常高的流变性能(大延伸率)的现象。如钢断后伸长率超过 500%、纯钛超过 300%、锌铝合金可超过 1000%。

按实现超塑性的条件，超塑性主要有两种。

(1) 细晶超塑性：在一定的恒温下，在应变速率和晶粒度都满足要求的条件下所呈现的超塑性。材料的晶粒必须超细化和等轴化，并在成型期间保持稳定，晶粒细化的程度要求小于 10μm，且越小越好；恒温条件一般为 $0.5T_m$～$0.7T_m$(T_m 为绝对熔化温度)；应变速率为 10^{-5}～$10^{-1}\mathrm{s}^{-1}$。由于这种超塑性需要金属经过必要的组织结构准备和特定的恒温条件，故又称为结构超塑性或恒温超塑性。

细晶超塑性的优点是易于实现；但也有其缺点，晶粒的超细化、等轴化及稳定化要求受到材料的限制，并非所有合金都能达到。

(2) 相变超塑性：在一定的外力作用下，使具有相变或同素异构转变的金属在相变温度附

近经过反复加热和冷却，获得很大的断后伸长率。相变超塑性的主要控制因素是温度幅度和温度循环率。相变超塑性的总伸长率与温度循环次数有关，循环次数越多，所得的伸长率也越大。由于相变超塑性是依靠材料结构的反复相变而引起的，材料的组织不断地从一种状态转变为另一种状态，故又称为动态超塑性。

目前常用的超塑性成型材料主要是锌铝合金、铝基合金、铜合金、钛合金及高温合金。

5) 增量成型

(1) 旋压成型。

旋压成型是利用旋轮或杆棒等工具做进给运动，加压于随芯模沿同一轴线旋转的板料毛坯，使其产生连续的局部塑性变形，成为所需空心回转体制品的增量成型方法。

旋压成型分为普通旋压和强力旋压。

① 普通旋压：在旋压过程中，改变板料毛坯的形状、尺寸和性能，而毛坯厚度不变的成型方法称为普通旋压。其成型是通过板料毛坯弯曲塑性变形来完成的，主要包括拉深旋压、缩径旋压和扩径旋压。

② 强力旋压：在旋压过程中，改变毛坯的形状、尺寸和性能的同时，使毛坯厚度变薄的成型方法，称为强力旋压。它主要包括剪切旋压和挤出旋压。旋轮对毛坯接触点施加很高的压力，使毛坯在旋转过程中逐点产生塑性变形，壁厚减薄，最后紧贴于成型芯模上，成为所需形状的制品。

旋压成型的特点如下。

① 在旋压过程中，旋轮与毛坯是逐点接触的，接触点的单位压力可达 2500～3500MPa，适合于加工碳钢、不锈钢和铝、铜、镁合金以及钛、锆、钨、钼、铌等高强度难变形材料；所需要的总变形力或设备吨位较小，功率消耗较小。

② 制品表面质量好，表面粗糙度为 0.2～3.2μm，对于中小型制品，壁厚精度可达±0.03～0.05mm，不需要再进行精加工。

(2) 渐进成型。

数控渐进成型基本原理是将复杂的三维数字模型沿高度方向分层，形成一系列剖面二维坐标数据，并根据这些剖面轮廓坐标数据，从顶层开始以走等高线的方式，逐层对板材进行局部的塑性加工，最终成型出所需形状的工件，如图 4-3 所示。渐近成型可以大幅提高材料的成型极限，能成型复杂程度较高的零件。可以实现柔性快速成型，节省工装制造成本，适合于单件小批量生产。渐进成型已应用于汽车门外覆盖件、翼子覆盖件以及医用钛合金头骨修复用钣金件等。

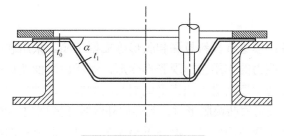

图 4-3　渐进成型原理图

6) 多点成型

多点成型是将模具曲面离散成有限个高度分别可调的基本单元，用多个基本单元代替传统的模具进行板材的三维曲面成型。每一个基本单元称为基本体，形成可代替模具功能的多个基本体的集合称为基本体群。多点成型就是由可调整高度的基本体群形成各种所需要的曲面形状，代替模具进行板材三维曲面成型的先进制造技术。多点成型模具实物及单元体原理图如图 4-4 所示。

 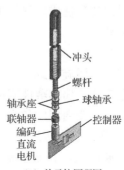

（a）实物　　　　　　　　　　　　（b）单元体原理图

图 4-4　多点成型模具实物及单元体原理图

多点成型是以计算辅助设计、辅助制造和辅助测试（CAD/CAM/CAT）技术为主要手段的板材柔性加工新方法，它以可控的基本体群为核心，板类件的设计、规划、成型、测试都由计算机辅助完成。通过基本单元的快速调整，直接形成曲面构形，省去传统的模具设计、制造与调试的过程，从而可实现板类件快速成型。通过控制变形路径，使工件处于最佳变形状态，改善变形条件，提高成型极限。可以通过分段成型的方法，实现小设备成型大工件。

7) 液压成型

用金属或刚性材料制造其成型的凸模或者凹模，利用液体的压力使毛坯压贴在模具表面成为所需形状制品的方法，称为液压成型。在液压成型过程中，液体对毛坯的所有接触表面都施加均匀的压力，毛坯的变形也比较均匀。

液压成型有两种方法：一种是液体通过橡皮膜间接地作用在毛坯上成型；另一种是液体直接作用在毛坯上成型。

（1）软凹模成型。

模具中设置液压室，用液体的压力代替刚性凹模的作用对毛坯进行成型。液压室内的液体采用橡皮进行密封。凸模由设在台面下边的液压缸进行上下驱动。成型时，先将液压室压力增加到足以防止毛坯起皱的程度，然后凸模上升，使液压室中的液体受到压缩，压力上升，毛坯压紧在凸模上成型。

（2）软凸模成型。

利用液体代替刚性凸模进行板料拉深和胀形等成型工序。采用软凸模进行拉深时，平板毛坯中间部分受双向拉应力的作用会出现胀形变形，形状由平面变成接近球面的曲面，当液体压力增大后，毛坯周边便逐渐进入凹模形成制品的侧壁。这种拉深方法常用于大尺寸或极为复杂的制品成型。而采用软凸模胀形时，毛坯的外缘被压紧固定，在双向拉应力的作用下，板料通过面积增大和厚度变薄而成型，毛坯不会起皱，对于薄材料的曲面形状制品成型十分有利。

（3）全液压成型。

用液体作为凸模，凹模用刚性材料制造。在毛坯的凹模一侧也要充满液体；通过调节溢流阀，使凹模一侧的压力低于凸模一侧的压力，利用压力差，对毛坯进行成型。在成型时所需的压力差大小根据制品形状、材质和板厚等条件的不同而有差别。这种方法对于成型极薄板类制品极为有利，不容易出现筒体皱折现象，同时板料变形均匀、局部变形减小，因而可以提高材料的成型极限。

8) 高能率成型

利用在 $10^{-6} \sim 10^{-3}$s 极短时间内爆发出高能量、高速度冲击进行金属成型的方法称为高能率成型。主要包括：由炸药爆炸作为力源的爆炸成型，由高电压在液体介质中瞬时释放电能产生高压冲击波进行成型的电液成型，由电力转换为磁力作为力源的电磁成型，以及高速锻造等。

高能率成型有压力大、变形速度快、成型时间短等特点。能够比较容易地成型形状复杂、尺寸变化大以及难成型材料的制品，适合于多品种、小批量制品的生产。下面主要介绍电液成型和电磁成型。

(1) 电液成型。

电液成型是一种典型的高速率成型技术，能显著提高材料成型性能，具有单面模具、工艺柔性高、零件表面质量高等优点，在薄壁难变形零件的精密成型制造方面将起到越来越大的作用。

电液成型利用储存在电容器中的电能作为能源代替爆炸成型中的炸药，利用瞬时强电流脉冲放电产生的冲击波和喷射流压力以及气泡压力进行成型。当电压达到所需数值时，处于电极之间的液体层击穿，组成连接两个电极之间的通路，沿此通路流过密度很大的电流，使通路内的液体急剧汽化，温度上升到几千摄氏度，压力在极短时间内急剧增加，可达几百兆帕以上。由此产生的冲击波通过液体介质迅速向四周扩散，作用在毛坯上使之瞬间产生变形。

电液成型的速度可达每秒几百米，为普通机械成型速度的十几倍。可以成型各种高强度耐高温合金，适合进行拉深、冲孔以及多工序复合成型，对于管形件成型更为有利。可以精确控制能量，操作比较安全。生产周期短、工装简单，成本低。

脉冲大电流通过细金属丝时将产生高温，并使之汽化、爆炸，与此同时，它的体积急剧增大，从而产生强大的冲击压力波。通过接入金属丝，可以成型细长的管件以及一些需要精确控制放电能量的小而薄的零件。对于成型形状复杂的零件，除了要求一定的压力，还要求合理的压力分布，这时也需要接入金属丝，以获得合格的成品。

电液成型的主要影响因素如下。

① 放电能量：指电容器储存的电能。

② 放电时延：两个电极之间的间隙电压达到最大值至液体被击穿的这一段时间称为放电时延。

③ 主间隙：是指两极之间的距离，它的大小对制品成型有着明显的影响，应为最佳间隙，不大也不小。

电极在液体介质中的位置指水深和吊高。水深是指电极至液面的距离；吊高是指电极至毛坯表面的距离。

为保持型腔的真空度及防止液体介质进入型腔，必须考虑在成型前抽出模具型腔中的空气，并使毛坯与模具之间密封良好。

(2)电磁成型。

瞬间增大的电流会产生高速变化的磁场,利用在此磁场中坯料内部的诱导电流与磁场产生的力使毛坯成型的方法,称为电磁成型或磁脉冲成型。

电磁成型装置主要由脉冲电流发生器和感应器所组成。感应器的形状与成型制品的形状及成型工序有关。成型时,毛坯可以放置在感应器的里边或外边,先将高压电容器组充电到一定程度,然后向加工线圈瞬间放电,使感应器周围产生高强度的交变磁场。由于电磁感应,在毛坯中产生涡流,涡流产生的磁场与感应器的磁场相互排斥,产生瞬间排斥力,使毛坯快速成型。工件的运动速度可达每秒数百米。将工件和模具放在感应线圈的内部,可以进行缩颈、压装、封口等加工工序。将毛坯放在感应线圈的外边,毛坯的外边放置模具,可以进行胀形、扩径加工。将平板毛坯放在平板线圈和模具之间,可以进行薄板拉深、冲孔或压印加工。

电磁成型的特点如下。

① 毛坯不需直接与工具或加压介质接触,因此,毛坯不会受到污染,表面质量高。同时能在高温下、真空或惰性气体中成型。

② 适合于将所有金属毛坯压合在陶瓷、玻璃、塑料等非金属材料上。

③ 在同一电磁成型装置上,只需更换感应线圈便可进行多种不同的成型工序,灵活性大,设备通用性强。

④ 通过改变充电电压和电容值可以精确地控制成型压力和能量,成型后零件弹复小,成型工件精度高。

⑤ 电磁成型装置操作简单,生产率高,易于实现机床化,生产过程自动化。

4.4　连　接　技　术

1. 连接原理

连接成型是指通过机械、物理化学和冶金方式将两个或多个部件结合为一个整体的过程,是一种重要的成型工艺。

2. 连接技术分类

连接技术按连接材料分为同质材料连接和异质材料连接。

连接技术按工艺方法分为焊接、铆接、胶接。

3. 连接方法

1)激光焊接技术

激光焊接是指利用聚焦的激光束轰击工件所产生的热量进行焊接的方法。激光是利用原子受激辐射的原理,使工作物质受激而产生的一种单色性好、方向性强、亮度高的光束。聚焦后的激光束能量密度极高,可在极短时间内将光能转变为热能。利用功率密度足够的激光束照射到需要焊接的材料表面,使其局部温度升高直达熔点,被焊材料结合部位熔化成液体,然后冷却凝固,于是两种材料就被熔接在一起。激光焊接可以不用焊剂或填料,直接将两个金属零件焊接起来,被焊接的两部分可以是相同的金属,或是不同的金属,甚至是非金属。对于难熔的金属或是形状特殊的金属薄片、细丝、平板,都能很好地焊接,其焊接效果往往优于其他焊接方法。

激光焊接常用的激光源是气体 CO_2 激光器和固体 YGA 激光器，按激光器输出功率的大小和工作状态，激光焊接可分为脉冲激光焊和连续激光焊接两大类。被聚焦的激光束照射到焊件表面的功率密度一般为 $10^4 \sim 10^7 W/cm^2$。其焊接的机理也按功率密度的大小，分为激光热传导焊接和激光深熔焊接。

(1) 激光热传导焊接。焊件结合部位被激光照射，金属表面吸收光能而使温度升高，热量按照固体材料的热传导理论向金属内部传播扩散。激光参数不同时，扩散速率、深度也有区别，这与激光脉冲宽度、脉冲能量、重复频率等参数有关。被焊工件结合部位的两部分金属因升温达到熔点而熔化成液体，迅速凝固后，两部分金属熔接在一起。激光焊接的效果与被焊材料的物理特性有很大关系，主要是金属的热导率、熔点、沸点、金属表面状态、涂层、粗糙度以及对激光的反射特性等。

激光束作用于金属表面的时间在毫秒量级内，激光与金属之间的相互作用主要是金属对光的反射、吸收。金属吸收光能之后，局部温度升高，同时通过热传导向金属内部扩散。激光热传导焊接需控制激光功率和功率密度，金属吸收光能后，不产生非线性效应和小孔效应。激光直接穿透深度只在微米量级，金属内部升温靠热传导方式进行。激光功率密度一般为 $10^4 \sim 10^5 W/cm^2$ 量级，使被焊接金属表面既能熔化，又不会汽化，从而使焊件熔接在一起。

(2) 激光深溶焊接。与激光热传导焊接相比，激光深熔焊接需要更高的激光功率密度，一般需用连续输出的 CO_2 激光器，激光功率为 $200 \sim 3000W$。当激光光斑以功率密度为 $10^4 \sim 10^7 W/cm^2$ 的激光束连续照射金属焊缝表面时，由于激光功率热密度足够高，金属材料迅速熔化、汽化蒸发，并在激光束照射点处形成一个小孔。这个小孔继续吸收激光束的光能，使小孔周围形成一个熔融金属的熔池，热能由熔池向周围传播，激光功率越大，熔池越深。当激光束相对于焊件移动时，小孔的中心也随之移动，并处于相对稳定状态。

激光深熔焊接时激光能量是通过小孔吸收而传递给被焊工件的，使激光束的能量传到焊缝深部，随着小孔温度升高，孔内金属汽化，金属蒸气的压力使熔化的金属液体沿小孔壁移动，形成焊缝的过程与激光热传导焊接明显不同，在激光热传导焊接时激光能量只能被金属表面吸收，然后通过热传导向材料内部扩散。

激光深熔焊接依靠小孔效应，使激光束的光能传向材料深部，激光功率足够大时，小孔深度加大，随着激光束相对于焊件的移动，金属液体凝固形成焊缝，焊缝窄而深，其深宽比可达到 12 : 1。激光深熔焊接的焊接速度与激光功率成正比，熔深与速度成反比，欲使熔接速度增加、熔深加大，就必须采用大功率激光器。为获得高速度、高质量的焊接效果，常用 $1500 \sim 3500W$ 的连续 CO_2 激光器进行焊接。

(3) 激光焊接的主要特点。

激光焊接具有如下特点。

① 能量密度大，热量集中，焊接时间短，热影响区小，工件变形极小。

② 焊接装置不需要与被焊接工件接触，可完成远距离焊接和难接近处的焊接。

③ 激光辐射放出能量的过程极其迅速，工件不易被氧化，所以不需真空环境或气体保护，可在大气中进行焊接。

④ 设备比较复杂，可焊接厚度受到激光器功率的限制。

⑤ 激光焊接适用于焊接微型、精密、排列密集和热敏感的工件，可对绝缘材料直接焊接，也可将金属与非金属材料焊接成一体。

2)激光复合焊接技术

激光焊接虽然具有很多优点，但是也有一些不足之处。例如，能量转换和利用率低，尤其对高反射率、高导热系数的材料焊接更困难；对母材焊接端面接口要求高，容易产生错位和焊接不连续；容易生成气孔和疏松，产生裂纹；焊缝存在凹陷；焊接过程不稳定等。为了消除或减少激光焊接的缺陷，将其他热源与激光进行复合焊接的工艺应运而生。主要有激光-电弧、激光-等离子弧、激光-感应热源复合焊接以及双光束激光复合焊接方法等。

(1)激光-电弧复合焊接。

复合焊接主要指激光与惰性气体钨极保护焊(tungsten inert gas welding，TIG)或惰性气体保护金属极电弧焊(metal inert gas welding，MIG)电弧复合焊接。激光焊接能量利用率低的主要原因是焊接过程中产生的等离子体云对激光的吸收和散射，且等离子体对激光的吸收与正负离子密度的乘积成正比。在激光束附近加电弧，电子密度显著降低，等离子体云得到稀释，对激光的消耗减小，工件对激光的吸收率提高，所以激光能量利用率提高。同时，激光束对电弧有聚集、引导作用，电弧的稳定性和效率提高。这样，焊接熔深进一步增加。这种效果尤其对于激光反射率高、导热系数高的材料更加显著。在激光焊接时，由于热作用区很小，焊接端面接口容易发生错位和焊接不连续现象，并且由于峰值温度高，温度梯度大，焊接后冷却、凝固很快，容易产生裂纹和气孔。而在激光与电弧复合焊接时，由于电弧的热作用区较大，可缓和对接口精度的要求，减少错位和焊接不连续现象。由于电弧焊接容易使用添加剂，可以填充间隙，采用激光-电弧复合焊接的方法能减少或消除焊缝的凹陷。

激光与 TIG 复合焊接的特点如下。

① 利用电弧增强激光的作用，可用小功率激光器代替大功率激光器焊接金属材料。

② 可高速焊接薄件。

③ 可改善焊缝成型，获得优质焊接接头。

④ 可降低母材焊接端面接口精度要求。

激光与 MIG 复合焊接的特点如下。

① 电弧增强激光的作用，提高焊接速度，可用小功率激光器代替大功率激光器进行焊接，改善焊接质量，降低母材端面接口精度要求。

② 应用比较广泛，它利用了填丝的优点，增加了焊接适应性，能够添加合金元素，调整焊缝金属成分，并可消除焊缝凹陷。

③ 与激光-TIG 复合焊接相比，其焊接板厚更大，焊接适应性更强。

④ 熔融金属的加入可以改善焊缝的化学成分及微观组织，降低热裂倾向，提高了焊缝的综合力学性能，激光前置可以改变熔滴的过渡方式，使得焊接过程更加稳定，减少了单一 MIG 焊接时的飞溅量以及焊后处理的工作量。同时激光焊的深熔、快速、高效、高能密度输入的特点仍然保持。

(2)激光-等离子弧复合焊接。

由于等离子弧的热作用区较大，等离子弧的预热使工件初始温度升高，提高对激光的吸收率；等离子弧也提供大量的热量，使总的单位面积热输入增加；激光也对等离子弧有稳定、导向和聚集的作用，使等离子体云对激光的吸收效果随着电弧电流的增大而削弱，而激光-等离子弧复合焊接时的等离子体是热源，它吸收激光光子能量并沿工件传递，反而使激光能量利用率提高。另外，在激光-电弧复合焊接中，由于反复采用高频引弧，起弧过程中电弧的稳定性相对较差；电弧的方向性和刚性也不理想；同时，钨极端头处于高温金属蒸气中，容易被污染，从而影响电弧的稳定性。而在激光-等离子弧复合焊接过程中，只有起弧时才需要高频高压电流，等离子弧稳定，电极不暴露在金属蒸气中，所以这种工艺可以解决激光-电弧复合焊接的以上问题。

在激光-等离子弧复合焊接装置中，激光束与等离子弧可以同轴，也可以不同轴，但等离子弧一般指向工件表面的激光光斑位置。与激光-电弧复合焊接一样，这种工艺除能焊接一般材料外，也能焊接高反射率、高热导率的材料。

(3)激光-感应热源复合焊接。

电磁感应是一种依赖于工件内部产生的涡流电阻热进行加热的方法，与激光一样，属于非接触性环保型加热，且加热速度快，可实现加热温度的精确控制，特别适合于自动化材料加工过程，已在工业上得到了广泛的应用。将电磁感应和激光两种热源结合起来进行焊接，主要有如下优点。

实现焊接过程的同步加热，控制焊接接头的冷却速度，产生较小的内应力，防止焊接裂纹的产生，改善焊接接头的组织和性能。

较慢的冷却、凝固过程还有利于气体的排放，激光-感应热源复合焊接在保持焊缝高深宽比的同时，可以减少或消除气孔。

改善材料对激光的吸收，可在激光功率一定的情况下，进一步提高焊接熔深，提高焊接速度。

在激光-感应热源复合焊接过程中，可用高频感应热源对工件进行预热，在工件达到一定的温度后，再用激光对工件进行焊接；也可用感应热源与激光同步对工件进行加热。这种工艺要求工件材料能被感应热源加热，比较适合管状或棒状工件的焊接，也可用感应线圈的漏磁实现平板的激光-感应热源复合焊接。

(4)双光束激光复合焊接。

双光束激光复合焊接是近年来出现的新激光焊接工艺，可采用单束激光分光(CO_2 激光)或多束激光(YAG 激光与 CO_2 激光或 YAG 高功率的半导体激光($HPDL$))实现。双光束激光复合焊接能降低接头的冷却速度，改善接头的组织，降低焊缝硬度，防止焊缝裂纹产生，并可减少咬边、飞溅和未焊透等缺陷，尤其有利于铝合金激光焊接接头质量的改善。

3)电子束焊接技术

电子束焊接因具有不用焊条、不易氧化、工艺重复性好及热变形量小的优点而广泛应用于航空航天、原子能、国防及军工、汽车和电气电工仪表等众多行业。电子束焊接的基本原理是电子枪中的阴极由于直接或间接加热而发射电子，该电子在高压静电场的加速下再通过电磁场的聚焦就可以形成功率密度极高的电子束(其功率密度可达 $10^4 \sim 10^9 \mathrm{W/cm^2}$)，用此电子束去轰击工件，巨大的动能转化为热能，使焊接处工件熔化，形成熔池，从而实现对工件的焊接。

电子束焊接的特点如下。

(1)电子束能量密度高，稳定性好，易控制。

(2)真空电子束焊接时，焊缝免遭大气污染，在 2Pa 真空度下焊接相当于 99.99%氩气的保护，成本低。

(3)焊接速度快、热影响区窄、焊接变形小，可作为最后加工工序或仅保留精加工余量。

(4)焊接过程易于实现自动化控制，操作简单，焊接质量易保证，适合于批量生产。

(5)大功率电子束适合焊接尺寸较大的零件，提高材料利用率，经济效益好。

电子束焊的适用范围非常宽，既可用于焊接贵重部件(如喷气式发动机部件)，又可用于焊接廉价部件(如齿轮等)；既适用于大批量生产(如汽车、电子元件)，又适用于单件生产(如核反应堆结构件)；既可焊接微型传感器，也可焊接结构庞大的飞机机身；从薄的锯片到厚的压力容器它都能焊接；不但可焊接普通的结构，也可焊接多种金属材料，如超高强度钢、钛合金、高温合金及其他贵重稀有金属等。

4)搅拌摩擦焊

搅拌摩擦焊技术是1991年英国焊接研究所发明的。作为一种固相连接手段，它克服了熔焊过程中易产生的气孔、裂纹、变形等缺陷，使以往采用传统熔焊方法无法实现焊接的材料，可以采用FSW实现焊接，被誉为"继激光焊后又一革命性的焊接技术"。FSW主要在搅拌头的摩擦热和机械挤压的联合作用下形成接头，其主要原理和特点是：焊接时旋转的搅拌头缓慢插入焊缝，与工作表面接触时通过摩擦生热使周围的一层金属塑性化，同时搅拌头沿焊接方向移动而形成焊缝。

FSW除可以焊接用普通熔焊方法难以焊接的材料外，还具有焊接温度低、变形小、接头力学性能好(包括疲劳、拉伸、弯曲等)的特点，不产生类似熔焊接头的铸造组织缺陷，并且其组织由于塑性流动而细化、焊前及焊后处理简单、能够进行全位置焊接、适应性好、效率高、操作简单、环境保护好等优点。尤其是FSW具有适合于自动化和机器人操作的优点，焊接时不需要填丝、保护气(对于铝合金)，可以允许母材表面有薄的氧化膜存在等。FSW已成功应用于铝合金薄壁结构的焊接，实现了纵向焊缝的直线对接和环形焊缝沿圆周的对接。

5)扩散连接技术

扩散连接是压力焊的一种，是通过对焊件施加一定的压力来实现焊接的一类方法。扩散连接时不需要外加填充金属，可对金属加热(或不加热)，通过加压使两工件接触紧密，在高温和压力作用下，在焊接部位产生一定的塑性变形，促进原子的扩散使两工件焊接在一起。此外，加压还可以使连接处的晶粒细化。常用的扩散连接方法主要有电阻焊和摩擦焊。

(1)电阻焊。

电阻焊是工件组合后通过电极施加压力，利用电流通过接头的接触面及邻近区域产生的电阻热进行焊接的方法。

电阻焊时金属的电阻很小，焊接电流较大，所以焊接时间极短，生产率高。另外，电阻焊不使用填充金属和焊剂，焊接成本较低，操作简单，易于实现机械化和自动化。焊接过程中没有弧光和烟尘污染，噪声小，劳动条件好。但焊接电阻大小和电流波动均会导致电阻热的变化，所以电阻焊的接头质量不稳。此外，电阻焊的设备复杂，价格高，耗电量大。

电阻焊通常分为定位焊、缝焊和对焊三种形式。

① 定位焊。

定位焊是焊件装配成搭接或对接接头，并压紧在两电极之间，利用电阻热熔化母材金属以形成焊点的电阻焊方法。焊接前先将表面清理好的两工件预压夹紧，接通电流后，由于两工件接触处存在电阻而产生大量的电阻热，焊接区温度迅速升高，接触处金属开始局部熔化，形成液态熔核。断电后继续保持或加大压力，使熔核在压力作用下凝固结晶，形成组织致密的焊点。一个焊点形成后，移动焊件便依次形成其他焊点。

定位焊方法广泛应用于飞行器、车辆、各种罩壳、电子仪表和日常生活用品的制造中，主要适用于厚度小于 4mm 的薄板冲压结构焊接。定位焊可焊接低碳钢、不锈钢、铜合金和铝镁合金等。

② 缝焊。

缝焊是将工件装配成搭接或对接接头，并置于两滚轮电极之间，滚轮加压工件并转动，通过连续或断续送电而形成一条连续焊缝的电阻焊方法。缝焊时，圆盘形电极既对焊件加压又起导电作用，同时还通过旋转带动工件移动，最终在工件上焊出一条由许多相互重叠的焊点组成的焊缝。缝焊分流现象严重，只适合于焊接厚度在 3mm 以下的薄板结构。缝焊主要用于制造要求密封性的薄壁结构，如油箱、小型容器和管道等。

③ 对焊。

对焊是将焊件装配成对接的接头，使其端面紧密接触，利用电阻热加热至热塑性所需要的温度时，迅速施加顶锻力完成焊接的方法。根据工艺过程的不同，对焊可分为电阻对焊和闪光对焊。

a. 电阻对焊。电阻对焊是利用电阻热使焊件以对接的形式在整个接触面上被焊接成型的一种电阻焊。焊接时将两个工件装夹在对焊机的电极夹具中，施加预压力使两工件端面压紧并通电。当电流通过工件时产生电阻热，使接触面及附近区域加热至塑性状态，然后向工件施加较大的顶锻力并同时断电，这时处于高温状态的工件端面便产生一定的塑性变形而焊接在一起。在顶锻力的作用下冷却时，可促使工件端面金属原子间的溶解和扩散，并可获得致密的组织结构。

电阻对焊操作简便，接头光滑，生产率高，但接头力学性能较低，焊接前需对工件端面进行加工和清理工作，否则接触面容易发生加热不均匀及氧化物夹杂现象，焊接质量不易保证。所以，电阻对焊一般适用于焊接截面简单、直径较小、强度要求不高的杆件和线材。

b. 闪光对焊。闪光对焊指将两个工件装配成对接接头，然后接通电流并使两工件的端面逐渐移近达到局部接触，局部接触点会产生电阻热(发出闪光)使金属迅速熔化，当端部在一定深度范围内达到预定温度时，迅速施加顶锻力使整个端面熔合在一起完成焊接。

闪光对焊接头质量高，对工件端面精度要求不高，可焊接截面形状复杂或具有不同截面的工件，但金属损耗较大，工件需留出较大的余量，焊后要清理接头毛刺，可用于焊接重要的工件。闪光对焊可焊接同种金属，也可焊接异种金属，如焊接钢与铜、铝与铜等。目前，它被广泛用于刀具、钢筋、钢轨、钢管、车圈等的焊接中。

(2) 摩擦焊。

摩擦焊是利用工件表面相互摩擦所产生的热，使端面达到所需要的温度，然后在压力下产生热塑性变形，通过界面的分子扩散和再结晶而实现焊接的一种压焊方法。

焊接时将两个工件夹紧在夹头里，其中一个工件做高速旋转运动，另一个工件沿轴向移动并使两工件接触，则在接触面处因摩擦产生热量，使工件端面加热到热塑性变形所需要的温度时，停止工件的转动并对接头施加压紧力，使接头处产生塑性变形而完成焊接。

摩擦焊的接头组织致密，质量好且稳定，不易产生夹渣和气孔等缺陷；焊接中不需要焊剂或填充金属，对接头的焊前准备要求不高；加工成本低，焊接生产率高；操作简单，易于实现机械化和自动化，劳动条件好；焊接金属范围广，可用于异种金属的焊接。但是，受旋转加热方式的限制，摩擦焊一般仅限于焊接圆形截面的棒料或管材，对于不规则截面及大型管状工件焊接起来比较困难。目前，摩擦焊作为一种快速有效的压焊方法，已经被广泛用于刀具制造、汽车、拖拉机、石油化工、锅炉和纺织机械等部门。

6) 钎焊

钎焊是指采用比母材熔点低的金属材料作钎料，将工件和钎料加热到高于钎料熔点、低于母材熔点的温度，利用液态钎料润湿母材，填充接头间隙并与母材相互扩散实现工件连接的焊接方法。钎焊时要求两焊件的接触面干净，需要用钎剂去除接触面处的氧化膜和油污等杂质，保护焊件接触面和钎料不受氧化，并增加钎料润湿性和毛细流动性。

钎焊时先将焊接接合面清洗干净并以搭接形式组合焊件，然后把钎料放在接合间隙附近或间隙中，当焊件与钎料同时被加热到钎料熔化温度后，液态钎料借助毛细流动作用而填充于两焊件接头缝隙中，待冷却凝固后便形成焊接接头。

钎焊接头的质量在很大程度上取决于钎料。根据钎料熔点的不同，钎焊可以分为软钎焊和硬钎焊两种。

(1) 软钎焊。

软钎焊指钎料熔点低于 450℃的钎焊。常用的钎料是锡铅钎料、锌锡钎料等，常用的钎剂有松香、氧化锌等。软钎焊的接头强度低，工作温度低，主要适用于焊接受力不大、工作温度不高的工件，如电子线路等。

(2) 硬钎焊。

硬钎焊指钎料熔点高于450℃的钎焊。常用的钎料有铜基钎料、铝基钎料、银基钎料等，常用的钎剂有硼砂、硼酸、氯化物、氟化物等。硬钎焊的接头强度较高，工作温度也较高，主要用于机械零部件的钎焊。

钎焊的加热方法有很多种，常用的加热方法主要有烙铁加热、火焰加热、炉内加热、电阻加热和高频加热等。

钎焊的主要特点是焊接温度低，焊件的组织和力学性能变化很小，焊接应力和变形很小，容易保证焊接精度；可焊接不同材料、不同厚度、不同尺寸的工件；可同时焊接多条焊缝，生产率较高；焊接接头外表美观整齐；焊接设备简单，生产投入少。但是，钎焊也有其不足之处，如接头处的强度较低，承载能力有限，而且耐热能力较差。目前，钎焊主要用于电子、仪器仪表、航空航天及原子能等领域。

7) 聚合物的焊接

聚合物制件之间也可用焊接的方法实现连接。通常是将聚合物焊件的焊接面局部加热，使焊接面处聚合物熔化，在焊接压力作用下焊接面熔化的聚合物熔合黏接，然后冷却凝固形成牢固连接的接头。聚合物的焊接通常都限指塑料制品的焊接。

塑料的焊接可以使用与母材性能相近的塑料焊条作为填充焊料，也可以直接加热焊件而不使用填充焊料。为了保证焊接品质，焊接表面必须清洁，不被污染，因此常在焊接前对焊接表面做脱脂去污处理。绝大多数情况下，焊接表面还必须进行平整处理并加工坡口。加工焊接表面或者坡口的预加工可以使用通用的切削机床，也可使用刀片。

常用的塑料焊接方法如下。

(1) 热气焊。

热气焊指利用焊枪喷出的热气流使塑料焊条熔在待焊塑料件的焊接接口处，并通过手动或机械方式对焊接区施加压力，实现焊接。热气焊过程中作为焊接热源载体的气体必须去油去水分，气源通常为压缩空气。

可以利用热气焊方法进行焊接的塑料品种有聚氯乙烯、聚乙烯、聚丙烯、聚甲醛、聚酰胺、聚苯乙烯、ABS 和聚碳酸酯等。

常见的塑料热气焊填充焊料有圆形、矩形截面以及绳状或条状的塑料焊条。热塑性硬塑料的热气焊多使用直径为 2mm、3mm 或 4mm 的圆截面焊条或型材截面的塑料焊条。热塑性软塑料多使用直径不小于 3mm 的绳状或条状塑料焊条。表面贴层焊时，常用厚度为 1mm、宽度为 15mm 的条形塑料焊条。

(2) 超声波焊接。

塑料超声波焊接的原理是使塑料的焊接面在超声波能量的作用下做高频机械振动而发热熔化，同时施加焊接应力，从而把塑料焊件焊接在一起。主要用于焊接模塑件、薄膜、板材和线材等，通常不需要填充焊料。

(3) 摩擦焊。

塑料摩擦焊的原理与金属摩擦焊相同。被焊接的塑料焊件在焊接面上经摩擦发热而熔化，同时控制焊接压力，把塑料焊件焊接在一起。塑料摩擦焊的焊接表面可以是轴对称的圆柱端面，或是圆锥体的锥表面。

在一般情况下，塑料摩擦焊不需要填充焊料，但有时也使用与被焊塑料相同的中间摩擦件作为填充焊料进行焊接。

(4) 挤塑焊。

挤塑焊指将焊接填料用螺杆挤出机熔融，然后将熔融焊料挤入两塑料焊件间的坡口或缝隙中，通过冷却凝固形成焊接接头。焊接时，将焊接表面预热至适当的温度，同时对焊件施加一定的压力。挤塑焊用于厚壁工件焊接和大面积贴面焊。

挤塑焊方法主要用于焊接聚乙烯和聚丙烯制件。为了保证焊接接头力学性能，挤塑焊的填充材料应与母材相同，且不可使用回收的再造料。

(5) 光致热能焊接。

塑料光致热能焊接指以一束聚集但频带不相干的光对塑料焊件的表面加热，以光致热能熔化表面塑料，同时施加一定的焊接压力，从而实现塑料焊件间的牢固连接。

目前，成熟的塑料光致热能焊接方法是红外灯加热挤塑焊。该方法是由一台挤出机熔融塑化焊接填料，并将其挤入已由红外加热灯预热的坡口或缝隙，进而把塑料制件焊接在一起。

(6) 热工具焊。

利用热板、热带和烙铁等可控温度的发热工具对塑料焊件的接口表面进行加热，直至其表面层充分熔化，然后在压力作用下进行焊接的方法，称为塑料热工具焊。热工具焊是应用最广泛的塑料焊接方法。

8) 铆接

铆接是利用轴向力将零件铆钉孔内钉杆墩粗并形成钉头，使多个零件相连接的方法。

(1) 常用的铆钉种类。

铆钉是铆接结构的紧固件。一般铆钉由铆钉头和圆柱形铆钉杆两部分组成。常用的铆钉头有半圆头、平锥头、沉头、半沉头、平头、扁平头和扁圆头。此外，还有半空心铆钉、空心铆钉。

(2)铆接的种类。

铆接可分为紧固铆接、紧密铆接和固密铆接三种。

紧固铆接也叫运动固铆接。这种铆接要求一定的强度来承受相应的载荷,但对接缝处的密封性要求较差,如房架、桥梁、起重机车辆等均属于这种铆接。

紧密铆接的金属结构不能承受较大的压力,只能承受较小而均匀的载荷,但对其叠合的接缝处却要求具有高度密封性,以防泄漏,如水箱、气罐、油罐等容器均属这一类。

固密铆接也叫强密铆接。这种铆接要求具有足够的强度来承受一定的载荷,其接缝处必须严密,即在一定的压力作用下,液体或气体均不得渗漏,如锅炉、压缩空气罐等高压容器的铆接。为了保证高压容器铆接缝的严密性,在铆接后,对于板件边缘连接缝和铆钉头周边与板件的连接缝要进行敛缝和敛钉。

(3)铆接的基本形式。

铆钉连接时零件的叠合基本形式有搭接、对接和角接。

搭接是铆接结构中最简单的叠合方式,它是将板件边缘对搭在一起用铆钉加以固定连接的结构形式。在铆接的板件上,当铆钉受一个剪切力时,叫单剪切铆接法;当铆钉受两个剪切力时,叫双剪切铆接法;当铆钉受三个以上剪切力时,叫多剪切铆接法。

对接是将连接的板件置于同一个平面,上面覆盖有盖板,用盖板把板件铆接在一起。这种连接可分为单盖板式和双盖板式两种对接形式。

角接是互相垂直或组成一定角度板件的连接。这种连接要在角接处置以角钢接头作为搭叠零件。角接时,板件上的角钢接头有一侧或两侧的两种形式。

(4)铆钉的排列形式。

铆钉在构件连接处的排列形式有单排(行)、双排(行)和多排(行)铆钉连接三种。在双排或多排连接时,每一板件上铆钉排列的位置又可分为平行排列和交错式排列两种形式。

由于铆接技术条件、铆钉的加工制造、板件的平直度等影响,铆接结构的连接处必然会产生一定的缝隙。因此,受压容器中的液体或气体就会从这种缝隙中泄漏出去。固密连接的构件在铆接过程中产生的缝隙采取锤击碾压到达收敛的方法叫敛缝,主要有敛钉缝(铆钉头(包括镦头)与板件之间的敛缝)和敛板缝(板件与板件连接处之间的敛缝)两种。铆钉的钉杆一般为圆柱形。铆钉头的成型采用加热锻造、冷镦或切削加工等方法。用冷镦制成的铆钉须经退火处理。根据使用要求对铆钉应进行可锻性试验及剪切强度试验。铆钉的表面不允许有小突起、平顶和影响使用的圆钝、飞边、碰伤、锈蚀等缺陷。

9)胶接

胶接即黏接,是利用胶黏剂把两种性质相同或不同材料的制件黏合在一起的连接方法。

胶接可实现同种材料间及不同材料间的连接,如金属与陶瓷、金属与塑料等。具有操作简单、生产效率高、工艺灵活、成本低、变形小等优点。在胶接工艺中,胶黏剂可均匀地涂在制件被黏接界面上,抗拉强度和抗剪切强度比较高,但是不均匀扯离强度小,剥离强度更小;同时黏接为非金属高分子材料薄膜界面连接,所用材料少,与铆焊等其他连接方式相比重量可减轻30%,而且密封性好。胶接工艺的不足之处为:黏接强度较低(约10MPa量级);黏接面工作温度范围有限,除个别特殊用途的胶黏剂外,一般在-50~100℃;有机胶黏剂受光、热、氧等作用易老化,寿命缩短。

（1）胶接原理。

黏接力的形成过程一般包括表面润湿、胶黏剂分子向被黏物表面移动、胶黏剂分子的扩散与渗透以及胶黏剂与被黏物形成物理与化学作用等几个过程。其中，胶黏剂在基体表面能否润湿，是胶黏剂选择的前提。杨氏方程为

$$\cos\theta = \frac{\rho_{S\text{-}G} - \rho_{S\text{-}L}}{\rho_{L\text{-}G}} \tag{4-1}$$

式中，θ 为胶黏剂与基体的润湿角；$\rho_{S\text{-}G}$ 为基体的表面张力；$\rho_{S\text{-}L}$ 为基体与胶黏剂的界面张力；$\rho_{L\text{-}G}$ 为胶黏剂的表面张力。

基体的表面张力 $\rho_{S\text{-}G}$ 越大，胶黏剂的表面张力 $\rho_{L\text{-}G}$ 越小，θ 角越小，胶黏剂在基体上越易润湿。金属的表面张力一般为有机物的 10 倍以上，所以胶黏剂在金属和无机物上易于润湿，而表面张力特别低的物质，胶黏剂不易润湿，属于难黏材料。

胶黏剂的扩散和渗透是形成黏接力的基础，扩散和渗透得越深，黏接力越强。对于开孔型孔隙，胶黏剂的渗透深度为

$$h = \frac{2\rho_{S\text{-}G}\cos\theta}{pR} \times 100\% \tag{4-2}$$

式中，p 为大气压；R 为孔隙半径。

对于闭孔型孔隙有

$$h = \sqrt{\frac{\rho_{L\text{-}G}\cos\theta \cdot Rt}{2\eta}} \tag{4-3}$$

式中，t 为流动时间；η 为液体黏度。

渗透于基体多孔的表面后，胶黏剂与被黏分子间可形成机械结合力。

除机械力外，胶黏剂与被黏物主要靠物理、化学作用结合，包括主价键（如离子键、共价键、配位键等）、次价键（如氢键、范德瓦耳斯力）等。一般都存在次价键，而主价键主要存在于化学反应中，共价键较多，离子键很少。例如，聚氨酯胶黏剂与纤维的黏接就是靠共价键结合。

配位键在电子供体与有电子受体的物质间形成，如具有 π 电子体系的整个分子与金属离子结合。

在这几种物理化学作用中，一般离子键 > 共价键 > 配位键 > 氢键 > 范德瓦耳斯力，因此应根据物质的结构，选择不同的胶黏剂，形成较强的作用力。

（2）黏接理论。

目前，黏接理论主要有吸附理论和扩散理论。吸附理论是指胶黏剂分子由于微布朗运动向被黏物移动，胶黏剂分子的极性基团向被黏物的极性部分靠近，当胶黏剂分子与被黏物分子间距离小于 5×10^{-10} m 时，分子间产生氢键和范德瓦耳斯力。根据该理论，假如胶黏剂分子是极性分子，被黏物也是极性的，则会收到较好的黏接效果，如环氧树脂胶与钢铁等金属间的黏接，具有很高的黏接强度；假如胶黏剂分子是极性分子，而被黏物是非极性分子，黏接效果较差，如环氧树脂胶对聚氯乙烯、聚乙烯等物质的黏接力很弱；假如二者均为非极性，则黏接效果很差。

扩散理论认为高分子间的黏接是由大分子本身或其链段通过热运动引起扩散、渗透形成的。根据该理论，对于同种高分子材料间黏接，利用溶剂的作用，高分子容易扩散，如利用

丙酮、氯仿等可以黏接有机玻璃，就是利用溶剂的溶解作用使有机玻璃的分子处于流动状态，然后相互扩散渗透，待溶剂挥发后成为一体；对于异种高分子材料间黏接，两种材料结构越接近，越容易扩散，因而黏接效果越好。也就是说，胶黏剂与被黏物要很好地黏接，必须结构相近，极性相当，溶度参数相近，而且黏接力与胶黏剂分子的扩散深度呈正比。

（3）胶接工艺。

胶接工艺包括接头设计、胶接前处理、胶黏剂的配制与涂覆、胶黏剂的固化等基本过程。

① 接头设计。

胶接接头实际使用时通常受到拉伸、剪切、剥离和劈离等几种形式力的作用。根据受力形式，在设计胶接接头时应遵循的原则是：尽可能使胶接接头胶层受压、拉伸和剪切作用，而不要使胶层受剥离和劈离作用；不得已时，应采用恰当的措施降低胶层受剥离和劈离的作用；尽可能使胶接接头的面积增大，以提高接头承受能力；可采用胶-焊、胶-铆、胶-螺栓等复合连接的接头形式；胶接接头设计应便于加工。

② 胶接前处理。

胶接主要借助于胶黏剂对胶接材料表面的黏附作用，但是胶接材料在一系列加工、运输、储存过程中，表面会存在不同程度的氧化物、锈迹、油污、吸附物和其他杂质，遮盖了基体表面的活性原子，影响了胶黏剂分子间的作用力，使胶接强度下降。为此，在胶接前应先除去表面污染物，如油污、锈迹等，改善胶黏剂对表面的湿润性和黏附性；其次改善表面形态，增大接触表面积，提高胶接强度；最后改善表面化学结构，形成紧固的高能表面，提高胶接强度。

通常采用三种方法去污。第一种是机械处理法，即用钢丝刷、刮刀、砂纸、风动或电动工具等或者通过喷砂、喷丸等方法将基体表面的油污、污物、锈剂等清除掉，并对表面起粗化作用，增加胶黏剂与基体的结合力。第二种是物理处理法，该法主要利用有机溶剂或水的溶解作用将基体表面的污物清除掉。常用的有机溶剂有三氯乙烯、二甲苯、溶剂汽油、丙酮等。物理处理法去污简单，但大部分溶剂易燃易爆，对环境有污染，而且该法除油不彻底，对要求高的表面还需配合其他处理方法。第三种是化学处理法，利用酸、碱或表面活性剂的作用，除去表面的锈迹及油污，或者采用强氧化剂等使塑料表面粗化。对金属表面的氧化物通常采用盐酸、硫酸等对金属氧化物的溶解或机械剥离作用清除；对基体表面的油污一般采用碱液或表面活性剂，利用皂化、乳化等作用清除；对塑料、橡胶等有机物，由于其基体表面比较光滑且极性较小，直接涂胶时结合力较差，因此，在去污后可通过强氧化剂的氧化作用将表面的不饱和键氧化为极性键，并使表面腐蚀产生小凹坑，增加胶层与基体的作用力。不同材料的前处理方法不尽相同。

③ 胶黏剂的配制与涂覆。

胶黏剂有单组分、双组分和多组分等多种类型。单组分的胶黏剂可直接使用，双组分或多组分的胶黏剂在使用时，必须准确计算、准确称量，质量误差不得大于 5%，而且应按照一定的程序配制。固化剂用量过多，胶层变脆；固化剂用量过少，固化不完全。按比例配好后，应充分搅拌，使其混合均匀，有时用溶剂调节黏度。

胶黏剂的涂覆方法有刷涂、浸涂、喷涂、刮涂等。根据胶黏剂使用的目的、胶黏剂的黏度、胶结物的形状等选择不同的涂覆方法。涂覆时胶层要均匀，为避免黏合后胶层内存有空气，涂胶时均由一个方向到另一个方向涂覆，速度以 2～4cm/s 为宜，胶层厚度一般为 0.08～

0.15mm。对溶剂型胶黏剂和带孔型的胶结物，须涂覆 2～3 遍，要准确掌握第一道胶溶剂挥发完后再涂第二道，否则会降低胶接强度，但过分干燥，胶层会失去黏附性。对于含溶剂较少的热固性胶黏剂，涂覆后要立即黏合，避免长时间放置吸收空气中的水分或使固化剂挥发。

④ 胶黏剂的固化。

胶黏剂通过溶剂挥发、熔体冷却、乳液凝聚等物理作用，或通过加聚、缩聚、交联、接枝等化学反应，使胶层变为固体的过程称为固化。为了获得固化后较高的连接强度，胶结物合拢后，应准确控制固化过程中的压力、温度、时间等工艺参数。

加压有利于胶黏剂对表面的充分浸润、排除胶层内的溶剂或低分子化合物、控制胶层厚度、防止因收缩引起被胶结物之间的接触不良、提高胶黏剂的流动性等。加压的大小与胶黏剂及被胶结物的种类有关，对于脆性材料或加压后易变形的塑料，压力不宜过大。一般情况下，无溶剂胶黏剂比溶剂型胶黏剂加压要小，对环氧树脂胶黏剂一般采用接触压力即可。

固化温度主要由胶黏剂的成分决定，固化温度低，分子链运动困难，致使胶层的交联密度过低，固化反应不完全，欲使固化完全必须延长固化时间。如果温度过高会使胶液流失或胶层脆化。固化温度过高或过低均会影响胶接强度。对于一些在室温下固化的胶黏剂，通过加温可适当加速交联反应，并使固化更充分、更完全，从而缩短固化时间。

温度与时间是相辅相成的，固化温度高，固化时间可短一些；固化温度过低，固化时间应长一些。

4.5　复合材料成型技术

1. 复合材料成型原理

复合材料由两种或两种以上的不同材料所组成，一种是基体材料，另一种是增强材料。基体材料的主要作用是黏结、保护增强材料，并传递载荷应力到增强材料上去。基体材料可以是金属、树脂、陶瓷等。增强材料的主要作用是承受载荷，提高复合材料的强度(或韧性)。增强材料有细颗粒、短纤维、连续纤维等形态。复合的目的是得到最佳的性能组合。因此，复合材料具有一系列的优点：比强度、比刚度高，耐疲劳性能高，抗断裂性能高，抗蠕变能力强等。

复合材料成型的工艺方法取决于基体材料和增强材料的类型。以颗粒、晶须或短纤维为增强材料的复合材料，一般都可以用其基体材料的成型工艺方法进行成型加工；以连续纤维为增强相的复合材料的成型方法则不同。复合材料成型工艺和其他材料的成型工艺相比，有一个突出的特点：材料的成型与制品的成型是同时完成的，即复合材料制品的生产过程也是复合材料本身的生产过程。因此，复合材料的成型工艺水平直接影响材料或制品的性能。

2. 复合材料成型分类

复合材料成型主要分为树脂基复合材料的成型、金属基复合材料的成型和陶瓷基复合材料的成型三类。

1)树脂基复合材料的成型

树脂基复合材料(聚合物基复合材料)是目前应用最广泛、消耗量最大的一类复合材料，主要分为热固性树脂基复合材料和热塑性树脂基复合材料。该类复合材料主要以纤维增强的树脂为主。树脂基复合材料的主要成型方法如下。

(1)手糊成型。

手糊成型是将纤维作为增强材料，树脂作为基体材料(先将树脂配制成胶液)，在模具上手工敷设成型，树脂固化后脱模，从而获得复合材料制品。

(2)喷射成型。

喷射成型是将不饱和树脂胶液与切短的玻璃纤维在喷射过程中混合，经喷射沉积在模具上，然后再用手辊滚压，使纤维浸透树脂，沉积的物料被压实并除去气泡，最后固化成复合材料制品。

(3)模压成型。

复合材料的模压成型是指将含有增强材料的复合材料放入成型模具中，在一定的温度、压力作用下，固化成复合材料制品的方法。

(4)缠绕成型。

缠绕成型是将纤维束(通常浸有树脂)缠绕在一个旋转的芯模上。这种工艺包括在线浸润、预浸料缠绕和热塑性缠绕(在适当加热的情况下)。由于缠绕时纤维是张紧的，所以纤维只能走测地线路径。尽管缠绕成型非常适合回旋对称结构，但也可以制造出许多形状复杂的零件，包括工字梁、船壳、翼形等。脱去模芯的方法包括可碎模具、可溶模具和可拆卸模具等。缠绕成型的零件通常在烘箱内固化，因而孔隙率较高(一般为 3%，而手工铺放工艺的体孔隙率小于 1%)，而且表面光洁度差。

(5)拉挤成型。

将纤维拉过一个浸胶槽，然后再拉入加热的模具中固化，零件在现场按一定长度进行切割。拉挤成型非常适合制造等截面的零件，如 T 字梁、型材和其他结构组件。

(6)树脂传递模塑(RTM)。

树脂传递模塑是将树脂注射进入放有纤维预成型体的闭合模腔中的一组成型技术。预成型体可以是复杂的三维纺织或编织，经缝合或不缝合，或采用纺织或无纺布冲压形成一定的形状。

(7)自动铺放。

自动铺放分为自动铺带与自动铺丝两类。自动铺带采用隔离衬纸单向预浸带，多轴机械臂(龙门或卧式)完成铺放位置定位，铺带头自动完成预浸带输送与剪裁、加热辊加压铺叠到模具上，整个过程采用数控技术自动完成。自动铺丝采用多束预浸纱/分切的预浸窄带，分别独立输送、切断，由铺丝头将数根预浸纱集束成为一条宽度可变的预浸带，宽度通过控制预浸纱根数调整，再热压铺放到模具上定型。

自动铺带与自动铺丝的共同特点是自动化高速成型、质量可靠，尤其适用于大型复合材料构件制造；其中自动铺带主要用于小曲率或单曲率构件(如翼面、柱/锥面)的自动铺叠，由于预浸带较宽，效率较高；而自动铺丝侧重于实现复杂形状的双曲面(如机身、翼身融合体及 S 进气道等)，适应范围宽，但效率低于自动铺带。自动铺放技术是数控机床技术、CAD/CAM 软件技术和材料工艺技术的高度集成。

(8)热压罐成型。

热压罐成型是先将预浸材料按一定排列顺序叠层于涂有脱模剂的模具上成为毛坯，再在其上铺放分离布和带孔的脱模薄膜，而后铺放吸胶透气毡，再包覆耐高温的真空袋，并用密封条密封周边，然后，连续从真空袋内抽出空气并加热，使预浸材料的层间达到一定的真空度，达到要求温度后，向热压罐内充以压缩空气对毛坯加压固化以得到制品。

2)金属基复合材料的成型

制备金属基复合材料，关键在于基体金属与增强材料之间应获得良好的浸润和合适的界面结合。其制品的成型工艺过程主要包括增强材料的预处理或预成型、基体金属与增强材料的复合和复合材料的成型等步骤。

常用的成型工艺如下。

(1)液态金属浸润成型。

液态金属浸润成型工艺的实质是使基体金属在熔融状态下与增强材料浸润结合，然后凝固成型，有如下几种方法。

① 常压铸造法，即将经过预处理的纤维制成整体或局部形状的零件预制坯，预热后放入浇注模，浇入液态金属，靠重力使金属渗入纤维预制坯并凝固。

② 液态金属搅拌法，即将基体金属放入坩埚中熔化，插入旋转叶片搅拌金属液，并逐步加入弥散增强材料，直至增强材料在熔体中均匀弥散分布。然后进行脱气处理，注入模中凝固成型。

③ 真空加压铸造法，即在真空或惰性气体的密闭容器中加热纤维预制坯和熔化金属，随后将铸模的引流管插入熔融金属中，并通入惰性气体，对金属液面施以一定压力，强制液态金属渗入预制坯，冷却凝固后制成复合材料或制品。

④ 挤压铸造法，即先将增强材料放入配有黏结剂和纤维表面改性剂的溶液中，充分搅拌，而后压滤、干燥并烧结成具有一定强度的预制坯件，随后将预热后的预制坯放入固定在液压机内经预热的模具中，注入液态金属，加压使金属渗透预制坯，并在高压下凝固成型为复合材料制品。该成型方法可生产材质优良、加工余量小的制品，成本低，生产率高。

(2)热压固结成型。

热压固结成型工艺是目前制造硼纤维、碳化硅纤维增强铝、钛超合金等金属基复合材料的主要方法之一。热压固结成型工艺流程首先是将增强纤维按设计要求与金属基片制成复合材料预制片，再进行叠层排布；然后放入模具中加热、加压使基体金属发生塑性变形、流动并充填在增强纤维的空隙中，使金属与增强物紧密黏结在一起。

金属基复合材料预制片的制备方法主要有 3 种：等离子喷涂法、箔黏结法和液态金属浸渍法。等离子喷涂法制备预制片的过程是先将硼纤维或碳化硅单丝缠绕在圆筒上，然后在低真空喷涂装置中喷涂金属，制成纤维增强基体金属预制片。箔黏接法较简单，是用在真空加热时易挥发的有机黏结剂将硼纤维、碳化硅纤维粘贴在金属箔上；或将基体金属箔滚压成波纹状，将纤维放在波纹中，然后上面再覆盖一片箔制成预制片。液态金属浸渍法是将纤维经过金属熔池浸渍处理的方法。对于碳纤维、氧化铝纤维束丝，宜采用液态金属浸渍法使金属浸入纤维间隙，再进行排列制成复合预制片。

热压过程是整个工艺流程中最重要的工序。压制过程可以在真空、惰性气体或大气环境中进行。常用的压制方法有 3 种：①热压法，即将预制片或复合丝按要求铺在金属箔上，交替叠层，再放入金属模具中或封入真空不锈钢套内，加热、加压一定时间后取出冷却，去除封套。②热等静压法，即将预制片装入金属或非金属包套中，抽真空并封焊包套，再将包套装入高压容器内，注入高压惰性气体并加热。高压容器内气体受热膨胀后均匀地对受压件施以高压，基体金属通过塑性流动和扩散黏结成密实的复合材料制品。此法可制成型状复杂的零件，但设备昂贵。③热轧法，即将预制片交替排成坯件，用不锈钢薄板包裹或夹在两层不锈钢薄板之间加热和多次反复轧制，制成板材或带材。

热压固结法制备金属基复合材料的技术已成熟，已成功地用来制造航天飞机主仓框架承力柱、火箭部件及发动机叶片等。

(3)粉末冶金。

粉末冶金工艺主要适合于颗粒、晶须增强的复合材料，也可用于增强连续长纤维。该工艺的步骤是首先将合金粉末和增强物按设计的比例进行混合，然后进行冷压、烧结；或者采用热压使成型与烧结同步完成。粉末冶金工艺既可制造复合材料零件，也可制造复合材料坯料后进一步挤压、轧制锻造用。采用粉末冶金工艺制造的铝/颗粒(晶须)复合材料具有很高的比强度、比模量和耐磨性，已用于制造汽车、飞机、航天器等的零件、管、板和型材。该方法也适用于制造钛基、金属间化合物基复合材料制品。

(4)喷雾共沉积。

喷雾共沉积工艺是用于生产陶瓷颗粒增强金属基复合材料的一种新工艺。熔融金属从炉子底部的浇铸孔流出，经喷雾器被高速惰性气体气流雾化，同时由喷粉器用气体携带陶瓷颗粒加入雾化流中使其混合、沉降，在金属滴尚未完全凝固前喷射在基板或特定模具上，并凝固成固态共沉积体。该工艺成型制品的致密度高，陶瓷颗粒分布均匀，生产率高。该法可直接生产不同规格的空心管、板、锻坯和挤压锭等。

(5)半固态复合铸造成型。

将温度控制在液相线与固相线之间对金属液进行搅拌以获得含有一定固相金属晶粒的半固态金属液，并在搅拌过程中将增强物颗粒徐徐加入半固态金属液中。固相金属晶粒的存在，可有效防止增强颗粒的浮沉或凝聚，且分散较均匀。此外，由于金属液温度较全液相的低，因而吸气量也相对较少。采用这种工艺可获得分散良好的颗粒增强金属基复合材料制品。

3)陶瓷基复合材料的成型

根据增强材料的形态不同可以分为两类：一类是用短纤维、晶须或颗粒等增强的陶瓷基复合材料，一般采用传统的陶瓷成型工艺，主要是热压绕结；另一类是用连续纤维增强的陶瓷复合材料，主要采用浆料浸渍热压法和化学气相渗透法。

(1)浆料浸渍热压法。

将纤维束或纤维预制体通常经过陶瓷浆料(至少由陶瓷基体粉末、水或乙醇、有机黏结剂3种组分配制而成)进行浸渍，再压制切断成单层薄片，然后按一定方式排列成层板，放入加热炉中烧去黏结剂，最后加压使之固化。该工艺由于受到热压烧结等的限制，通常只能制作形状简单的一维或二维纤维增强陶瓷基复合材料结构件。

(2)气-液反应成型。

气-液反应成型指将熔融金属直接氧化而制备陶瓷基复合材料。它利用金属熔体在高温下与气、液或固态氧化剂发生氧化反应而生成复合材料，具有工艺简单、成本低、反应温度低、反应速度快等优点，且制品的形状及尺寸几乎不受限制，其性能还可以调控。其缺点是存在残余金属，高温强度显著下降，但常温性能优越。

(3)化学气相渗透(CVI)法。

采用传统的粉末烧结或热等静压工艺制备先进陶瓷基复合材料时，纤维易受到热、机械、化学等作用而产生较大的损伤,严重影响制品的使用性能,而 CVI 法可避免此类问题。

CVI 工艺是将具有特定形状的纤维预制体置于沉积炉中,通入的气态物质通过扩散、对流等方式进入预制体内部,在一定温度下气态物质由于热激活而发生复杂的化学反应,生成固态的陶瓷类物质并沉积于纤维表面;随着沉积层越来越厚,纤维间的空隙越来越小,最终各沉积层相互重叠成为复合材料的连续相,即陶瓷基体。

与粉末烧结和热等静压等常规工艺相比,CVI 工艺在无压和相对低温条件下进行,可通过改变气态物质的种类、含量、沉积顺序、沉积工艺等,对陶瓷基复合材料制品的基体组成与微观结构等进行调节。该工艺可成型形状复杂、纤维体积分数较高的陶瓷基复合材料,但成型周期长,成本高。

(4)溶液浸渍热裂。

溶液浸渍热裂工艺也是制造纤维增强陶瓷基复合材料制品的有效方法。例如,制造碳纤维/氧化铝或 Si_3N_4 纤维/氧化铝复合体制品时,可将纤维(碳纤维或 Si_3N_4 纤维)先制成预制体,然后将预制体在三烷氧基铝聚合物溶液中反复浸渍,最后进行高温裂解,即得到具有预制体形状的纤维增强陶瓷基复合材料制品。

4) 碳/碳复合材料成型

碳/碳复合材料的制造工艺周期长、工序多、成本高,主要包括预制体的成型和碳/碳的致密化等过程。

预制体的成型:预制体是指按产品形状和性能要求先把碳纤维成型为所需结构形状。按增强方式可分为单向纤维增强、双向纤维增强和多向纤维增强;或分为短纤维增强和连续纤维增强。短纤维增强的预制体常采用压滤法、浇铸法、喷铸法、热压法;连续纤维增强可采用传统成型方法,如预浸布、层压、铺层、缠绕等方法做成预制体,或采用多向纺织技术做成预制体。

碳/碳的致密化:就是基体碳形成的过程,实质是用高质量的碳填满碳纤维周围的空隙以获得结构、性能优良的碳/碳复合材料制品。有两种常用的基本工艺:树脂(或沥青)的液相浸渍工艺和碳氢化合物气体的气相渗透工艺。

树脂浸渍工艺的典型流程是:将碳纤维预制体置于浸渍罐中,在真空状态下用树脂液浸没预制体,再充气加压使树脂浸透预制体,然后将浸透树脂的预制体放入固化罐内进行加压固化,随后在炭化炉中的保护气氛下进行炭化。由于在炭化过程中非碳元素分解,会在炭化后的预制体中形成许多孔洞,因此需要多次重复以上浸渍、固化、炭化步骤以达到致密化要求。沥青浸渍工艺与树脂浸渍工艺的不同之处在于,需要先将沥青在熔化罐中真空熔化,再进行浸渍。

4.6　特殊成型技术

1. 气相沉积成型

气相沉积是一种发展迅速、应用广泛的表面成膜技术,它不仅可以用来制备具有各种特殊力学性能(如超硬、高耐蚀、耐热和抗氧化等)的薄膜涂层,而且可用来制备各种功能薄膜材料和装饰薄膜涂层等。

气相沉积包括物理气相沉积(PVD)和化学气相沉积(CVD)。PVD 包括蒸发镀膜、溅射镀膜和离子镀膜；CVD 包括热 CVD、等离子增强 CVD、光化学反应 CVD、金属有机物 CVD 等。

气相沉积技术可以制造金属及其合金膜、陶瓷膜、塑料膜以及各种各样的化合物、非金属、半导体膜等。

2. 多孔制品成型

多孔制品，如金属多孔制品、陶瓷多孔制品、泡沫塑料、橡胶海绵、多孔化学纤维等，在许多工业领域具有广泛的应用，可用作含油轴承、过滤器、多孔电极、消音隔热、防冻保温、缓冲防震、轻质结构件以及填充材料等。金属多孔制品和陶瓷多孔制品可用于滤除流体(如油、水、熔融金属与合成树脂、高温烟气、空气等)中的各种固体杂质，以及气体同位素分离浓缩、原子反应堆的排气、气体中回收氮气、分离排放的放射性气体中浓缩有害成分，也可用作气体质量分析装置中的浓缩器等。泡沫塑料具有质轻、导热系数低、吸湿小、弹性好、比强度高、隔音绝热等优点，被广泛用作消音隔热、防冻保温、缓冲防震以及轻质结构件，在交通运输、房屋建筑、包装、日用品及国防军事工业中得到广泛应用。

多孔制品中的孔有贯通孔、半通孔和闭孔 3 种。总孔隙度是 3 种孔隙度的总和。贯通孔和半通孔称为开孔。对于用作含油轴承和过滤器等用途的多孔制品来说，有用的主要是开孔。而用于消音隔热、防冻保温、缓冲防震以及轻质结构件等的多孔制品，可以是闭孔也可以是开孔。

多孔制品的成型方式主要有两种途径：一种是采用固态成型烧结工艺，通过一定的方法引入气体成孔以制造多孔制品；另一种是采用液态成型工艺，在液态成型过程中引入气体成孔以制造多孔制品。前者主要用于制造金属多孔制品和陶瓷多孔制品，后者主要用于制造高分子多孔制品，其突出的代表是泡沫塑料。

3. 玻璃制品成型

玻璃的成型是将熔融的玻璃液转变为具有固定几何形状制品的过程。在成型过程中，玻璃因冷却而硬化，先是由黏性的液态转变为可塑状态，后来再转变为弹性的固态。玻璃制品成型有人工成型和机械成型两类方法。

人工成型方法主要有人工吹制、自由成型(无模成型)、人工拉制和人工压制等方法。

机械成型方法有压制法、吹制法、控制法、压延法、流涎法、浇铸法和烧结法。机械成型的关键是如何将玻璃液供给成型机，不同的成型机有不同的供料方法。

4. 金属纤维成型

金属纤维是指等效直径为 1μm 至 1mm、长度为几毫米至连续长度的金属制品。它是工业、军事及民用的重要材料。缺点是比强度不高，易和其他金属反应，因而其应用范围受到一定限制。采用金属纤维可制成金属纤维多孔材料、金属纤维增强复合材料和金属纤维织物等。金属纤维的制作工艺有 3 种。

1)拉拔法

传统的单线拉拔法工序烦琐，价格昂贵，但是产品表面光滑、尺寸精确。集束拉拔法工序简单，把成千上万根金属包在金属套管里拉拔，加工至所需芯丝直径时剥去套管，再把芯丝分离开来。这种方法适合于塑性好的金属，生产效率高，成本低，能制作出直径为 4μm 的长纤维。

2）切削法

用刀具将金属切削成纤维屑。方法简单，成本低，但纤维表面不光滑，直径不均匀，主要用来生产短纤维。

3）熔抽法

从液态金属直接制成纤维的方法称为熔抽法。生产成本低，但需要有专门的装置。熔抽法制取金属纤维的关键是如何使液流稳定和加快凝固过程。熔抽法还能获得非晶态。

思　考　题

1. 简述精密铸造的特点及主要方法。
2. 简述精密塑性成型的特点及主要方法。
3. 简述连接技术的原理与分类。
4. 简述聚合物基复合材料的成型工艺方法。

第5章 先进制造中的自动检测与监控技术

5.1 先进制造自动检测技术概述

5.1.1 自动检测的含义

检测是指在生产、科研、试验及服务等各个领域，为及时获得被测对象、被控对象的有关信息而实时或非实时地对有关参量进行定性检查和定量测量。检测是检验和测试的总称。自动检测就是在测量和检验过程中完全不需要或仅需要很少的人工干预而自动进行并完成。实现自动检测可以提高制造系统自动化水平和程度，减少人为干扰因素和人为差错，可以提高生产过程或设备的可靠性及运行效率。机械制造过程的自动化检测是指综合利用传感器技术、计算机技术、数控技术等各种现代化技术和方法，对被测对象的各种参数进行自动检测，并将检测结果及时提供给制造系统和技术人员，为进行工艺调整提供参考，从而减少产品出现尺寸、形状、性能等方面的缺陷。因融入了计算机技术，自动检测在机械制造系统中的应用已经由传统的产品制造质量参数检测，扩展至对整个制造系统的检测，以充分发挥检测技术的潜力，使产品质量和精度得到显著的提升，保证制造系统正常、可靠运行。

先进制造系统的显著特点是自动化、数字化、智能化、集成化、敏捷化和高精度，而这一切都离不开现代传感技术和自动检测技术。自动检测技术在现代制造技术领域居于非常重要的地位，是现代机械制造质量检测和质量控制的重要技术基础。自动化检测系统和装置是先进制造系统必不可少的重要组成部分之一，传感器是自动检测系统和装置的核心器件。通过各种自动化检测系统和装置，能够为制造过程自动控制、产品质量检测与质量控制提供各种有价值的参数、数据和信息。

自动检测是指检测过程所包含的一个或多个检测阶段（或环节）的自动化，一般有以下三种典型应用形式。

(1)自动检测仪器设备自动完成实际检测的过程，需手工装卸被测工件。

(2)自动检测仪器设备需要自动化装卸传输系统和其他操作机构的支持。

(3)工件装卸与检测全部自动完成。

在应用自动检测技术时，必须切实从实际需要出发，既要考虑必要性和技术先进性，又要综合考虑质量、效率和成本等因素，选择适用的自动检测手段，不必盲目追求高度自动化。

发挥自动检测全部效能的途径，一是将自动检测系统集成到制造系统中，进行100%在线检测，二是对制造过程的质量形成过程特别是对关键加工过程实施自动监测和监控。

5.1.2　先进制造系统自动检测的对象和特点

先进制造系统自动检测的对象大致可分为以下两类。

(1)产品质量。目的是主动控制产品加工质量，防止出现废次品，降低不合格率，实现产品质量控制和质量改进。产品质量检测对象主要有尺寸、形状及位置误差、表面粗糙度、缺陷、性能参数等。

(2)制造过程和生产设备运行状态工况信息。目的是实现生产设备和制造系统自动化，实现制造过程自动监控和生产设备故障自动诊断，优化制造过程，保障生产设备的安全正常运行，保证和提高产品质量，优化配置制造资源，提高设备利用率和生产效率。

与传统的人工检测不同，自动检测具有如下优点。

(1)快速、高效、全面。检测速度快，可以与加工节拍同步，进一步提高了生产效率；能迅速、及时地提供产品质量信息和制造系统其他有价值的信息，以便对制造系统中的工艺参数进行及时调整，提高了质量控制的时效性，为制造过程实时控制创造了条件。

(2)高灵敏度、高精度。检测结果不受观测读数误差和操作者操作水平等人为因素的影响，可对检测系统误差进行自动修正和补偿。

(3)高可靠性和高环境适应性。

(4)高可信性。

5.1.3　先进制造系统自动检测方法的类型

先进制造系统自动检测通常有多种分类方法，如人工检测与自动检测、直接测量与间接测量、接触测量与非接触测量、离线检测与在线检测、无损检测与破坏性检测等。

1. 人工检测与自动检测

人工检测是由人操作检测器具，收集分析测量数据，为产品质量控制提供依据。由于操作简单、成本低廉，人工检测目前在生产现场仍然广泛使用，人工检测所用的测量器具也在不断改进和更新升级。随着机电产品结构日趋复杂、产品制造周期日益缩短，人工检测在检测精度及效率方面已不能满足现代化制造要求。自动检测则是借助各种自动化检测装置，自动、灵敏地反映被测工件及生产设备的参数，为制造系统的自动控制和质量控制提供必要的数据信息。人工检测为离线检测，而自动检测易于实现在线检测和监测。

2. 直接测量与间接测量

根据被测量值获得方式的不同，测量方法可分为直接测量法和间接测量法。直接测量是将被测量与标准量进行比较而得到测量结果，从测量器具上直接获得被测量的数值大小。间接测量是指通过测量与被测量有函数关系的其他量，经过计算而得到被测量值。直接测量比较直观，测量过程直接，是广泛应用的测量方法。只要测量方法选择合适，间接测量的精度完全有可能高于直接测量。

3. 接触测量与非接触测量

按测量器具的测头与被测对象表面是否接触，分为接触测量和非接触测量。接触测量时测头与被测对象表面接触，并存在机械作用的测量力，如用千分尺测量零件。非接触测量时测头不与被测对象表面相接触，而是借助电磁感应、气压、光束或放射性同位素射线等的作用来反映被测参数的变化。非接触测量可避免测量力对测量结果的影响，没有因为测量头与被测对象接触发生磨损而产生的误差，在现代制造系统中具有明显的优越性。典型的非接触测量方法有投影法、光波干涉法、激光三角法、电涡流法、超声波法等。

4. 离线检测与在线检测

按照检测时机的不同，制造过程自动检测可分为离线检测和在线检测。

1) 离线检测

离线检测又称为脱机检测、在场检测或机外检测，是指被测零件或产品脱离制造过程和生产线，在距生产线一定距离的地方进行检测的活动。大多数手工检测都属于离线检测，其优点是投资少。离线检测的缺点是，不能及时发现输出的质量问题，质量检测的反馈信息有相当长的时间滞后，必然存在制造和检测的延时，而且需人工干预将测量结果输入控制系统，以调整后续加工过程。

离线检测的适用场合为：①制造的过程能力能满足设计目标要求的公差范围；②高生产率；③生产时间短，制造过程稳定，超差的风险小；④在线检测成本相对较高。

在场(in-site)检测即生产现场测量，它将自动测量系统作为一个检测测量工位。机外检测包括工序间检测和最终检测，是零部件制造过程中质量控制的重要手段，能控制工件制造质量的分散程度。机外自动检测是标准的检验模式，是强化工序间检测的有效检测手段。

2) 在线检测

在线检测是指在加工过程或加工系统运行过程中对被测对象进行检测，通常还对测得数据进行分析处理，然后反馈到自动控制系统以调整加工过程，详见 5.4.3 节。

5. 无损检测与破坏性检测

无损检测也称非破坏检测，是指在不破坏待测物原来的状态、化学性质等的前提下，为获取与待测物的品质有关的内容、性质或成分等物理、化学特性所采用的检查方法。无损检测就是利用声、光、磁和电等特性，在不损害或不影响被测对象使用性能的前提下，检测被测对象中是否存在缺陷或不均匀性，给出缺陷的大小、位置、性质和数量等信息，进而判定被测对象所处技术状态(如合格与否、剩余寿命等)的所有技术手段的总称，详见5.4.5 节。

破坏性检测是在产品检测过程中受检产品的形态发生变化，产品的使用功能或性能遭到一定程度破坏的检测形式或方法。破坏性检测是指只有将受检样品破坏后才能进行检测，或者在检测过程中受检样品被破坏或消耗的检测。进行破坏性检测后受检样品完全丧失了原有的使用价值，如金属材料的强度试验、电子设备的寿命试验等均属破坏性检测。破坏性检测只能采用抽检形式。

5.2　制造系统参数的传感检测

制造系统自动检测不仅需要直接检测加工对象本身，实现加工工件的质量检测和质量控制，而且可以通过检测生产工具、机床设备、生产过程的参数变化，监控生产加工过程，确保生产过程正常运行，还可以根据检测结果主动控制机床和加工过程，实现自适应控制。

制造系统中的主要传感检测参数如图 5-1 所示。

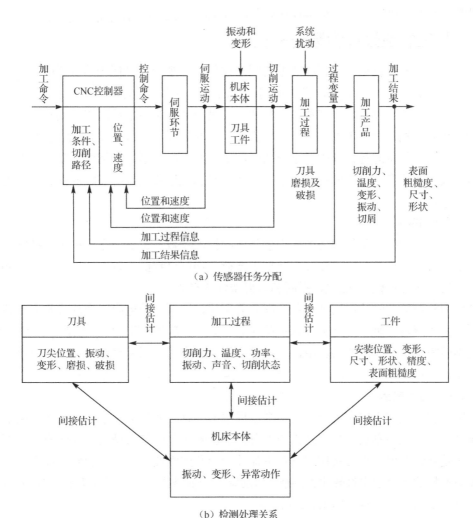

（a）传感器任务分配

（b）检测处理关系

图 5-1 制造系统中的主要传感检测参数

影响制造系统功能和性能的过程参数(变量)很多，机械制造系统参数检测主要集中在刀具、工件、机床设备本体和加工制造过程四个方面。制造系统中的检测监测对象和检测要素大致分为针对产品的检测要素和针对加工设备的检测要素。针对产品的检测要素包括尺寸精度、几何精度、表面粗糙度、加工缺陷、性能参数等。针对加工设备的检测要素包括切削负荷、刀具磨损及破损、温度、振动、变形等。对制造系统参数的检测应当贯穿于整个制造过程，而信号检测则依赖于各种各样的传感器。

对制造系统中各种类型的参数进行准确检测、数据处理及利用是实现制造系统控制和优化的前提条件。制造系统和加工设备的状态变化，必然反映在加工制造过程的某些物理量和几何量上，可供选择的检测特征信号很多，因此，在确定制造系统自动检测和监测方法时，应当根据制造系统的具体条件，正确地选择检测信号。选取自动检测特征信号时应当把握以下原则：①检测信号能否准确、可靠地反映被测对象及实际工况变化；②检测信号是否便于在线实时检测；③检测装置和设备的通用性和性价比等。

5.2.1　加工制造过程参数传感检测

切削加工过程是机械制造领域典型的制造过程，切削加工过程传感检测的目的在于保证切削加工过程正常、可靠运行，优化切削过程的生产效率、制造成本和材料的切除效率等。对加工制造过程的传感检测、监测、监视和监控是自动化制造系统的基本要求之一。传感检测的对象包括切削过程中的切削力、切削温度、电机功率/电流、切削振动及颤振、刀具-工件的碰撞以及切屑状态等，其中最重要的是切削过程中的切削力、切削振动、声发射和电机功率等参数。实现在线检测的关键是选择能适用于加工过程且具有实时性强、高精度和高可靠性的传感器。

1．切削力检测

切削力是评价加工条件和切削过程最常用的技术参数，也是自适应控制系统常用的传感参数。根据切削力信号，可以间接判断加工载荷、切削过程颤振以及切削过程刀具和磨削过程砂轮的失效状况（磨损、破损、折断和刀刃塑性变形等）。

切削力检测能实时检测切削过程切削力的变化，主要采用电阻应变片式测力传感器、压电晶体测力传感器、动态应变仪和动态测力仪。电阻应变片式测力传感器适于加工现场应用，但安装不够简便；动态应变仪灵敏，但难于实用化，多用于试验系统中；也可通过功率和扭矩的传感检测信号推算出切削力数值大小，但是检测灵敏度低、延迟时间长。

2．切削温度检测

切削热和由此产生的切削温度是切削过程中的一种重要物理现象。大量的切削热使切削区域温度升高，直接影响刀具的磨损和寿命，还影响工件的加工精度和表面质量。切削热的来源，一是被切金属层在刀具作用下发生弹性变形和塑性变形，二是切屑与前刀面、工件与后刀面间消耗的摩擦功也将转化为热能。切削温度一般是指刀具与工件接触区域的平均温度。切削温度测量的方法很多，如图 5-2 所示。

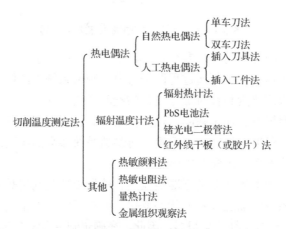

图 5-2　切削温度的测量方法

切削温度检测通常采用热电偶和红外热辐射传感器。红外热辐射传感器主要用于刀具附近局部温度分布的检测。红外热辐射传感器由红外探测器、红外光学系统、信号处理系统及显示系统等组成，其核心是红外探测器，它能将入射的红外辐射转变为电能或其他能量，按照辐射响应方式的不同，分为光电探测器和热敏探测器两类。常用的红外测温仪器是红外测温仪和红外热像仪，近年来更多的是使用红外测温仪或光能电池测量切削温度。

红外热像仪是把被测物体发出的不可见红外能量转变为可见热图像的仪器，可测量温度在物体表面或空间的分布情况。它利用红外探测器及光学成像物镜接收被测目标的红外辐射能量分布图形并反映到红外探测器的光敏元件上，从而获得红外热像图，热像图与物体表面的热分布场相对应，热图像上的不同颜色代表被测物体的不同温度。用红外热像仪测量切削温度场见图 5-3。

图 5-3　用红外热像仪测量切削温度场

3．切削功率/电流检测

切削功率检测主要是切削过程机床主轴电机功率检测。为了方便实用，往往通过测量电机电流也可达到功率检测的同样效果。

功率检测法是通过测定主轴负荷功率或电流电压相位差及电流波形变化等来确定切削过程中刀具是否磨损、破损。切削力的增大造成切削功率的增加，从而使机床驱动主运动的电机负载变大。对直流电机，检测功率与检测电流性质相似，对交流电机，检测功率与检测其他参数相比具有灵敏度高、受电压和频率波动影响较小等优点。电机负载与刀具磨损有良好的相关性，采用功率检测法具有信号检测方便，可以避免切削环境中切屑、油、烟、振动等因素的干扰，成本低，传感器易于安装等优点。其主要缺点是，在应用于刀具磨损、破损实时监测时有延迟效应。

4．切削振动及颤振传感检测

机床加工中的振动分为强制振动和自激振动，强制振动主要是在断续切削中随着切削力的强制变化而产生，而自激振动通常是在切削过程中产生，主要分为摩擦型振动和再生型振动。机床发生振动，必将降低机床加工精度和效率，还可能引起刀具磨损、破损。

可以利用位移传感器、切削力传感器、加速度传感器和噪声计等来检测振动。机床加工过程中发生刀具磨损、破损时，机床和工件都会产生振动，利用加速度传感器对加工过程中的振动状态进行监测，可获得刀具磨损、破损时产生的异常振动，并可判断刀具的磨损、破损程度。按工作原理加速度传感器主要分为电阻应变式、压电式和伺服式三种。

颤振是切削系统的自激振动，颤振现象与大多数切削与磨削过程的系统动力学不稳定性相关，通常由刀具、砂轮与工件子系统的振动引发。任何切削过程都要求由工件、刀具和机床所组成的加工系统具有一定的动态刚性。当该系统的弹性超过所需要的刚性时，切削过程就会失稳，切削过程振动水平增加，从而导致颤振。

颤振的危害有：颤振会影响已加工表面的质量尤其是增大表面粗糙度和波纹度，降低机床生产效率；加快刀具、砂轮的失效，加剧刀具磨损，造成崩刃，降低刀具耐用度；缩短机床部件寿命，损伤机床传动部件和支承，可能引发紧固环节的松动而酿成事故；产生噪声污染等。

颤振的传感方法分为直接法和间接法。直接法是利用加速度传感器或振动传感器直接测定机床的振动或颤振时切削力的变化；间接法是通过对振痕、裂纹或表面局部不规则性等颤振伴随效应的传感检测来间接地检测切削过程颤振。有一种利用噪声振动传感器检测颤振的方法，它是将振动传感器装在工作台或刀架上，利用传声器采集噪声信号，通过建立噪声电平的峰值时间间隔模型来预测颤振的出现，但还需进一步验证多种切削条件下的可靠性。热电动势颤振检测传感法是利用刀具与工件间的热电偶原理进行传感检测，计算热电动势的功率谱密度，试验证实，在 10Hz 对应的功率谱峰值出现时，表征出现了颤振。激光扫描系统通过检测表面振痕来检测颤振。

5. 切屑状态检测

切屑状态检测是对切屑的折断状况和排出状况的监视。在高速、超高速加工和现代制造中，切屑状态的检测极为重要，切屑状态直接影响切削过程的运行、安全性和已加工表面的质量。切屑排出时温度较高，可以利用红外传感器、声发射传感器进行非接触式检测。

切屑状态检测方法如下。

(1)利用图像传感器对切屑进行三维形状识别，利用刀具-工件之间自然热电偶电势识别切屑折断状态。

(2)用辐射高温计传感切屑状态，通过测定平均切削温度来识别切屑状态，尚处于试验研究阶段。红外辐射高温计是通过测定平均切削温度来间接识别切屑状态，尚处于试验研究阶段。

(3)利用声发射传感器、动态测量仪或刀具-工件热电偶的谱分析技术来检测切屑状态的变化。在试验研究中已能识别带状屑、卷屑和积屑瘤，应用时关键是要解决传感器的灵敏度与可靠性以及对信号的处理、特征提取方法与识别规律的掌握等问题。

6. 刀具-工件碰撞检测监视

为提高机床加工效率，经常需要提高进给速度，特别是在空刀时应尽量快速进给。刀具与工件的碰撞是重要的检测监视内容。例如，在磨削加工中实施刀具-工件碰撞监视能保障机床设备、工件和操作者的安全，实现磨削循环自动控制和走刀次数的自动分配，磨削生产率可提高 10%~30%。

传统方法是以人工操作和预留"空程"来减少或消除空程。刀具-工件碰撞传感通常分为碰撞后检测法和碰撞前检测法。碰撞后检测法可以利用接触电阻、电感、电容、涡流、磁通等传感器检测刀具(砂轮)与工件的接触信号；利用力/力矩、振动等传感器检测砂轮与工件接触信号；利用装在机床主轴上的扭矩传感器来传感碰撞后的信号，以便在严重碰撞事故发生前发现刀具-工件间的轻微碰撞。声发射传感器也是碰撞后检测，它利用金属的塑性变形、位错运动或固体材料中裂纹产生与扩展时，其内部从不稳定的高能短暂性发射的弹性应力波，实现接触监视，接触瞬间可在 0.3ms 内响应，分辨率≤2μm，能实现高精度接触监视，使用简便,已进入工业应用阶段。声发射传感器灵敏可靠、实时性强,已广泛用于磨削加工的砂轮-工件碰撞传感。

碰撞前检测法是在刀具与工件趋近物理接触之前进行传感检测,可以利用计量仪、激光等光学方法直接检测被加工尺寸;利用气隙-磁力传感器,把气隙-磁力传感器的激励线圈和接收线圈分别装于主轴箱体与刀具上,当刀具、工件间距离改变而引起磁力线的变化时,与间隙值对应的磁感应强度变大,从而按预先设定的阈值发出改变进给速度的控制信号。

5.2.2　制造过程工件传感检测

与刀具和机床的过程检测监视技术相比,工件的过程传感检测及监视的研究和应用最为成熟和广泛。工件过程传感的分类如下。

(1)工件自动识别。如待加工工件确认、加工余量检测、表面缺陷检测等。

(2)工件安装位姿自动监视。辨识工件安装的位姿是否符合工艺规程要求。

(3)工艺过程中工件尺寸、形状与位置精度、加工表面粗糙度等的自动检测和监测。

工件加工精度是直接反映产品制造质量的指标之一,现代制造系统大都通过工件过程自动检测来保证产品质量,保障制造系统正常运行。为了提高成品率、降低加工成本、缩短交货期等,工件的过程传感大多以工件加工质量控制为目标,如尺寸、几何精度、表面粗糙度、表面特性质量的实时监视或在机监视,工件自动识别和工件安装位姿监视也日益受到重视。

1. 工件尺寸与形状误差的传感

按测量原理,工件尺寸与形状误差的传感可分为直接测量法与间接测量法,直接测量法直接测定或利用标准件匹配测定,间接测量法则是检测刀具运动误差、刀尖位置精度。

工件尺寸检测主要有车削、磨削回转体直径以及镗削和钻削孔径测量。测量方法主要有直径法、半径法、多点法等。用于工件尺寸与形状误差检测的传感器主要有电感传感器、电涡流传感器、气电传感器、光电传感器、电容传感器等。应用实例:用于加工中心上工件孔径检测的三点式气电测微仪、两点式电感测微计和激光位移传感器等。

2. 表面粗糙度传感

表面技术的发展要求对工件的表面形貌、表面粗糙度、表面组分与结构及性能进行检测。微纳测量技术的发展提供了纳米级甚至埃(Å)级检测方法,但目前还只限于离线的样件检测,表面形貌、表面粗糙度、表面组分与结构及性能等过程传感检测,目前仍以表面粗糙度和表面缺陷检测传感为主要目标,在线实时表面检测传感方法多以能够快速检测和具有较好识别能力的光电法为主。由于具有快速检测和识别能力,光电法是常用的实时在线表面检测传感方法。光电法可分为直接法与间接法,直接法是利用光束进行点到点的扫描表面起伏的高度,直接获取表面粗糙度信息,间接法则是通过测定表面光学特性来间接评价表面粗糙度。

3. 机器视觉检测与工件自动识别

近年来检测领域发展最快的是机器视觉检测。机器视觉检测属于非接触式检测,其原理是利用高分辨率摄像头拍摄被测工件的图像,将拍摄得到的图像送入计算机,计算机对图像进行处理和识别,得到零件的形状、尺寸和表面轮廓形貌等信息。

机器视觉是人类视觉在机器上的延伸,是实现工业自动化和智能化的重要手段。机器视觉具有高度自动化、高效率、高精度和适应较差环境等优点，常用于物件/条码辨识、零件分类、零件几何精度和表面质量检测。目前机器视觉的检测分辨率达到微米级。机器视觉测量的环境适应性及普适性、测量精度和重复性、图像识别智能化程度等有待于加强和提高。

机器视觉系统广泛用于智能机器人定位、自动生产线上物流系统中工件的快速自动识别等领域。在先进制造系统工况监控中，机器视觉主要用于工件自动识别，装夹正确性的监视，物料传输位置正确性、物料装卸同机床干涉的监视，刀具选择正确性、刀具磨损与破损监视，制造系统(单元)安全监视及运行状态监视，质量保证系统监视等。

5.2.3　刀具状态传感检测

1. 刀具状态传感检测的意义

机械加工过程中最常见的故障是刀具状态的变化。刀具状态的自动识别是指对刀具切削状态的识别，主要是在加工过程中能在线识别出切削状态(刀具磨损、刀具破损、切屑缠绕以及切削颤振等)。

刀具损坏的主要形式是磨损和破损，作为金属切削过程的执行者，刀具在工件切削过程中必然存在磨损和破损现象。磨损是连续的逐渐磨损，而破损形式包括脆性破损(如崩刃、碎断、折断、剥落、裂纹破损等)和塑性破损(如刀刃塑性变形等)两种。刀具磨损到一定程度会影响工件的尺寸精度和表面粗糙度，将使工件加工精度降低，表面粗糙度增大，并导致切削力加大、切削温度升高，甚至产生振动，不能继续正常切削。刀具破损也是刀具失效的一种形式，破损可认为是一种非正常的磨损。刀具在一定的切削条件下使用时，如果它经受不住强大的应力(切削力或热应力)，就可能发生突然损坏，使刀具提前失去切削能力，产生刀具破损。

在金属切削加工过程中，随着刀具磨损程度的增大，机床的振动也会加剧，从而降低零件表面的加工质量，严重时甚至会影响整个加工系统的正常运行，造成设备故障或安全事故。因此，刀具磨损状态监测是实现生产过程自动化、保证产品质量、提高生产效率、减少设备故障的重要手段，实时监测刀具磨损状态对提升产品加工质量、提高机床利用率和生产效率以及降低生产成本都有重要意义。进行刀具破损检测，可以减少废品率和返工，易损刀具可在工序内快速检测，确保换后刀具完好，确保损坏刀具不再进行加工，还可以节省时间，减少操作环节，提高产品生产率。

对单台机床上刀具磨损和破损进行监测尚能凭工人的经验，而对 FMS、CIMS、智能制造系统等现代制造系统，必须解决刀具磨损、破损的在线实时监测及控制问题，及时确定刀具磨损和破损的程度并进行在线实时控制，是提高生产过程自动化程度，保证产品质量，避免损坏机床、刀具、工件的关键要素之一。

2. 刀具状态传感检测方法的分类

刀具状态检测方法可分为直接测量法和间接测量法。直接测量法是直接测量刀具的磨损、破损。直接测量法能够识别刀刃外观、表面质量或几何形状的变化，一般只能在不切削时进行，直接测量法通常要求停机检测，而且不能检测加工过程中出现的刀具突然破损。国内外采用的刀具磨损量直接测量法有电阻测量法、刀具-工件间距测量法、光学测量法、放电电流测量法、射线测量法、微结构镀层法及计算机图像测量法。刀具磨损直接测量法就是直接检测刀具的磨损量，并通过控制系统控制补偿机构进行相应的补偿，保证各加工表面应具有的尺寸精度。刀具破损直接检测就是观察刀具状态，确认刀具是否破损，最典型的方法是工业电视（industrial television，ITV）摄像法。镗刀切削刃磨损直接测量装置如图 5-4 所示。

间接测量法是在切削过程中测量与刀具磨损、破损有关的物理量变化。刀具的磨损区往往很难直接测到，常常通过测量切削力、切削力矩、切削温度、振动参数、噪声和加工表面粗糙度等参数来判断刀具磨损、

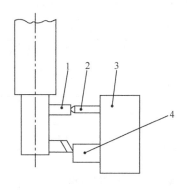

图 5-4　镗刀切削刃磨损直接测量装置

1. 参考表面；2. 磨损传感器；3. 测量装置；4. 刀具触头

破损。间接测量法能在刀具切削时进行检测，不影响切削加工过程，其不足是测到的各种过程信号中含有大量干扰因素。随着信号分析处理、模式识别、传感器信息融合和人工智能等的发展，该方法已成为一种主流方法，并取得了很好的效果。

刀具磨损和破损的检测方法、传感方式、应用场合及主要特性见表 5-1、表 5-2。

表 5-1　刀具磨损监测方法

方法	传感方式	应用场合	主要特性
直接法	光学图像法	砂轮磨损、离线或在线，非实时监测多种刀具	分辨率为 0.1~0.2μm，精度为 1~5μm，尚未实用化，设备较昂贵
	接触法	车削、钻削刀具	灵敏度为 10μm，受切屑与切削温度变化影响，有一定应用前景
	放射线法	各种切削工艺	灵敏度为 10μm，不受切屑、切削液和切削温度影响，需进一步解决防护问题，有应用前景
间接法	切削力(扭矩)法	车、钻、镗等	灵敏度为 10~20μm，其中切削分力比率法与功率谱分析法有应用价值
	功率(电流)法	车、铣、钻等	灵敏度不高，响应慢，安装、使用方便
	切削温度法	车削等	灵敏度相当低，响应慢，不可用于检测切削液使用状态，预测无应用前途
	刀具-工件距离探测法	车削等	分辨率为 0.5~2μm，精度为 2~5μm，探测刀具磨损前后刀具工件间距离变化，多数方法处于试验研究阶段
	声发射法、噪声、振动分析	车、钻、铣、拉削、镗、攻丝等	已得到证明，其中声发射(AE)法对车、铣、钻等刀具破损灵敏，但尚未建立不同程度磨损的判据，有极大的应用前景

表 5-2　刀具破损监测方法

方法	传感参数	传感原理	传感器件	主要特性
直接法	光学图像	光发射、折射及傅里叶变换或其他函数变换，TV 摄像	光敏传感器、激光传感器、光纤传感器、光学传感器、CCD 或摄像管	可提供直观图像，结果较精确，受切削条件影响，不易实现实时监测，正在进行实用化开发
	电阻、磁场参数	电阻变化，开关量，磁力线变化	应变片、印刷电阻器、开关电路、磁隙传感器	简便，受切削温度、切削力和切屑变化的影响，不能实时监测，可靠性问题尚待解决
间接法	切削力	切削力变化，切削分力比率	应变片、动态应变仪、力传感器	灵敏度受切削力和切屑变化影响，可进行实时监测，可靠性问题尚待解决

续表

方法	传感参数	传感原理	传感器件	主要特性
间接法	扭矩	主轴电动机、主轴或进给系统扭矩	应变片、电流表	成本低，易使用，已实用，对大钻头破损(折断)探测有效，尚待提高灵敏度
	功率	主电动机或进给电动机功率消耗	霍尔传感器、互感器或功率表	成本低，易使用，有商品供应商，尚待提高灵敏度
	振动	切削过程振动	振动加速度传感器	灵敏，有应用前途和工业使用潜力，抗机械干扰能力差
	超声波	接收主动发射超声波的反射波	超声波换能器与接收器	测量刀具切削部位，可实现扭矩限制，灵敏度有限，受切削振动变化和切屑的影响，处于研究阶段
	噪声	切削区域加工噪声	麦克风	可进行切削状态、刀具破损探测，尚处于研究阶段
	声发射	刀具破损发出的声发射信号	声发射传感器	灵敏、实时，使用方便，成本适中，是最有希望的刀具破损探测方法，小量供应市场，有较广泛的工业应用潜力

对于表 5-1、表 5-2 中的检测方法，除少数方法(如检测主轴电机电流、转矩)用于生产实际之外，大多数检测方法还处于试验研究阶段，即使已经用于生产，监测效果也不尽理想。

3. 几种常见的刀具磨损、破损检测方法

1)切削力检测

通常检测作用于机床主轴或滚珠丝杠上力的大小，获取切削力或进给力的大小，如果大于设定值，则判断刀具磨损，需换刀。一种监测刀具磨损、破损状态的切削力测力仪工作原理及实物照片如图 5-5 所示。

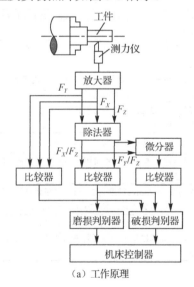

（a）工作原理

（b）KISTLER 压电式切削力传感器

图 5-5　用切削力测力仪监测刀具状态

瑞士 KISTLER 压电式切削力传感器是具有代表性的实用切削力测力仪，测量范围涵盖从微切削到重切削的所有切削加工，可以在车削、铣削、孔加工、锯切、螺纹孔加工、拉削、滚切、磨削、珩磨、抛光等加工期间精确可靠地测量切削力。

对于加工中心，切削力测量装置无法装在刀具上，一般装在主轴轴承上，这种轴承称为测力轴承，通过测量测力轴承的受力情况来确定刀具的磨损情况，见图 5-6。

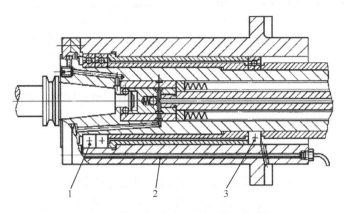

图 5-6　装有测力轴承的加工中心主轴

1、3．测力轴承；2．信号线

2）机床主轴电机功率/电流检测

刀具切削过程中，通过测量主轴电机负载来识别刀具的磨损状态。当刀具磨损时，机床主轴电机负荷增大，电机的电流和电压也会变化，功率随之改变，功率变化可通过霍尔传感器检测。发生磨损的刀具所消耗的功率比正常刀具大，如果功率消耗超过预定值，则说明刀具磨损严重，需换刀。数控系统发出报警信号，机床停止运转，应及时进行刀具调整或更换。

切削过程中，当刀具发生磨损和破损时，切削力相应发生变化，切削力的变化使电机输出转矩发生变化，进而导致电机电流发生相应的变化，电流法正是通过监测电机电流的变化，实现间接在线实时监测判断刀具的磨损和破损。

3）声发射检测

声发射（AE）和传声器是两种典型的切削声音检测方法。传声器广泛用于车削、铣削和磨削加工中刀具的磨损、破损检测。

AE 是材料或结构受外力或内力作用产生变形或断裂时，以弹性波的形式释放出应变能的现象。声发射信号具有幅值低、频率范围宽的特点，受切削条件的变化影响较小，抗环境噪声和振动等随机干扰的能力较强。试验及频谱分析发现，正常切削产生的 AE 信号主要是工件材料的塑性变形，其功率谱分布在 100kHz 以下数值很大，100kHz 以上较小。当刀具磨损和破损时，100kHz 以上频率成分的 AE 信号要比正常切削时大得多，特别是 100～300kHz 的频率成分更大。可通过带通滤波器，监测 100～300kHz 频率成分 AE 信号的变化，对刀具磨损和破损进行监测。

声发射监控技术具有灵敏度高、响应速度快、使用和安装方便且不干涉切削加工过程等优点，因此，声发射法识别刀具破损的精确度和可靠性较高，能识别出直径为 1mm 的钻头或丝锥的破损，是一种很有前途的刀具破损检测方法。

4）刀具状态的其他传感检测方法

振动被认为是对刀具磨损、破损敏感度较高的一种信号，它与切削力、切削系统本身的动态性能密切相关。检测振动加速度是目前较常采用的一种刀具状态监测方法，加速度传感器是一种检测机械振动的有效传感器，它具有传感器安装方便、测量信号易于引出、测试仪器简单等特点。利用加速度传感器监测加工过程中的振动状态，可获得刀具磨损、破损时的异常振动，并可据此判断刀具磨损、破损的程度。

随着刀具磨损或破损的不断发生，工件的表面粗糙度呈增大趋势，据此可间接评价刀具的磨损或破损状态。采用触针式静态接触测量方法可直接得出表面粗糙度的 Ra 或 Rz 参数值，该方法仅适用于静态测量；也可以采用非接触式光学反射测量，得出工件表面粗糙度的相对值，该方法测试效率高，不会损伤工件表面品质，但受加工过程中切削液、切屑、材质、振动等因素的影响，尚未达到实用水平。可用于刀具磨损、破损检测的位移传感器有差动变压器式测微计、气动测微计。

5.2.4 机床及加工制造设备状况传感检测

力效应、热效应和机床运动系统的动态误差等显著影响机床的精度和动态特性，机床的工作精度对加工精度和加工质量有着重要影响，因此，必须要求监视和控制机床的运行及过程。机床运行过程的主要传感检测目标有伺服驱动系统、主轴与回转系统、温度的监测与控制及安全性等，传感参数有故障停机时间、工件加工精度和表面粗糙度、功率、机床状态与冷却润滑液的流量等。

1. 伺服驱动系统传感检测

为了保证零件加工质量，提高加工效率，必须保证和提高数控机床系统的定位精度和加工精度，这对数控机床位置控制的定位精度、位置控制精度及位置跟踪精度等方面提出了越来越高的要求，传感检测技术的发展大幅度地提高了伺服驱动系统的性能。

位置传感检测装置是高精度数控机床的重要保证，它决定了数控机床的加工精度和定位精度。在数控机床位置测量中广泛应用的位置传感检测装置(传感器)有光栅、感应同步器、容栅、磁栅、球栅和激光，数控机床常用的位置检测传感器见表 5-3。

表 5-3 数控机床常用检测装置(传感器)及其主要性能

检测装置(传感器)名称		测量范围	分辨率	精度
感应同步器	直线式	$10^{-3} \sim 10^4$ mm	$1 \sim 5\mu m$	$\pm 1 \sim 2.5\mu m/250mm$
	旋转式	$0 \sim 360°$	—	$\pm 0.5'' \sim \pm 1''$
光栅	长光栅	$10^{-3} \sim 10^3$ mm	$0.1 \sim 1\mu m$	$\pm 1.5 \sim \pm 10\mu m/1m$
	圆光栅	$0 \sim 360°$	—	$\pm 0.5'' \sim \pm 1''$
磁栅	长磁栅	$10^{-3} \sim 10^4$ mm	—	$\pm 5 \sim \pm 10\mu m/1m$
	圆磁栅	$0 \sim 360°$	—	$\pm 1''$
容栅		—	$5\mu m$	$\pm 30\mu m$
球栅		—	$10\mu m$	$\pm 10\mu m$
He-Ne 激光干涉仪		—	$\lambda = 0.6328\mu m$ $\lambda/16$	—

光栅的分辨率和精度均高于除激光外的其他四种测量系统，且在系统的稳定性、可靠性、使用方便性及价格等方面比激光测量系统具有明显的优势。故采用闭环控制结构的数控机床和三坐标测量机中，80%以上的测量系统都使用光栅。高精度的光栅测量系统，其分辨率可做到纳米级，精度最高可达 0.2μm，其中以玻璃衍射光栅的精度为最高。

精密光栅和激光干涉仪在测长系统中的应用，使得数控机床的定位精度和重复定位精度有了质的飞跃。采用丝杠和刻度盘的机床，进刀深度的准确度为 2μm，而采用精密光栅或激光干涉仪的机床，进刀深度准确度可控制在 0.1μm。

2．主轴和回转系统回转精度的传感检测

主轴轴承和主轴部件的回转误差对工件的圆度有很大的影响。一种先进的主轴系统采用旋转编码器精密测定主轴的回转误差，可实现纳米级分辨率，其软件补偿系统可把主轴偏差控制在 0.05μm 以内。热变形会改变主轴的预紧状况，这在滚珠轴承支承系统中尤为严重，可采用基于电阻应变片或声发射传感器的温度补偿系统进行监视与控制。主轴和回转部件监视还可采用监测轴承变形的电感传感器或电涡流传感器、监视卡盘夹紧状况的载荷单元传感器、在线齿轮监视系统的角度传感器等。

3．机床振动监测

常用的测振传感器有压电式加速度传感器和磁电式速度传感器。压电式加速度传感器基于压电晶体的压电效应，压电晶体输出电荷与振动的加速度成正比。压电式加速度传感器属于能量转换型传感器，无需外电源，它灵敏度高而且稳定。磁电式速度传感器基于磁电感应，也属于能量转换型传感器。当传感器随被测系统振动时，传感器线圈与磁场之间相对运动，切割磁力线而产生感应电动势，从而输出与振动速度成正比的电压。

振动位移通常采用电涡流位移传感器提取。电涡流传感器属于非接触式测量，需外电源，属于能量控制型传感器。工作时，将传感器测头与被测对象表面之间的距离变化转换成与之成正比的电信号。电涡流传感器不仅能测量旋转轴系的振动和轴向位移，还能测量转速。

4．机床热变形检测

机床热变形是由切削热、摩擦热和环境温差造成的。在加工过程中，电动机的旋转、移动部件的移动、切削及冷却介质等都会产生热量，造成机床各部位的温度分布不均匀，形成温差，使数控机床产生热变形。实践证明，机床受热后的变形是影响加工精度的重要原因，机床热变形改变了刀具和工件之间的相对位置，它不仅会破坏机床的原始几何精度，从而造成加工误差，还会加快运动件的磨损，甚至会影响机床的正常运转。

大量研究表明，在影响机床加工精度的因素中，机床外部环境和内部热源引起的热误差是数控机床等精密加工设备的最大误差源。热变形对加工精度影响较大，特别是在精密加工和大件加工中，热变形所引起的加工误差通常会占到工件加工总误差的 40%～70%。随着高精度、高效率及自动化加工技术的发展，工艺系统热变形问题日益突出。

控制机床热变形的关键是通过热特性测试，充分了解机床所处的环境温度的变化、机床本身热源及温度变化以及关键点的响应(变形位移)。机床热变形检测主要包括如下几项。

(1)机床周围环境测试。测量车间内的温度环境、空间温度梯度、昼夜交替中温度分布的变化，甚至应测量季节变化对机床周围温度分布的影响。

(2)机床本身的热特性测试。在尽可能排除环境干扰的条件下，让机床处于各种运转状态，以测量机床本身重要点位的温度和位移变化，记录在足够长时间段内的温度变化和关键点位移，也可用红外热像仪记录各时间段热分布情况。

(3)加工过程温升热变形测试。以判断机床热变形对加工过程精度的影响。

在数控机床上，大多采用热电偶、热敏电阻等来检测边缘各点的温度，采用红外热像仪测量表面的温度分布。可采用千分表、电感测微传感器测量机床各部件的热变形，采用电容式测微传感器、电涡流式测微传感器、激光式测微传感器等检测机床内部机械部件热变形。为了避免温度变化产生的影响，可在数控机床某些部位装设温度传感器，感受温度信号并转换成电信号发送给数控系统，进行温度补偿。此外，在电动机等需要过热保护的地方，应埋设温度传感器，通过数控系统进行过热报警或过热保护。

5. 机床工作状态监视

可用霍尔传感器检测主轴或进给电动机的电流、电压和功率;用扭矩传感器检测主电机、主轴或进给系统的扭矩,进行扭矩自适应控制;用电涡流传感器检测运动件之间接近状况;用声发射传感器或光学传感器检测接触状况;基于温度传感器进行机床热变形误差补偿、机器视觉监视等。

6. 油液监测与诊断

机械设备失效的方式主要有磨损、腐蚀和断裂等,其中磨损失效占比达 60%~80%。利用油液监测与诊断技术可以监测设备的润滑与磨损状况,预测磨损过程的发展,及时发现故障征兆,查明产生故障的原因,并采取相应的解决措施。

油液污染监测诊断是指通过对系统中循环流动的油液污染状况进行监测,以获取机械运行状态的有关信息。油液监测与诊断技术通常包括油液理化指标及污染度检测、铁谱分析、光谱分析、颗粒计数等,实现对油样中所含磨粒的数量、大小、形态、化学成分等及其变化,以及油品的劣化变质程度等的分析。

(1)油液理化指标及污染度检测。油液物理、化学性能指标及其他综合指标的变化能反映油品的劣化变质程度。超过一定数值,润滑油变成为废油,必须更换。采用的仪器有振荡式黏度计、滴定仪、闪点计、红外光谱仪、颗粒计数器、污染监测仪等。对机械设备的润滑系统进行定期的油样理化性能测试分析,可以动态监测使用过程中润滑油质量变化情况,从而保证机械设备处于良好的润滑状态。也可以随机监测润滑油的质量指标变化情况,从而确定最合理、最经济有效的换油周期。

(2)油液铁谱分析。借助于高梯度、强磁场的铁谱仪将油液中的金属磨粒有序分离出来进行分析,从而监测设备运转状态、磨损趋势,判断磨损机理、磨粒尺寸、磨粒数量、磨粒形貌、磨粒成分。铁谱仪有分析式铁谱仪、直读式铁谱仪、旋转式铁谱仪和在线式铁谱仪。

(3)油液光谱分析。通过测量物质燃烧发出的特定波长和一定强度的光,从而检测磨粒的元素成分及含量浓度,监测设备运转状态、磨损趋势,判断磨损部位金属磨粒元素成分及含量浓度值、添加剂元素成分浓度、杂质污染元素成分及浓度。通过油液光谱分析可以得知油液含有的各种元素成分。从机械设备润滑系统中,定期持续地采取油液并进行光谱分析,可获得反映设备工作状态的各种信息及其变化。因此,目前油液光谱分析技术已广泛而有效地用于监测设备零部件磨损趋势、机械设备的故障诊断以及大型重要设备的随机监测。通过磨合过程的油液光谱分析来监测磨合过程以及摩擦副表面元素的变化趋势,可以合理确定最佳磨合规范,可以确定合理的换油限,给出油中含水量、添加剂元素变化情况。

(4)其他油液监测方法,有显微镜颗粒计数、自动颗粒计数、磁塞技术、重量分析等。

油液监测与诊断采用的具体技术方法在技术原理、仪器工作原理及结构、检测油样的制备、数据处理、结果分析和应用范围等方面各具特点,选用时应予以注意。

运用油液监测与诊断技术,在设备不停机、不解体的情况下监测工况,诊断设备的异常现象、异常部位、异常程度及原因,从而预报设备可能发生的故障,是保证设备正常运转、创造经济效益的有效途径,也是提高设备管理水平、改善维护保养的重要手段。该技术还可用于研究设备中摩擦副磨损机理和润滑机理、磨损失效过程和失效类型,用于进行润滑油品性能分析、新油品性能分析,确定油液污染程度以及油品合适的使用期限,用来确定合理的磨合工艺规范等。在对机械设备进行状态监测和故障诊断时,特别是利用振动和噪声监测诊断低速回转机械及往复机械的故障较为困难时,运用油液监测与诊断技术则较有效。

油液监测与诊断技术是近十几年迅速发展起来的机械设备状态监测的新技术,尤其在发动机、齿轮传动、轴承系统、液压系统等诸多方面获得了广泛的应用,取得了显著的效益。

5.3　制造系统运行状态监测监控与故障诊断

5.3.1　先进制造系统监测监控的任务与构成

制造系统的组成环节一旦发生故障或异常,轻则影响产品制造质量,影响系统正常运行,缩短生产设备使用寿命,重则导致整个系统瘫痪,酿成破坏性事故。为了保障制造系统稳定、安全、可靠、准确地正常运行,保证产品质量,实现无废品生产,避免设备损坏,便于设备的维修维护,必须对制造系统的设备运行状态和制造过程工艺状态(可统称为工况)进行实时在线检测、监测、监视和监控,根据工况信息评价制造系统当前工作状况,智能地诊断出已经或将要出现的设备故障,以便及时或提早应付异常和紧急情况,必要时发出工况视听信息,进行报警、停机或启动备用设备,保障设备和人身安全,并采取相应的维护措施。

制造系统监控与诊断的主要目的如下:①保障制造系统安全正常运行;②保证工件加工质量;③避免加工设备损坏;④缩短加工辅助时间,提高生产效率;⑤优化利用制造资源。

现代制造系统监控与诊断的目标是对制造系统和制造过程中产生的各种信息进行获取、传输、处理、分析和应用,确保制造自动化生产和精密生产高效、合格地运行,实现无废品生产乃至零故障生产。

工况监控与故障诊断系统是保证先进制造系统过程质量和工作质量的基础。制造过程中,需要对制造系统的运行状态和加工过程状态进行检测、监测和监控。制造系统监测与监控的对象包括机床及加工设备、工件储运设备、刀具储运设备、加工工件、环境以及安全参数等,如图 5-7 所示。

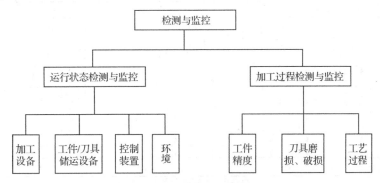

图 5-7　制造系统检测与监控的对象

检测与监控系统的主要任务与作用如下:①确保整个制造系统按照设定的操作程序运行;②确保系统生产出的产品符合质量要求;③防止因系统各组成部分的异常或过程失误而引起事故;④监测及分析系统运行状态的变化趋势;⑤对出现的故障进行分析和诊断。

现代制造系统对自动监控与诊断的要求如下:①主要依靠生产设备自身所具备的自监测、自诊断、自动控制与补偿及自动故障排除功能来保证无废品生产,而不是事后检验;②必须与制造系统的自动化、智能化、柔性化、集成化和网络化相适应,应当是一个通用化、模块化、集成化、智能化、网络化的,具备自学习与自适应调整功能的多传感器、多参数、多模块、多模型的综合决策系统；③能测量、处理多路信号，能对被测信号进行预处理，能进行复杂的多参数决策，具有模块化、可扩展、可重构的功能，具有监控参数、模型与策略的可调性和自适应学习能力，具有高度自动化、智能化与网络化功能。

制造系统工况检测与监控系统的组成如图 5-8 所示。

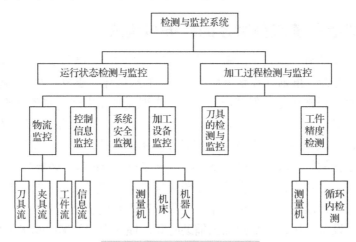

图 5-8　检测与监控系统的组成

制造系统工况检测与监控系统的多级递阶层次结构如图 5-9 所示。

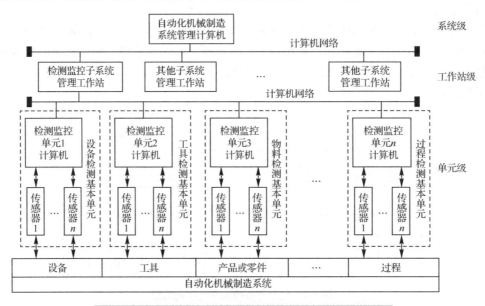

图 5-9　制造系统工况检测与监控系统的多级递阶层次结构

5.3.2　制造系统运行状态(工况)自动监测与监控

为了保证制造系统的正常可靠运行，提高加工生产率和加工过程安全性，合理利用制造系统中的制造资源，需要对制造系统的运行状态和加工过程进行检测、监测与控制。工况监控主要是指对系统运行过程与过程质量缺陷、机器装备故障、刀具、砂轮和工件等工况的监测与控制。工况监测监控是故障诊断的基础，故障诊断是对工况监测监控结果的进一步分析和处理，是在工况监测和故障诊断的基础上做出进一步控制决策。工况监控是为了保证制造系统不偏离正常运行状态，并且预防功能失效。系统一旦偏离正常状态，即系统的某个环节出现故障，就要进一步查明故障形成原因和发生部位，此即故障诊断。

1．先进制造系统工况监控的特点

先进制造系统中，加工过程是一个动态过程，为了保证加工过程的正常连续运行，必须对加工过程进行实时监控。先进制造系统工况监控具有如下特点。

(1)离散性与断续性。制造系统信息的主要形式(如工件尺寸加工精度等)是离散的，工序与工序之间是相对独立的和断续的，但就加工质量而言，各个工序又是密切相关的。

(2)缓变性与突发性。缓变性属于稳定增长的累积性及疲劳性状态改变，在给定加工条件下，生产设备的运行状态特性缓慢变化，如机床的温升、轴承等传动部件的磨损与疲劳、应力分布、刀具磨损等；突发性的冲击型变化，如电网冲击、碰撞、切削到硬质点，以及刀具破损、崩刃、折断等；突发性的阶跃变化，如机床启动、刀具进入工件、电机断相、漏油等。

(3)随机性与趋向性。由于受随机因素干扰，制造过程中各种物理量的变化，如切削力变化、刀具磨损、系统振动等都属于随机过程。其中与环境因素有关的物理量，如加工质量与切削条件和机床调整状态等的关系、刀具寿命与切削条件的关系等往往是具有趋向性的随机过程。

(4)模糊性。故障或异常现象的因果关系大都呈模糊性，有些因果关系是透明的，有些是非透明的。

(5)单一性与复杂性。对制造过程中监测到的有些故障信息，只须做简单处理即可使制造过程恢复正常，如检测发现刀具破损，只需要更换新刀；而对于有些检测信息，则必须经过复杂的分析才能做出正确的决策，如当检测到工件的加工精度达不到设计要求时。

(6)多层次性。先进制造系统是典型的多级控制系统，其实时监控与故障诊断系统也必然具有多层结构，主要有设备层、单元层和系统层。位于底层的设备层是过程监控和质量监控的具体执行环节，也是高层监控系统所需工况信息的提供者。

2．自动化工况监控与诊断系统的工作原理

工况自动监控系统完成的基本功能包括信号检测采集、特征提取、状态识别、诊断决策等。工况自动监控与故障诊断系统的工作原理见图 5-10。

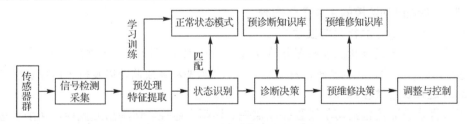

图 5-10　工况自动监控与故障诊断系统工作原理

1)信号检测采集

利用各种传感器，结合信号转换、放大电路、运算电路、滤波电路以及采样/保持电路等，检测采集能反映系统运行状态的各种信息。先进制造系统中设备众多、结构复杂，工况信息种类繁多、分布面广，且具有实时性、复杂性和多变性等特点，因而潜在故障源也很多，这给工况监控与故障诊断带来极大的困难。监控信号选择的正确与否往往直接决定监控系统的成败，正确合理地选择待监测信号，是进行工况监控与故障诊断的前提和先决条件。

2）特征提取

特征提取是对检测采集到的信号进行进一步分析和处理，采取合适的特征提取方法从大量检测信号中提取出与加工工况状态变化相关的特征参数。常用的特征提取方法有时域方法（如均值、滤波、差值、相关系数、导数值等）、频域方法（如快速傅里叶变换、谱分析等）、时频分析方法（如快速傅里叶变换、维格尔分布、小波分析等）、时间序列模型参数计算以及特征参数实时模型提取等。既可通过独立的信号处理装置如 DSP，也可通过监控系统中的信号处理软件模块来实现信号处理与分析。

3）状态识别

状态识别是通过建立合理、有效的识别模型，将实时提取的加工状态的特征参数和特征模型与表征设备正常运行的阈值、阈值函数、正常状态模型进行比较和匹配运算、分析，根据状态识别结果对加工过程的工况状态做出分类判断和决策。采取合适的状态识别方法，依据征兆和其他诊断信息进行推理，识别出系统或设备处于正常状态还是异常状态。若为异常状态，则需要故障诊断。

4）诊断决策（故障诊断和预测）

根据状态识别结果，在决策模型支持下，对工况异常状态的特征进行分析、归类、诊断、定位和预测，借助于状态预诊断知识库和专家系统，确定故障原因，做出设备状态的精确估计和预知故障报警。采用合适的趋势分析方法，依据征兆与状态进行推理而识别出系统或设备状态及其变化趋势，即故障预测。采用合适的决策形成方法，根据系统的有关状态趋势及故障初始原因形成正确的决策，即做出调整、控制、维修等干预决策。

5）预维修决策

根据故障预测结果，借助于维修知识库做出预维修决策和计划，并报告上一级控制系统做出相应的调度决策。

6）调整与控制

根据监控的结果以及诊断决策和预维修决策的结论，对系统做出相应的调整。找出故障发生的地点及原因后，就要对设备进行检修，排除故障，保证设备能够正常工作。

先进制造系统工况监控与故障诊断的关键技术主要有性能价格比优越的监测传感器、信号特征提取、状态识别模型建立以及故障诊断决策等。

3. 制造系统自动监控的主要工作内容

1）机床及加工设备运行状态监控

机床及加工设备运行状态监控是指在加工过程中对加工设备状态进行监测，并对其产生的故障进行诊断、预报，包括主轴部件运行监控、伺服驱动系统监控以及机床运行安全监控等。

2）加工过程状态监控

加工过程状态监控包括切削过程振动监控、切削力监控、切削温度监控、切削状态监控、工序识别、加工过程自适应监控以及冷却液系统监控等。

3）加工刀具状态监控

现代制造系统（如 FMS、CIMS、智能制造系统等）中，刀具磨损到一定程度会影响工件的尺寸精度和表面粗糙度，当刀具发生非正常磨损或破损时，若不及时发现并采取措施，将导致工件报废，甚至机床损坏，造成很大的损失。因此，对刀具状态进行监控非常重要。

刀具状态监控一般包括刀具识别、刀具调整、刀具磨损与破损监测、刀具补偿以及刀具寿命管理等。目前对刀具的自动监控主要集中在刀具寿命、刀具磨损、刀具破损及其他形式的刀具故障等方面。采用刀具监控技术后，可减少 75%的由人和技术因素引起的故障停机时间。

　　刀具寿命自动监控是通过对刀具加工时间的累计，直接监控刀具的寿命。当累计时间达到刀具预定寿命时，发出换刀信号，控制系统立即中断当前加工作业，或在当前工件加工完毕后停机，由换刀机构换上备用刀具。加工同一种工件时，可提前计算出刀具寿命内可加工的工件数，通过工件计数来实现刀具寿命监控。

　　刀具磨损、破损的自动监控主要采用切削力、扭矩、振动、声发射、激光等方法。利用声发射传感器来识别刀具破损的精度和可靠性较高，是一种很有前途的刀具破损监测方法，图 5-11 为声发射刀具(钻头)破损监测装置。

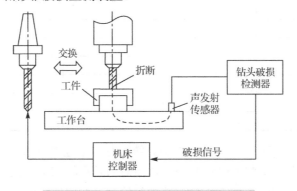

图 5-11　声发射刀具(钻头)破损监测装置

　　刀具磨损振动监测系统原理如图 5-12 所示，它通过在机床上安装加速度传感器测量切削过程中的振动信号来监测刀具磨损。

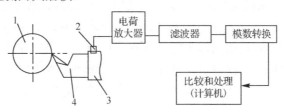

图 5-12　刀具磨损振动监测系统原理

1. 工件；2. 加速度传感器；3. 刀架；4. 车刀

4)加工过程工件质量监测和监控

　　加工过程工件质量监测和监控包括工件自动识别、尺寸精度监控、形状精度监控、表面粗糙度监控和工件安装位姿监控等。

5)制造系统环境及安全参数监测

　　制造系统环境及安全参数监测包括供电电网电压、电流监测(过电压、欠电压监测，缺相、反相、短路监测和保护)；供水、供气压力流量监测；车间环境(热感、烟感、温度、湿度、有害气体、粉尘等)智能监测；环境温湿度监测；空气质量监测；火灾监测(火灾探测器、传感器)；人员安全监测(防止触电、机械伤害和其他意外事故，如安全防护网、安全门等)。

4. 工况监控系统实例

　　近年来出现了不少商用智能监控系统，有代表性的包括以色列 OMATIVE 自适应控制系统、德国 ARTIS 刀具监控系统、BRANKAMP 集成刀具监控系统以及 MONTRONIX、NORDMANN 与 PROMETEC 刀具监测与过程控制系统等，部分监控系统所使用的主要传感器见表 5-4。

表 5-4　部分智能监控系统所使用的主要传感器

物理量 (传感器类型)	系统提供商				
	ARTIS	BRANKAMP	MONTRONIX	NORDMANN	PROMETEC
功率	√	√	√	√	√
扭矩	√		√		
应变		√	√		√
距离/位移				√	√
力	√	√			√
声发射	√	√	√	√	√
流体声发射				√	√
旋转声发射	√			√	
振动/超声波			√		√
摄像机	√	√			
激光	√			√	

　　德国 NORDMANN 刀具监测与过程控制系统可对加工过程中的刀具破损、磨损进行检测，对碰撞干涉、刀具负载平衡状态进行监控，从而对刀具和机床进行保护。该系统还可对工件的非正确装卡状态、错误的工件毛坯尺寸等进行检测，在机床内对工件最终形状进行尺寸控制，从而保证产品的加工质量。NORDMANN 刀具监测与过程控制系统可以通过间接方式对金属切削过程中的有效功率、切削力等进行控制，从而可以通过减少空切时间、延长刀具使用寿命、最大化进给量与转速来提高加工效率。NORDMANN 刀具监测与过程控制系统可扩展额外的测量系统，包括力传感器、声发射传感器、有效功率测量、工件的有声尺寸监测、激光距离传感器以及直接安装于刀具切入部分的传感器(图 5-13)。在监控过程中可实时生成并显示测量数据，对刀具的磨损、破损等状态进行评估。NORDMANN 刀具监测与过程控制系统可用于 CNC 车床、加工中心、磨床等设备加工过程中的功率、力、扭矩等物理量的监测与控制。

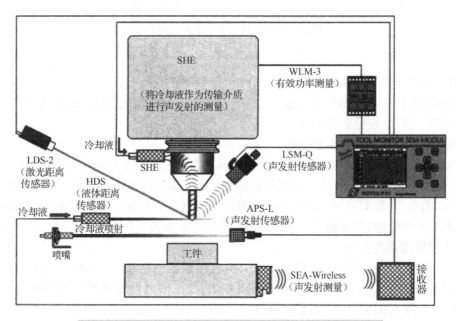

图 5-13　NORDMANN 刀具监测与过程控制系统扩展传感器

5.3.3　加工设备智能故障诊断

现代机械制造系统具有控制规模大、自动化程度高和柔性化强的特点。由于制造系统的结构越来越复杂，价格越来越昂贵，各种故障造成的停机损失已成为一种不堪忍受的负担。机床发生故障或误操作会导致工件的报废和机床的损坏，给用户造成不必要的损失。为此，要求严密监视加工工况和正确预报故障，以便及时准备备件和制定合理的维修计划，最大限度地减少停机维修时间，提高贵重设备的利用率，在设备发生故障或异常后能及时准确地进行诊断，确定故障部位和原因，并提供维护决策与建议，以便采取有效的措施迅速排除故障。

设备运行状态可分为正常、异常和故障三种状态，故障状态是指机床设备或装置的功能（性能）指标处在低于正常状态的最低极限值。故障诊断指通过检测、采集设备系统的有关信号信息，确定故障发生的时间、空间位置、故障类型、故障产生的原因和机理，确定故障对设备系统的影响大小和危害程度，确定恢复系统性能或改进系统设计的措施。

1. 制造系统故障的分类

(1) 按故障出现的性质可分为系统性故障和随机性故障。

系统性故障是指只要满足一定条件，制造设备或系统必然出现的故障，也称必然性故障。随机性故障是指在一定条件下只偶然出现一两次的故障，随机性故障往往与机械结构的局部松动错位、数控系统部分元器件工作特性漂移以及机床电气元件工作可靠性下降等有关。

(2) 按故障出现时有无报警显示可分为报警故障和非报警故障。

(3) 按故障发生的部位可分为硬件故障和软件故障。

(4) 按故障发生原因可分为机械系统故障、液压系统故障、控制系统故障和电气故障等。

(5) 按故障后果不同可分为功能故障和参数故障。

功能故障是指系统（或设备）不能完成规定的功能，如齿轮箱变速器不能旋转和传递运动、油泵不能供油等。功能故障通常是由于产品个别零部件的损坏或卡滞而造成的。

参数故障是指系统（或设备）达不到规定的技术参数，如机器加工精度被破坏、传动效率降低、主轴转速达不到额定值等。出现这类故障时设备没有工作能力或工作能力不佳。参数故障诊断的意义在于，使用有参数故障的机器可能制造出质量低劣的产品，增加额外的时间和费用，造成严重的经济损失，而且参数故障可能引起功能故障。

(6) 按故障的形成速度可分为突发性故障与渐发性故障。

突发性故障是各种不利因素以及偶然的外界影响共同作用的结果。主要特征表现如下：故障发生时间与设备的使用时间和状态变化无关，往往突然发生，事先无任何异常征兆。这种故障不能靠早期试验和测试来预测其发生时间，因而又称为不可监测故障。例如，润滑油中断使零件产生热变形裂纹、刀具破损、刀具剧烈磨损等。

渐发性故障是由于设备初始参数劣化的老化过程而产生的。主要特征表现如下：故障发生时间与设备已工作过的时间有关，设备使用时间越长，发生故障的概率越高。这类故障与材料的磨损、腐蚀、疲劳及蠕变等过程有关，大部分机器的故障都属于此类故障。这类故障提供了进行故障监测的可能性，故称为可监测故障，如刀具磨损等。

(7) 按故障的危害性可分为灾难性故障和非灾难性故障。

2. 先进制造系统故障诊断的特点

(1) 系统的行为、状态与部件之间存在明显、复杂的关联性。

(2) 系统的故障具有并发性和相继性。

(3) 故障影响速度具有快速性。

(4) 要求对系统故障进行在线处理。

(5) 故障源的隐蔽性。

(6) 要求能对故障进行超前预测、预报。

3．描述故障的主要特征参量

(1) 设备或部件的输出参数。设备的输出与输入关系以及输出变量之间的关系都可以反映设备的运行状态。

(2) 设备零部件的损伤量。变形量、磨损量、裂纹及腐蚀情况等都是判断设备技术状态的特征参量。

(3) 设备运转中的二次效应参数。主要是设备在运行过程中产生的振动、噪声、温度、电量等。

设备或部件的输出参数和设备零部件的损伤量都是故障的直接特征参量，而设备运转中的二次效应参数是间接特征参量。使用间接特征参量进行故障诊断的优点是，可以在设备运行中并且无需拆卸的条件下进行，不足是间接特征参量与故障之间不是完全确定的关系。

4．故障诊断的实施过程

(1) 状态监测。通过传感器采集设备在运行中的各种信息，将其转变为电信号或其他物理量，再将获取的信号输入到信号处理系统进行处理。

(2) 分析诊断。根据监测到的能够反映设备运行状态的征兆或特征参数的变化情况，或将征兆与模式进行比较，来判断故障的存在、性质、原因和严重程度以及发展趋势。

(3) 治理预防。根据分析诊断得出的结论，确定治理修正和预防的办法。

状态监测是故障诊断的基础和前提，故障诊断是对监测结果的进一步分析和处理，诊断是目的。要对设备进行故障诊断，必须对其进行检测，在发生故障时，对故障类型、故障部位及原因进行诊断，最终给出解决方案，实现故障恢复。

5．智能故障诊断

故障诊断就是对设备运行状态和异常情况做出判断，并根据诊断做出判断决策，为故障恢复提供依据。故障诊断的实质是根据制造系统的工况特征信息来判断生产设备的运行状态是否正常，常用的诊断原理和方法有逻辑诊断、统计诊断、模糊诊断和智能诊断等。

要实现设备/装备的故障诊断，除了需要设备自身的静态数据和动态数据，包括历史故障与维修数据、实时工况数据等，还需要故障诊断知识库，通常包括故障类型、现象、原因、相关要素、恢复应对措施等。基于人工智能(如模式识别、时间序列分析、专家系统、人工神经网络、信息融合、模糊控制、灰色系统理论、小波分析等)的故障诊断将综合利用这两大类数据，充分利用机器学习技术和知识图谱技术，实现故障的检测、判断、定位与恢复。

5.3.4　智能机床的智能化监控

智能机床属于重要的智能制造装备，是具有智能的机床，是对制造过程能够做出决定的机床。智能机床了解制造的整个过程，能够监控、诊断和修正在加工过程中出现的各类偏差，能为加工的最优化提供方案，还能计算出所使用的切削刀具、机床主轴、轴承和导轨等的剩余寿命，让使用者清楚其剩余使用时间和替换时间。与普通数控机床和加工中心相比，智能机床除具备数控加工功能之外，还具有感知、分析、推理、决策、控制和学习等智能功能。智能数控系统通过对影响加工系统内部状态及外部环境的因素快速做出实现最佳目标的智能决策，对进给速度、切削深度、坐标运动及主轴转速等工艺过程参数进行实时监测和控制，使机床加工过程处于最佳状态。

加工过程智能监控一直是智能机床研究的关注重点，主要涉及振动、温度、刀具等的监控及其相应的补偿方法。智能机床的核心在于构建一个基于模型的闭环加工系统。借助温度、加速度和位移等传感器监测机床工作状态和环境的变化，进行实时调节和控制，优化切削参数，抑制或消除振动，补偿热变形，充分发挥机床的潜力。

智能机床通常具有以下智能化监控功能。

1. 主动振动控制——将振动减至最小

如前所述，加工过程中的振动现象不仅会恶化零件的加工表面质量，还会缩短机床、刀具的使用寿命，严重时甚至会使切削加工无法进行。因此，切削振动是影响机械产品加工质量和机床切削效率的关键技术问题之一。除了需在机床结构设计上不断改进以抑制机床振动，对振动的监控也应加强关注。目前，一般通过在电主轴壳体安装加速度传感器来实现对振动的监控。MikronHSM 系列高速铣削加工中心将铣削过程中监控到的振动以加速度 g 的形式表示，振动在 $0 \sim 10g$ 范围内分 10 级，$0 \sim 3g$ 表示加工过程、刀具和夹具都处于良好状态；$3g \sim 7g$ 表示加工过程需要调整，否则将导致主轴和刀具寿命的降低；$7g \sim 10g$ 表示危险状态，如果继续工作，将造成主轴、机床、刀具及工件的损坏。数控系统还可预测在不同振动级别下主轴部件的寿命。日本山崎马扎克推出了一种智能主轴，在振动加剧或异常现象发生时可起到预防保护作用，确保安全。一旦监测到主轴振动增大，机床会自动降低转速，改变加工条件；反之，如果在振动上还有减小余地，就会加大转速，提高加工效率。

主轴的智能化包括：①与主轴结构相关，即对温度或热误差、主轴平衡、主轴健康的监控和控制，进而实现温度控制和热误差补偿、不平衡度监控和主动平衡、主轴元器件损坏和失效监控以及基于主轴实际状态的预测维护。②与加工过程有关，即对颤振、刀具状态、主轴干涉的监控和控制，从而实现颤振的辨识及抑制和控制、刀具磨损和破损监测、刀具变形补偿、有效预防干涉与碰撞。

例如，瑞士 StepTec 智能主轴的智能化系统由轴向电感位移传感器、热电偶温度监控系统、主轴诊断模块、拉杆位置传感系统、加速度计振动测量系统、前轴承液压预紧载荷系统等组成。可通过 V3D 三维振动测量和 SDS 主轴诊断软件优化主轴性能；通过轴向位移传感器（AMS）、温度监控系统（TMS）、主轴诊断模块（SDM）进行误差控制。

2. 智能热屏障——热位移控制、切削温度监控及补偿

在加工过程中，电机的旋转、移动部件的移动和切削等都会产生热量，且温度分布不均匀，导致数控机床产生热变形，影响零件加工精度。高速加工中主轴转速和进给速度的提高会导致机床结构和测量系统的热变形，同时装置控制的跟随误差随速度的增加而增大，因此用于高速加工的数控系统不仅应具备高速数据处理能力，还应具备热误差补偿功能，以减少高速主轴、立柱和床身热变形的影响，提高机床加工精度。

通常在数控机床高速主轴上安装温度传感器实现对切削温度的监控，监控温度信号并将其转换为电信号传输给数控系统，进行相应的温度补偿。常见的温度传感器有以铂、铜为主的热电阻传感器，以半导体材料为主的热敏电阻传感器和热电偶传感器等。

　　早在 20 世纪 80 年代就已经开始研究数控机床热变形误差的自动补偿技术，其做法是：机床出厂前，在温度可控的实验室里，做空运转和试切削试验，找出室温和运转条件变化与主轴轴向位移变化的关系，列出对应的关系表或绘制曲线。在机床实际运行过程中，根据机床典型部位安装的温度传感器测量数据，按表或曲线上的对应值进行补偿。该方法虽然是自动补偿，但实际切削过程中工况条件与切削试验并不一致，温度变化导致的主轴轴向位移量与实验室条件下也存在较大差异，因此这种温度补偿方法存在较大误差。随着测试手段和控制理论的不断发展，各机床公司纷纷利用先进的手段和方法对温度变化进行监控和补偿。瑞士米克朗公司针对切削热对加工造成的影响，开发了智能热补偿(ITC)系统。该系统采用温度传感器实现对主轴热补偿经验值的智能热控制模块，可根据温度变化自动调整刀尖位置，避免 Z 方向的严重漂移。采用智能热补偿(ITC)系统的机床大大提高了加工精度，缩短了机床预热时间，消除了人工干预，并且提高了零件的加工效率。

3. 智能刀具监控

　　刀具失效是引起加工过程中断的首要因素。20 世纪 50 年代就已经开始对金属切削过程尤其是刀具的破损进行研究和监控。实践表明，切削中实施刀具的有效监控可以减少机床故障停机率 70%，提高生产率 10%～60%，提高机床利用率 50% 以上。

　　实现刀具磨损和破损的自动监控是完善机床智能化不可或缺的部分。现代数控加工技术的特点是生产率高、稳定性好、灵活性强，依靠人工监视刀具的磨损已远远不能满足智能化程度日益提高的要求。从刀具技术自身的发展来看，适应特殊应用目的和满足规范要求的智能化刀具材料、自动稳定性刀具和智能化切削刃交换系统也是刀具技术的重要发展方向之一。但是，在刀具上安装传感器、电子元件和调节装置必然会占据一定的空间，从而增加刀具的尺寸或减少它们的壁厚截面，这对刀具本身的工艺特性会产生许多不利影响。因此，刀具作用的充分发挥应更多地依赖于智能化机床，其关键在于刀具使用过程中的信息能够与机床控制系统进行相互交流。为此近年来各数控系统制造商(如 Siemens(西门子)、FANUC 等)推出的系统都具有较强的刀具监控功能。例如，在西门子 SINUMERIK810/840D 系统内集成以色列 OMAT 公司的 ACM 自适应监控系统，能够实时对机床主轴负载变化进行采样，记录主轴切削负载、进给率及刀具磨损量等加工参数，并输出数据、图形至 Windows 用户图形界面。

　　在刀具监控手段和方法方面，主要有切削力监控、声发射监控、振动监控及电机功率监控等测试手段，主要涉及智能传感器技术、模式识别、模糊技术、专家系统及人工神经网络等技术。模糊模式识别是比较新颖的方法，可以根据刀具状态信号来识别刀具的磨损情况，利用模糊关系矩阵来描述刀具状态与信号特征之间的关系。

4. 智能安全屏障——防止部件碰撞

　　碰撞问题是机床运行过程中导致突发事故产生的主要原因。为提高机床工作的安全性和可靠性，奥地利 WFL 推出了 CrashGuard 防撞卫士系统，它利用目前 CNC 系统的高速处理能力，实时监控机床的运动，以确保机床在手动、自动等各种运动模式下均正常工作，该系统的应用大大减少了机床运行过程中突发事故的发生。

5. 智能故障自诊断、自修复及智能故障回放和仿真

　　智能故障自诊断与自修复是根据已有的故障信息，应用现代智能方法实现故障的快速准确定位；智能故障回放和仿真能够完整记录系统的各种信息，对数控机床发生的各种错误和事故进行回放与仿真，以确定引起错误的原因，找出解决问题的办法，积累生产经验。

6. 高性能智能化交流伺服驱动装置

高性能智能化交流伺服驱动装置是能自动识别负载并自动调整参数的智能化伺服系统，包括智能主轴交流驱动装置和智能化进给伺服装置。这种驱动装置能自动识别电机及负载的转动惯量，并自动对控制系统参数进行优化和调整，使驱动系统处于最佳运行状态。

7. 智能 4M 数控系统

加工、检测一体化是实现快速制造、快速检测和快速响应的有效途径，将测量(measuring)、建模(modeling)、加工(manufacturing)和机器操作(manipulator)(4M)融合于一个系统中，实现信息共享，促进测量、建模、加工、装夹、操作的一体化。

5.4　机电产品制造精度及制造质量自动检测技术

5.4.1　质量检测概述

产品质量持续存在于产品从市场需求调研、设计、加工制造、营销、使用、服务及回收的全生命周期。产品质量特性通常包括功能性能、制造精度、可靠性、环境适应性等多项指标。制造过程对产品质量的形成有着最直接的影响，必须对从原材料进厂到形成最终产品的整个生产制造过程实施质量检测和质量控制。质量检测环节是制造过程质量控制系统中获取产品质量信息的主要手段。

机械产品质量可分为零件加工制造质量(加工精度、表面质量、性能等)和装配质量。相应的质量检验和质量检测的对象一般针对加工工件、部件和产品整机。

质量检验的分类方式很多，按自动化程度可分为自动检验、半自动检验和人工检验；按照检验数量的不同，可分为全部检验(全检)和抽样检验(抽检)；按检验地点可分为检验站检验和流动检验；按检验目的可分为生产检验、验收检验和复查检验；按检验者可分为自检、专检和互检；按照先后次序可分为从原材料进厂的进货检验、制造过程的工序检验一直到成品的最终检验；等等。

产品质量和加工精度不但与机械制造系统有重要关系，还受检测技术的影响，因此检测自动化技术对提高机械制造系统性能和产品质量至关重要。在现代自动化制造系统中，通常由自动化检测设备来实施产品制造质量检测。

为了保证和提高产品质量，对产品制造质量检验、质量检测和质量控制等提出了更高的要求。先进制造系统中，产品质量控制已不再停留于只是直接检测工件尺寸精度、几何精度和表面粗糙度等几何参数的单一测量模式，而是扩大到对影响产品质量的生产制造设备运行状态和制造过程工艺状态进行检测、监视和控制，间接地、多方面地保证产品制造质量，并保证制造系统的正常、可靠和有效运行。

本节介绍几种面向产品制造质量及制造精度的自动检测技术。

5.4.2　坐标测量机

1. 三坐标测量机

三坐标测量机(coordinate measuring machine，CMM)是一种三维尺寸的通用精密测量设备，主要用于零部件尺寸、形状和相互位置的检测。三坐标测量机的基本原理是将被测零件放入其容许的测量空间，精密地测出被测零件在 X、Y、Z 三个坐标位置的数值，经过计算机数据处理，拟合形成测量元素，如圆、球、圆柱、圆锥、曲面等，经过数学计算得到形状、位置误差及其他几何数据。三坐标测量机一般由主机(包括光栅尺)、控制系统、软件系统和三维测头等组成，三坐标测量机的每个坐标各自有独立的测量系统。

1)三坐标测量机的分类

按测量范围，三坐标测量机可分为小型、中型、大型三坐标测量机。小型三坐标测量机在 X 轴方向上的测量范围小于 500mm，主要用于小型精密模具、工具和刀具等的测量；中型三坐标测量机在 X 轴方向上的测量范围为 500~2000mm，是应用最多的机型，主要用于箱体、模具类零件的测量；大型三坐标测量机在 X 轴方向上的测量范围大于 2000mm，主要用于汽车与发动机外壳、航空发动机叶片等大型零件的测量。

按精度和应用场合不同，三坐标测量机可分为计量型和生产型。计量型 CMM 的精度可达 1.5μm+2L/1000(L 为最大量程，单位：mm)，用于精密测量，一般放在有恒温条件的计量室，测量分辨率为 0.5μm、1μm、2μm，也可高达 0.2μm、0.1μm。生产型 CMM 用于生产过程检测，一般放在生产车间，还可以进行末道工序的精加工，分辨率为 5μm、10μm，小型生产型 CMM 的分辨率也有 1μm、2μm 的。

根据 ISO 10360《坐标测量机的验收、检测和复检检测》第一部分的规定，按照机械结构形式，CMM 可分为固定桥式、移动桥式、龙门式、水平悬臂式等，见图 5-14。

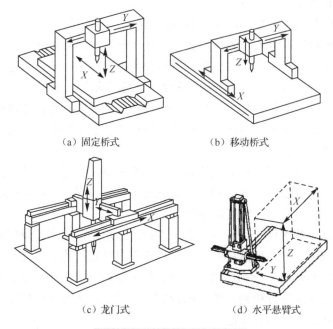

（a）固定桥式　　　（b）移动桥式

（c）龙门式　　　（d）水平悬臂式

图 5-14　三坐标测量机的种类

(1)固定桥式三坐标测量机。

固定桥式是指龙门框架固定，而工作台沿 Y 方向运动。固定桥式 CMM 的主轴(Z 轴)沿垂直方向移动，厢形架导引主轴沿着垂直轴的水平横梁做水平方向(Y 轴)移动。桥架(支柱)被固定在机器本体上，测量工作台沿着水平平面的导轨做 X 轴方向的移动，且垂直于 Z 轴和 Y 轴。

固定桥式三坐标测量机的优点是结构稳定，整机刚性好，中央驱动，偏摆小，光栅安装在工作台的中央，阿贝误差小，X、Y 方向运动相互独立，相互影响小；缺点是由于被测对象放置在移动工作台上，降低了机器运动的加速度，承载能力较小。高精度三坐标测量机通常都采用固定桥式结构。

(2) 移动桥式三坐标测量机。

移动桥式是指龙门框架可以沿 Y 方向移动，工作台固定不动。移动桥架式 CMM 的主轴 (Z 轴) 在垂直方向移动，厢形架导引主轴沿水平横梁在 Y 方向 (Y 轴) 移动，此水平横梁垂直于 X 轴且被两支柱支撑于两端，梁与支柱形成桥架，桥架沿着 X 轴方向移动。

移动桥式三坐标测量机的敞开性好，结构刚性好，承载能力较大，本身具有台面，受地基影响相对较小，精度比固定桥式稍低，是目前中小型三坐标测量机的主流结构形式，占中小型三坐标测量机总量的 70%～80%。

(3) 龙门式三坐标测量机。

龙门式三坐标测量机由沿着相互正交的导轨而运动的三个组成部分，装有探测系统 (测头) 的第一部分装在第二部分上并相对其做垂直运动。第一部分和第二部分的总成相对第三部分做水平运动。第三部分在机座两侧的导轨上做水平运动，机座或地面承载工件。

龙门式三坐标测量机一般为大中型测量机，要求有较好的地基，立柱影响操作的开阔性，但减少了移动部分质量，有利于提高精度及动态性能。近年来也出现了带工作台的小型龙门式三坐标测量机。龙门式三坐标测量机 (高架桥式测量机) 最长可达数十米，由于其刚性比水平悬臂式三坐标测量机要好得多，对大尺寸工件的测量具有足够的精度，是大尺寸工件高精度测量的首选。

(4) 水平悬臂式三坐标测量机。

水平悬臂式三坐标测量机由沿着相互正交的导轨而运动的三个组成部分，装有探测系统 (测头) 的第一部分装在第二部分上并相对其做水平运动，第一部分、第二部分的总成相对第三部分做垂直运动，第三部分相对机座做水平运动，并在机座上安装工件；水平悬臂式三坐标测量机还可细分为水平悬臂移动式、固定工作台式和移动工作台式。

水平悬臂式三坐标测量机结构刚性好，操作方便，测量精度高，是小测量空间测量机的典型形式。水平臂式三坐标测量机在 X 方向很长，Z 方向较高，敞开性较好，测量规模大，可由两台机器一起组成双臂测量机。机器人柔性化测量机就多是在这种测量机基础上发展而来的。

2) 三坐标测量机的测头系统

测头是三坐标测量机的关键部件，测头精度的高低很大程度决定了测量机的测量重复性及精度。在测量不同的零件时需要选择不同功能的测头。

按照触发方式，测头可分为触发测头与扫描测头。触发测头又称为开关测头，触发测头主要是探测零件并发出锁存信号，实时锁存被测表面坐标点的三维坐标值。扫描测头又称为比例测头或模拟测头，扫描测头不仅能作触发测头使用，更重要的是能输出与探针的偏转成比例的模拟电压或数字信号，由计算机同时读入探针偏转及坐标测量机的三维坐标信号，作触发测头时，锁存探测表面坐标点的三维坐标值，以保证实时地得到被探测点的三维坐标，由于取点时没有测量机的机械往复运动，因此采点速率大大提高。扫描测头用于离散点测量时，由于探针的三维运动可以确定该点所在表面的法矢方向，更适用于曲面的测量。

图 5-15　雷尼绍三维测头

按是否与被测工件接触，测头可分为接触式测头与非接触式测头。接触式测头是需与待测表面发生物理接触的探测系统。目前国内外 CMM 绝大多数使用的是英国雷尼绍(RENISHAW)三维接触式测头，见图 5-15。

非接触式测头是不需与待测工件表面发生实体接触的探测系统。非接触式测头通常为基于光三角法测量原理的光学测头。

三坐标测量机采用非接触式光学测头的突出优点是：①不存在测量力，也没有摩擦，因而适合于测量各种柔软、薄和易变形的工件；②由于是非接触测量，可以对工件表面进行快速扫描测量；③多数光学测头具有比较大的量程，如 10mm 乃至数十毫米，这是一般接触式测头难以达到的；④光斑可以做得很小，可以探测工件上一般机械测头难以探测到的部位，也不必进行测端半径补偿；⑤同时探测的信息丰富。

目前在三坐标测量机上应用的光学测头分为：①一维测头，如激光三角法测头、激光聚焦测头、光纤测头等；②二维测头，主要是各种视频测头，如利用 CCD 摄像机测量平面轮廓的测头；③二维加一维测头，是在二维测头基础上再增加对焦功能，使之能实现三维测量；④三维测头，如用莫尔条纹技术形成等高线进行条纹计数的测头、体视式测头；⑤接触式测头，它先利用测端拾取工件表面位置信息，然后用光学原理进行转换。

常用的光学测头是激光扫描测头和视频测头。激光扫描测头在距离检测工件一定距离(如 50mm)，且在其聚焦点 15mm 范围内进行测量，采点速率在 200 点/s 以上，能将三坐标测量机升级成获取和处理点云数据的理想工具。视频测头采用标准的或可变换的镜头将被测工件放大来实现微小几何特征的测量，如用视频测头测量 PCB 板、触发器、垫片或直径小于 0.1mm 的孔等。

3) 三坐标测量机的应用

三坐标测量机的主要优点有：①通用性强，可实现空间坐标点的测量，能方便地测量零件的三维轮廓尺寸和几何精度；②测量结果的重复性好；③可与数控机床、加工中心等数控加工设备进行数据交换，实现对加工的控制，并且能够根据测量数据，实现逆向工程；④既可用于检测计量中心，也可用于生产现场。

三坐标测量机作为几何尺寸数字化精密检测设备，在机械制造领域得到推广使用，它通用性强，自动化程度高，能满足一般工厂中 90% 的零部件检测要求，几乎可以对生产中的所有三维复杂零件尺寸、形状和相互位置进行高准确度测量，可以实现自动化测量及在线检测。

三坐标测量机符合新一代产品几何技术规范(GPS)的测量要求，能够严格按照新一代 GPS 的定义来测量局部实际尺寸和几何误差，能够实现几何要素的分离、提取、滤波、拟合、集成及改造等操作。目前，CMM 已广泛用于机械制造业、汽车、电子、航空航天和国防工业等各部门，成为现代工业检测和质量控制不可缺少的万能测量设备。

2. 关节臂式坐标测量机

关节臂式坐标测量机是一种新型的便携式坐标测量机。它是一种由几根固定长度的臂通过绕互相垂直的轴线转动的关节(分别称为肩、肘和腕关节)互相连接，在腕关节的转轴上装有探测系统的坐标测量装置，它在结构上类似于人的手臂。关节臂式坐标测量机的结构原理及实物照片如图 5-16 所示。

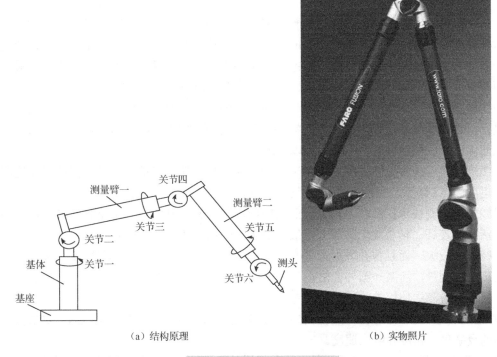

（a）结构原理　　　　　　　　　（b）实物照片

图 5-16　关节臂式坐标测量机

关节臂式坐标测量机的测头也有接触式、激光扫描式两种，它采用圆光栅或光电编码器进行每个关节的旋转角度测量。关节臂式坐标测量机的关节数一般小于 7，而且一般为手动测量机。

关节臂式坐标测量机是一种串联关节结构系统，具有测量空间开阔、操作简便、携带方便、对使用环境要求不高、适于现场测量和在线测量等优点。关节臂式坐标测量机可广泛应用于汽车制造、航空航天、船舶、铁路、能源、重机、石化等不同工业领域中大型零件和机械的精确测量，能够满足生产及装配现场高精度的测试需求。

在检测空间某一固定点时，关节臂式坐标测量机与三坐标测量机完全不同。在测头确定的情况下，三坐标测量机各轴的 X、Y、Z 位置对固定空间点是唯一的、完全确定的，而关节臂式坐标测量机各臂对测头测量一个固定空间点却有无穷多个组合，即各臂在空间的角度和位置不是唯一的，而是无穷多个，因而各关节在不同角度位置的误差极大地影响了对同一点的位置检测误差。由于关节臂式坐标测量机的各臂长度固定，引起测量误差的主要因素是各关节的转角误差，转角误差的测量和补偿对提高关节臂式坐标测量机的测量精度至关重要。因此，由于其机构原理特点及精度控制存在不足，目前关节臂式坐标测量机的最高测量精度还达不到通用三坐标测量机的精度水平，精度比传统的框架式三坐标测量机精度要低，精度一般为 10μm 级以上。

5.4.3　在线检测

1. 在线检测及其特点

传统的检测方法只能将产品区分为合格品和废品，起到产品验收和废品剔除的作用。这种被动检测方法，对废品的出现并没有预防能力。在传统检测技术基础上发展而来的在线检测技术使检测和生产加工同时进行，及时地利用检测结果对生产过程进行主动控制，使之适应生产条件的变化或自动调整到最佳状态。检测的作用已经不只是单纯地检测产品的最终结果，而且要过问和干预造成这些结果的原因，实施质量控制。

在线检测技术的主要优点是：①及时发现偏离图纸规定的工件后，便不再继续加工，或及时进行返修；②为制造系统提供了最终消灭废次品的可能性；③由于对产品进行 100% 的检验，从而保证了质量，这是手工检验难以实现的。

在线检测系统最常见的被测对象是工件的几何参数及其加工精度，目前在线自动检测通常基于电动测量(电感式传感器)和气动测量原理。

在线自动检测技术在汽车、轴承行业的应用比较普遍，典型被测对象有气缸缸体、轴承套圈、活塞、连杆、轴承滚动体等。一般情况下，轴承套圈内孔、活塞销孔、连杆孔、气缸等的内径尺寸较大，而且内孔表面很少有非连续表面。活塞销孔直径、圆柱度、圆度、锥度等可采用气动测量，活塞外圆外径测量可采用电感式位移传感器。

选择在线检测中使用的传感器时应考虑以下问题。

(1)通过传感器获得有关工件的信息并转换为电信号，可用来控制加工机床。要求传感器有足够的灵敏度、精度和响应速度。

(2)工作条件要求苛刻。空间有限而且有切屑、冷却液等，使传感器工作条件十分恶劣。从机床控制方面考虑，测量点应该紧跟在刀具后面，因为传感器远离刀具会造成延时，或造成阿贝误差。

(3)被测对象千变万化，有内外尺寸、小孔、窄槽等。

(4)传感器成本的限制。工序质量控制的目的是提高产品质量和竞争力，如果测量仪器成本太高会妨碍其推广应用。

在线检测技术的主要发展趋势如下。

(1)系统化。从单参数检测发展到多参数综合检测；从单机检测发展到整个制造系统检测；从单纯检测发展到检测、监视和控制闭环系统；从应用于大批量生产发展到应用于中小批量多品种生产的柔性化检测。

(2)智能化。利用计算机优越的智能化功能，保证在线检测系统能迅速适应制造过程的参数状态变化，并排除外界干扰。

(3)在线检测装置的模块化、标准化、通用化和集成化。制造系统中的各个自动检测装置不再是自动化孤岛，而是集成于制造系统，能够实现质量信息共享与交换。这有利于降低成本，扩大适用范围及推广应用。

(4)非接触检测技术的应用将更广泛。

2. 在线检测的类型

制造过程自动检测可采取在线/过程中检测、在线/过程后检测和离线检测三种方式。在线检测是指检测器具、装置或检测站在空间上集成于制造系统中，制造过程与检测过程无时间延迟或延迟很短。检测与制造过程无时间滞后时称为在线/过程中检测，若时间滞后较短，在完成制造过程后的在线检测称为在线/过程后检测。按检测时是否停机，在线检测可分为加工过程中进行检测的在线检测和加工过程中停机后不卸下工件进行检测的在机检测两类。可以通过在机床上安装自动检测装置或者在自动线中设置自动检测工位来实现在线检测。

1) 在线/过程中检测

习惯上将在线/过程中检测称为实时在线检测、加工过程在线检测或主动测量，它是在加工过程中完成测量，检测活动与工件的加工或者产品的装配同步进行，制造时间与检测时间重合。对于半自动的在线/过程中检测，加工操作者同时又是检测者，在完成加工控制的同时完成检测控制。

实时在线检测的优点是：能实现 100%的实时自动检测，可以对正在加工的零件及时进行质量缺陷的消除、修正或补偿活动，避免废次品的产生，提高过程质量的稳定性与一致性。

2) 在线/过程后检测

在线/过程后检测又称为在位检测、在机检测。在位检测(in-situ inspection)又称为在机测量和原位测量，是指加工停止、机床停机，而工件仍在机床工位上处于待加工状态的检测，可避免工件二次装夹带来的装夹定位误差。

在机检测(on machine inspection, OMI)就是指以机床硬件(包括机床测头、机床对刀仪等)为载体，附以相应的测量工具(软件有宏程序、专用 3D 测量软件等)，在工件加工过程中，实时地在机床上进行几何特征测量，根据检测结果，指导后续的工艺改进。

在目前技术水平下，配置在线/过程中检测系统常常使装备昂贵和复杂化，普遍配置在线/过程中检测环节投资巨大。因此，除了少数关键工序，在线/过程后检测要比在线/过程中检测的应用更为普遍。

截至目前，对机械加工过程中工件尺寸直接在线测量技术研究最多的是车削过程和磨削过程，而且主要是对工件直径的在线测量，对工件尺寸在线检测更多的是采用在机检测的办法，工件的圆度、垂直度等的自动检测相关技术尚未达到实用程度。

3. 在线检测应用实例

1) 三维测头在机测量系统

三坐标测量机的测量精度很高，但它对地基和工作环境的要求也很高，它的安装必须远离机床。如果零件的检测需要在不同阶段进行，零件就需要反复搬运，对于质量控制要求不是特别精确的零件，显然是不经济的。

由于数控机床和 CMM 在工作原理上没有本质区别，且三坐标测量机上用的三维测头的柄部结构与刀杆一样，因此可将其直接安装在数控机床和加工中心上。需要检测工件时将测头安装在机床主轴或刀架上，测量工作原理与 CMM 相同，测量完成再由换刀机械手放回刀库。为了保证测试精度和保护测头，工件在数控机床上加工结束后，必须经高压切削液冲洗，并用压缩空气吹干后方可进行检测。数控机床用于测量时，必须为数控机床配置专门外围设备，如各种测头和统计分析处理软件等。三维测头在机测量系统如图 5-17 所示。

在数控机床上采用测头进行测量时，先将测

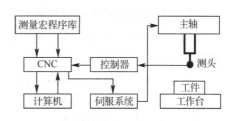

图 5-17　三维测头在机测量系统

头安装在机床的主轴上，然后由操作者手动或自动控制机床移动，使测头测针上的触头与工件表面接触，由机床数控系统实时记录并显示主轴的位置坐标值，结合测针的触头与工件的具体位置关系，利用机床主轴的坐标值换算出工件上各个被测量点的相关坐标值，然后根据各坐标点的几何位置关系进行相关计算，即可获得最终测量结果。

测头在数控机床上有两种工作方式，即手动工作方式和编程工作方式。对于没有信号输出功能的测头，只能采用手动工作方式。对于具有信号输出功能的测头，两种工作方式均可采用。手动工作方式的优点是使用安全，操作者不需要特别培训，适合单件、小批量或测量项目变化不定的情况。缺点是不适合测量点很多、计算较复杂和大批量生产的情况。

采用编程工作方式时，整个测量过程中机床的运动、被测点坐标值的记录和测量结果的计算都由操作者事先编写的宏程序完成。编程工作方式的优点是测量效率高，特别适合大批量或复杂的测量情况。缺点是要求操作者经过专门的培训。对于具有自动换刀功能的加工中心，采用编程工作方式时应该使用具有红外通信功能的测头。

数控机床和加工中心上三维测头的使用已经很普遍，往往自带三维测头，具有自动测量功能，三维测头平时可安放于刀库中，使用时取出装入主轴孔中。三维测头可直接装在数控机床和加工中心上使用，而无需将工件从机床上运输至 CMM 进行测量，以减少工件来回和等待的时间，减少设备购入量。

数控机床装上测头后相当于变成了一台三坐标测量机，而机床主轴的行程即测头的量程，且不受工件尺寸、形状的限制，可以完成几乎所有的测量工作(如工装定位测量、零件尺寸精度测量及几何公差测量等)。MARPOSS 三维测头在加工中心上的应用见图 5-18。

图 5-18　MARPOSS 三维测头在加工中心上的应用

在数控机床上进行在机测量有如下特点：①不需要昂贵的 CMM，然而损失机床的切削加工时间；②可以针对尺寸偏差自动进行机床及刀具补偿，加工精度高；③不需要工件来回运输和等待。

精密加工中所用的数控机床及其运动部件的精度很高，甚至比某些测量仪器或测量机的运动精度还高。因此，在线在机检测技术将机床与测量仪器有机相结合，使加工与检测集成为一体，机床既作为加工设备，又作为测量设备，以机床精度作为在机测量的精度基础，实现了加工过程中的自动测量，而且大大缩短了测量时间。

三维测头常用于数控车床、加工中心、数控磨床、专机等大多数数控机床上。测头按功能可分为工件检测测头和刀具测头；按信号传输方式可分为有线连接式、感应式、光学式和无线电式；按接触形式可分为接触测量和非接触测量。使用工件测头，可在加工过程中进行测量，根据测量结果自动修改数控加工程序，改善加工精度，使得数控机床既是加工设备，又兼具测量机的某些功能。

采用工件测头的好处如下。

(1)不用设计复杂昂贵的夹具。只需要简单的夹紧，用测头测量找正工件坐标系。

(2)测量软件自动修正工件坐标系。避免人工输入错误，减少刀具和工件及机床的损坏。

(3)改善过程控制。在机检测工件尺寸，减少机外检测的辅助时间，提高生产效率。

(4)将测量程序嵌入加工程序中。可将快速、自动的测量程序编入加工程序中，工序中测量调整偏差值，测量刀具磨损，补偿丝杠、主轴等热变形。

(5)提高安全性。可全自动操作，在工件找正或检测过程中机床防护门都保持关闭状态。

2)磨床专用自动检测装置

目前，在线检测(即主动测量)在磨床上应用较成熟，意大利 MARPOSS 和日本东京精密等公司的主动测量装置做得比较出色。利用磨床主动测量装置在磨削过程中对工件进行连续测量，根据测量值和磨削余量调节机床进给机构，能大大降低外部环境对加工的影响，优化磨削过程，保证磨削精度。

珩磨加工过程主动测量是一种比较成熟的在线检测技术，珩磨主动测量仪已成为珩磨机的重要组成部分，如德国 Gehring 公司生产的珩磨机就配有珩磨主动测量仪。珩磨测头是带气动测量的珩磨头，它既是珩磨头，又是测头。珩磨机理论上可配置不同原理、不同结构的测量装置，如机械式、电动式等。当前珩磨主动测量仪一般均采用非接触式气动测量装置，珩磨主动测量仪的应用也有局限性，主要受被测工件内孔尺寸的制约，绝大多数用于孔径较大的场合，小孔和较小孔珩磨过程的检测自动化主要还是通过机外自动测量来实现。

磨削加工中工件尺寸主动测量原理如图 5-19 所示。

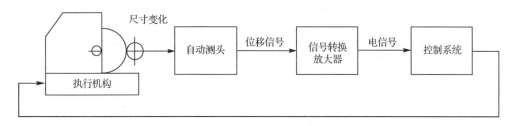

图 5-19　磨削加工中工件尺寸主动测量原理

图 5-19 中，机床、执行机构与测量装置构成一个闭环系统。在机床加工工件的同时，自动测头对工件进行测量，将测得的工件尺寸变化量经过信号转换放大器转换成相应的电信号，并返回机床控制系统，控制机床的执行机构，从而控制加工过程(如刀具补偿、停车等)。磨削加工中工件外径自动检测装置如图 5-20 所示。

通过建立由磨床主动测量仪(或伺服进给系统)和机外自动检测机组成的磨削加工尺寸自动补调系统，可保证磨削加工过程的工艺稳定性，提高加工自动化水平。机外自动检测机是提高磨削加工自动化水平的检测控制仪器，是可以配置在生产线旁的工序间测量装置，机外检测机既可作为自动生产线中相对独立的检测设备，也可与磨床配套使用，具有自动、半自动或手工反馈调整机床的功能。机外自动检测机还可与在线测量控制系统相结合，形成闭环控制系统，分析检测结果并反馈给在线测量控制系统，向机床发出实时控制信号，及时补调机床的磨削进给量，从而保证加工出的工件处于要求的公差范围之内。

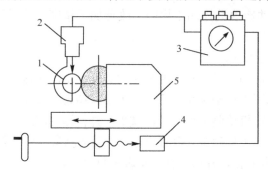

图 5-20　磨床上工件外径自动检测装置

1. 工件；2. 主动测量头；3. 放大器；4. 执行机构；5. 机床

当数控磨床实现对产品的测量、加工一体化自动生产时，数控磨床就可以实现在线测量，不再需要进行脱机测量，可极大地提升数控磨床的使用率和加工效率。由于实现了测量、加工的自动化生产，数控磨床测量、加工操作不再过多依赖人工技能，避免了数控磨床加工过程中由人为因素而导致的产品测量精度不精、加工不精密的问题，极大地提升了数控磨床的加工精度。此外，自动化的数控磨床生产模式还对企业提高磨床的使用效率和降低生产成本有着积极的意义。

3）激光扫描测径仪

激光测径传感器大致分为激光扫描测径传感器、CCD 投影测径传感器和激光衍射测径传感器，激光扫描测径传感器是用得较多的一种。激光扫描测径仪是一种高精度、非接触的尺寸测量仪器，它采用激光扫描原理、通过激光束的扫描获得被测目标的尺寸。激光扫描测径仪的工作原理如图 5-21 所示。

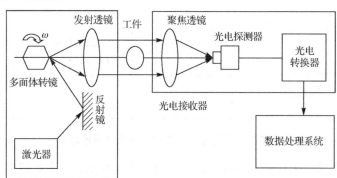

图 5-21　激光扫描测径仪测量原理

激光器发出的光束，经过反射镜后照射在马达驱动的高速旋转多面体转镜上，通过扫描光学系统的发射透镜组后在测量区域形成与光轴平行的连续高速扫描光束，对被置于测量区域的工件进行高速扫描，并由放在工件对面的光电探测器接收，在光束扫描工件时，投射到光电探测器上的光线被遮断，在光电接收器上就有信号产生，通过光电转换器将此信号传到计算机中处理，即可获得与工件直径有关的数据。

　　激光扫描测径仪可用于高精度非接触在线测量，适合测量热的、软的、易碎的以及其他传统方法不易测量的物体。可广泛用于生产线上的在线测量以及特种线缆、电线电缆、电磁线、漆包线、光纤、微拉丝、纤维橡胶管、橡胶棒、玻璃管等各种线材、棒材、管材、机械和电子元件的外径尺寸无损测量，并可通过调节挤出机螺杆速度或牵引机速度，实现外径控制。还可应用于加工工件的外径和尺寸测量，配以辅助装置可用于各种回转体的锥度、圆度、轴向跳动等的测量。激光扫描测径仪实物照片及在轴径测量中的应用见图 5-22、图 5-23。

货号：**544-535** (JIS)
　　　544-536 (IEC, FDA)

图 5-22　日本三丰 LSM-503S 激光扫描测径仪

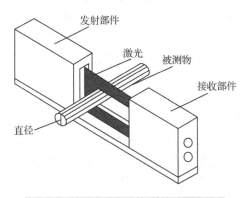

图 5-23　激光扫描测径仪用于测量轴径

　　激光扫描测量技术利用激光光源优良的聚焦特性，使用快速飞点光扫描测量原理，实现对直径、厚度等几何量的精密测量，是实施非接触精密测量和控制的重要技术手段。激光扫描测径仪的优势是：①实现尺寸的在线自动检测；②非接触式测量，对被测件无损；③实现高精度的尺寸测量；④对易形变的、高温物体实现准确测量。激光扫描测径仪的劣势是：①扫描速度并非常数，而是随扫描转镜角位移的变化而变化，由此产生原理误差；②采用转镜及高速电机，成本增加；③不适宜动态检测；④多面体转镜易损。

　　为保证测量的高精度和可靠性，激光扫描测量系统必须满足：①激光束应垂直照射被测物体表面；②光束必须对被测物体表面做匀速直线扫描运动；③必须准确测量扫描时间。

5.4.4　产品装配自动检测

　　为使装配工作正常进行，保证装配质量，在大部分装配工位后一般均应设置自动检测工位，将检测结果转换为信号输出，经放大或直接驱动控制装置，使必要的装配动作能够连锁保护，保证装配过程安全可靠。

自动检测项目与所装配的产品或部件的结构和主要技术要求有关，一般自动检测项目可分为以下几种。

(1)装配件给料、就位、缺件的自动检测。常用光电法、电触法和机械法，相应选用光电传感器、电触传感器和机械触杆、行程开关、限位开关等。

(2)装配件方向和位置的自动检测。装入零件的方向和位置的自动检测常用气动法、电触法等，相应选用气动传感器和电触传感器等。

(3)装配过程的夹持误差及装配件夹持失误的自动检测。常用真空法和机械法等，相应选用机械式传感器、气动传感器等。

(4)装配过程中异物混入的检测。

(5)装配件尺寸和装配零件之间配合间隙的自动检测。常用电感法、电容法、气动法等，相应选用电感传感器、电容传感器和气动传感器等。

(6)零件的分选质量、装配件分送的自动检测。常用电触法、电感法、气动法和机械法等，选用与之相应的传感器。

(7)装配后密封件的误差、密封性的自动检测。常用气动法等。

(8)螺纹连接件的装配质量的自动检测。

(9)装配后运动部件的灵活性和其他性能的自动检测。

自动化装配检测生产线是智能制造的组成部分，不仅可以大幅度减少人工，还可以保证产品组装质量。欧美先进制造业都已大量采用自动化装配检测线，随着智能制造的推进，国内企业对自动化智能化装配检测线的需求日渐旺盛。

5.4.5　无损检测

1. 无损检测的定义及特点

现代无损检测的定义是，在不损坏试件的前提下，以物理或化学方法为手段，借助先进的技术和设备器材，对试件的内部及表面的结构、性质、状态进行检查和测试的方法。

在无损检测发展过程中先后出现了无损探伤(non-destructive inspection，NDI)、无损检验(non-destructive testing，NDT)和无损评价(non-destructive evaluation，NDE)三个名称。这三个名称体现了无损检测技术的三个发展阶段，无损探伤是早期名称，其内涵是探测发现缺陷，无损检测是现阶段名称，其内涵不仅仅是探测缺陷，还包括探测一些其他信息。而无损评价则是即将进入或正在进入的发展阶段，无损评价包含更广泛、更深刻的内容，它不仅要求发现缺陷，而且要求探测试件结构更全面、更准确、更综合的信息。

与破坏性检测相比，无损检测具有以下特点。

(1)非破坏性。检测时不会损害被检测对象的使用性能，在获得检测结果的同时，除了剔除不合格品，还应不损伤零件。检测规模不受零件数量的限制，既可抽检，又可在必要时对被检测对象进行100%全检，因而更具有灵活性和可靠性。

(2)检测方法的互容性。对同一零件可同时或依次采用不同的检测方法，而且可重复地进行同一种检测，这也是无损检测带来的好处。

(3)动态性。无损检测方法可对使用中的零件和设备进行检测，而且能够适时考察产品运行期的累计影响，因而可查明结构的失效机理。

(4)无损检测技术的严格性。无损检测需要专用仪器、设备，还需要经过专门训练的检验人员按照严格的检验规程和标准进行操作。

(5)检测结果的分歧性。个同的检测人员对同一试件的检测结果可能有分歧。特别是在超声波检测时，同一检测项目要由两个检验人员来完成，需要"会诊"。

无损检测不仅可对制造用原材料、各中间工艺环节、最终产成品进行全程检测，也可对服役中的设备进行检测。无损检测的目的如下。

(1)保证产品质量。在对试件表面质量进行检验时，应用无损检测方法可以探测出许多肉眼很难发现的试件内部细小缺陷。

(2)保障使用安全。即使是设计和制造质量完全符合规范要求的设备，在经过一段时间使用后，也有可能发生破坏事故，这是由于苛刻的运行条件使设备状态发生变化，高温和应力的作用导致材料蠕变；温度、压力的波动产生交变应力，使设备的应力集中部位产生疲劳；腐蚀作用使材质劣化；这些原因有可能使设备中原来存在的制造规范允许的缺陷扩展开裂，或使设备中原来无缺陷的地方产生新生的缺陷，最终导致设备失效。而无损检测就是对在役设备定期检验的主要内容和发现缺陷最有效的手段。

(3)改进制造工艺。在产品生产中，为了了解制造工艺是否适宜，必须事先进行工艺试验。在工艺试验中，需要经常对工艺试样进行无损检测，并根据检测结果改进制造工艺，最终确定最佳制造工艺。例如，为了确定焊接工艺规范，对焊接试验的焊接试样进行射线照相，并根据检测结果修正焊接参数，最终得到能够达到质量要求的焊接工艺。

(4)降低生产成本。在产品制造过程中进行无损检测，看似增加了检查费用和制造成本，但是在制造过程的中间环节正确地进行无损检测，能够防止以后的工序浪费，减少返工次数，降低废品率，从而降低制造成本。

2. 五大常规无损检测技术

1)磁粉检测

磁粉检测(magnetic particle testing，MT)是以磁粉作为显示介质对缺陷进行观察的方法。磁粉检测原理如图 5-24 所示。

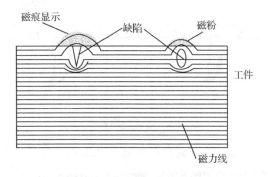

图 5-24　磁粉检测原理

磁粉检测本质上利用的是材料磁性变化。当磁力线穿过铁磁材料及其制品时，在其磁性不连续处将产生漏磁场，形成磁极。在工件表面撒上干磁粉或浇上磁悬液，磁极就会吸附磁粉，产生用肉眼能直接观察的明显磁痕，可通过磁痕来显示铁磁材料及其制品的缺陷情况，在合适的光照下可以显示出不连续性的位置、大小、形状和严重程度。

根据磁化时施加的磁粉介质种类，磁粉检测分为湿法和干法；按照工件上施加磁粉的时间，磁粉检测分为连续法和剩磁法。

磁粉检测是一种成熟的无损检测方法，在航空航天、兵器、船舶、火车、汽车、石油、化工、锅炉压力容器、压力管道等领域广泛应用。磁粉检测主用于探测铁磁性工件表面和近表面的宏观几何缺陷，如表面气孔、裂纹等。磁粉检测可用于板材、型材、管材、锻造毛坯等原材料和半成品的检查，也可用于锻钢件、焊接件、铸钢件加工制造过程工序间的检查和最终加工检查，还可用于重要设备机械、压力容器、石油储罐等工业设施在役检查等。

磁粉检测的优点是：①能直观显示缺陷的形状、位置、大小和严重程度，并可大致确定缺陷的性质；②灵敏度高，磁粉在缺陷上聚集形成的磁痕有放大作用，可检出最小宽度约 0.1μm 的缺陷，能发现深度约 10μm 的微裂纹；③适应性好，几乎不受试件大小和形状的限制，综合采用多种磁化方法，可检测工件上的各个方向的缺陷；④检测速度快，工艺简单，操作方便，效率高，成本低。

磁粉检测的局限是：①只能用于检测铁磁性材料，如碳钢、合金结构钢等，不能用于检测非铁磁性材料，如镁、铝、铜、钛及奥氏体不锈钢等；②只能用来检测表面和近表面缺陷，不能检测埋藏较深的缺陷，可检测的皮下缺陷深度一般不超过 2mm；③难于定量确定缺陷埋藏的深度和缺陷自身的高度；④通常采用目视法检查缺陷，磁痕的判断和解释需要检测人员有专业技术经验和素质。

2) 渗透检测

渗透检测(penetrant testing，PT)基本原理如图 5-25 所示。

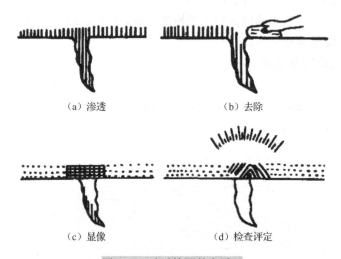

（a）渗透　　　　　　　　　（b）去除

（c）显像　　　　　　　　　（d）检查评定

图 5-25　渗透检测基本原理

由于毛细现象的作用，当将溶有荧光染料或着色染料的渗透剂施加于试件表面时，渗透剂就会渗入各类开口于表面的细小缺陷中，细小的开口缺陷相当于毛细管，渗透剂渗入细小开口缺陷中(相当于润湿现象)，然后清除依附在试件表面上多余的渗透剂，经干燥后再施加显像剂，缺陷中的渗透剂在毛细现象的作用下重新吸附到试件表面上，形成放大的缺陷显示，用目视检测即可观察出缺陷的形状、大小及分布情况。

按显示材料，渗透检测分为荧光法和非荧光法，即荧光渗透检测和着色渗透检测。

PT 是应用最早的工业无损检测方法，由于渗透检测简单、易操作，它在现代工业的各个领域广泛应用，可用于各种金属、非金属、磁性及非磁性材料工件表面开口缺陷的检测。

渗透检测的优点是：①不受被检工件磁性、形状、大小、组织结构、化学成分及缺陷方位的限制，一次操作能检查出各个方向的缺陷；②设备简单，操作简便；③缺陷显示直观，灵敏度高。

渗透检测的局限是：①只能检测出材料的表面开口缺陷，不能检测材料内部的缺陷；②由于多孔性材料的缺陷图像显示难以判断，所以渗透检测不适合多孔性材料表面缺陷；③渗透剂成分对被检工件具有一定腐蚀性，必须严格控制硫、钠等微量元素的存在；④渗透剂所用的有机溶剂具有挥发性，工业染料对人体有毒，必须注意吸入防护。

3）射线检测

射线检测（radiographic testing，RT）的基本原理是，当强度均匀的射线束透射物体时，如果物体局部区域存在缺陷或结构存在差异，它将改变物体对射线的衰减，使得不同部位透射射线强度不同，这样，采用一定的检测器（如射线照相中采用胶片）检测透射射线强度，即可判断物体内部的缺陷和物质分布等。

射线的种类很多，其中易于穿透物质的有 X 射线、γ 射线和中子射线，这三种射线都被用于无损检测。工业上常用的射线探伤方法是 X 射线探伤和 γ 射线探伤。

射线检测主要用于探测工件内部的宏观几何缺陷，在工业上有着非常广泛的应用，它既用于金属检查，也用于非金属检查。对金属内部可能产生的缺陷，如气孔、针孔、夹杂、疏松、裂纹、偏析、未焊透和熔合不足等，都可以用射线检查。

按照美国材料与试验学会（ASTM）的定义，射线检测可分为射线照相检测、实时成像检测、计算机断层扫描检测（CT）和其他射线检测技术四类。射线照相检测法是指用 X 射线或 γ 射线穿透试件，以胶片作为记录信息的器材的无损检测方法，它是最基本、应用最广泛的一种射线检测方法。

射线照相检测法的优点是：①缺陷显示直观，射线照相检测法用底片作为记录介质，通过观察底片能够比较准确地判断出缺陷的性质、数量、尺寸和位置；②容易检出那些形成局部厚度差的缺陷，对气孔和夹渣之类缺陷有很高的检出率；③能检出的长度和宽度尺寸分别为毫米级和亚毫米级甚至更小，且几乎不存在检测厚度下限；④几乎适用于所有材料，在钢、钛、铜、铝等金属材料上使用均能得到良好的效果，该方法对试件的形状、表面粗糙度无严格要求，材料晶粒度对其不产生影响。

射线照相检测法的局限是：①对裂纹类缺陷的检出率受透照角度的影响，不能检出垂直照射方向的薄层缺陷，如钢板的分层；②检测厚度上限受射线穿透能力的限制，例如，420kV 的 X 射线机能穿透的最大钢厚度约 80mm，^{60}Co 放射性同位素 γ 射线穿透的最大钢厚度约 150mm，更大厚度工件则需使用特殊的设备（如加速器），其最大穿透厚度可达 400mm；③射线照相检测法检测成本较高，检测速度较慢；④射线对人体有辐射生物效应，对人体有伤害，需采取防护措施；⑤对环境有辐射污染，显影定影液回收困难，直接排放会造成环境污染。

4）超声检测

超声检测（ultrasonic testing，UT）是指利用超声波与被检测工件相互作用后的反射波、折射波和散射波实现对被检测工件宏观缺陷、几何特性及力学变化等的检测，并对工件应用性能进行评价的一门技术。

频率高于 20kHz 的机械波称为超声波，超声检测的工作原理是，由超声检测仪中的超声波发生器产生超声波，通过一定方式进入被检工件内部。超声波在被检工件中的传播特性与被检工件材料以及其中的缺陷密切相关。由超声波接收器接收通过被检工件的超声波，对其进行处理分析。根据所接收的超声波特征，评估被检工件内部缺陷的特性。

按显示方式，超声检测分为 A 型显示、超声成像显示（B、C、D、P 扫描成像，双控阵成像等）。按原理超声检测可分为穿透法、共振法和脉冲反射法三种，以后者最为常用。

脉冲反射法超声检测是指利用超声波对构件内部缺陷进行检测的一种无损检测方法，如图 5-26 所示。

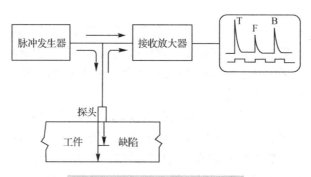

图 5-26　脉冲反射法超声检测原理

T. 发射波；F. 缺陷波；B. 底波

用发射探头向构件表面通过耦合剂发射超声波，超声波在构件内部传播时遇到不同界面将有不同的反射信号（回波），利用不同反射信号传递到探头的时间差，即可检查出构件内部的缺陷。对于宏观缺陷的检测，常用振动频率为 0.5～25MHz 的短脉冲波以脉冲反射法进行，在试件中传播的声脉冲遇到声特性阻抗（材料密度与声速之乘积）时，有变化处部分入射声能可被反射。通过测量入射波与反射波之间的时差，可确定反射面与试件表面上入射点的距离。根据反射信号的有无和幅度的高低，即可对缺陷的有无和大小做出评估。

UT 是工业无损检测中应用最广泛、使用频率最高且发展较快的一种无损检测技术，可用于产品制造中质量控制、原材料检验、改进工艺等多个方面，同时也是设备维护中不可或缺的手段之一，可用于金属、非金属及复合材料制件的无损评价。

超声检测的优点是：①穿透能力强，检测厚度大，例如，在钢中的有效探测深度可达 1m 以上；②对平面型缺陷如裂纹、夹层等，检测灵敏度较高，可检出几十微米级缺陷，并可测定缺陷的深度和相对大小；③设备轻便，操作安全，可进行现场检测，易实现自动检测。

超声检测的缺点是：①对缺陷的显示不直观，易受主客观因素影响，而且探伤结果不便于保存；②不易检查形状复杂的工件，要求被检查表面有一定的粗糙度，并需有耦合剂充填满探头和被检查表面之间的空隙，以保证充分的声耦合；③要求由有一定经验的检验人员来进行操作和判断检测结果。

近年来超声检测技术发展非常迅速，超声检测系统将进一步数字化、自动化、智能化、图像化，出现了超声三维成像、相控阵超声、共振超声、电磁超声及超声导波等新型的超声检测技术，使得超声检测技术在工业生产中的应用效率得到大大提升。

5）涡流检测

涡流检测（eddy current testing，ET）是指利用电磁感应原理，通过测量被检工件内感应电涡流的变化来无损地评定导电材料及其工件的某些性能，或发现缺陷的无损检测方法。

涡流检测主要用于检测导电金属材料表面及近表面的宏观几何缺陷和涂层厚度。

涡流检测的优点是：①涡流检测时，检测线圈不必与被检材料或工件紧密接触，检测过程不影响被检材料或工件的性能。探头可延伸至远处检测，可对工件的狭窄区域及深孔壁等进行有效检测。检测时也不需要耦合剂，可在高温下进行检测。②对表面和近表面缺陷的检测灵敏度很高。③对管材、棒材、线材的检测易于实现高速、高效率的自动检测，可对检测结果进行数字化处理并储存、再现及处理数据。

涡流检测的局限是：①只适用于检测导电金属材料或能感生电涡流的非金属材料。②由于涡流的趋肤效应，涡流检测只适用于检测工件表面和近表面的缺陷，不能检测工件深层的内部缺陷。③涡流效应的影响因素多，目前对缺陷的定性和定量检测还比较困难。

几种主要无损检测方法的适用性及特点见表 5-5。

表 5-5　几种主要无损检测方法的适用性及特点

序号	检测方法	缩写	适用的缺陷类型	基本特点
1	超声检测法	UT	表面与内部缺陷	速度快，检测平面型缺陷灵敏度高
2	射线检测法	RT	内部缺陷	直观，检测体积型缺陷灵敏度高
3	磁粉检测法	MT	表层缺陷*	仅适于铁磁性材料的构件
4	渗透检测法	PT	表面开口缺陷	操作简单
5	涡流检测法	ET	表层缺陷	适于导体材料的构件
6	声发射检测法	AE	缺陷的萌生与扩展	动态检测与监测

* 表层缺陷包括表面缺陷和近表面缺陷。

无损检测技术正在向定量化、图像化方向发展，新的无损检测方法不断涌现，如声发射（AE）检测、超声波衍射时差（TOFD）法、热像/红外（TIR）检测、泄漏测试（leak testing，LT）、交流场测量技术（ACFMT）、漏磁检验（MFL）技术、远场测试检测（RFT）方法等。

5.4.6　气密性检测

密封性检测是指检测设备或容器对气体、液体或固体介质的密封性。气密性检测是指检测容器或设备对气体介质的密封性。密封性检测既可是气体也可是液体，而气密性检测的介质是气体。密封性检测的实质是检测被测介质的漏率。漏率是指单位时间内流过泄漏点的物质的质量或者分子数。气体介质的漏率是指，在已知泄漏处两侧压差的情况下，单位时间内流过泄漏处的给定温度的干燥气体量，采用国际单位制时，漏率单位为 $Pa \cdot m^3/s$。液体、固体泄漏常用的漏率单位有 kg/s、g/s、L/s、mL/s。

装置的气密性是保证产品合格的重要因素之一，气密性检测是保证产品质量及生产安全的重要工序，它在生产过程中的作用已经得到了广泛认可，其应用领域也日益广泛，目前气密性检测广泛应用于飞机、汽车整车、空调、压力容器等设备的严密完整性评估，保证产品质量。气密性检测一般是在元件或系统制造过程中进行检测，通常需要定量检测，而且要求快速、大量地在生产现场进行。

根据测试原理，气密性测试仪可分为两种：①正压法气密性测试仪，采用正压法充气原理；②负压法气密性测试仪，采用抽真空测试方法。

本节简要介绍几种目前常用的使用压力或流量传感器的气密性检测方法。

1) 直压法

直压法(直接压力法)指依据泄漏而引起测量压力变化,再利用气体压力的变化量间接地求出泄漏率。直压法的测量原理如图 5-27 所示。

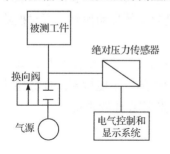

图 5-27　直压法测量原理

直压法就是通过调压阀往被测产品内充入一定压力的压缩气体,稳压后,通过压力传感器检测一段时间内压力降或泄漏量。如果被测容器有泄漏,则必然造成容器内气体质量的流失,过一段时间后被测容器内的气压就会下降,通过测量容器内气体压力降即可推导出容器实际泄漏的气体量,以达到检测气体泄漏量的目的。

直压法主要用于一些对于气密性要求不高的产品的测试及检测泄漏量比较大的场合。当被检测产品的内容积比较小时,比较适合用压力式检测法。

2) 差压法

差压法是在直接压力法的基础上添加了差压传感器。差压法的原理见图 5-28。

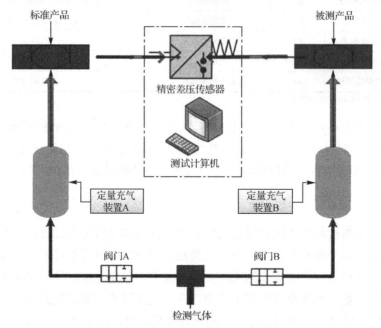

图 5-28　差压法的原理

差压法气密性检测过程为充气—平衡—检测—排气。充气时,充气阀打开,测试阀组(检漏阀门 A、B)打开,差压传感器两端压力相等,稳压开始时,测试阀组关闭,差压传感器一侧压力恒定,另一侧由于连接到被测产品,当产品端存在泄漏时,该侧压力下降。差压传感器对比两侧的压力,进而测试出微小泄漏。

差压法的特点是:①测试信号分辨率高,且与压力的高低无关;②测试压力高,可达 **50MPa**,能以较高的测试压力检测很小的泄漏;③通过在测试系统中使用一个标准产品作为参考件,对状态不稳定的被测产品进行泄漏测试。差压法的缺点是量程较小,不适用于泄漏量较大的工件。

在相同的条件下，当产品的测量精度要求不高时，可以考虑选择绝对或相对压力式检测法；当产品的测量精度要求较高时，应当选择差压式检测法较适合。差压法是目前应用较多的气密性检测方法，常用于高测试压力、高分辨率要求的场合。

3) 质量流量法

流量式气密性检测采用流量传感器，工作原理见图 5-29。

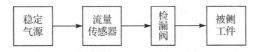

图 5-29　流量式气密性检测原理

质量流量法采用质量流量传感器，工作原理如图 5-30 所示。

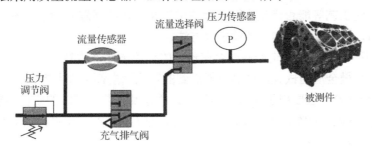

图 5-30　质量流量法工作原理

在被测容器的内腔中充入一定气体，并使内腔与充气管路、充气排气阀、质量流量计连接，若内腔存在泄漏，则质量流量计会有所反应。

质量流量法的优点是：①直接测量由泄漏引起的气体流量，不需要进行压力-流量换算，测量精度高，分辨率不受被测产品容积的影响；②大气压力和温度对测量结果的影响较小，测量信号直接对应标准状态下的泄漏率；③充气和测量时间短。

质量流量法适合于检测工件容积较大但允许泄漏值较小的产品。

4) 氦气泄漏检测法

氦气泄漏检测法是指在被测容器的内腔中充入一定氦气，并将容器置于一个箱体内，将箱体内抽成真空，若被测容器存在泄漏，经过一段时间后，真空箱体内将会存在氦气，通过检测箱体内的氦气量来判定被测容器的气密性。氦气泄漏检测法具有很高的精度，适用于检测对气密性要求很高的被测产品，但设备价格高、费用大。而且要求每检测完一个容器，容器及箱体内的氦气要清除干净，否则会引起测量误差。

氦质谱检漏仪是根据质谱学原理，用氦气作为示漏气体制成的气密性检测仪器。氦质谱检漏仪是对真空设备及密封器件的微小漏隙进行定位、定量和定性检测的专用检漏仪器。氦气(He)是一种稀有惰性气体，具有很强的扩散性、良好的导热性、低密度、低溶解度、低蒸发潜热等性质，对一般化学反应和放射性具有惰性，使用安全。氦质谱检漏仪比其他检漏仪器成本高，但因具有性能稳定、灵敏度高、操作简便、检测迅速等特点，是真空检漏技术中灵敏度最高、应用最普遍的检漏仪器。

5.4.7　产品环境试验

环境试验就是将产品暴露在自然环境或人工模拟环境中，从而对其实际上会遇到的储存、运输和使用条件下的性能做出评价。通过环境试验，可以获得设计质量和产品质量方面的信息，是质量保证的重要手段。环境试验可以模拟各类环境气候、运输、搬运、振动等条件，是企业或第三方机构验证原材料、半成品及成品质量的一种方法，目的是通过进行各种环境试验，来验证材料和产品是否达到在研发、设计、制造中预期的质量目标。

环境试验作为可靠性试验的一种类型，已发展成为一种预测产品使用环境如何影响产品性能和功能的方法，广泛用于材料和产品的研发、生产过程中的各种检查、运输之前的检验和运输后的质量控制，也用于分析产品实际使用过程中出现的缺陷及新产品的改进。

环境试验技术是产品环境适应性工程的重要组成部分，对保障产品的环境适应性起着重要作用，广泛应用于军用和民用产品的研制和生产过程中。环境试验的主要应用范围如下。

(1)产品研究性试验。主要用于产品设计、研制阶段，用于考核所选用的元器件、零部件、设计结构、采用的工艺等能否满足实际环境要求以及存在的问题。为了节省时间和充分暴露产品的薄弱环节，一般都采用加速环境试验方法。

(2)产品定型试验。用来确定产品能否在预定的环境条件下达到规定设计技术指标和安全要求。定型试验是最全面的试验，产品可能遇到的环境因素都必须考虑到。

(3)生产检查试验。主要用于检查产品的工艺质量及工艺变更时的质量稳定性。

(4)产品验收试验。验收试验是指产品出厂时，为了保证产品质量必须进行的一些项目的试验，验收试验通常采用抽样进行。

(5)安全性试验。用环境试验可以检查产品是否危害人身健康及生命安全，用恒加速度来检查产品安装、连接的牢固性，以防止在紧急情况下被甩出而造成人身伤亡事故或撞坏其他设备。安全性试验通常采用比正常试验更严酷的试验等级进行。

(6)可靠性试验。可靠性试验由环境试验、寿命试验、现象试验和特殊试验等组成，环境试验是其中的主要组成部分。美国 MIL-ZTD-781D 中明确规定，环境试验是可靠性试验的必要补充内容，也是提高产品可靠性的重要手段。

在环境试验中，人工模拟试验是最常用和最重要的试验方法，而环境试验设备是开展人工模拟试验工作研究的工具和手段。

环境试验实际上是指人工模拟的环境试验。为了在较短时间内能鉴定产品对环境的适应能力，在科研和生产工作中多采用人工模拟环境试验，即在实验室的试验设备(箱或室)内模拟一个或多个环境因素的作用，并予以适当的强化。人工模拟试验的试验条件的确定，要求既能模拟环境中主要影响因素的真实性，又能在时间上起一定的加速作用，但是加速程度不应改变产品实际损坏机理的规律。

根据国际电工委员会(IEC)TC75环境条件分类委员会颁布的《环境参数分级标准》，环境试验可分为以下几种类型。

(1)气候环境因素：温度、湿度、压力、日光辐射、沙尘、雨雪等。

(2)生物及化学因素：盐雾、霉菌、二氧化硫、硫化氢等。

(3)机械环境因素：振动(含正弦、随机)、碰撞、跌落、摇摆、冲击、噪声等。

(4)综合环境因素：温度与湿度，温度与压力，温度、湿度与振动等。

环境试验通常可简单划分为气候环境试验、机械环境试验和综合环境试验三类。气候环境试验主要包括温度试验、温湿度试验、气压试验、水试验、盐雾试验、沙尘试验、气体腐蚀试验等；机械环境试验主要包括机械振动试验、机械冲击试验、跌落试验、碰撞试验、稳态加速度试验、高噪声试验、疾风试验等；综合环境试验则是综合气候和机械等环境因素的应力试验，主要包括温度气压综合试验、温度振动综合试验、温度湿度振动综合试验、温度气压湿度综合试验等。

5.5   先进制造中的现代精密测量技术

如果没有先进的精密测量技术与测量手段，就很难设计和制造出综合性能和单项性能均优良的产品，更谈不上发展现代高新和尖端技术，因此世界工业发达国家都非常重视和发展现代精密测量技术。开发亚微米、纳米级高精度测量仪器，提高环境适应能力，增强鲁棒性，使精密测量装备从计量室进入生产现场，集成、融入加工机床和制造系统，形成先进的数字化闭环制造系统，是当今精密测量技术的发展趋势。本节介绍几种典型的精密测量技术。

5.5.1   轮廓仪

机械零件的表面加工质量不仅直接影响零件的使用性能，而且对产品的质量、可靠性及寿命也至关重要。轮廓仪是用于测量工件几何误差、波纹度和表面粗糙度等表面轮廓结构特征的仪器，它既能测量零件表面的宏观轮廓，又能测量零件表面的微观轮廓。轮廓仪的主要功能是测量零件表面的宏观轮廓形状，如汽车零件中沟槽的槽深、槽宽、倒角(包括倒角位置、倒角尺寸、角度等)、圆柱表面素线的直线度等参数。测量零件表面微观轮廓的轮廓仪又称为粗糙度仪，用于测量零件表面磨削、精车等加工后的表面加工质量。

按测量时触针是否与被测工件表面接触，轮廓仪可分为接触式轮廓仪和非接触式轮廓仪，按工作地点是否经常改变，又可分为台式轮廓仪和便携式轮廓仪。

1. 电动轮廓仪

电动轮廓仪属于接触式轮廓仪，它一般采用针描法测量工件的表面轮廓。电动轮廓仪由传感器、驱动箱和电气箱三个部件组成。电感传感器是电动轮廓仪的主要部件之一，传感器测杆以铰链形式和驱动箱连接，能自由下落，从而保证触针始终与被测表面接触。在传感器测杆的一端装有金刚石触针，按照 ISO 标准推荐值，触针针尖圆弧半径通常仅为 $2\mu m$、$5\mu m$ 或 $10\mu m$，在触针的后端镶有导块，形成一条相对于工件表面宏观起伏的测量基准，使触针的位移仅相对于传感器壳体上下运动，导块能消除宏观几何形状误差，减小波纹度对表面粗糙度测量结果的影响。

测量时将触针搭在被测工件上，使之与被测表面垂直接触，利用驱动机构以一定的速度拖动传感器。由于被测表面轮廓峰谷起伏，触针在被测工件表面滑行时，将产生上下移动，此运动经支点使电感传感器磁芯同步地上下运动，从而使包围在磁芯外面的两个差动电感线圈的电感量发生变化，产生与粗糙度成比例的模拟信号，经过放大、电平转换后进入数据采集系统，测量结果可在 LCD 显示器上读出，也可打印或与 PC 通信。

台式电动轮廓仪和便携式电动轮廓仪的实物照片见图 5-31。

电动轮廓仪测量准确度高，测量速度快，测量结果稳定可靠，操作方便，可直接测量某些难以测到的零件表面(如孔、槽等)的表面粗糙度，又能按有关评定标准读数，绘出表面轮廓形状曲线，但是被测表面容易被触针划伤，为此应在保证可靠接触的前提下尽量减少测量力。

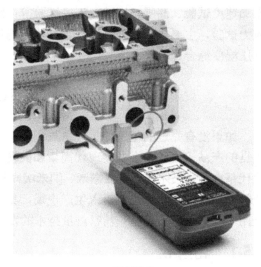

(a)台式　　　　　　　　　　　　　　　(b)便携式

图 5-31　电动轮廓仪实物照片

2. 光学式轮廓仪

光学式轮廓仪采用光学技术实现对工件表面轮廓的测量。光学式轮廓仪用光学触针代替了机械式触针，能实现非接触测量，可防止划伤被测零件表面。按工作原理，光学式轮廓仪主要有光强法轮廓仪、光学显微干涉法轮廓仪、基于偏振光干涉聚焦原理的光学轮廓仪、外差式光学轮廓仪、基于白光干涉仪的光学轮廓仪和基于共焦显微原理的光学轮廓仪等类型。

激光非接触式表面粗糙度仪基于激光光触针测量法，无可动部件、无探针，也不需要预先设置，操作使用简单方便。在距离被测表面 2.5mm 处进行非接触测量时，耗时仅为 0.5s，因此可实现对工件表面粗糙度的快速检测。它既可作为便携式仪器使用，又可与机床、自动线配合，对工件表面进行动态测量或对自动线上零部件的指定位置进行 100%检测，能真正发挥在线检测的作用。

光学 3D 表面轮廓仪基于白光干涉扫描技术原理，是用于对各种精密器件及材料表面进行亚纳米级表面微观形貌测量的精密检测仪器。其显著特点是可达到纳米级检测精度，并可快速获取被测工件表面三维形貌和数据。对于微型范围内重点部位的纳米级粗糙度、轮廓形貌等参数的测量，除了光学 3D 表面轮廓仪，没有其他的仪器设备能达到其测量精度要求。光学 3D 表面轮廓仪能对各种产品、部件和材料表面的平面度、粗糙度、波纹度、面形轮廓、表面缺陷、磨损情况、腐蚀情况、孔隙间隙、台阶高度、弯曲变形、加工情况等超光滑表面(纳米级)微观形貌特征进行测量和分析，可广泛用于各类精密工件表面质量要求极高的场合，如半导体、微机电、纳米材料、生物医疗、精密涂层、航空航天、科研等领域。

5.5.2　激光干涉仪

激光干涉仪根据激光干涉信号与测量镜位移之间的对应关系来实现位移测量。目前常用的激光干涉仪主要是基于迈克尔孙干涉仪的单频激光干涉仪和双频激光干涉仪。激光干涉仪主要运用了光波干涉原理，在大多数激光干涉测长系统中，都以稳频氦氖激光器为光源，并采用了迈克尔孙干涉仪或类似的光路结构。单频激光干涉仪的结构原理见图 5-32。

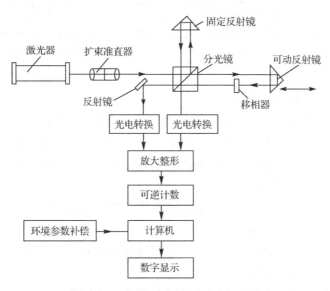

图 5-32　单频激光干涉仪的结构原理

单频激光干涉仪采用分振幅的方法，将激光器射出的圆偏振光通过一个偏振分光棱镜
（PBS）分为两束，一束作为参考光，另一束作为测量光，测量光携带测量信息后返回与参考
光合束，得到干涉条纹，通过光电探测器可以记录干涉条纹的数目和强度，从而得到移动的
距离。

双频激光干涉仪是在单频激光干涉仪的基础上发展而来的一种外差式干涉仪。双频激光
干涉仪的工作原理如图 5-33 所示。

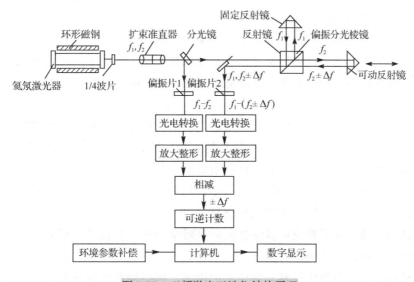

图 5-33　双频激光干涉仪结构原理

双频激光干涉仪采用塞曼稳频或其他方式将单频激光分为两个振动方向互相垂直、具有
一定频差的双频激光输出。其中，一部分光作为参考光，参考光的频率差为 f_1-f_2，另一部
分光由激光头出射，同样通过偏振分光棱镜（PBS），可以将两个振动方向互相垂直的线偏振光

分开，一束频率为 f_1 的光由固定反射镜反射返回，另一束频率为 f_2 的光作为测量光，由可动反射镜反射，在返回时由于多普勒效应，相应的光频变化为 $f_2 \pm \Delta f$。此时光 f_1 和光 $f_2 \pm \Delta f$ 作为测量光入射到激光头里，测量光的频率为 $f_1 - f_2 \pm \Delta f$，将其与参考光的频率进行对比，从而计算得到移动的距离。

双频激光干涉仪的优越性如下。

(1) 精度高。双频激光干涉仪以激光波长作为标准对被测长度进行度量，即使不做细分也可达到微米级，细分后更可达到纳米级。双频激光干涉仪利用放大倍数较大的前置交流放大器对干涉信号进行放大，即使光强衰减 90%，仍可得到有效的干涉信号，避免了直流放大器存在的直流电平信号漂移问题。

(2) 实时动态测量，测量速度高。现代双频激光干涉仪测速普遍达到 1m/s，有的甚至为十几米每秒，适用于高速动态测量。

(3) 应用范围广。双频激光干涉仪是一种多功能激光检测系统，可以实现非接触式精密测量，容易安装和对准，易于消除阿贝误差。

(4) 环境适应能力强。双频激光干涉仪利用频率变化来测量位移，它将位移信息载于频差上，对由光强变化引起的直流电平信号变化不敏感，故抗干扰能力及环境适应能力强。

双频激光干涉仪是目前精度最高、量程最大的长度计量仪器，以其良好的性能，在许多场合特别是在大长度、大位移精密测量中广泛应用。配合各种折射镜和反射镜等附件，双频激光干涉仪可以在恒温、恒湿、防震的计量室内检定量块、量杆、刻尺和坐标测量机等，也可在普通车间对大型机床的刻度进行标定；既可对几十米的大量程进行精密测量，也可对手表零件等微小运动进行精密测量；既可对位移、角度、直线度、平面度、平行度、垂直度和小角度等多种几何量进行精密测量，也可用于特殊场合，如半导体光刻技术的微定位和计算机存储器上记录槽间距的测量等。

激光干涉仪用作机床的测量系统，能提高机床的精度和效率。起初仅用于高精度磨床、镗床和坐标测量机上，之后又用于加工中心的定位系统中。但由于在一般机床上使用感应同步器和光栅一般就能达到精度要求，而激光仪器的抗振性和抗环境干扰性能差，且价格较贵，目前在机械加工现场使用较少。

双频激光干涉仪属于可溯源的计量型仪器，常用于检定数控机床、数控加工中心、三坐标测量机、测长机和光刻机等的坐标精度及其他线性指标，还可用作高精度三坐标测量机、测长机等的测量系统。激光干涉仪的一种应用如图 5-34 所示。

在加工精度反馈控制(精度补偿或修正)中，将驱动系统终端输出与对理论目标值的偏离值作为反馈信号，位移(位置)是重要的传感量之一，常用激光干涉仪作为位移(位置)误差反馈传感器。这种高精度传感系统可以使加工误差减少 90%，但由于干涉测量对环境条件要求苛刻，因而使其应用范围受到较大限制。

为了实现机床驱动系统线位移与角位移的检测，提供偏离目标值的反馈信号，经常要同时采用多种传感器。例如，在螺纹磨床误差自动修正系统中，采用双频激光干涉仪构成线位移传感器，还采用由双频激光干涉仪和光电编码器组成的数字式角度传感器，系统的分辨率可达到 0.5μm 以上。

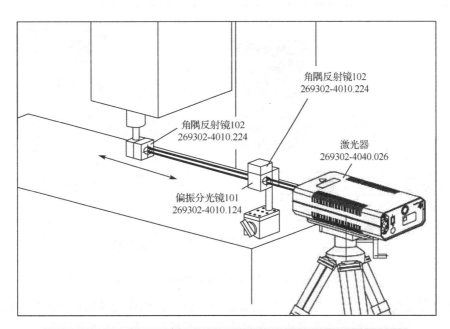

角隅反射镜102
269302-4010.224

角隅反射镜102
269302-4010.224

激光器
269302-4040.026

偏振分光镜101
269302-4010.124

图 5-34　激光干涉仪用于位移、线性度、速度、加速度和定位精度测量

5.5.3　三维激光扫描仪

三维激光扫描仪利用激光测距原理，通过记录被测物体表面大量密集点的三维坐标、反射率和纹理等信息，可快速复建出被测目标的三维模型及线、面、体等各种图形数据。三维激光扫描系统可以密集地大量获取目标对象的数据点，相对于传统的单点测量，三维激光扫描技术是从单点测量进化到面测量的革命性技术突破。三维激光扫描仪已经在工业生产、大型结构、飞机与船舶制造、管道设计、城市建筑测量、地形测绘、采矿业、变形监测、公路铁路建设、隧道工程、桥梁改建、文物保护等领域中成功应用。

激光测距技术是三维激光扫描仪的主要技术之一，激光测距原理主要有脉冲测距法、相位测距法、激光三角法和脉冲-相位式四种类型。按照激光测距原理的不同，三维激光扫描仪可分为脉冲式扫描仪、相位式扫描仪和三角测量式扫描仪。其中，脉冲式扫描仪测程最远，但精度随距离的增加而降低；相位式扫描仪适合于中程测量，测量精度较高；三角测量式扫描仪测程最短，但精度最高，适合于近距离、室内测量。按照载体的不同，三维激光扫描系统又可分为机载型、车载型、地面型和手持型。三维激光扫描仪的组成及工作原理如图 5-35所示。

无论扫描仪的类型如何，其构造原理基本相似。三维激光扫描仪主要由高速精确的激光测距系统和测角系统以及其他辅助功能系统，如内置相机以及双轴补偿器等构成。其工作原理是：通过激光测距系统获取扫描仪到待测物体的距离，通过测角系统获取扫描仪至待测物体的水平角和垂直角，进而计算出待测物体的三维坐标信息。在扫描过程中利用本身的垂直和水平马达等传动装置完成对物体的全方位扫描，这样就以一定的取样密度连续地对空间进行扫描测量，得到被测物体密集的三维彩色散点的点云数据。

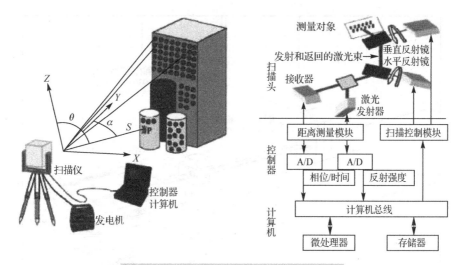

图 5-35　三维激光扫描仪的组成及工作原理

三维测量是现代工业生产中的一项重要测量工作，三坐标测量机价格昂贵，操作复杂，在对复杂物体进行测量时速度非常慢，很难实现在线测量。而三维激光扫描技术能够迅速测量物体表面每个点的三维坐标，这是传统测量手段所不能实现的。近年来三维激光扫描技术不断发展并日渐成熟，三维扫描设备也逐渐商业化。三维激光扫描仪的巨大优势在于可以快速扫描被测物体，而不需反射棱镜即可直接获得高精度的扫描点云数据，可以高效地对真实世界进行三维建模和虚拟重现。三维激光扫描技术在制造业的应用日益广泛，高速三维扫描及数字化系统在逆向工程中发挥着越来越重要的作用。目前，三维激光扫描技术主要应用于：①三维检测；②逆向工程；③扫描实物，建立 CAD 数据；④对不能使用三维 CAD 数据的部件，建立三维数据；⑤生产线质量控制和产品元器件的形状检测等。

5.5.4　激光跟踪仪

激光跟踪仪是一种高精度的大尺寸测量仪器。它集合了激光干涉测距技术、光电探测技术、精密机械技术、计算机及控制技术、现代数值计算理论等多种先进技术，对空间运动目标进行跟踪并实时测量目标的空间三维坐标。

激光跟踪仪是一台以激光为测距手段配以反射标靶的仪器，它同时配有绕两个轴转动的测角机构，形成一个完整的球坐标测量系统。它可用于测量静止目标，跟踪和测量移动目标或它们的组合。激光跟踪测量系统基本都由激光跟踪头(跟踪仪)、控制器、计算机、反射器(靶镜)及测量附件等组成，如图 5-36 所示。

激光跟踪仪原理如图 5-37 所示。

激光跟踪测量系统的工作基本原理是，在目标点上安置一个反射器，跟踪头发出的激光射到反射器上，又返回到跟踪头，当目标移动时，跟踪头调整光束方向来对准目标。同时，返回光束被检测系统所接收，用来测算目标的空间位置。激光跟踪测量系统所要解决的问题是静态或动态地跟踪一个在空间中运动的点，同时确定目标点的空间坐标。

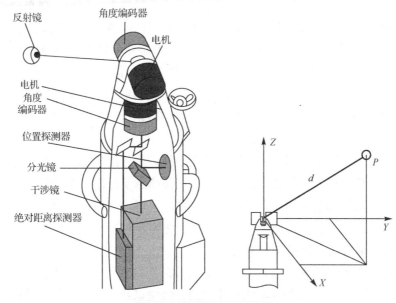

图 5-36　激光跟踪仪的组成

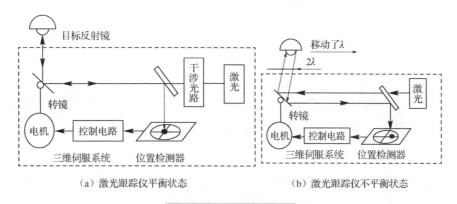

（a）激光跟踪仪平衡状态　　　　　　　（b）激光跟踪仪不平衡状态

图 5-37　激光跟踪仪原理

激光跟踪仪是基于球坐标系的便携式坐标测量系统，具有高精度、高效率、实时跟踪测量、安装快捷、操作简便等特点，适合于大尺寸工件装配测量。激光跟踪仪在单方向测量上继承了激光干涉仪的高精度和稳定性，其主动瞄准光学靶标的特性还解决了传统激光干涉仪在远距离测量中所面临的侧向空气扰动引起的光路漂移的问题，在远距离测量时更具优势，而且无须严格对准光路，测量效率大大提高。激光跟踪仪在汽车、航空航天和通用制造领域工装设置、检测和机床控制与校准应用中得到普遍认可。

5.5.5　测量机器人及机器人辅助测量

随着工业机器人技术的迅猛发展，机器人在测量中的应用日益受到重视。机器人辅助测量分为直接测量和间接测量。直接测量时要求机器人具有高的运动精度和定位精度，因而造价也较高。间接测量又称为机器人辅助测量，在测量过程中机器人坐标运动只是辅助运动而不参与测量过程，其任务是模拟人的动作，将测量工具或传感器测头送至测量位置。

　　间接测量方法的特点是：①机器人可以是通用工业机器人，例如，在车削加工中心上，机器人可以在完成上下料后进行测量，而不必为测量专门配置一台机器人，使机器人同时具有多种用途；②对传感器和测量装置要求较高，由于允许机器人在测量过程中存在运动和定位误差，因而传感器和测量装置有一定的智能和柔性，能进行姿态和位置调整，独立完成测量工作；③利用机器人进行辅助测量具有在线、灵活、高效等特点，可以实现对零件的100%检测，特别适合自动化制造系统中的工序间和过程测量。测量机器人在 FMS 中已广泛应用。

　　在机器人末端加装测头即可构成机器人检测系统。与传统检测系统相比，机器人检测系统具有灵活性好、重复精度高的特点，避免了传统传感器支撑轴过多的缺点，节省了大量空间和工作量。与三坐标测量机相比，其造价低，使用灵活，容易纳入自动化生产线。目前，机器人检测已应用于孔径测量、外形检测和无损探伤等方面。

　　ZEISS 在线测量机器人如图 5-38 所示。

　　典型的 ZEISS 在线测量机器人测量工位的构成组件包括用于机器人校准和温度补偿的补偿标靶、适用于机器人光学 3D 传感器缆线路径的管线包以及可与所有附属系统和生产线 PLC 通信的测量工位控制器。视测量点数量和生产周期所需时间而定，可使用 1～4 个各自配置一个光学传感器的机器人。机器人测量工位具有良好的灵活性，主要用于多种不同型号产品的混线生产，未来可能需要对测量方案进行更改和扩展。

　　Mahr 推出了可集成到未来联网工厂中的自动 CNC 测量站，见图 5-39。

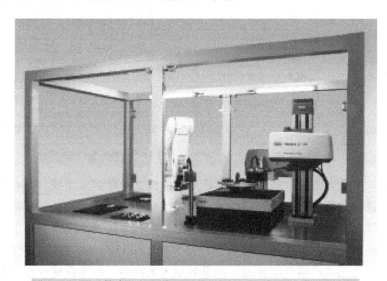

图 5-38　ZEISS 在线测量机器人　　　　图 5-39　用于轮廓和粗糙度测量的 Mahr CNC 机器人辅助测量站

　　用于轮廓和粗糙度测量的 Mahr CNC 机器人辅助测量站是工业 4.0 联网工厂中的重要组件。机器人负责在测量站上载入和卸载工件。测量装置会按照预设的测量程序，自动检测并识别工件并对其进行独立测量。Mahr CNC 测量站由一个放置智能工件的加载站构成。机器人自动以测量序列处理产品。配备相机的识别站通过二维码识别产品，然后测量站接收到关于待测量工件的信息。机器人将产品载入旋转台并按照正确的测量序列选择适当的测量程序，如轮廓和粗糙度测量。然后由高精度测量系统 MarSurf LD130 执行特定产品测量，系统会将测头单独移至测量位置，确保没有操作失误。接下来读取和标记站会识别工件，并使用激光以数字形式添加另一个标签，随后机器人会将产品放入存储区。通过机器人自动将产品在测量站上载入和卸载、进行标记以及将产品放入存储区或卸载，整个测量序列的速度明显提高。可通过总线系统，将记录的测量数据和结果保存到质量数据库或云中。

5.6　纳米检测技术

5.6.1　微纳米检测技术概述

现代制造已向微小尺度领域发展，由毫米级、微米级继而涉足纳米级。微纳米制造技术可分为加工精度和加工尺度两方面，微纳米技术研究、探测物质结构的功能尺寸及分辨率已达到微米级至纳米级尺度，使人类深入到分子级、原子级的纳米层次。加工精度由 21 世纪初的最高精度微米级发展到当前的几纳米数量级。金刚石车床加工的超精密衍射光栅精度已达 1nm，已经可以制作 10nm 以下的线、柱、槽。微纳米制造技术的发展离不开微纳米级测量技术与设备，纳米技术研究、纳米新材料研发及纳米产品制造都依赖于纳米尺度上各种特性的高准确度和高重复性测量。

微纳米检测的主要任务有：微纳结构的几何结构特征参数检测，如尺寸、表面粗糙度、表面微观形貌等；微纳结构材料机械特性检测、微机械量检测测量，如力、应力、应变、微位移、速度、加速度、振动等，测量硬度、弹性模量、屈服强度、断裂性能、疲劳强度等；微器件及微纳系统的性能检测测试。

几种常见的微纳米检测方法的比较见表 5-6。

表 5-6　几种微纳米检测方法的比较

检测方法	分辨率/nm	精度/nm	测量范围/nm	测量范围/分辨率	测量速度/(nm/s)
扫描探针显微镜	0.001	0.05	$10^3 \sim 10^4$	$10^6 \sim 10^7$	10
透射电子显微镜	0.1	0.14	10^7	10^8	10
电容传感器	10^{-3}	—	25	2.5×10^4	10^4
电感传感器	0.25	—	10^4	2.5×10^5	10^4
光学外差干涉仪	0.1	0.1	5×10^7	5×10^8	2.5×10^3
F-P 干涉仪	10^{-3}	10^{-3}	5	5×10^3	$5 \sim 10$
X 射线干涉仪	5×10^{-3}	10^{-2}	2×10^5	4×10^7	3×10^3
光栅干涉仪	1.0	5.0	5×10^7	5×10^7	10^6
激光频率分裂法	79	—	10^7	1×10^5	10^6

5.6.2　扫描探针显微镜

扫描探针显微镜(scanning probe microscope，SPM)是在扫描隧道显微镜(STM)的基础上发展起来的各种新型探针显微镜，是扫描隧道显微镜(STM)、原子力显微镜(AFM)、静电力显微镜、磁力显微镜(MFM)、扫描离子电导显微镜、扫描电化学显微镜等的统称，是国际上近年来发展起来的表面分析仪器。

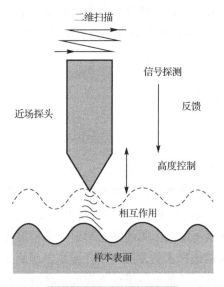

图 5-40　SPM 的共同原理

扫描探针显微镜是指一类通过微小探针在样品表面扫描，将探针与样品表面间的相互作用转换为表面形貌和特性图像的显微镜，它能提供表面的三维高空间分辨率图像。扫描探针显微镜主要由控制系统和显微镜系统组成。SPM 的共同原理见图 5-40。

当探针针尖和被测样本足够近时，利用针尖与样本之间的相互作用(隧道电流、接触力、静电力、磁力、摩擦力等)进行扫描成像，获得样本表面的三维形貌信息。

与各种传统的显微镜和分析仪器相比，SPM 具有以下明显的优势。

(1)具有极高的分辨率，可以轻易地真正看到原子，这是一般显微镜甚至扫描电子显微镜所难以达到的。

(2)能得到样品表面实时、真实的高分辨率图像。而某些分析仪器是通过间接的或计算的方法来推算样品的表面结构的。

(3)使用环境宽松。电子显微镜等仪器对工作环境要求苛刻，样品必须安放在高真空条件下才能进行测试。而 SPM 既可在真空中工作，又可在大气中、低温、常温、高温，甚至在溶液中使用，因此 SPM 适用于各种工作环境下的科学试验。

SPM 的不足之处是：①由于其工作原理是控制具有一定质量的探针进行扫描成像，因此扫描速度受到限制，检测效率比其他显微技术低。②由于压电效应在保证定位精度的前提下运动范围很小(难以突破 100μm 量级)，而机械调节精度又无法与之衔接，故不能做到电子显微镜的大范围连续变焦，定位和寻找特征结构比较困难。③SPM 对样品表面的粗糙度有较高的要求。SPM 中最为广泛使用的管状压电扫描器的垂直方向伸缩范围比平面扫描范围一般要小一个数量级，扫描时探针随样品表面起伏而伸缩，如果被测样品表面的起伏超出了扫描器的伸缩范围，则会导致系统无法正常工作甚至损坏探针。④由于 SPM 通过检测探针对样品进行扫描时的运动轨迹来推知其表面形貌，因此，探针的几何宽度、曲率半径及各向异性都会引起成像的失真，采用探针重建可以部分克服。

SPM 正在向着更高的目标发展，它不仅为一种测量分析工具，而且将成为一种加工工具，将使人们有能力在极小的尺度上对物质进行改性、重组、再造。

1. 扫描隧道显微镜

扫描隧道显微镜是根据量子力学中的隧穿效应原理，通过探测固体表面原子中电子的隧道电流来分辨固体表面形貌的新型显微装置。STM 于 1981 年由 G. Binnig 及 H. Rohrer 在 IBM 公司苏黎世实验室发明，因此与 Ernst Ruska 分享了 1986 年诺贝尔物理学奖。STM 工作原理如图 5-41 所示。

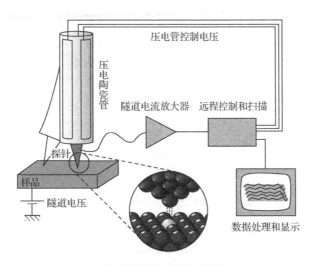

图 5-41　STM 工作原理

　　扫描隧道显微镜的工作原理是利用电子隧道现象，将样品本身作为一个电极，另一个电极是一根非常尖锐的探针。在样品和探针之间施加一个电压，把探针移近样品，当探针和样品表面相距只有数十埃时，由于量子隧穿效应，在样品和探针之间会有电流通过，隧穿电流的大小与电压、样品表面的态密度及样品和探针之间的距离有关。当探针与样品表面距离很近时，针尖头部的原子和样品表面原子的电子云发生重叠，此时在针尖和样品之间加上一个电压，电子便会穿过针尖和样品之间的绝缘势垒而形成 nA 级(10^{-9}A)的隧道电流，从一个电极(探针)流向另一个电极(样品)，当其中一个电极为非常尖锐的探针时，由于尖端效应而使隧道电流加大。将得到的电流信息采集起来，再通过计算机处理，即可得到样品表面原子排列的三维图像。

　　STM 利用了量子力学中的隧穿效应，可以分辨物质表面 0.1nm(原子尺寸)的细节，纵向(材料表面高度变化)分辨率甚至可达 0.01nm。利用 STM 不但可以分辨材料表面原子尺寸的细节，甚至可以操控单个原子。扫描隧道显微镜在低温下(4K)也可以利用探针尖端精确操纵原子，因此它是纳米科技中重要的测量工具和加工工具。STM 的一个主要缺点是样品必须具有导电性，否则不能产生隧穿电流，从而导致无法观察，故一般用于导体和半导体表面的测定。

　　基于 STM 基本原理，随后又发展了一系列扫描探针显微镜(SPM)，如扫描力显微镜(SFM)、弹道电子发射显微镜(BEEM)和扫描近场光学显微镜(SNOM)等，这些新型显微技术都是利用探针与样品之间的不同相互作用来探测表面或界面在纳米尺度上表现出的物理性质和化学性质。光子扫描隧道显微镜(photon scanning tunneling microscope，PSTM)的原理和工作方式与 STM 相似，它也是利用光子隧穿效应探测样品表面附近被全内反射所激起的瞬衰场，其强度与距界面的距离呈函数关系，获得表面结构信息。

2．原子力显微镜(AFM)

　　为了弥补 STM 只能用于观测导体和半导体表面结构的缺陷，G. Binnig 等将扫描隧道显微镜与探针式轮廓仪相结合，于 1986 年发明了原子力显微镜(AFM)。

与 STM 的最大差别是，原子力显微镜不是利用电子隧穿效应，而是利用原子之间的范德瓦耳斯力(van der Waals force)作用来观测样品的表面特性。AFM 的工作原理及系统结构见图 5-42。

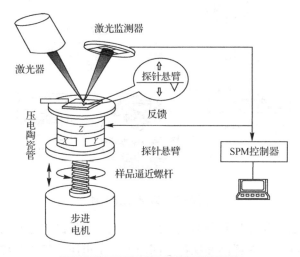

图 5-42　AFM 工作原理及系统结构

AFM 由力检测、位置检测和反馈系统三部分组成。与 STM 一样，AFM 也有一个对力非常敏感的微悬臂，其尖端有一个微小探针，当探针在材料表面扫描，即当探针轻微地接触、接近或轻敲样品表面时，探针尖端的原子与样品表面的原子之间产生极其微弱的相互作用力，从而使与探针相连的微悬臂弯曲，这会使照射在微悬臂上的激光光束发生偏转，将微悬臂弯曲的形变信号转换成光电信号并进行放大，即可得到原子之间力的微弱变化信号，通过计算机收集、处理这些偏转的光电信号，并合成得到材料表面形貌的三维图像。

相对于扫描电子显微镜，原子力显微镜具有许多优点：①扫描电子显微镜只能提供二维图像，而 AFM 提供真正的三维表面图像，分辨率最小可以达到几埃(几个原子的大小)，比 STM 稍差，但要比光学显微镜强；②AFM 不需要对样品做任何特殊处理，如镀铜或碳，这种处理会对样品造成不可逆转的伤害；③扫描电子显微镜需要运行在高真空条件下，原子力显微镜在常压下甚至在液体环境下都可以良好工作，因而可以用来研究生物宏观分子，甚至活的生物组织；④通过使用不同的探针，原子力显微镜还可以探测压电/铁电甚至铁磁结构材料。与扫描隧道显微镜相比，AFM 并不要求样品必须导电，由于能观测非导电样品，因此具有更为广泛的适用性，AFM 比 STM 更便宜、实用。

AFM 的缺点在于成像范围太小，速度慢，受探头的影响太大。

STM 主要用于自然科学研究，AFM 不仅用于各种纳米相关学科，是纳米科学研究的基本工具，而且相当数量的 AFM 已经用于工业技术领域。由于 AFM 可以在大气、真空、低温和高温、不同气氛以及溶液等各种环境下工作，且不受样品导电性质的限制，因此比 STM 应用更为广泛。主要用途有：①导体、半导体和绝缘体表面的高分辨成像；②生物样品、有机膜的高分辨成像；③表面化学反应研究；④纳米加工与操纵；⑤超高密度信息存储；⑥分子间力和表面力研究；⑦摩擦学及各种力学研究；⑧在线检测和质量控制。

当前在科学研究和工业界广泛使用的扫描力显微镜(scanning force microscope，SFM)的基础就是原子力显微镜。利用类似于 AFM 的工作原理，检测被测表面特性对受迫振动力敏元件产生的影响，在探针与表面 10～100nm 距离范围，可以探测到样品表面存在的静电力、磁力、范德瓦耳斯力等作用力，相继开发了磁力显微镜(magnetic force microscope，MFM)、静电力显微镜(electrostatic force microscope，EFM)、摩擦力显微镜(lateral force microscope，LFM)等多种原理的扫描力显微镜。

5.6.3　其他微纳米测量技术

1. 光学干涉测量技术

光学干涉测量技术主要有激光干涉测量技术、光学干涉显微镜测量技术、X 射线干涉测量技术和白光干涉测量技术等。

光学干涉显微镜测量技术包括外差干涉测量、显微相移干涉测量、超短波长干涉测量、基于频率跟踪的 F-P(Febry-Perot)标准测量等技术，随着新技术、新方法的利用也达到了纳米级测量精度。外差干涉测量技术具有高的位相分辨率和空间分辨率，如光外差干涉轮廓仪具有 0.1nm 的分辨率，基于频率跟踪的 F-P 标准测量技术具有极高的灵敏度和准确度，其精度可达 0.001nm，但其测量范围受激光器调频范围的限制，仅有 0.1μm。而扫描电子显微镜(scanning electric microscope，SEM)可使几十个原子大小的物体成像。

以 SPM 为基础的扫描探针显微观测技术只能给出纳米级分辨率，却不能给出表面结构准确的纳米尺寸，缺少一种简便的面向纳米精度(0.01～0.10nm)尺寸测量的定标手段。扫描 X 射线干涉测量技术是微纳米测量中的一项新技术，它正是将单晶硅的晶面间距作为亚纳米精度的基本测量单位，加上 X 射线波长比可见光波长小两个数量级，有可能实现 0.01nm 的分辨率。与其他方法相比，该方法对环境要求低，测量稳定性好，结构简单，是一种很有潜力的、方便的纳米测量技术。

迈克尔孙型差拍干涉仪适于超精细加工表面轮廓的测量，如抛光表面、精研表面等，测量表面轮廓高度变化最小可达 0.5nm，横向(X、Y 向)测量精度可达 0.3～1.0μm。沃拉斯顿型差拍双频激光干涉仪在微观表面形貌测量中，其分辨率可达 0.1nm 数量级。具有微米及亚微米测量精度的几何量与表面形貌测量技术已经比较成熟，如精度为 10nm 的 HP5528 双频激光干涉测量系统、具有 1nm 精度的光学触针式轮廓扫描系统等。

2. 微纳米坐标测量技术

微纳米坐标测量机利用运动平台带动被测样品产生与测头之间的相对运动，经过测头瞄准定位来获得被测样品表面的坐标信息，以实现表面形貌、表面结构参数等的测量。微纳米坐标测量机可以实现纳米量级的一维、二维和三维空间测量，一般测量范围为 1～5000μm，分辨率为 0.1～1000nm。纳米测量机不但解决了计量溯源问题，实现了真正意义上的纳米测量，而且能够操作一簇分子和原子甚至单个原子，可用于微机械、纳米管、纳米材料处理等领域。

微纳米测量机依靠具有纳米级定位精度的测量平台和纳米级分辨率的测量传感器来进行测量。测量平台范围达到 150mm×150mm×80mm，光学测头纵向分辨率达 0.1nm，精度达 1%，扫描探针显微测头纵向分辨率为 0.01nm，横向分辨率为 1nm。

思　考　题

1．传感器在先进制造系统自动检测中的地位和作用是什么？
2．简述在线检测技术的优点和发展趋势。
3．先进制造系统工况监控与故障诊断的功能和作用是什么？
4．举例说明制造系统工况监控系统的组成和工作过程。
5．举例说明机电产品制造质量及精度检测方法。
6．激光测量传感器在先进制造系统中有哪些典型应用？试举例说明。
7．扫描探针显微镜有哪几种类型，各有什么特点？
8．试分析说明制造系统检测技术智能化的典型应用场合及实例。

第6章 数字制造装备

数字制造装备是数字制造的基础，是推动 21 世纪制造装备发展和创新的强大动力。数字制造装备不仅具有强大而灵活的加工能力，而且具有强大的信息加工和处理能力。数字制造装备包括数控机床、柔性夹具、工业机器人和数字检测装备等，已经从单纯的制造执行实体逐步发展为综合信息处理装置，其数字信息处理能力是数字制造系统的重要特征。这些装备具备运动规划、性能建模、状态检测、自动控制、自主维护和可重组等功能，以满足快速产品开发和快速响应市场的需要，并适应产品创新和市场竞争的环境。数字制造装备的特征集中体现在运动数字化，包括驱动过程的数字建模、多约束条件下的运动规划、基于传感信息的参数识别以及对工况变化的自适应控制等方面。近年来，数字制造装备将网络集成到控制系统，以取代传统计算机控制系统的点对点连线，具有诸多优点，便于实现系统的诊断和维护，同时也提高了系统的柔性。智能化、网络化的数字制造装备将成为未来制造业重要的发展方向。

6.1 数 控 机 床

现代数控技术综合了机械加工技术、自动控制技术、检测技术、计算机和微电子技术，是当今世界上机械制造业的高技术之一。现代制造技术的发展过程是制造技术、自动化技术、信息技术和管理技术等相互渗透和发展的过程，而数控(NC)技术以其高精度、高速度、高可靠性等特点已成为现代制造技术的技术基础。世界上各工业发达国家都把发展数控技术作为机械制造业技术革命的重点。

6.1.1 CNC 的产生与发展

20 世纪中期，随着电子技术的发展，自动信息处理、数据处理技术以及电子计算机的出现推动了生产机械自动化的发展。随着科学技术的进步，机械产品的形状和结构不断改变，对零件加工质量的要求越来越高。机械产品改型频繁，产品的形状复杂，种类繁多，这就要求机床具有良好的通用性和灵活性。为了提高生产效率，降低生产成本，还要求生产过程实现自动化。数控机床是一种用数控装置控制的，适用于精度高，零件形状复杂的单件、小批量生产的高效自动化机床。数控机床按照控制机的发展，经历了以下五个阶段。

1948 年，美国帕森斯公司(Parsons Co.)提出了数控机床的初始设想。1952 年，美国麻省理工学院试制成功世界上第一台数控机床。这是一台三坐标数控立式铣床，采用的是脉冲乘法器原理，其数控系统全部采用电子管元件，称为第一代数控系统。

1959 年，由于在计算机行业中研制出晶体管元件，因而数控系统开始广泛采用晶体管和印刷电路板，从而跨入第二代数控系统。

1965 年，小规模集成电路以其体积小、功耗低广泛应用于数控系统，使得数控系统的可靠性得以进一步提高。数控系统发展到第三代。1970 年，在美国芝加哥国际机床展览会上，首次展示了以小型计算机取代专用计算机的第四代数控系统，即计算机数控（computer numerical control，CNC）系统。

1974 年，美、日等国数控生产厂家，在美国 Intel 公司开发的微处理器技术基础上，首先研制出以微处理器为核心的数控（micro-computer numerical control，MNC）系统。由于中、大规模集成电路集成度和可靠性高、价格低廉，这种以微处理器技术为特征的第五代数控系统很快占据领先地位。

前三代的数控系统都是采用专用控制计算机的硬接线数控系统，称为硬线系统，统称为普通数控（NC）系统。普通数控机床所有控制功能均利用电路实现，即采用硬件来实现插补、纸带格式的识别、绝对或增量定位、字符编码识别等功能，称为硬件式数控。从 20 世纪 70 年代中期开始，机床数控系统由硬件式数控（NC）走向软件式数控的新阶段。软件式数控是取代硬件式数控（NC）的新型数控系统，由大规模集成电路、超大规模集成电路及微处理机组成，具有很强的程序处理功能。这种数控系统的通用性大大增强，硬件结构几乎不用变动，只要改变软件就可适应各种不同类型机床的需要，具有很强的柔性。这种软件式数控系统，即"现代数控系统"，也称为"计算机数控"（CNC）。然而这种数控系统中的多数仍基于专用计算机的基础而设计，缺乏灵活性，并且又多采用非标准接口，采用不同汇编语言和操作系统，给当今制造环境中所使用的数控系统的设计及集成带来了许多困难。针对上述困难，基于个人计算机（personal computer，PC）的数控单元，以其独特优势，在数控系统中得到广泛深入的应用，这种数控系统又称为微机数控（MNC）。对于工业控制过程来说，个人计算机所采用的 PC 总线远没有 Multi-bus、Vmebus、Stdbus 周到、全面，没有总线仲裁能力。不过 PC 总线具有很多明显的优势，相对于大型专用计算机系统，其价格低廉，结构简单，只需要给 PC 加上几块控制印刷线路板就可以变为适应需要的 CNC 系统。随着计算机的发展，系统的升级也很容易实现。PC 具有丰富的软硬件资源，特别是 PC 软硬件的通用性和透明性，使用户可以根据自己的需要开发其软硬件。除此之外，MNC 留有各种接口，可以方便地集成于柔性制造单元（FMC）、柔性制造系统（FMS）以及计算机集成制造系统（CIMS），是一种开放的数控系统。

6.1.2　CNC 的组成及结构特点

数控加工是指数控机床在数控系统的控制下，自动地按给定的程序进行机械零件加工的过程。数控系统的发展水平高低直接决定了数控加工技术的发展水平。

数控系统是由输入程序、输入/输出设备、计算机数控装置、可编程控制器、主轴驱动装置和进给驱动装置等组成，图 6-1 是 CNC 系统框图。

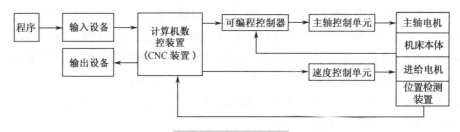

图 6-1　CNC 系统框图

数控系统的核心是 CNC 装置。CNC 装置采用存储程序的专用计算机，它由硬件和软件两部分组成。软件在硬件环境支持下运行完成一部分或全部数控功能，这部分由软件实现的功能具有很好的柔性，很容易通过改变软件来更改或扩展其功能。因此，CNC 装置又称为软件数控。CNC 装置的软件与硬件相互依存，相互促进，两者缺一不可。

1. CNC 装置硬件结构

CNC 装置硬件结构一般分为单微处理机结构和多微处理机结构两大类。初期的 CNC 和现有的一些经济型 CNC 采用单微处理机结构。随着机械制造技术的发展，对数控机床提出了高速度、高精度和多功能的要求，因此，数控系统处理机的速度必须得到提高，多微处理机结构从而得到了迅速发展，它反映了当今数控系统发展的水平。

1) 单微处理机结构

在单微处理机结构中，只有一个微处理机集中控制、分时处理数控的多个任务。虽然有的 CNC 装置有两个以上的微处理机，但只有一个微处理机能够控制系统总线，占有总线资源，而其他微处理机成为专用的智能部件，不能控制系统总线，不能访问主存储器。这种主从多微处理机结构仍被归于单微处理机结构。

如图 6-2 所示，单微处理机结构的基本组成包括微处理器和总线、存储器、EPROM、I/O 接口、MDI/CRT 接口、位置控制器、可编程控制器接口等。单微处理机结构的主要特点如下。

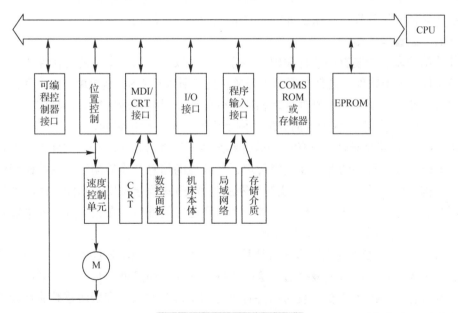

图 6-2　单微处理器结构框图

(1) CNC 装置内只有一个微处理机，存储、插补运算、输入/输出的控制、CRT 显示等功能都由它集中控制、分时处理。

(2) 微处理机通过总线与存储器、输入/输出控制等各种接口相连，构成 CNC 装置。

(3) 结构简单，容易实现。

(4) 只有一个微处理机控制，其功能将受微处理机字长、数据宽度、寻址能力和运算速度等限制。

2) 多微处理机结构

多微处理机结构是指具有两个或两个以上的微处理机构成的处理部件，处理部件之间采用紧耦合，有集中式操作系统，共享资源；或者具有两个或两个以上的微处理机构成的功能模块，功能模块间采用松耦合，有多重操作系统有效地实行并行处理。多微处理机 CNC 装置采用模块结构，一般由 6 种功能模块组成，即 CNC 管理模块、CNC 插补模块、位置控制模块、可编程控制模块、操作与控制数据输入/输出及显示模块、存储器模块。模块间的互联与通信在机柜内耦合，典型的有共享总线和共享存储器两类结构。共享总线结构是以系统总线为中心的多微处理机 CNC 装置。把组成 CNC 装置的多个功能模块分为带有 CPU 或 DMA 器件的各种主模块和不带 CPU、DMA 器件的各种 RAM/ROM 或 I/O 从模块两大类。所有主、从模块都插在配有总线插座的机柜内，共享严格按照标准设计的系统总线。系统总线的作用是把各个模块有效地连接在一起，按照要求交换各种数控信息，构成一个完整的系统，实现各种预定的功能。任一时刻只能由一个主模块占有总线，由总线仲裁多个主模块同时申请总线的要求。

共享存储器结构采用多端口存储器来实现多微处理机之间的互连和通信。由多端口控制电路解决访问冲突。同一时刻只能有一个微处理机对多端口存储器进行读写操作，所以当功能复杂而要求微处理器数量增多时，会因争用共享而造成信息传输的阻塞，降低系统效率，故该结构扩展功能很困难。多微处理机结构具有以下特点：性能价格比高；采用模块化结构，有良好的适应性和扩展性；多微处理机的 CNC 装置具有很高的可靠性。

2. CNC 装置软件结构

软件的结构取决于装置中软件和硬件的分工，也取决于软件本身的工作性质。与一般计算机系统一样，由于软件和硬件在逻辑上是等价的，所以在 CNC 装置中，由硬件完成的工作原则上也可由软件来实现。与硬件处理相比，软件设计灵活，适应性强，易扩充，但处理速度较慢。在 CNC 装置中，软硬件的分配比例是由性能价格比决定的。

CNC 系统软件包括零件程序的管理软件和系统控制软件两大部分。零件程序的管理软件实现屏幕编辑、零件程序的存储及调度管理、与外界的信息交换等功能。系统控制软件是一种前后台结构式的软件。前台程序（实时中断服务程序）承担全部实时功能，而准备工作及协调处理则在后台程序中完成。后台程序是一个循环运行的程序，在其运行过程中实时中断服务程序不断插入，共同完成零件加工任务。

CNC 系统是一个专用的实时多任务计算机控制系统，其控制软件中融合了当今计算机软件技术的许多先进技术，其中最突出的是多任务并行处理和多重实时中断。多任务并行处理所包含的技术有：CNC 装置的多任务；并行处理的资源分时共享和资源重叠流水处理；并行处理中的信息交换和同步等。

6.1.3　CNC 的发展趋势

数控技术正在从专用结构向开放体系架构发展；从被动控制向主动智能方向发展；从简单的几何加工仿真向实时工况集成监控和物理建模仿真优化方向发展；从传统 G 代码加工数据流控制模式向产品数据模型直接驱动模式转化；从单向人机交互模式向智能化系统重构模式转化。随着微型计算机的产生和发展，作为现代制造装备"灵魂"的数控系统已由 NC、CNC 时代进入了 PC-NC 和 NET-NC 时代，其主要目标是开发具有智能化和柔性化的新一代数控系统，将各种新工艺、新技术、新方法集成于控制系统的基础平台，开发先进制造装备的支撑环境。数控技术发展的另一趋势是提升各种装备的性能、丰富功能，甚至使其更新换代、演变为用处广泛的"数字制造装备"（简称数字装备）。从目前世界上数控技术及其装备发展的趋势来看，其发展趋势可以从以下几个方面概括。

1. 数控功能方面的发展

1）人机交互界面图形化

人机交互界面是数控系统与使用者之间的交互接口。由于不同使用者对界面的要求不同，所以开发人机交互界面的工作量相对较大。人机交互界面设计不仅要满足操作过程的简便性，又要兼顾宜人性，因而成为计算机软件研制中最困难的部分之一。当前 Internet、虚拟现实、科学计算可视化及多媒体等技术也对交互界面提出了更高要求。柔性人机交互界面极大地方便了非专业用户的使用，人们可以通过窗口和菜单进行操作，便于蓝图编程和快速编程、三维彩色立体动态图形显示、图形模拟、图形动态跟踪与仿真、不同方向的视图和局部显示比例缩放等功能的实现。

2）科学计算可视化

科学计算可视化可用于高效处理数据和解释数据，使信息交流不再局限于用文字和语言表达，而可以直接使用图形、图像、动画等可视信息。可视化技术与虚拟环境技术相结合，进一步拓宽了应用领域，如无图纸设计、虚拟样机技术等，这对缩短产品设计周期、提高产品质量、降低产品成本具有重要的意义。在数控技术领域，可视化技术可用于 CAD/CAM，如自动编程设计、参数自动设定、刀具补偿和刀具管理数据的动态处理和显示以及加工过程的可视化仿真演示等。

3）插补和补偿方式多样化

插补方式有直线插补、圆弧插补、圆柱插补、空间椭圆曲面插补、螺纹插补、极坐标插补、2D+2 螺旋插补、NANO 插补、NURBS 插补（非均匀有理 B 样条插补）、样条插补（A、B、C 样条插补）、多项式插补等。补偿功能有间隙补偿、垂直度补偿、象限误差补偿、螺距和测量系统误差补偿、与速度相关的前馈补偿、温度补偿、带平滑接近和退出以及相反点计算的刀具半径补偿等。

4）内置高性能 PLC

数控系统内置高性能 PLC 模块，可直接用梯形图或高级语言编程，具有直观的在线调试和在线帮助功能。编程工具中包含用于车削、铣削的标准 PLC 用户程序实例，用户可在标准 PLC 用户程序基础上进行编辑修改，从而方便地建立自己的应用程序。

5）多媒体技术应用

多媒体技术集计算机、声像和通信技术于一体，使计算机具有综合处理声音、文字、图像和视频信息的能力。在数控技术领域，应用多媒体技术可以做到信息处理综合化、智能化，在实时监控系统和生产现场设备的故障诊断、生产过程参数监测等方面有着重大的应用价值。

6）海量信息处理能力

数字装备的一个重要特征是对海量信息处理能力的提高。在数字仿形技术的基础上，利用激光扫描、CT、核磁共振等数字测量设备实现零件形状特征等几何量的数字化，然后通过数据预处理、表面建模、实体建模、后置处理等过程生成 STL 文件（或数控代码）驱动快速成型机（或数控机床）加工出新零件。

2. 数控结构体系方面的发展

1) 模块化、专门化与个性化

数控系统专门化与个性化是为了适应数控机床多品种、小批量的特点。机床结构模块化、数控功能专门化使机床性能价格比显著提高并加快优化。硬件模块化易于实现数控系统的集成化和标准化。根据不同的功能需求，将基本模块，如 CPU、存储器、位置伺服、PLC、输入/输出接口、通信等模块，做成标准化、系列化产品，通过积木方式进行功能裁剪和模块数量的增减，构成不同档次的数控系统。个性化是数控结构体系近几年来特别明显的发展趋势。

2) 智能化

数控系统智能化体现在多个方面。

(1) 自适应控制技术。

数控系统能检测工作过程中的一些重要信息，并自动调整系统的有关参数，达到改进系统稳定运行状态的目的。

(2) 专家系统。

将熟练工人和专家的经验、加工的一般规律与特殊规律存入系统中，以工艺参数数据库为支撑，建立具有人工智能的专家系统。当前已开发出模糊逻辑控制和带自学习功能的人工神经网络电火花加工数控系统。

(3) 故障诊断系统。

如智能诊断、智能监控，这些功能能够方便系统的诊断及维修等。

(4) 智能化数字伺服驱动装置。

这类装置可以通过自动识别负载而自动调整参数，使驱动系统获得最佳的运行，如前馈控制、电机参数的自适应运算、自动识别负载、自动选定模型、自整定等。

3) 网络化和集成化

智能制造以一种高度柔性与集成的方式，取代或延伸制造环境中人的部分脑力劳动，因此底层制造设备的数字化和网络化成为数字制造和网络制造的基础。数控制造装备一方面向网络化和集成化系统发展，即从点(数控单机、加工中心和数控复合加工机床)、线(FMC、FMS、柔性生产线(FTL)、柔性制造线(FML))向面(工段车间独立制造、工厂自动化(FA))、体(CIMS、分布式网络集成制造系统)的方向发展，这也适应了制造系统逐渐趋于分布式的发展趋势；另一方面向注重应用性和经济性方向发展。网络化和集成化技术是制造业适应动态市场需求及产品迅速更新的主要手段，是各国制造业发展的主流趋势，通过研究计算机辅助设计(CAD)、计算机辅助工程(CAE)、工程计算机辅助工艺过程规程(CAPP)和计算机辅助制造(CAM)等设计自动化技术和网络技术，在综合自动化概念框架下集成 CAD/CAE/CAPP/CAM/NET 的应用，将其功能有机地结合起来，统一组织和管理有关信息的提取、交换、共享。其重点是易于联网和集成；注重加强单元技术的开拓和完善；CNC 单机向高精度、高速度和高集成方向发展；数控机床及柔性制造系统能方便地与 CAD/CAE/CAPP/CAM/MTS 连接，向信息集成方向发展；网络系统向开放、集成化和智能化方向发展。工业控制网络的建模理论、性能评价方法，网络化控制系统分析理论和基于模型的网络化控制系统设计方法，基于动态监控和物理建模仿真的层次化开放结构智能数控系统，智能化、网络化控制系统的仿真与设计平台等都是重要研究内容。

4）开放化

采用通用计算机组成总线式、模块化、开放式、嵌入式体系结构，便于裁剪、扩展和升级，可组成不同档次、不同类型、不同集成程度的数控系统。加工过程中采用开放式通用型实时动态全闭环控制模式，易于将计算机实时智能技术、网络技术、多媒体技术、CAD/CAM、伺服控制、自适应控制、动态数据管理及动态刀具补偿、动态仿真等高新技术融于一体，构成严密的制造过程闭环控制体系，从而实现集成化、智能化、网络化。基于 PC 的数控技术所具有的开放性、低成本、高可靠性、软硬件资源丰富等特点，将会使得更多的数控系统采用此种方案。至少采用 PC 作为它的前端机来处理交互界面、编程和联网通信等问题，以实现数控系统的远程通信、远程诊断和维修等。日本、欧盟和美国的研究机构针对开放式的 CNC，正在进行前后台标准的研究。

3．高速、高效、高精度、高可靠性方面的发展

1）高速、高效

制造装备向高速化、高效化方向发展，不但可以提高加工效率、降低成本，而且可以提高零件的表面加工质量和精度。新一代数控装备(含加工中心)通过高速化、大幅度缩短切削工时，进一步提高其生产率。超高速加工特别是超高速铣削与新一代高速数控机床特别是高速加工中心的开发应用紧密相关。高速主轴单元(电主轴转速达 1500～140000r/min)、高速且高加/减速度的进给运动部件(快移速度达 60～120m/min，切削进给速度高达 60m/min)、高性能数控和伺服系统以及数控工具系统都获得了新的突破，达到了新的技术水平。随着超高速切削机理、超硬、耐磨、长寿命刀具材料和磨料磨具，大功率高速电主轴、高加/减速度直线电机驱动进给部件以及高性能控制系统(含监控系统)和防护装置等一系列技术领域中关键技术的解决，新一代高速数控机床应运而生。依靠快速、准确的数字量传递技术对高性能的机床执行部件进行高精密度、高响应速度的实时处理，满足其高速化、高效化。由于采用了新型刀具，车削和铣削的切削速度已达到 5000～8000m/min；主轴转速在 30000r/min(有的高达10 万 r/min)以上；工作台的移动速度：进给速度在分辨率为 1μm 时，在 100m/min(有的达到200m/min)以上；在分辨率为 0.1μm 时，进给速度在 24m/min 以上；自动换刀时间在 1s 以内；小线段插补进给速度达到 12m/min。根据高效率、大批量生产需求和电子驱动技术的飞速发展以及高速直线电机的推广应用，开发出一批高速、高效、高速响应的数控机床以满足模具、航空、军事、汽车等工业的需求。

2）高精度

从精密加工发展到超精密加工(特高精度加工)是世界各工业强国致力发展的方向。其精度从微米级到亚微米级乃至纳米级(<10nm)，其应用范围日趋广泛。超精密加工主要包括超精密切削(车、铣)、超精密磨削、超精密研磨抛光以及超精密特种加工(三束加工及微细电火花加工、微细电解加工和各种复合加工等)。近 10 多年来，普通级数控机床的加工精度已由±10μm 提高到±5μm，精密级加工中心的加工精度则从±3～5μm 提高到±1～1.5μm。现代科学技术的发展、新材料及新零件的出现、更高精度要求的提出等都促进了超精密加工工艺、新型超精密加工机床等现代超精密加工技术的完善，以适应现代科技的发展。

数字装备的另一个重要发展趋势是加工对象的尺度变化，由毫米(mm)、微米(μm)到纳米(nm)，为此，陆续出现了显微数字图像处理设备、电子制造装备(包括光刻机、键合机、黏接机、倒装芯片封装机等)等精密数字制造装备。这些装备具有多自由度柔性、灵活的执行

机构(很多执行机构一般具备 6 个自由度),并且要求对执行机构的作用力精确控制。由于加工对象尺寸的变化、各环节间的动作衔接以及高速的运动状态等都对各执行机构的柔性和灵活性提出了较高的要求。基于视觉检测的信息引导、反馈与精确定位成为重要保障。视觉图像已经是数字装备中的重要信息源,芯片的微小尺寸对视觉信息处理的精度和速度有更高的要求,同时,需要实时的视觉信息反馈。采用飞行视觉方式可避免过程中的停顿,提高电子装备中视觉定位的速度,实现视觉引导下的实时控制。因此,视觉机构、光路设计、视觉信息采集、光照控制、聚焦以及与运动控制的配合成为新的研究课题。

3)高可靠性

数控机床的工作环境比较恶劣,工业电网电压的波动和干扰对数控机床的可靠性极为不利,因而对 CNC 的可靠性要求优于一般的计算机。数控机床加工的零件型面较复杂,加工周期长,要求平均无故障时间在 2 万小时以上,且要求有多种报警和保护措施,出故障时尽可能不损坏机床、刀具和工件,并能根据报警信息了解故障部件,及时排除故障。

6.2 柔 性 夹 具

夹具是在机械制造过程中,用来固定加工对象,使之保持正确的位置,以接受施工或检测的装置。夹具是生产过程中的一个重要组成部分。在加工、焊接、检测、装配等制造过程中,夹具通过定位、夹紧零件,使其处于确定的位置和平稳的状态,从而保证和提高产品质量、提高劳动生产率、改善劳动条件、降低产品成本。据统计,工装夹具设计与制造的成本占复杂产品整个研制成本的 10%~20%。大约 40%的部件质量问题是由夹具的误差引起的。特别是在航空制造领域,由于零部件的精度要求高、工艺装备系数(工装夹具总数与飞机零件品种总数之比值)高等特点,生产准备时间占生产制造周期的 50%~70%,而其中夹具的设计与制造占生产准备时间的 70%左右。因此,夹具的设计与制造在缩短产品研制周期、提高研发成功率、降低研制成本等方面发挥着非常重要的作用。

早期的夹具主要是为了满足加工的需要,同机床一起诞生的,通常被作为机床的配套部件,所以也叫机床附件。第二次世界大战时期出现了组合夹具,组合夹具技术在 20 世纪 50 年代末引入我国并得到了很好的发展。20 世纪 80 年代末 90 年代初成组夹具传入我国并得到快速推广和运用。随着通用可调整夹具的发展,产生了夹具柔性系统的概念。数控技术的出现加速了柔性夹具的发展,而汽车、航空、航天等行业的发展进一步推动了柔性夹具技术的完善。

随着机械工业的迅速发展,对产品的品种和生产率提出了越来越高的要求,多品种、中小批生产成为机械加工主流。据统计,目前中小批、多品种生产的工件品种已占工件种类总数的 85%左右。现代生产要求企业所制造的产品品种经常更新换代,以适应市场的需求与竞争。然而,一般企业仍习惯于大量采用传统的专用夹具,一般在具有中等生产能力的工厂里,有数千甚至近万套专用夹具;另外,在多品种生产的企业中,每隔 3~4 年就要更新 50%~80%的专用夹具,而夹具的实际磨损量仅为 10%~20%。特别是近年来,数控机床、加工中心、成组技术、柔性制造系统(FMS)等新加工技术的应用,对机床夹具提出了如下新的要求。

(1)生产适用于精密加工的高精度机床夹具。

(2)机床夹具能迅速而方便地装备新产品，以缩短生产准备周期，降低生产成本。

(3)机床夹具能装夹一组具有相似性特征的工件。

(4)生产适用于各种现代化制造技术的新型机床夹具。

(5)提高机床夹具的标准化程度。

(6)采用以液压站、气压站和电磁吸盘等为动力源的高效夹紧装置，以进一步降低劳动强度和提高劳动生产率。

为了适应机械生产的这种发展趋势，必然对机床夹具提出了更高的要求。目前对夹具的研究主要集中在标准化、精密化、高效化、柔性化几个方面。希望夹具设计能够操作方便，可以降低生产成本，适应不同零件的需要。在机床技术向高速、高效、精密、复合、智能等方向发展的带动下，夹具技术正朝着高精、高效、模块、组合、自动化和智能化等方向发展。正是在这样的大背景下，柔性夹具应运而生。

柔性夹具(flexible fixture)是指用同一夹具系统能装夹在形状或尺寸上有所变化的多种工件。柔性夹具的特点如下。

(1)元件规格统一化。

(2)元件性能多功能化。

(3)元件结构简单化、模块化。

(4)夹紧工件快速自动化。

(5)重复使用可调化。

(6)组装管理数字化。

自 20 世纪 80 年代后，柔性夹具的研究主要从两个方向上开展，一方面是对传统夹具的创新，另一方面是从夹具的原理和结构上进行创新，其具体分类及工作原理如表 6-1 所示。

表 6-1 柔性夹具分类及工作原理

	分类	子分类	工作原理
传统夹具创新	组合夹具	槽系组合夹具 孔系组合夹具	标准元件的机械装配
	可调整夹具	通用可调整夹具 专用可调整夹具	在通用或专用夹具的基础上更换元件或调节元件的位置
原理与结构创新夹具	模块化程控式夹具	双转台回转式夹具 可移动顶推式夹具	用伺服控制机构变动元件的位置
	适应性夹具	涡轮叶片式夹具 弯曲长轴式夹具	将定位元件或加紧元件分解为更小的元素，以适应工件的形状连续变化
	相变材料夹具	真相变材料夹具 伪相变材料夹具	材料物理性质(相态、压强)的变化
	仿生抓夹式夹具	机器人末端执行器 搬运夹持装置	运用形状记忆合金、柔性气动、液压等装置模仿动物的夹持动作

6.2.1 传统夹具创新

在传统夹具的创新方面，主要形成了组合夹具和可调整夹具。可调整夹具又包括通用可调整夹具和专用可调整夹具，后者主要以成组技术为技术工具。

1)组合夹具

组合夹具(built up fixture)在各种自动加工机床、自动装配和测量设备中得到越来越广泛的应用，已成为现代夹具的一个主要发展方向。组合夹具是由可循环使用的标准夹具零部件或专用零部件组装成易于连接和拆卸的夹具。它是在夹具完全模块化和标准化的基础上，由一整套预先制造好的标准元件和组件，针对不同工件对象迅速装配成各种专用夹具，这些夹具元件相互配合部分的尺寸具有完全互换性。夹具使用完毕后，再拆散成元件和组件，因此组合夹具是一种可重复使用的夹具系统。组合夹具一般由一块基础板和一组可装拆的定位和夹紧夹具元件组成，基础板用于安装夹具元件，并可以作为工件的主要定位基准。组合夹具有孔系基础板和槽系基础板两大类，在相当长的时期内，组合夹具的应用还是槽系组合夹具(图 6-3)占优势，随着数控机床和加工中心的普及，切削速度和进给量的普遍提高，以及孔系组合夹具的改进，减少了元件的品种数量，降低了成本，从而使孔系组合夹具得到很大的发展。从 20 世纪 80 年代中后期开始，孔系组合夹具(图 6-4)在生产中的使用超过了槽系组合夹具。组合夹具的特点是它能满足三化，即标准化、通用化和系列化的要求，具有组合性、可调性、柔性、应急性等一系列优点。组合夹具的缺点主要是各元件之间的配合环节较多，有时夹具的刚度不如专用夹具的整体刚度高，而且它的一次性投资较高。

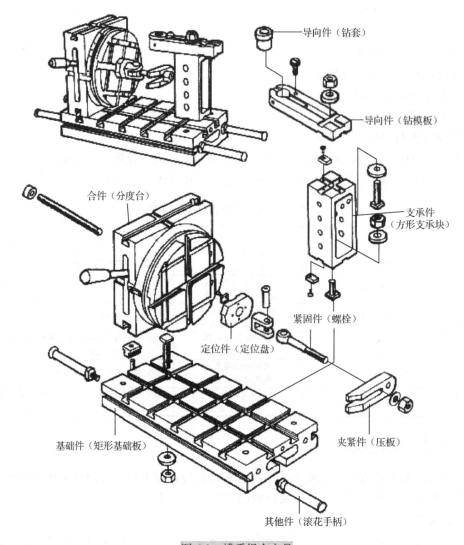

图 6-3 槽系组合夹具

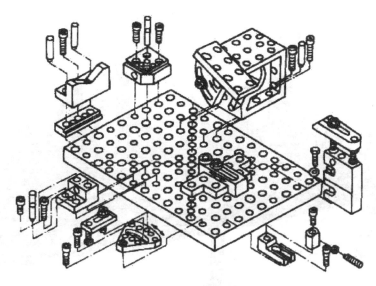

图 6-4　孔系组合夹具

2)可调整夹具

可调整夹具(adjustable fixture)是根据工件在尺寸上的相近性与工艺的相似性对工件进行分类编组设计而成的,具有较小范围的柔性。可调整夹具主要由基本部分和可调整部分组成,基本部分包括夹紧装置、操纵机构和夹具体等,长期固定于机床上;可调整部分包括定位元件、夹紧元件和导向元件等,随着不同的加工对象而变换调整。它是通过调整或更换个别可调整零部件以适应多种工件制造的夹具。其主要调整方式分为更换式、调节式和组合式。

更换式可调整夹具通过更换调整部分元件或合件的方法,实现不同产品的安装要求。更换式调整夹具的优点是精度高,使用可靠。但更换件的增加会导致费用增加,并给保管工作带来不便。

调节式可调整夹具应用更为广泛,通过改变夹具可调元件的位置的方法,实现不同产品的安装要求。调节式结构零件少,夹具管理方便。但可调部件会降低夹具的刚度和精度。在夹具制造装配中应注意。更换式和调节式结构常常综合使用。各取其长,可获得良好的效果。

组合式可调整夹具指在同一焊装夹具基体的不同位置安装不同机构,从而满足不同产品焊装的需要,如图 6-5 所示。在组合式焊装夹具结构中,可最大限度地采用公用部分机构。按不同产品要求的部分机构布置在夹具基体的不同位置。这些机构结构和尺寸尽量模块化、标准化、通用化。

成组技术是近年来国内外机械制造领域内得到迅速发展的一种作业方式。而成组夹具则是按成组技术原理设计而成的专用可调整夹具,能够加工尺寸和几何轮廓相似的工件,它适合于结构单一、尺寸及几何轮廓相似性零件族。它具有专用夹具的若干特点,又具有对工件特征在一定范围内变化的适应性。这在目前争夺国际市场,使产品不断升级换代,特别是使产品由多品种、中小批量生产过渡到大批量生产的效果上,有着不可比拟的优势。

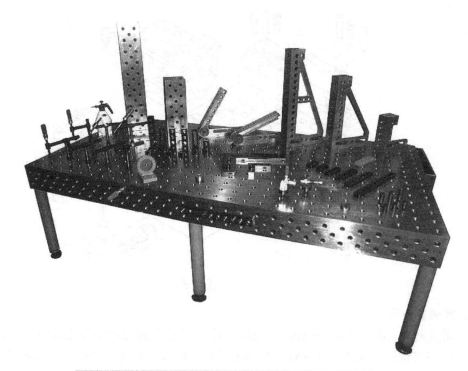

图 6-5　德国戴姆勒公司研发的三维柔性组合焊接工装夹具

6.2.2　原理与结构创新夹具

原理和结构创新方向主要发展出了相变材料夹具、适应性夹具、模块化程控式夹具及仿生抓夹式夹具等。

1)相变材料夹具

相变材料夹具可分为真相变材料夹具和伪相变材料夹具两大类。真相变材料就是在实现夹紧的过程中，相变材料的状态发生了变化。真相变材料主要有低熔点合金、石蜡、流变材料。流变材料夹具又包括温度致相变的液体相变固紧夹具、电流变夹具、磁流变夹具、震动流变夹具。伪相变材料是相对于真相变材料而言的，用某种物理方法迫使材料在"固结态"和"流动态"之间变换，称为伪相变，也就是没有发生相变。伪相变材料夹具包括粒子悬浮流化床夹具。近几年来，真相变和伪相变材料柔性夹具发展非常迅速，但这些夹具无论性能还是价格，都还远远不能达到工程应用的标准，许多问题尚待研究。

2)适应性夹具

适应性夹具是指夹紧元件能自动适应工件形状的夹具，是一种被动式的夹具，当夹紧时能改变形状以适应带有曲面或横截面积不规则工件的变化，如航空发动机叶片的夹持。

3)模块化程控式夹具

模块化程控式夹具是一种由数字控制的支承元件、定位元件和夹紧元件组成的装置，可以代替机床工作台或固定在机床工作台上，是能够做出多种布局的机电程控式夹具。近年来，计算机数字控制式柔性夹具系统发展成为一种可重用、可重构、高效率的机械加工系统。计算机数字控制式柔性夹具由若干组在垂直方向上能够精确调整高度和尺寸的阵列式支柱、在水平面上能够进行位置调整的部件、计算机控制系统和机电式驱动装置组成，支柱阵列能够根据工件的尺寸和几何参数重构成各种曲面或平面的定位系统，工件可通过机械或真空吸附方式实现夹持。此类夹具系统具有良好的重构性，能够快速调整自身结构来适应不同工件的定位与夹紧，适用于多品种、小批量的零件生产。模块化程控式夹具在空间异型薄壁零件加工、飞机蒙皮切边、复合材料零件修整与钻孔、飞机柔性装配和激光焊接等方面得到广泛应用。

4)仿生抓夹式夹具

仿生抓夹式夹具是仿照生物的夹持特点，如生物的结构、形态、表面肌理、功能等，而设计和制造出来的。仿生抓夹式夹具主要用于抓夹物体，通常用在工业机器人或机械装置的末端。仿生抓夹式夹具按照变形特点，可分为结构柔性夹具、材料柔性夹具等；按照确定驱动类型划分，可包括液压控制、气动控制以及运用形状记忆合金等材料的电气控制方式。

6.2.3　柔性夹具的发展趋势

经济和技术的发展以及数控机床、加工中心的工作特点，对机床夹具的使用性能和结构提出了更高、更新的要求。数字制造需要一种结构简单、精度高、强度高和通用性好、适应性强、柔性高的新型柔性夹具系统。这种夹具能适用于不同的机床、不同的产品或同一产品不同的规格型号，能最大限度地满足各种机床夹具的需要。柔性夹具应用技术的发展趋势将主要包括以下几个方面。

1)夹具元件多功能模块化

能单独使用，也能与其他元件组合在一起使用的多功能模块化单元体的比例将进一步增加。例如，现在使用的各种定位夹紧座、定位压紧支承、精密虎钳等模块式单元体具有定位、夹紧以及调节的综合功能，可以一件单独使用，也可以几件组装在一起使用。T 形基础、方箱能组装成一次能装夹多件相同或不相同的工件的夹具，使用这种夹具可以减少机床的停机时间，最大限度地发挥数控机床、加工中心的高效性能。

2)高强度、高刚度、高精度

为了提高劳动生产率，缩短工件的加工工时，工件的加工已向着高速、大切削量方向发展，工序高度集中，工件定位夹紧后要依次完成铣、钻、镗等多工序的加工。切削力的大小、方向在不断地变化，这就需要柔性夹具本身有较高的使用强度和刚度才能满足工件的加工精度。

3)专用夹具、组合夹具、成组夹具一体化

现代化加工设备的多功能化，使工艺过程高度集中，工件一次定位装夹后，能完成多工序加工，这就需要一种通用而又能重复使用的组合可调式的夹具系统。它由一系列统一化、标准化的元件和合件组成，利用这些元件、合件组装成各种不同形式、不同结构、可重复使用的夹具，供单件或中小批量生产使用。这种夹具系统保留了组合夹具的各种优点，组装既像专用夹具那样简单可靠，又有可调整元件，保留了成组夹具的优点。为了便于夹具与机床定位连接，夹具基体有统一标准的定位连接位置，使之专用、组合、成组，向着一体化、组合化方向发展，以满足现代化加工设备的需要。

4) 工件夹紧快速化、自动化

为缩短工件加工中的辅助时间，减轻工人的劳动强度。工件的装夹、拆卸也需要机械化、自动化。工件的夹紧由原来单一功能的压紧件、紧固件发展为可以调整的模块，以便实现快速组装和快速夹紧。对于批量大的一些零件的加工，液压夹具、气动夹具可实现工件自动化快速夹紧。

5) 夹具的智能设计与开发

夹具的设计因为受工件结构、加工方法和材料性能等多方面因素的综合影响，其设计成本高、设计经验要求高且制造周期长。数字化夹具设计也是一个非常依赖设计经验和知识的设计过程，设计人员在构思夹具设计方案时，通常会根据个人的设计经验，将新夹具的设计要求与以往的夹具设计实例进行比对，如果存在非常相似的夹具设计实例，新的夹具设计便可以参考已有的成熟设计经验和知识，对以往的夹具设计实例进行修改米满足新夹具的设计需求。夹具设计知识的重用，就是在夹具的装夹规划、夹具规划和结构设计中，最大限度地利用已有的夹具设计经验和设计成果，形成变形设计或者创新性的夹具设计方案。为此，计算机辅助柔性夹具设计已经成为研究热点。

柔性夹具模型自身难以继承与重用夹具设计知识，缺乏主动辅助设计者完成夹具设计工作的能力，仍然由设计者根据经验进行布局设计、元件选择、尺寸调整与装配建模。因此，知识辅助夹具设计(knowledge aided fixture design，KAFD)即利用夹具设计知识智能化辅助设计的研究应运而生。近年来，围绕智能装夹规划已经提出众多的研究方法，常用的有基于知识的启发式推理方法、基于知识挖掘的聚类分析(clustering analysis，CA)方法，还有一些基于工艺知识的智能优化方法，如基于图论的方法、基于矩阵的方法、基于神经网络的方法、基于遗传算法(genetic algorithm，GA)的装夹规划方法等。尽管国内外学者在数字化夹具智能设计领域进行了大量的研究工作，并且在夹具设计知识重用以及知识支撑的夹具智能规划及设计中取得了很多研究成果，但是夹具设计领域知识重用模式和知识驱动的夹具智能设计方面的研究非常有限，仍旧缺乏支持夹具智能设计的有力工具和方法，传统的人工设计方法在夹具设计过程中仍旧占有较大比重。知识对夹具设计的支撑性作用有限，成为产品精益研发的瓶颈之一。

6.3　工业机器人

起初，人们希望工业机器人在工业生产中，能代替人从事单调、频繁和重复的长时间作业，或者是危险、恶劣环境下的作业，如冲压、压力铸造、热处理、焊接、涂装、塑料制品成型、机械加工和简单装配等工序，以及在原子能工业部门中，完成对人体有害物料的搬运或工艺操作。后来人们发现，工业机器人作为这个领域的中流砥柱，能够令生产过程同时具备高产量、高品质和低成本等多个优点，从而使工业制造具有更大的商业竞争力。在大规模的制造业中，尤其是汽车制造和相关组件装配中，机器人已经得到了广泛的使用。快速发展的工业(生命科学、电子、太阳能电池、食品和物流)以及新兴的加工过程(黏合、喷漆、激光处理、精密装配等)将越来越依赖于先进机器人技术。这些行业中的工业机器人装备使用的比例正在稳步增长。因此，机器人的研发、制造、应用成为衡量一个国家科技创新和高端制造业水平的重要标志，是推进传统产业改造升级和结构调整的重要支柱。工业机器人技术的研究与应用成为一股不可阻挡的科技热潮。

6.3.1　工业机器人的产生及发展

现今大多数机器人的起源都可以追溯到早期工业机器人的设计。在工业机器人的制造过程中，产生了很多使机器人更友好以及更适合不同应用的技术。而工业机器人是迄今为止机器人技术最重要的商业应用。所有机器人控制的重要基础最初都是随着设想中的工业应用建立起来的。

工业机器人的发明可以追溯到 1954 年 George Devol 申请的一个关于可编程部件转换的专利。这个专利将数控机床的伺服轴与遥控操纵器的连杆机构连接在一起，预先设定的机械臂动作经编程输入后，系统就可以离开人的辅助而独立运行。这个专利被认为是最早的机器人专利。在和 Joseph Engelberger 合作后，世界上第一个机器人公司 Unimation 成立了，并且在 1961 年将第一个机器人投入到通用汽车生产线上，从一个压铸机上把零件拔出来。大多数液压动力的通用机械手是随后几年销售出去的，用于车体的零部件操作和点焊。这两项应用都取得了成功，说明机器人能可靠地工作并保证规范的质量。很快，很多其他公司开始开发和制造工业机器人，一个由创新驱动的行业就此诞生。然而，多年后这个行业才开始真正盈利。

具有突破性的"斯坦福手臂"是作为一个研究项目的雏形由 Victor Scheinman 在 1969 年设计出来的。他当时是机械系的一名工科学生，在斯坦福人工智能实验室工作。"斯坦福手臂"有 6 个自由度，全部电气化的操作臂由一台 PDP-6 的数字装置控制。这种非拟人的运动学结构可以使解算机器人运动学方程变得很简单，从而加速计算能力。驱动模块由直流电动机、谐波驱动器和直齿轮减速器、电位器及用于位置速度反馈的转速表组成。到目前为止，常见的工业机器人设计仍深受 Scheinman 理念的影响。

1973 年，ASEA 公司(现在的 ABB)推出了世界上第一个微型计算机控制、全部电气化的工业机器人 IRB-6。它可以进行连续的路径移动，这是弧线焊接和加工的前提。据报道，这种设计被证明是非常鲁棒而且机器人的使用寿命高达 20 年。20 世纪 70 年代，机器人被迅速地广泛运用到汽车制造业中，主要应用于焊接和装卸。

1978 年，一种可选择柔顺装配机械手(SCARA)被日本山梨大学的 Hiroshi Makino 开发出来。这种里程碑式的四轴低成本设计完美地适应了小部件装配的需求，因为这种运动学结构允许快速和柔顺的手臂运动；灵活的装配系统建立在具有良好的产品设计兼容性的 SCARA 机器人基础之上，极大地促进了世界范围内高容量电子产品和消费品的发展。

机器人速度和质量的要求催生了新颖的运动学和传动设计。从早期开始，减少机器人结构的质量和惯性就是研究的一个主要目标。机械臂与人手臂的重量比 1∶1 被认为是最终的基准。在 2006 年，这个目标被 KUKA 公司一款轻型的机器人实现了。它是一个拥有先进控制能力和紧凑结构的七自由度机械臂。另一种能达到质量轻且结构坚硬的方法是自 20 世纪 80 年代以来就一直被探索和追求的并联工业机器人。这些机器人通过 3～6 个并联支架将它的末端执行器与机器基本模块相连。并联机器人非常适合实现高速度(如用于抓取)、高精度(如用于加工)或者处理高负荷的场合，然而它的工作空间比同类别的串联或开环机器人更小。

双手的精巧操作对复杂的装配任务、同时操作加工和大物件装载来说是至关重要的。第一个商用的同步双手操作机器人由 Motoman 在 2005 年推出。作为一个模仿人类手臂伸展能力和敏捷度的双手机器人，它可以代替工人并降低成本。它的特色是 13 轴联运动：每只手臂6 个自由度，基座部分一个旋转自由度。

与此同时，自动引导小车(AGVs)出现了。这些移动工业机器人可以移动工作空间或用于点对点的设备装载。在自动柔性制造系统(FMS)理念中，AGVs 已经成为路径柔性的重要一部分。最初 AGVs 依赖于事先准备好的平台(如嵌入线或者磁铁)来做运动导航。现在，自由导航的 SDVs 被用于大模制造业和物流中，通常它们的导航仪以激光扫描仪为基础。这个装置能提供当前实际环境精确的二维地图用于自主定位和避开障碍物。

2005 年，国际机器人联盟(IFR)公布了使用机器人的 10 个优势。关键优势如下：

(1)减少操作成本；

(2)提高产品质量和一致性；

(3)提高员工的工作质量；

(4)提高生产量；

(5)提高产品制造的柔性；

(6)减少原料浪费并增产；

(7)遵守安全规则，提高工作场所的卫生和安全程度；

(8)减少劳动力流动和招聘工人的困难；

(9)减少资金成本；

(10)为高价值制造业节省空间。

从未来的制造业发展来看，提升工业机器人的性能参数将更加迫切，如速度、载荷能力、平均故障间隔时间等。而工业机器人成本将随着技术进步和产业完善而逐渐降低，受计算机技术、软件技术的影响，工业机器人的性能价格比将逐渐提高。在复杂装配任务方面，将更多地希望多个机器人能通过一个控制器实时编程和协调同步，这使得机器人可以在单个工作空间精确地协同工作。随着制造环境人机共融的新需求，工业机器人的柔顺性将对协作工人的安全性至关重要，新型柔顺关节、智能感知与避障等技术成为新的技术发展需求。

6.3.2　工业机器人的组成原理

机器人系统的种类繁多，分类方法也多种多样，但总体上可分为工业机器人和服务机器人两大类，如图 6-6 所示。其中服务机器人涵盖的应用领域极其广泛，涉及了工业机器人以外的所有应用领域，包括个人/家庭服务机器人，以及军用机器人、农业机器人、医疗机器人、建筑机器人、救援机器人等专业服务机器人。工业机器人主要面向制造业涉及的加工、搬运、装配和包装等操作内容。

按照国际标准化组织(ISO)的定义，工业机器人是一种可重复编程、多功能的机械装置，是能够通过改变程序化的运动轨迹执行不同的任务，用于代替人类完成搬运物料、加工装配等作业内容的特殊设备。因此，工业机器人最显著的特点是可编程、拟人化和通用性。

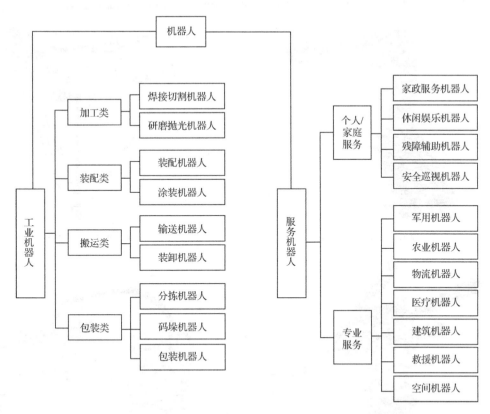

图 6-6　机器人的分类

　　工业机器人按照作业功能，主要分为操作机械臂和移动小车两大类型。操作机械臂按照关节的配置形式可分为串联型机械臂、并联型机械臂和混联型机械臂。其中串联型机械臂可进一步细分为关节臂型、SCARA 型、直角坐标型、圆柱坐标型等结构形式的工业机器人，如图 6-7 所示。实际应用中，这些机器人类型选择的主要依据是操作轨迹和工作空间的范围、负载大小、运动精度以及运动速度等要求。按照基座形式，工业机器人可分为固定式机械臂和移动式机械臂，其中基座移动方式包括地轨式、龙门式和全向移动式等，如图 6-8 所示。运用移动式机械臂主要是为了扩大工业机器人的作业范围，提高制造装备的作业柔性，如面向航空航天领域的超大部件制造、装配、搬运和喷涂等。移动小车可再细分为自动引导小车（AGVs）和自主驱动小车（SDVs），如图 6-9 所示。其区别在于，自动引导小车需要利用光学或磁传感器，识别地面预先铺设的引导线、二维码、磁钉等标识物。自动引导小车不能运动到预设线路以外的区域。如果预设线路被其他机器人或物料阻挡，自动引导小车通常选择停车等待或报警提示。自主驱动小车由于具备多种环境探测传感器、智能定位算法、自主避障和轨迹规划算法、编队协同控制算法等，可以自主调整行进路线、避开障碍物或行人，具有更为灵活的运动能力和广泛的活动范围，同时其制造成本和控制系统的复杂程度相对较高。

(a)关节臂型串联工业机器人

(b)并联型工业机器人

(c)混联型工业机器人

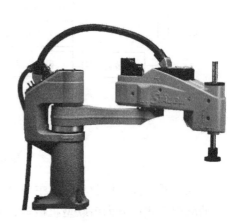

(d)SCARA 型工业机器人

(e)直角坐标型工业机器人

(f)圆柱坐标型工业机器人

图 6-7　典型固定基座工业机器人系统

(a)地轨式移动工业机器人

(b)龙门式移动工业机器人

(c)全向移动式工业机器人

图 6-8　典型移动基座工业机器人系统

(a)采用色带或二维码引导的 AGVs

(b)面向航空大部件搬运的 SDVs

图 6-9 典型移动小车

　　尽管如此，不论是哪一种类型的工业机器人，它们通常由三部分组成，即识别子系统、控制子系统和运动子系统，如图 6-10 所示。它们分别对应着感知、决策和执行三种能力。因此，工业机器人系统是三个子系统循环工作的典型闭环控制系统。在结构化环境中，作业轨迹相对明确，工业机器人通常采用位置伺服控制方式。在非结构化环境中，工业机器人需要运用识别子系统的视觉、激光等立体测距手段，对环境进行充分辨识，从而转化为结构化环境下的作业。对于装配、抛磨、人机协作等作业任务，机器人还需要具备与环境的力交互能力，通常需要采用力/位伺服控制方式。因此，识别子系统还需要力(矩)传感器或者与力(矩)传感器等效的力(矩)感知单元。这些单元的硬件部分通常会集成到运动子系统中，如近年来提出的串联弹性执行器(SEA)、并联弹性执行器(PEA)、本体电机等。识别子系统和运动子系统通常需要采用高刚度的机械结构框架实现关节空间或任务空间的坐标匹配，从而实现全局位置解算和闭环或半闭环控制。因此，工业机器人的三个部分构成了相互关联的完整系统。

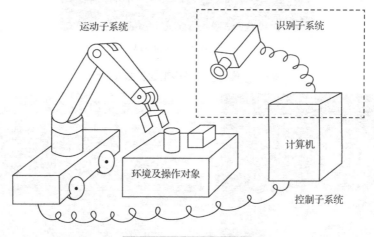

图 6-10 机器人系统组成

　　运动子系统是工业机器人能够产生期望运动的物理结构。它由机械臂(manipulator)或移动小车、末端执行器(end-effector)、致动器(actuator)、传动机构(transmission)等具体结构组成。机械臂通常由刚性的连杆和转动(或伸缩)的关节采用串联或并联的方式构成。机械臂连杆的尺寸、关节的运动范围以及关节轴的配置方式,决定了整个机械臂的工作空间。关节串联结构形式的机械刚度相对较弱,因此连杆从末端到基座的尺寸、重量逐渐增大,整体质量较重,高速运动时惯性力作用明显。按照连杆、关节的数量和配置方式的不同,串联机械臂的工作空间可分为笛卡儿或直角坐标空间、圆柱空间、球(或极坐标)空间以及铰接(或旋转)空间。关节并联结构形式提高了整体的机械刚度,机器人结构轻巧,高速运动时的重复精度好。但是并联机器人的工作空间有限,没有串联型机械臂的工作空间大。在部分特殊场合,采用混联型机械臂,即既有串联关节又有并联关节的机械臂,可以综合两者的优势。工业机械臂的基座、大臂、小臂通常采用三个旋转关节,以模拟人体手臂的伸展运动。腕部根据任务需要,可配置多种自由度。对于码垛、搬运等任务,只需一个旋转关节即可。而对于复杂或灵巧的装配、抛磨等任务,腕部通常需要配置三个旋转关节。这些关节通常设计成转轴正交于一点,其目的是使得机械臂能够获得解析解。对于具有避碰功能的机械臂,关节配置数量会大于六个,从而形成了具有运动冗余特征的机械臂。这种配置方式给机械臂的运动学逆解求解带来一定的困难。末端执行器是安装在机械臂末端的作业单元。如果把机械臂假设成人的手臂,那么末端执行器就相当于人的手掌,因此也叫作机械手。它的作用就是和工作环境、工具或工件进行交互,完成具体的抓取、摆放、旋拧以及一些特殊的作业,如喷涂、打磨和焊接等。机械手按照功能可分为面向夹持的两指手爪、三指手爪、五指灵巧手和面向行业应用的专用末端执行器,包括真空(电磁)吸盘、焊接(气割)工具、抛磨工具、喷涂工具等。为了提高工业机械臂的任务柔性,在机械手和机械臂之间通常会安装换枪盘。采用换枪盘的机械臂能够与不同的末端执行器实现电气、液压和气路的连通,使其具有多种作业能力。工业机器人的致动器通常采用液、气、电三种方式。液压致动器功率密度大,但存在渗漏、受温度影响敏感以及伺服控制复杂等问题,较少用于工业机器人。气动致动器受空气可压缩性的影响,难以完成精密操作,通常用于末端执行器的夹持操作。工业机器人应用最广泛的致动器是直流或交流电机。它不仅便于精密伺服控制,而且静音、轻巧、清洁,易于维护。工业机器人的传动机构主要将致动器提供的扭矩转换为机械臂关节及末端执行器的位移和速度。常见的传动机构包括同步齿形带、行星减速器、摆线针轮减速器、谐波减速器和连杆机构等,其主要目的是减速增矩和改变运动方向。

　　识别子系统采用多种传感器获得工业机器人内部和外部的运动与状态信息。基于这些信息,它可以识别机器人的自身工作状态、操作目标的位姿以及环境状况。为实现这些功能,识别子系统包括传感器、模数转换器(ADC)、信号处理器等。机器人常用传感器分为内部传感器和外部传感器,如图 6-11 所示。内部传感器包括位移类传感器、速度类传感器、加速度传感器、力(矩)类传感器等。旋转位移编码器可分为绝对位移传感器和增量位移传感器。绝对位移传感器通常测量负载端关节的转角绝对位移,用于构成全闭环位置伺服控制,补偿机械传动、部件变形等引起的间隙和位移偏差。增量编码器通常测量电机轴的相对转动位移,用于构成半闭环位置或速度伺服控制。其他形式的位移传感器还有旋转/直线电位器和线性可变差动变压器(LVDT)。前者多用于机构运行较为平稳的场合,而后者多用于机构存在振动的场合。两种传感器均需要通过模数转换器(ADC)将电压输出转换为数字信号以便于计算机控制。感应同步器或自整角机通常产生交变输出信号,如正弦波,用于半闭环下的速度控制。

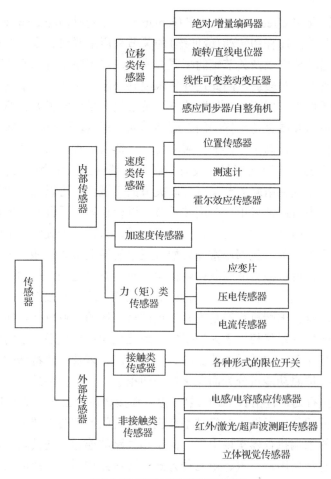

图 6-11　机器人传感器的分类

速度类传感器通常利用位移类传感器信号经微分处理后而间接获得。其他类型的速度传感器还包括测速计和霍尔效应传感器。加速度传感器一般测量的是线位移方向上的加速度值。角加速度需要对角速度信息再进行微分处理而间接获得。受振动干扰影响，加速度信号通常需要进行滤波等信号处理后才能参与伺服控制。受传感器硬件性能的影响，加速度传感器存在温度漂移和零点漂移等，其在使用中存在积累误差，因此需要定时进行修正或补偿。常见的力或力矩传感器主要由弹性体上的应变片构成测量桥路或利用压电效应将力作用下的位移转换为电信号。部分采用直驱力矩电机的关节，可以通过测量电机的堵转电流间接获得力矩信息。其前提条件是关节必须采用小减速比减速器，否则大减速比减速器的库伦摩擦力矩和黏滞摩擦力矩会影响测量的准确性。外部传感器包括接触类传感器、非接触类传感器等。其作用一方面是实现关节机械限位的电气触发或自动回中，另一方面是测量机械手末端、操作对象以及作业环境的相对位姿关系。红外和超声波测距传感器常用于粗略测量相对位置关系，主要用于机器人的避碰和安全防护。激光测距传感器能够获得准确的位置数据，常用作对环境的精确测量，为机器人的轨迹规划提供定量信息。激光测距数据的阵列信息可以测量并再建环境场，将非结构化环境转换成结构化环境，有效改善了机器人应对未知环境或动态环境的能力。立体视觉传感器是模仿人双目测距效应而设计的测距传感器。它通过采集环境的平面图片信息，经后处理算法，获得环境中物体的典型轮廓尺寸。受视角、分辨率和环境光强弱的影响，立体视觉存在一定的局限性。因此，复杂环境下需要运用激光、红外、立体视觉等多种传感器进行测量。

控制子系统用于连接运动子系统和识别子系统，形成闭环控制回路。它运用识别子系统提供的信息，按照给定的任务要求，控制机械臂及末端执行器或者移动小车运动。工业机器人的控制子系统通常包括数字控制器、数模转换器(DAC)、功率放大器等。这些部件被放置在专门定制的电气控制箱中。数字控制器包括 CPU、内存和数据存储器，能够处理机械臂及末端执行器运动轨迹解算所需的控制程序，并将运算结果通过数模转换器和功率放大器输出到致动器上。数字控制器的指令来源一方面是其自带的示教器，用于为操作者提供简单的动作轨迹编排和点动操作；另一方面是上位机提供的指令序列。上位机通常安装了机器人动作轨迹规划和调控的人机交互程序和界面，便于控制参数、运动参数的输入和运动状态的监控。虽然有多种编程语言可用，如 Fortran、C 和 C++等，但商用工业机器人用于编写控制程序的编程语言不尽相同。例如，日本的 FANUC 工业机器人采用"Karel"机器人编程语言。工业机器人控制程序的核心是关节轨迹、末端执行器轨迹的运动规划、正逆解求解计算以及误差补偿等。此外，控制程序还包括人机交互界面、视觉检测和传感器信号处理等内容。

6.3.3　工业机器人的性能指标

根据不同的行业和不同的任务需求，选择工业机器人的侧重点也有所不同，需要考虑的工业机器人核心参数主要包括自由度、控制精度、工作范围、最大工作速度、承载能力。

1. 自由度

自由度是指能够相对坐标系进行独立运动的数目，末端执行器的动作不包括在内。自由度通常作为机器人的技术指标，反映机器人动作的灵活性，可用轴的直线移动、摆动或旋转动作数目来表示。在工业机器人系统中，一个自由度至少需要有一个致动器驱动，而在三维空间中描述一个物体的位置和姿态则需要 6 个自由度。在实际应用中，工业机器人的自由度是根据其用途而设计的，可能小于 6 个自由度，也可能大于 6 个自由度。目前，焊接和涂装作业机器人多为 6～7 个自由度，而搬运、码垛和装配机器人多为 4～6 个自由度。

2. 控制精度

工业机器人的控制精度包括定位精度和重复定位精度两个指标。定位精度是指机器人手部实际到达位置与目标位置之间的差异，用反复多次测试的定位结果的代表点与指定位置之间的距离来表示；重复定位精度是指机器人重复定位手部于同一目标位置的能力，以实际位置的分散程度来表示，实际应用中常以重复测试结果的标准偏差值的 3 倍来表示，它用来衡量一系列误差值的密集度。工业机器人具有绝对精度低、重复精度高的特点。工业机器人的绝对精度要比重复定位精度低 1～2 个数量级，原因是机器人控制系统根据机器人的运动学模型确定机器人末端操作器的位置，而理论上的模型与实际机器人的物理模型存在一定偏差。目前，工业机器人的重复定位精度可达±0.01～0.5 mm。依据作业任务和末端持重不同，机器重复定位精度亦不同。

3. 工作范围

工作范围是指机器人手臂末端或手腕中心所能达到的所有区域点的集合，也称工作区域。末端操作器的形状和尺寸是多种多样的，为了真实地反映机器人的特征参数，一般工作范围是指不安装末端操作器的工作区域。工作范围的形状和大小对工业机器人来说是一个十分重要的指标，机器人在执行某项作业时可能会因为存在手部不能到达的作业死区而不能完成任务，所以在选择工业机器人时需要重点考虑机器人的工作范围与任务工件之间的匹配关系。

4．最大工作速度

对于工业机器人的最大工作速度，有的厂家标示的是自由度上最大的稳定速度，有的厂家标示的则是手臂末端最大的合成速度，通常技术参数中都有说明。工作速度越高，工作效率就越高，但是工作速度越高就需要花费更多的时间去升速和降速，同时会增加工业机器人的成本。操作空间比较小且频繁动作的任务中，工业机器人的最大工作速度指标可以适当降低；相反，在大范围内动作且启停较少的任务中，则需要考虑选择最大工作速度较高的工业机器人。

5．承载能力

工业机器人的承载能力是指工业机器人在工作范围内的任何位置上所能承受的最大质量。承载能力不仅取决于负载的重量，而且与机器人运行的速度、加速度的大小和方向有关。为了安全起见，承载能力这一技术指标是指高速运行时的承载能力。工业机器人的承载能力仅指负载，而且包括了机器人末端操作器的质量，即除机器人本体之外加载在机器人法兰上的质量。

6.3.4 工业机器人的关键技术

工业机器人是在汽车制造业、电子装配、食品生产、医疗康复等行业应用较为广泛的一种自动化设备，近年来，随着科学技术的发展，工业机器人技术日新月异，其关键技术主要包括以下几方面。

1．机器人机械结构

工业机器人的机械结构可分为串联式结构和并联式结构。同时，工业机器人的机械结构可以具有冗余自由度，一般来说，六自由度机器人已具有完整的空间定位能力，而采用冗余自由度的工业机器人可以改善机器人的灵活性、运动学和动力学性能，提高避障能力。

在机器人的机械结构设计中，通过有限元分析、模态分析及仿真设计等现代设计方法的运用，可实现机器人操作机构的优化设计，同时，探索新的高强度轻质材料，进一步提高负载/自重比。例如，以德国 KUKA 公司为代表的机器人公司，已将机器人并联平行四边形结构改为开链结构，拓展了机器人的工作范围，加上轻质铝合金材料的应用，大大提高了机器人的性能。另外，采用并联结构，利用机器人技术，可实现高精度测量及加工，这是机器人技术向数控技术的拓展，为实现机器人和数控技术一体化奠定了基础。

此外，采用先进的 RV 减速器及交流伺服电机，使机器人操作机几乎成为免维护系统。其机构向着模块化、可重构方向发展。例如，关节模块中的伺服电机、减速机、检测系统三位一体化；将关节模块、连杆模块用重组方式构造机器人整机；国外已有模块化装配机器人产品问世。机器人的结构更加灵巧，控制系统越来越小，两者正朝着一体化方向发展。

2．机器人驱动系统

工业机器人的驱动方式主要有电机驱动、液压驱动和气压驱动。针对工业机器人不同的应用领域和要求，应选择合适的驱动方式。其中，电机驱动的方式在机器人中的应用最为普及。电机用于驱动机器人的关节，要求有最大功率质量比和扭矩惯量比、启动转矩、低惯量和较宽广且平滑的调速范围。特别是机器人末端执行器(手爪)应采用体积、质量尽可能小的电动机，尤其是要求快速响应时，伺服电动机必须具有较高的可靠性，并且有较大的短时过载能力。目前，高启动转矩、大转矩、低惯量的交流、直流伺服电动机以及快速、稳定、高性能伺服控制器成为工业机器人的关键技术。

3．机器人控制系统

机器人采用开放式、模块化控制系统，向基于 PC 的开放型控制器方向发展，便于标准化、网络化；器件集成度提高，控制柜结构更紧凑，且采用模块化结构，大大提高了系统的可靠性、易操作性和可维修性。控制系统的性能进一步提高，机器人已由过去标准的 6 轴控制发展到现在能够控制 21 轴甚至 27 轴，并且实现了软件伺服和全数字控制。人机界面更加友好，开放的编程方式、图形编程界面正在研制之中。机器人控制器的标准化和网络化以及基于 PC 的网络式控制器已成为研究热点。编程技术除进一步提高在线编程的可操作性外，离线编程的实用化将成为研究重点，在某些领域离线编程已实现实用化。

4．机器人软件系统

工业机器人采用实时操作系统和高速总线的开放式系统，采用基于模块化结构的机器人分布式软件结构设计，可实现机器人系统不同功能之间的无缝连接，通过合理划分机器人模块，降低机器人系统集成难度，提高机器人控制系统软件体系的实时性。另外，机器人软件系统还需攻克现有机器人开源软件与机器人操作系统的兼容性、工业机器人模块化软硬件设计与接口规范及集成平台的软件评估与测试方法、工业机器人控制系统硬件和软件开放性等关键技术。另外，综合考虑总线实时性要求，攻克工业机器人伺服通信总线，针对不同应用和不同性能的工业机器人对总线的要求，完善总线通信协议、支持总线通信的分布式控制系统体系结构，支持典型多轴工业机器人控制系统以及与工厂自动化设备的快速集成。

5．机器人感知系统

未来的工业机器人将大大提高对工厂环境的感知能力，以检测机器人及周围设备的任务进展情况，及时检测部件和产品组件的生产情况，估算出生产人员的情绪和身体状态等，这就需要攻克高精度的触觉、力觉传感器和图像解析算法，重大的技术挑战包括非侵入式的生物传感器及表达人类行为和情绪的模型。通过高精度传感器构建用于装配任务和跟踪任务进度的物理模型，以减少自动化生产环节中的不确定性。多品种、小批量生产的工业机器人将要更加智能、灵活，而且可在非结构化环境中运行。机器人中的传感器作用日益重要，除采用传统的位置、速度、加速度等传感器外，装配、焊接机器人还应用了激光传感器、视觉传感器和力觉传感器，并实现了焊缝自动跟踪和自动化生产线上物体的自动定位以及精密装配作业等，大大提高了机器人的作业性能和对环境的适应性。遥控机器人则采用视觉、声觉、力觉、触觉等多传感器的融合技术来进行环境建模及决策控制。为进一步提高机器人的智能和适应性，多种传感器的使用是问题解决的关键。其研究热点在于有效、可行的多传感器融合算法，特别是在非线性及非平稳、非正态分布情形下的多传感器融合算法。

为了提高工作效率，并使工业机器人能用尽可能短的时间完成其特定任务，工业机器人必须有合理的运动规划。运动规划可分为路径规划和轨迹规划。路径规划的目标是使机器与障碍物的距离尽量远，同时路径的长度尽量短；轨迹规划的目的是使机器人关节空间运动的时间尽量短，并且满足机器人运动过程中速度和加速度要求，使机器人运动平稳。

6．机器人网络通信系统

目前，机器人的应用工程由单台机器人工作站向机器人生产线发展，因此机器人控制器网络通信技术变得越来越重要。控制器具有串口、现场总线及以太网的联网功能，可用于机器控制器之间和机器人控制器同上位机的通信，便于对机器人生产线进行监控、诊断和管理。目前，工业机器人可实现与 CANbus、Profibus 及一些网络的连接，使机器人由过去独立应用向网络化应用迈进了一大步，也使机器人由过去的专用设备向标准化设备发展。

7．机器人遥控和监控系统

在核辐射、深水、有毒等高危险环境中进行焊接或其他作业时，需要由可遥控的机器人代替人去工作。当代遥控机器人系统的发展特点不是追求全自治系统，而是致力于操作者与机器人的人机交互控制，即遥控加局部自主系统构成完整的监控遥控操作系统，使智能机器人走出实验室，进入实用化阶段。美国发射到火星上的"索杰纳"机器人就是系统成功应用的最著名实例。多机器人和操作者之间的协调控制，可通过网络建立大范围内的机器人遥控系统实现，在有时延的情况下，建立预先显示进行遥控等。

8．机器人系统集成技术

机器人作为一种自动化单元模块，必须配合操作者或其他设备工作，即机器人的系统集成技术。在生产环境中，工业机器人应具有协调控制能力，注重人类与机器人之间交互的安全性。根据终端用户的需求设计工业机器人系统、外围设备、相关产品和任务，将保证人机交互的自然，不但是安全的，而且效益更高。人和机器人的交互操作设计包括自然语言、手、视觉和触觉技术等，也是未来机器人发展需要考虑的问题。工业机器人必须容易示教，且人类易于学习和操作。机器人系统应设立学习辅助功能，以实现机器人的使用、维护、学习和错误诊断、故障恢复等。

思 考 题

1．试述 CNC 系统的组成结构以及软硬件结构在 CNC 系统中的地位及相互作用。
2．结合实际分析一下 CNC 技术的未来发展趋势。
3．试述柔性夹具的种类及其工作原理。
4．结合当前技术发展谈一谈柔性夹具的未来发展趋势。
5．结合实际谈一谈工业机器人的未来发展趋势。
6．简述工业机器人的基本组成以及每部分的特性。
7．工业机器人具有哪些性能指标？分别有什么作用？
8．试举例说明工业机器人在工业生产中的应用，并分析该工业机器人的结构和特征。
9．工业机器人系统的关键技术有哪些？

第7章 先进制造管理技术

技术与管理双轮驱动是保证制造企业均衡、高效、低成本运营的两大支撑条件。随着企业市场化进程的深入推进和信息技术的快速发展，技术研发和生产运营两大信息支持平台在制造企业的产品设计、工艺设计、生产运作、加工制造过程中发挥着越来越重要的作用。为此，我们围绕复杂产品研发支持平台技术、企业资源计划、先进质量管控方法和制造执行系统四个方面，对先进制造管理技术进行介绍。

7.1 复杂产品研发支持平台技术

大型复杂产品的技术研发具有投入高、风险高、周期长等特点，一般包含产品设计和工艺设计两大主要内容。随着近年来市场竞争加剧和产品生命周期缩短，在保证产品性能和质量的前提下，如何尽可能缩短研发周期、降低研发成本成为企业技术管理人员必须重视的两个主要问题，而信息化工具平台则成为企业提升技术研发管理能力的重要手段。

7.1.1 产品研发面临的新形势及特点

随着市场竞争的不断加剧，以及用户需求的多样化，制造企业逐渐从过去的"卖方市场"转型至现在的"买方市场"。企业生产类型从过去的"单品种大批量"方式逐步过渡到现在的强调"多品种小批量"方式；企业的核心竞争力从过去强调"劳动生产率"向现在的强调"产品创新能力"转变；因此，产品生命周期越来越短，产品更新换代的速度越来越快。

对复杂产品而言，产品生命周期一般包含设计开发、生产准备与加工、原材料与外购件采购、管理和销售等主要环节。而产品设计作为整个产品生命周期的最前端，直接决定着产品市场定位，以及后续加工所需的设备、材料、零备件等。零部件生产加工环节虽然需要大量人力、物力的投入，但它也是在前期产品设计、工艺设计的指导下具体执行的。因此，产品设计开发环节虽然所需人数较少，但对整个产品的成本构成发挥着决定性作用。产品生命周期各环节的成本和工时构成参见图7-1。

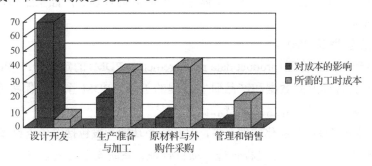

图7-1 产品生命周期各环节成本和工时构成

产品需求的不确定性和设计本身的迭代式特征，使得产品设计是一个不断迭代、逐步优化的过程，只有经过不断试错，才能迭代出更佳的产品形态和性能。据统计，新产品 75%的错误是在产品设计与形成阶段产生的，而 80%的修改工作则是在产品制造阶段或后续阶段完成的。产品设计阶段的错误发现得越晚，造成的修改工作和成本花费越大。各阶段修改成本分布参见图 7-2，因此，在产品设计研发阶段，我们期望尽可能早地暴露设计错误，从而使得工程师尽可能早地发现并修正设计错误。

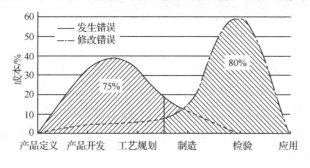

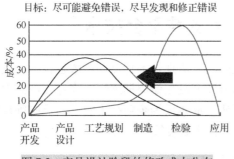

图 7-2　产品设计阶段的修改成本分布

在传统产品设计过程中，一般包括概念设计、总体设计、分系统设计、零部件结构设计、工艺设计、加工装配、检验测试、产品定型、批量生产、产品上市等过程，这种串行模式具有研发周期长、新品上市慢、成本支出高等弊端。随着三维设计、工程仿真、数字样机、产品数据管理等数字化、信息化技术和工具的不断发展，大型复杂产品的研发已经从过去的"串行"模式逐步过渡到现在的"并行"研发模式。

7.1.2　产品全生命周期管理

大型复杂产品的研发过程是一个复杂的系统工程，具有多厂所协同、多学科协作、多人员参与、高资金投入、持续周期长、投资风险大等显著特征。以波音 777 研发项目为例，共计产生约 75000 张图纸，450 万个零件，投入了 6500 名员工(这里不包含供应商的人力投入)；而空客 A380 项目也产生了 79000 张图纸，投入了 6000 名员工。因此，传统的人工+手工的粗放管理模式已不能满足这类大型复杂产品的高效研发需求。另外，众多企业引入了 CAD、CAE、CAPP、CAM 等工具软件来辅助相关部门的研发工作，但这些单元技术都是各自为政，数据没有有效集成和共享，从而使得产品或零件的数据源不唯一、使能工具效能不能充分发挥。在此背景下，服务支撑整个企业研发体系的产品数据管理、产品全生命周期管理等信息平台技术应运而生。

1. 产品数据管理(PDM)

CIMdata 对产品数据管理(product data management，PDM)的定义为："PDM 是一种帮助工程师和其他人员管理产品数据和产品研发过程的工具，PDM 系统确保跟踪那些设计、制造所需的大量数据和信息，并由此支持和维护产品。"

目前，市场上的 PDM 商品化软件众多，但其核心功能一般包括电子资料库和图文档管理、产品结构与配置管理、工作流与过程管理、项目管理、系统安全与权限管理。PDM 软件主要解决大量电子数据产生而形成的管理混乱、系统间集成不充分而导致的重复劳动，以及数据和过程缺乏透明性而导致的低效率问题。

PDM 是一种对产品研发相关的数据和过程进行有效管理的方法和技术。产品研发过程中的相关数据涉及环节和内容较多。如图 7-3 所示，一个产品的完整技术数据描述包括产品模型设计、仿真分析与计算、工程图绘制、工艺设计与加工、测试检验、产品装配、产品质量履历等多个环节及数据。

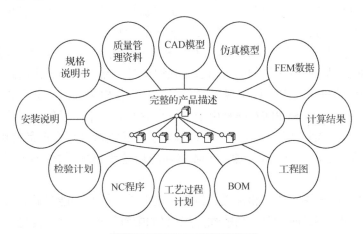

图 7-3　产品相关的数据描述

PDM 为产品研发提供一个并行化、跨部门、跨专业、跨地域、集成化的协同环境，实现多专业、多领域、多阶段的产品集成管理，支持产品协同开发，并为企业的生产、管理、供应和销售等提供管理和决策数据支持，从而实现产品数据在整个企业内的有序流动，同时也确保了数据源的唯一性和企业相关业务的无缝集成，参见图 7-4。

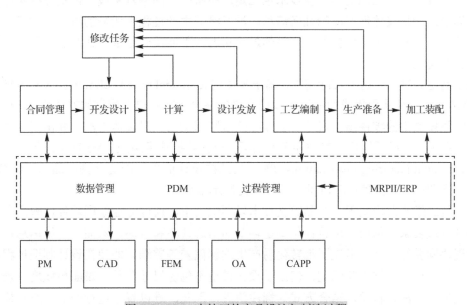

图 7-4　PDM 支持下的产品设计与制造过程

2. 产品全生命周期管理（PLM）

CIMdata 对产品全生命周期管理（product lifecycle management，PLM）的定义如下：PLM 是一系列应用于单一地点的企业内部、分散在多个地点的企业内部，以及在产品研发领域具有协作关系的企业之间，支持产品全生命周期相关信息的创建、管理、分发和应用的解决方案，并能够集成与产品相关的人力资源、流程、应用系统和信息。

PLM 是一种对所有与产品相关的数据在其整个生命周期内进行管理的技术。它涵盖产品从需求、规划、设计、生产、销售、运行、使用、维修保养、回收再处置直至报废的全生命周期中的信息与过程。实际上，PLM 既是一种工业软件，又是一种制造管理理念。它支持并行设计、协同研发、敏捷制造、网络化制造等先进的设计制造技术。

传统 PDM 主要是针对产品研发过程的数据和过程的管理，而在 PLM 理念之下，PDM 的概念得到延伸，并形成基于协同的 PDM。PLM 强调了对产品生命周期内跨越供应链的所有信息进行管理和利用的概念，它可以实现研发部门、企业各相关部门，甚至企业间对产品数据的协同共享和应用。PLM 和 PDM 都是用于支持企业产品技术研发的信息化工具软件，传统 PDM 侧重于产品形成或制造过程，而 PLM 则包含了产品制造过程和产品使用过程两大阶段。因此，PDM 功能是 PLM 中的一个子集，PLM 软件的功能是 PDM 软件的扩展和延伸，而 PLM 软件的核心是 PDM 软件。

PLM 软件一般包含基础技术和标准、信息生成工具、核心功能（如图文档管理、工作流、过程管理、项目管理、数据仓库）、功能性的应用（如配置管理），以及构建在其他系统上的商业解决方案。目前，市场上 PLM 软件的供应商很多，著名产品有美国 PTC 公司的 Winchill、德国 UG 公司的 Teamcenter 和法国达索公司的 ENOVIA。

7.1.3 基于模型定义（MBD）技术

随着计算机技术的迅猛发展，产品设计技术的应用不断深入推进，最初的产品设计阶段已经实现了数字化，三维实体建模技术也已是产品研制中的基本手段。但是三维实体模型存在两个弊端：一是仅体现产品的几何信息，没有涵盖生产过程中所需的材料、加工工艺等产品制造信息；二是三维实体模型是产品的最终状态，不能反映零部件在制造过程中由毛坯到成品的状态变化。

为了满足数字化制造的实际需求，基于模型定义（model based definition，MBD）技术应运而生。MBD 是一种采用集成的三维实体模型来完整表达产品定义信息的方法体，它详细规定了三维实体模型中的零件结构尺寸、公差标注规则和工艺信息表达方法，并由三维实体模型和文字、数字、字母所描述的其他加工、装配、检测数据信息组成。MBD 将三维产品制造信息（product manufacturing information，PMI）与三维设计信息共同定义到产品的三维数模中，摒弃了二维图样，直接使用三维标注模型作为制造依据。

在传统二维研发模式下，产品定义技术以图纸为主，通过专业绘图软件反映出产品的几何结构及制造要求，从而实现设计与制造环节的信息共享和传递。然而，二维信息传递存在难以实现协同并行设计、多次图纸转化易产生理解偏差等弊端。即使在设计制造过程中应用了部分三维设计、三维工艺编制，但由于设计模型不包含尺寸公差、表面粗糙度、表面处理方法、热处理方法、材质、结合方式等标注信息，因此，难以直接进行产品生产和检验，也使得三维设计制造的优势不能充分发挥。

MBD 采用集成的三维数字模型完整地表达了产品定义信息，其中详细规定了三维数字模型中产品尺寸、公差的标注规则和工艺信息的表达方法。它改变了采用三维数字模型描述产品几何形状信息，而运用二维工程图纸来定义尺寸、公差和工艺信息的产品传统数字化定义方法。另外，MBD 技术将三维数模作为生产制造过程中的唯一依据，改变了传统以工程图纸为主、以三维实体模型数模为辅的制造方法。MBD 和传统数字化设计的区别参见图 7-5。

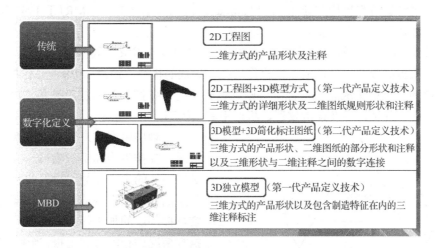

图 7-5　MBD 和传统数字化设计的区别

在 MBD 制造模式下，产品工艺数据、检验检测数据的形式与类型发生了很大变化。采用 MBD 技术后，设计部门不再向制造部门发放二维工程图纸，因此减少了设计工作量，简化了管理流程。工艺部门通过三维数字化工艺设计与仿真，依据 MBD 的三维产品设计数字模型建立三维工艺模型，生成零件加工、部件装配动画等多媒体工艺数据。检验部门通过三维数字化检验，依据 MBD 的三维产品设计数字模型、三维工艺模型，建立三维检验模型和检验计划。与此同时，设计数字模型的版本变化将直接引发工艺数字模型、检验数字模型的版本变化。因此，需要以零部件为对象，建立产品设计数据、工艺数据、检验数据与 BOM 结构树的关联关系，一并纳入 PLM 软件系统进行集成化管理，同时确保产品设计数据、工艺数据、检验数据的版本一致。

MBD 技术摒弃了传统二维工程图，使三维数字化模型成为生产制造过程中的唯一依据，保证了产品数据的唯一性，减少了重复劳动；它可以使产品生产制造各环节的人员更准确、更直观地理解设计意图，降低了因理解偏差而导致出错的可能性。波音 787 是全面应用 MBD 技术的成功案例：在研制 787 客机过程中，波音公司将 787 项目的数字化环境改为全新的全球协同环境(global concurrent engineering，GCE)平台，并基于网络建立了关联的单一数据源的核心流程和系统框架。近年来，国内航空制造企业在行业内也开始大面积推广应用 MBD技术。

7.2　企业资源计划

企业资源计划(enterprise resources planning，ERP)与产品全生命周期管理(PLM)、制造执行系统(MES)共同组成了大型制造企业的三大支撑信息平台。其中，ERP 侧重于企业级的计划、采购、供应、销售、财务、资产、人力资源等的综合管理，PLM 支撑并服务于整个企业的技术研发及其过程管理，而 MES 则定位于车间执行层面的管理与控制。

7.2.1　制造企业的三级体系结构

美国先进制造研究机构（Advanced Manufacturing Research Inc.，AMR）于 1992 年提出了三层的企业集成模型，它将企业分为三个层次：计划层（企业层）、执行层（车间层）、控制层（设备层）。计划层强调企业的计划编制，它以客户订单和市场需求为数据源，充分利用企业内部的各种资源来提高效益、降低成本；执行层强调计划的执行，通过 MES 把 MRPII/ERP 与企业的现场控制有机地集成起来；控制层则强调底层的设备控制，如加工设备、PLC、数据采集器、条形码、各种计量及检测仪器、机械手等的控制。

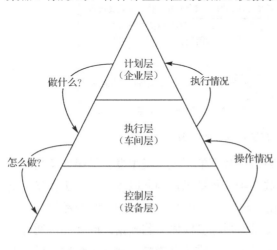

图 7-6　制造企业运作的三层结构模型

计划层根据客户订单、库存和市场预测情况，安排生产和组织物料。执行层根据计划层下达的生产计划、物料的到位情况和控制层的设备状态等情况，制定车间作业计划，安排控制层的加工任务，对作业计划和任务执行情况进行汇总和上报；当生产计划变更、物料短缺、设备发生故障、出现加工质量等问题时，执行层会对作业计划进行及时调整，保证生产过程正常进行。因此，执行层位于企业计划层与控制层之间，它承载大量的信息传递、交互与处理的过程。控制层又称为设备层，它完成产品零件的加工或装配。制造企业运作的三层结构模型参见图 7-6。

7.2.2　企业资源计划演变过程

企业资源计划作为一个大型制造企业运营管理的信息化支撑平台，其发展演变过程参见图 7-7。

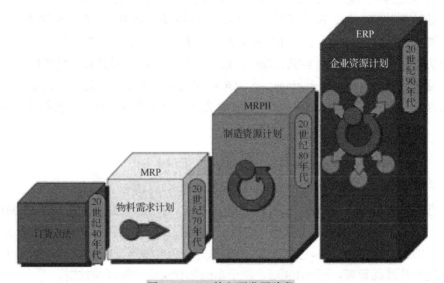

图 7-7　ERP 的主要发展阶段

制造企业早期的物料管理与控制方法是采用订货点法。订货点法的实质是库存补充，它按过去的经验预测未来的物料需求，并要求保留一定的安全库存储备。发出订单和进行催货是当时库存管理所能做的一切，确定物料的真实需求时依赖"缺料表"，该方法适用于需求比较稳定的物料。然而，在实际生产中，企业外部需求具有多变性、不稳定性、不均匀性等特点，传统的订货点法在管控物料时存在盲目性、高库存、易形成块状需求等弊端。

20 世纪 70 年代，美国 IBM 公司的 J.Orlicky 博士提出了相关需求的学说，并由此形成了物料需求计划(material requirement planning，MRP)。MRP 是在传统订货点法的"缺料表"基础上发展而来的，它根据主生产计划表中所需物料来决定生产和订货。具体来讲：MRP 根据最终产品的需求数量自动推导出构成产品的零件和材料的需求量，并由产品的交货期倒排出零部件的生产进度日程和原材料、外购件的需求日期。

在 MRP 计算过程中，对产品 BOM 内部各个层次的零部件的计划交付量可分别按各自批量和提前期、库存量等参数计算得到。BOM 中上一层次物料的计划交付量作为下一层次的毛需求量，自顶层向底层逐层推移，进行自顶向下的逐层分解，每分解一层次就能产生该层零件的生产计划，同时又将这个生产计划作为下一层次的毛需求量。

MRP 是一种类推式的计划编制方法，尤其适合大型离散型制造企业的复杂成套产品的计划编制与控制。MRP 编制方法同时也存在以下缺陷。

(1)MRP 将订单或预测需求量依据 BOM 展开为零部件和原材料的需求量和时间，但没有涉及生产能力约束。

(2)MRP 假定物料供应始终能满足生产需要。

(3)MRP 没有涉及车间作业计划及作业分配，不能保证设备的有效利用。

(4)MRP 采取自上向下的递阶控制方式，没有考虑底层的反馈。

基于传统 MRP 的上述缺陷，制造资源计划(manufacturing resource planning，MRPⅡ)应运而生。MRPII 以 MRP 为核心和基础，增加了生产能力计划、生产活动控制、采购与物料管理计划，它将生产、财务、销售、工程技术、采购结合为一体，共享相关生产数据，由此形成一个集计划、执行、反馈为一体的集成化应用系统。

MRPII 作为一种制造业公认的管理标准系统，解决了企业管理中的以下主要问题。

(1)制造什么：主生产计划。

(2)用什么来制造：根据 BOM。

(3)我们有什么：库存。

(4)我们还需要什么：车间作业计划和物料采购计划。

MRPII 具备以下主要特征。

(1)将企业中的各子系统紧密结合起来，形成一个面向企业的一体化应用系统。

(2)MRPII 的所有数据来源于企业中心数据库，达到了数据共享和口径统一。

(3)MRPII 可以根据不同的计划决策模拟出各种未来将会发生的结果。

(4)实现了业务驱动财务、财务监控业务。

随着市场竞争的不断加剧，以及社会化分工越来越细，企业对内部制造资源的管理由封闭式逐渐过渡到涵盖协作厂、配套厂、下游供应链等的企业整个资源的集成管理。而这一趋势已经超出了传统 MRPII 的管理范畴，在此背景下 ERP 应运而生。ERP 是建立在信息技术基础上，利用现代企业的先进管理理念，对企业物流、资金流和信息流进行全面集成管理，为企业提供决策、计划、控制和经营业绩评估的全方位、系统化的管理信息平台。

7.2.3　ERP 的概念及特征

ERP 的概念是由美国著名的咨询公司 Gartner Group Inc.首先提出的，其宗旨是对企业的人、财、物、信息、时间和空间等资源进行综合平衡和优化管理，同时为企业提供决策、计划、控制和绩效评估的集成化、系统化管理平台。MRPⅡ的管理重点是物料流，主线是计划，而 ERP 的主线也是计划，但其管理重点同时包含物料流、资金流和信息流，并在整个企业运营过程中贯穿了财务与成本控制概念。因此，ERP 是对传统 MRPⅡ的继承与拓展，它在继承 MRPⅡ的核心功能(制造、供销和财务)的基础上，还大大拓展了其管理范围和功能。ERP 软件的管理涵盖从下游供应商的物料采购、中间的加工制造，直至产品交付客户的完整过程，参见图 7-8。

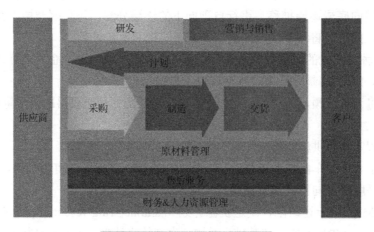

图 7-8　ERP 软件涵盖的业务范围

ERP 具有以下显著特点。

(1) ERP 更加面向市场、面向经营、面向销售，能够对市场快速做出响应。

(2) ERP 更强调企业流程与工作流，通过 ERP 内嵌的工作流机制实现人员、财务、制造与分销之间的无缝集成，并支持企业业务流程重组。

(3) ERP 更强调财务管理，具有较完善的企业财务管理体系，使价值管理、价值流概念得以实施，企业的资金流与物料流、信息流更加有机地结合。

(4) ERP 包含供应链管理功能，强调供应商、制造商与分销商之间的新伙伴关系。

(5) ERP 支持推式 MRPⅡ与拉式 JIT(just-in-time)的混合生产管理模式。

7.2.4　ERP 软件模块

ERP 软件供应商很多，每家公司的软件功能也不尽相同，但其管理功能一般都包括三大块内容：生产管理(计划、制造)、物流管理(分销、采购、库存)、财务管理(成本管理、会计核算)。典型制造企业 ERP 软件的功能模块参见图 7-9。

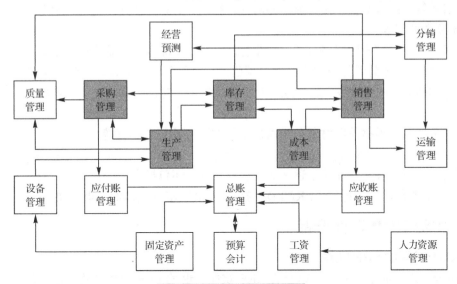

图 7-9　ERP 软件的功能模块

(1)生产管理：生产计划是生产管理的主线，MRPII 则是整个生产计划体系中的核心模块。

① 主生产计划(MPS)：它根据综合生产计划、需求预测和客户订单来综合编制企业未来一段时间内的产品种类和数量。其中，客户订单是按订单生产型(MTO)企业编制主生产计划的主要数据源，而需求预测则是备货生产型(MTS)企业编制主生产计划的数据源。

② 物料需求计划(MRP)：MRP 是对主生产计划的依次分解和逐层细化，并通过物料清单(BOM)展开为零部件制造需求计划和材料采购计划。

③ 能力校核计划：包含粗能力计划和细能力计划，分别对主生产计划和物料需求计划进行任务负荷和设备能力的综合平衡和校验。

④ 生产控制：对物料需求计划的实际执行情况进行过程监控，并对生产过程中的例外情况进行管控和资源协调。

⑤ 制造/期量标准：涉及编制各级生产计划和进行统计分析所需的基础数据，包括零件信息、物料清单、工艺路线、工作中心、工厂日历、加工周期、批量等。

(2)物流管理：主要涉及生产所需物料的采购、储存，以及生产成品及备件的销售管理。

① 采购管理：涉及供应商管理、采购计划编制、订货批量及采购日期确定、订货合同管理、外协管理、采购物料催货与跟踪等。

② ERP 软件中的供应链管理模块主要包括供应商、原材料、库存、渠道、价格体系、市场渗透、品牌宣传等。

③ 库存管理：涉及物料分类管理、物料台账/流水账管理、日常收发料管理、材料定额管理、库存资金分析、安全库存量分析、各类库存及占用资金统计分析等。

④ 销售管理：涉及订单管理、合同管理、销售计划、客户档案管理、产品报价、分销管理、销售统计分析等。由于销售环节是企业组织生产的源头，提高客户满意度也是制造企业追求的目标之一，因此，众多 ERP 厂商将销售管理从 ERP 软件中剥离出来，并拓展丰富其管理功能，由此形成了客户关系管理(CRM)软件。

（3）财务管理：基于会计核算数据并对其进行统计分析，依此来进行与财务、资金相关的管理、预测和控制等。

① 成本估算：综合运用 BOM、材料定额、零备件价格、成品价格、工时定额等基础数据，进行实际生产之前所花费成本的事先预估，从而服务于订单管理和商务决策。

② 成本核算：按照财务结算周期及财务管理制度，定期对实际发生的各类支出进行事后统计、核算。

③ 财务计划：根据前期财务分析做出下期的财务计划和预算等。

④ 财务分析与决策：进行资金分析、资金筹集、财务绩效评估、资金投放及管理等。

（4）其他模块：ERP 软件除上述 3 大主要模块外，还包括人力资源管理、资产管理、工作流管理、基础数据、用户管理、ERP/PDM 接口、ERP/MES 接口等功能模块。

7.2.5　主流 ERP 软件产品

1．SAP 公司的 ERP 软件

SAP 公司是目前全世界排名第一的 ERP 软件，也是 ERP 思想及管理理念的倡导者。该公司成立于 1972 年，总部设在德国的沃尔多夫。SAP 公司在企业 IT 行业居市场领导地位，拥有 24 个行业和 11 个业务线的标准化产品，在全球 188 个国家拥有超过 232000 家客户，用户主要分布在汽车、航空航天、化工、电器设备、电子、消费品、食品饮料等行业。SAP 企业管理系统包括 SAP Business One、SAP Business All-in-One、SAP S/4 HANA、SAP Business Objects 等，涵盖财务、市场、采购、销售、库存、生产、人力资源、商务分析和报表平台等企业业务功能。

2．Oracle 公司的 ERP 软件

Oracle 公司是全球最大的应用软件供应商，成立于 1977 年，总部设在美国加利福尼亚州。ERP 软件作为 Oracle 公司的企业应用产品，全称是 Oracle 电子商务套件（E-Business Suite），是在原来 Application（ERP）基础上扩展而来的。它是由 150 多个集成软件模块组成的管理套件，这些软件模块可用于财务管理、供应链管理、生产制造、工程系统管理、人力资源和客户关系管理等。Oracle 凭借"世界领先的数据库供应商"这一独特优势，建立起构架在自身数据库之上的 ERP 软件，其核心优势就在于它的集成性和完整性。

3．国内的主要 ERP 软件厂商

国内 ERP 软件供应商很多，金蝶和用友两家公司具有一定的规模和实力，这两家公司都是在原来财务管理软件的基础上逐渐拓展形成 ERP 软件。其中，金蝶 K/3 软件包含了供应链管理、财务管理、人力资源管理、客户关系管理、办公自动化、商业分析、移动商务、集成接口及行业插件等业务功能。用友公司的 U8 All-in-One 产品为成长型企业提供全面信息化解决方案，包含营销、服务、设计、制造、供应、人力、办公、财务等功能。

7.3　先进质量管控方法

在制造类企业中，质量是产品的生命，质量管理是保证产品性能、满足用户使用要求的基本条件，质量控制是产品最终流向市场的最后一道防线。以下对质量管理发展的质量检验、统计质量控制、全面质量管理、六西格玛质量管理，以及生产实践中常用的 5M1E 质量分析方法展开阐述。

7.3.1　质量管理发展的三个阶段及其特点

按照管理手段和方式，质量管理的发展可以划分为如图 7-10 所示的三个主要阶段。

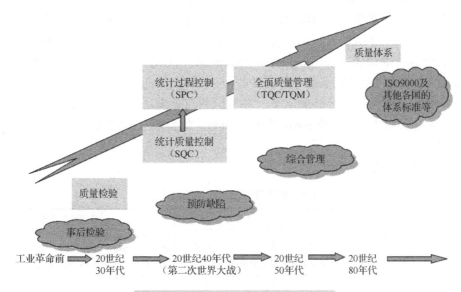

图 7-10　质量管理发展的三个主要阶段

1．第一阶段（20 世纪初～40 年代）：质量检验阶段

20 世纪初，人们对质量管理的理解还只局限于质量检验。当时质量检验所使用的手段是各类检测设备和仪表，而采取的方式是严格把关并对产品进行百分之百的检验。泰勒在"科学管理"中首次提出在人员中进行科学分工的要求，将计划职能与执行职能分开，并在两者中间增加了一个检验环节，以便对产品设计、加工过程、产品标准等的执行情况进行监督检查，从而形成了一支专职的检查队伍和检查部门。质量检验是在成品中排查出废品，以保证出厂产品的品质。但对于这种事后检验把关方式，废品已既成事实，无法在生产过程中起到预防、控制的作用。另外，随着生产规模和产品批量的日益扩大，这种百分之百的检验方式显著增加了检验费用。

2．第二阶段（20 世纪 40～50 年代）：统计质量控制阶段

鉴于传统质量检验阶段存在的滞后性、成本高等弊端，一些著名统计学家和质量管理专家就开始尝试运用数理统计方法来解决当时质量管理存在的问题。1924 年，统计质量控制（statistical quality control，SQC）之父，美国的休哈特博士提出了质量预控的理念，他将数理统计方法引入质量管理中，并成功地创造了"控制图"这种质量预防工具，从而将质量管理推进到新阶段。其主要观点是在生产制造过程中当有废品出现的先兆或苗头时就应该进行分析改进，从而避免后续成批废品的发生。因此，SQC 是质量管理从单纯的"事后检验"转变到"检验+预防"阶段的标志。在第二次世界大战结束后，SQC 在欧美国家得到普及推广并取得显著成效。然而，SQC 过分强调质量控制的统计方法，使得人们误认为"质量管理就是统计方法"；另外，它对产品质量的控制与管理只局限于制造和检验部门，而忽视了企业其他部门对产品质量的影响。

3．第三阶段（20 世纪 60 年代至今）：全面质量管理阶段

伴随着汽车、飞机、火箭、宇宙飞船、人造卫星等复杂产品不断出现，这些产品对安全性、可靠性、经济性等要求越来越高，由此促使企业必须把质量问题作为一个有机整体来实施全面管理，在此背景下，相继出现了"无缺陷运动"、"质量管理小组活动"、"质量保证"和"产品责任"等质量管理新内容。美国 GE 公司的菲根鲍姆博士于 20 世纪 60 年代首次提出了全面质量管理（total quality management，TQM），从而使得质量管理发展到一个崭新阶段。TQM 的主要观点是产品质量是企业全体员工的共同责任，菲根鲍姆指出："全面质量管理是为了能够在最经济的水平上并考虑到充分满足用户要求的条件下进行市场研究、设计、生产和服务，把企业各部门的研制质量、维持质量和提高质量活动构成为一体的有效体系。"

质量管理三个阶段的对比如表 7-1 所示。

表 7-1　质量管理三个阶段的对比分析

项目	质量检验	统计质量管理	全面质量管理
管理依据	对标准负责，限于保证既定标准	基本按照既定质量标准进行控制	把满足用户需求放在第一位，不仅保证或维持质量，并且着眼于提高
检验方式	以事后把关为主	从事后把关发展到监控生产过程，重在事先预防控制	防检结合，以防为主；重在管理影响产品质量的各项因素及各个环节
涉及范围	限于生产制造过程	制造、设计过程	施行设计、生产、辅助和使用的全过程管理
涉及人员	依靠检验人员	依靠技术、检验等管理部门	施行全员、全过程管理
管理方法	主要用技术检验方法	主要用统计方法	施行改善经营管理、专业技术研究和应用数据统计的三结合管理
管理对象	限于产品质量	管理对象包括产品质量和工序质量	管理对象包括产品和工序质量，还包括供应、服务等质量
标准化	缺乏标准化	限于控制部分的标准	施行严格标准化，不仅贯彻成套技术标准，而且要求管理业务、管理技术和管理方法标准化

7.3.2　六西格玛质量管理

Sigma（中文译名西格玛、希腊字母 σ）在统计学中用来表示数据的离散程度，即标准差，它表征了质量特性波动大小和质量控制水平。σ 越大，产品缺陷或不良率就越少，生产过程的波动越小。如果质量控制在 3σ 水平，则表示产品合格率不低于 99.73%；若控制在 6σ 水平，则表示产品合格率为 99.9997%，即每生产 100 万个产品，不合格品不超过 3.4 个，或者在百万次操作中，仅有 3.4 次失误。因此，6σ 水平接近于零缺陷，这几乎趋近到人类能够达到的最为完美的境界。DPMO 和 6σ 的关系见表 7-2。

表 7-2　DPMO 和 6σ 的关系

σ 值	合格率/(%)	每百万个样本中的缺陷数（DPMO 值）	以一本书中的错别字为例
1σ	30.9	690000	一本书平均每页 170 个错别字
2σ	69.2	308000	一本书平均每页 25 个错别字
3σ	93.3	66800	一本书平均每页 1.5 个错别字
4σ	99.4	6210	一本书平均每 30 页 1 个错别字
5σ	99.98	230	一套百科全书仅有 1 个错别字
6σ	99.9997	3.4	小型图书馆的藏书中仅有 1 个错别字

　　长期以来，质量管理领域习惯于用"平均"值来衡量结果，但是，实际上"平均"掩盖了波动，而"波动"问题才是质量管理的主要问题。6σ 把解决波动作为关注重点，并作为企业的核心问题进行解决。由于波动造成了生产车间的大量返工/返修成本，如果不及时消除波动，有可能导致产品的成批报废。因此，6σ 实施是消除非正常缺陷、分布居中、减少波动的有效办法，它是一种先进的质量管理理念和追求极致的企业管理方法。

　　6σ 作为一种突破性的质量管理理念，20 世纪 80 年代末在美国 Motorola 公司成型并付诸实践。当时的 Motorola 公司总裁 Bob Galvin 指出："Motorola 引入 6σ 是因为我们在市场竞争中不断被外国公司击败，这些外国公司能够以更低的成本生产出质量更好的产品。"三年后 Motorola 公司的 6σ 质量战略取得了空前成功：产品的不合格率从百万分之 6210（大约 4σ）减少到百万分之 32（5.5σ），在此过程中节约成本超过 20 亿美元。美国 GE 公司在 20 世纪 90 年代也成功实施了 6σ 质量管理，自此以后，实施 6σ 质量管理的大公司数量呈指数增长。

　　6σ 质量管理不仅是一种理念，也是一套过程改进、改善和优化方法，而 DMAIC 则是 6σ 管理中流程改善的重要工具。DMAIC 是包含定义（define）、测量（measure）、分析（analyse）、改进（improve）和控制（control）五个阶段的过程改进方法，参见图 7-11，具体说明如下。

　　(1) 定义阶段（D）。

　　① 目的：该阶段需要澄清的问题有：客户是谁？客户需求是什么？客户的痛点是什么？关键质量特性有哪些？等等。

　　② 实施：真正识别客户需求、编制改善项目计划、绘制 SIPOC 图。

　　(2) 测量阶段（M）。

　　① 目的：开始描述过程，收集计划数据，测量过程能力，以达到识别产品特性和过程参数、了解过程并测量其性能、切实找到改进空间的目标。

　　② 实施：描述过程、收集数据、验证测量、测量过程能力。

　　(3) 分析阶段（A）。

　　① 目的：对测量阶段收集的数据进行梳理和分析，从中找出产品特性的影响因素，分析并验证影响因素和关键质量特性之间的关系，确定其中的关键因素和关键过程参数，从而最终找到质量改进的切入点。

　　② 实施：收集并分析数据，提出并验证因果关系，确定关键因素。

　　(4) 改进阶段（I）。

　　① 目的：前面测量阶段的测量对象是关键质量特性，这是输出变量，而分析阶段分析的是影响关键质量特性的关键过程特性，这是输入变量。改进阶段的主要任务是首先确定输入变量，然后寻找关键质量特性和关键过程特性之间的关系，通过改进输入变量来达到提高输出变量的目的。

　　② 实施：提出改善意见，选择改善方案，实施改善策略。常用方法有析因设计、正交设计、响应曲面法。

　　(5) 控制阶段（C）。

　　① 目的：对关键过程特性制定一系列详细的具体控制计划，并确保改进阶段所取得的成果一直保持下去。

　　② 实施：制定标准、明确管理职责、实施过程监控。

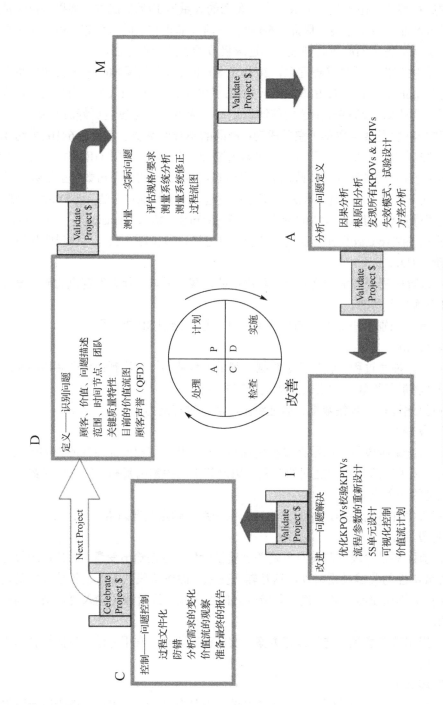

图 7-11 6σ 管理中的 DMAIC 改善方法

　　美国 Motorola 公司在提出 6σ 时，主要将 6σ 用来定量评估大规模批量生产中的不合格品率，即只是作为一个数学统计指标 DPMO(defects per million opportunities，每百万次采样数的缺陷数)来刻画质量波动情况；在总结全面质量管理成功经验的基础上，6σ 从最初单纯的评估指标进化为一种基于统计技术的过程和产品质量改进方法(DMAIC)；目前，6σ 已演变为以顾客为主体来确定企业战略目标和产品开发设计的标尺，并成为一整套追求持续改进、追求精益生产的管理系统，见图 7-12。

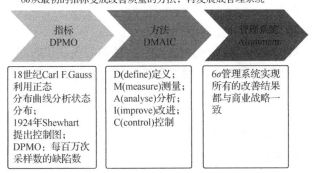

图 7-12　6σ 的发展及演变过程

7.3.3　生产现场质量问题分析方法

　　在企业生产零部件过程中，影响产品质量、质量波动的原因众多，质量原因分析方法也很多。5M1E 法是实际生产中非常实用的质量问题分析追溯方法，同时也是提升整个车间生产现场管控水平的主要抓手。5M1E 法从造成产品质量波动的 6 个方面进行剖析，见图 7-13。

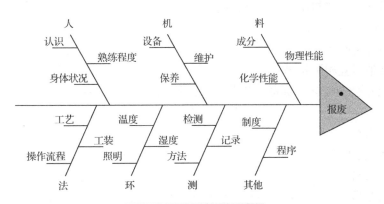

图 7-13　5M1E 法的鱼刺图

　　(1) 人(man)：包括操作者对质量的认识、技术熟练程度、身体心理状况。

　　(2) 机器(machine)：包括机器设备、工装夹具的精度、维护保养状况。

　　(3) 材料(material)：包括材料的成分、物理性能和化学性能等。

　　(4) 方法(method)：包括加工工艺、工装选择、操作规程。

　　(5) 测量(measurement)：测量/检验方法是否正确、是否符合规范。

　　(6) 环境(environment)：包括工作场所的温度、湿度、清洁等条件。

5M1E 法在实际操作时，可以从人、机、料、法、测、环 6 个方面具体进行分析。

(1)5M1E 法之人的分析。

① 技能问题？

② 制度是否影响人的工作？

③ 是选人的问题吗？

④ 培训不够吗？

⑤ 技能不对口吗？

⑥ 人心不在焉吗？

⑦ 有责任人吗？

⑧ 人会操作机器吗？人适应环境吗？人明白方法吗？人认识料吗？

(2)5M1E 法之机的分析：包括生产加工设备，以及刀具、夹具、模具、量具、工具等辅助生产用具。

① 设备选型对吗？

② 是保养、定检、检修问题吗？

③ 机器操作符合规范吗？

④ 与机器的配套对应吗？

⑤ 刀具磨损了吗？

⑥ 夹具松了吗？

(3)5M1E 法之料的分析。

① 入厂材料复检了吗？

② 型号对吗？

③ 保质期过了吗？

④ 材料运输、存储与使用符合规范吗？

⑤ 是真货吗？

⑥ 料适应环境吗？

⑦ 料和其他料互相影响吗？

(4)5M1E 法之法(工艺、标准、规范)的分析。

① 有法吗？

② 法适合吗？

③ 是按法做的吗？

④ 写得明白吗？

⑤ 看得明白吗？

⑥ 方法是给对应的人吗？

⑦ 方法在这个环境可行吗？

(5)5M1E 法之测的分析。

① 质量控制文件严格执行了吗？

② 检测是否严格按照检验规范执行了？

③ 量具按时定检了吗？

④ 测具精度标定了吗？

⑤ 测量方法是否得当？

(6) 5M1E 法之环的分析。

① 环境是安全的吗？

② 光线、温度、湿度、污染度等考虑了吗？

③ 环境是人为的吗？小环境与大环境能并容吗？

④ 在时间轴上环境变了吗？

在实际使用过程中，5M1E 法是反复迭代、逐步接近问题本质的。

(1) 依据人机料法环 5 要素对产品质量问题初步定性。

(2) 初步定性后进行二次原因查找。

(3) 二次原因查找仍然可用 5M1E 法进行分析。

(4) 二次原因查找定性后仍需要三次定性，即对二次定性结果进行原因查找，再次利用 5M1E 法进行深入分析。

(5) 依据 5M1E 法再多提几个为什么（why），直至找到产生质量问题的根本原因。

7.4　制造执行系统

制造企业主要关心三个问题：生产什么？生产多少？如何生产？企业层的 MRPII/ERP 回答了前两个问题。生产车间是企业的真正效益源泉，而车间"如何组织生产"则是由制造执行系统来提供支撑的。MRPII 实质上属于一种需求计划，而制造执行系统（manufacturing execution system，MES）则是一种具体的执行计划，即在车间作业计划指导下，实现车间设备、人员、物料、工具等制造资源的优化配置。

7.4.1　制造车间的构成及运作流程

制造车间类似于一个小型制造企业，其内部包含生产管理、技术准备、质量、财务、仓库等多个部门，如生产管理室、计划调度室、各生产工段、工艺室、工装刀具室、检验室、财务室和半成品库/毛料库等科室。围绕零部件生产，车间业务覆盖从车间任务接收开始，到作业计划排产、工艺技术图纸和工艺规范的准备、工装刀具的准备、毛料/零备件的准备、工段生产派工、现场加工、工序检验、成品检验，一直到最后的财务成本核算。典型离散制造车间的组织结构如图 7-14 所示。

车间作为企业的物料流、资金流和信息流的交汇点，它与企业各部门之间也存在着大量的信息交互。例如，企业生产处向车间下发年/季度/月的生产计划，而车间则向生产处定期汇报车间在制品加工进度；车间质量科/检验室根据企业质量处的质量体系文件和检验标准进行工序检验，同时将车间各类质量问题或质量报表向上级部门汇报；车间工艺室需要与企业的设计部门进行技术图纸的沟通和更改，检验室需要将现场加工中的质量问题向设计部门反馈；车间终检完成的零部件成品需入库至企业的中央零件库保存，车间又需要从中央零件库领取装配所需的零备件；车间库房需要从企业的物资供应部门领取生产所需的原材料，并向物资供应部门定期上报材料的需求清单；车间工具室需要向企业的工具总库领取生产所需的夹具、专用刀具等，并向上级生产准备部门上报工具需求计划；车间零部件的中间工序可能需要外车间进行热处理或外协加工。

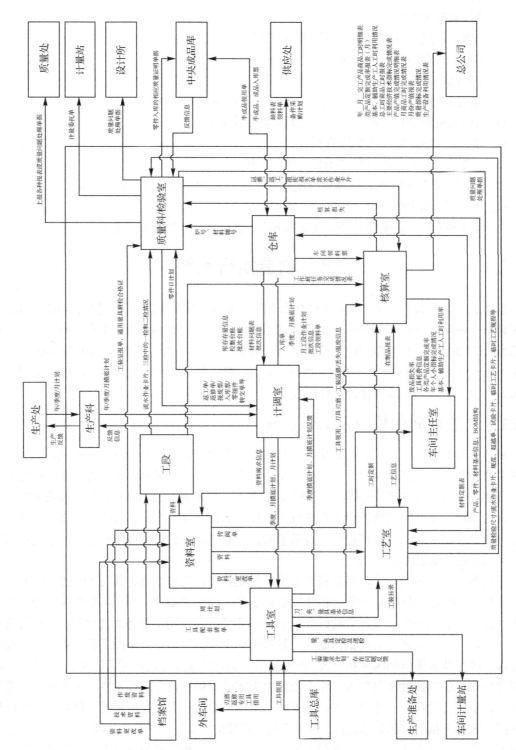

图 7-14　离散制造车间的内外部关系图示例

离散制造车间的生产以车间计划为龙头和驱动，通过车间订单任务接收、零部件计划制定、工序计划生成、生产准备、作业排序、生产派工、现场加工、质量检验、进度跟踪、成品入库、成本核算等步骤，实现零部件生产的全过程管理与控制。图 7-15 为某离散制造车间的实际作业流程。

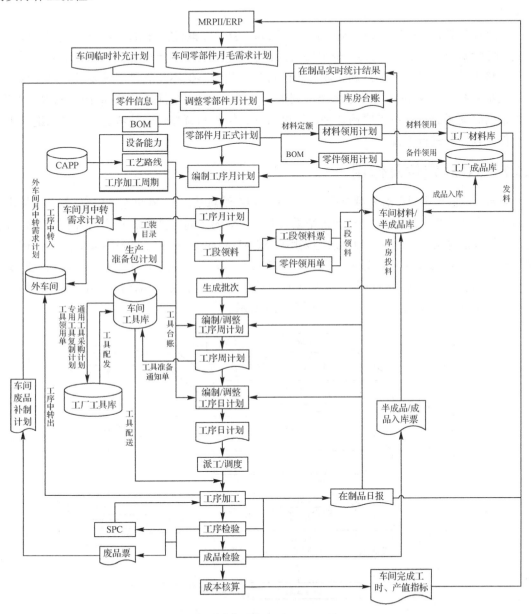

图 7-15　离散制造车间的作业流程

制造车间以工厂层 MRPII 下达的车间零部件生产任务作为车间生产的数据来源，采用"零部件月计划、工序月计划、工序周计划、工序日计划"四级递阶控制模式，实现对车间订单任务的逐层分解和细化；以工序月计划、周计划为驱动，实现原材料、零备件、生产用料、刀具、夹具、量具等生产准备的并行化；通过系统的闭环控制和相互关联，实现车间生产各环节的信息反馈和过程管理。

另外，考虑到车间作为企业的具体执行单元，生产现场各类动态和随机因素较多，因此，车间计划调整不可避免。工序周计划、工序日计划作为四级递阶控制的具体执行层，其计划结果可以直接组织现场生产，同时现场加工进度、各种例外因素又直接影响两者计划的编制。因此，工序周计划、工序日计划的适时调整和合理编制对保证车间现场的有序、均衡生产非常关键。

工序周计划、工序日计划调整的具体方法为：通过采集(条码扫描、数据采集终端或人工方式)生产现场在制品加工进度，形成每日的在制品报告，结合新作业任务和在制品日报告编制与调整隔天的工序日计划；如果通过工序日计划的调整仍不能满足现场要求，可以依据最新的在制品报告和例外情况对工序周计划进行调整。对于车间临时的订单任务和报废情况，可以根据时间紧急程度在工序周计划、工序日计划编制和调整时一并考虑，也可以纳入下月零部件计划任务进行安排。

7.4.2　MES 定位及作用

美国 AMR 公司通过对大量企业的调查研究和归纳总结，于 20 世纪 90 年代初首次提出了制造执行系统的概念。AMR 公司调查结果表明：企业的计划层普遍采用以 MRPII/ERP 为代表的企业管理信息系统，而生产控制层则采用以 SCADA(supervisory control and data acquisition)和 HMI(human machine interface)为代表的生产过程监控软件系统，在企业计划层和控制层之间则是由执行层的制造执行系统(MES)来负责的。为此，AMR 公司提出了由计划层、执行层和控制层组成的企业三层结构模型，如图 7-16 所示。

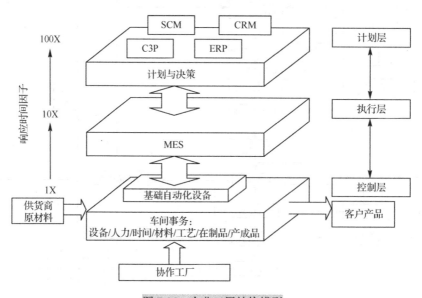

图 7-16　企业三层结构模型

在企业三层结构模型中，MES 在计划层与底层控制层之间架起了一座桥梁，以实现两者之间的无缝连接。一方面，MES 可以对来自 MRPII/ERP 的生产计划信息进行分解、细化，形成作业指令，控制层按照作业指令完成零部件的生产加工；另一方面，MES 可以实时监控底层设备的运行状态、在制品及作业指令的执行情况，并将这些实时动态信息及时反馈给计划层。企业三层结构模型的信息流动状况如图 7-17 所示。

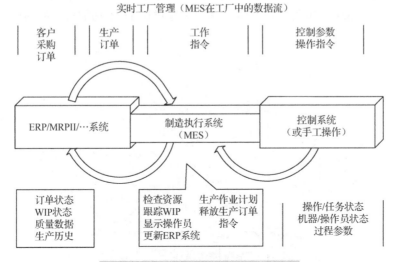

图 7-17　企业三层结构模型中的信息流

由美国牵头发起成立的制造执行系统协会(Manufacturing Execution System Association，MESA)将 MES 定义为："MES 能通过信息传递对从订单下达到产品完成的整个生产过程进行优化管理。当工厂发生实时事件时，MES 能对此及时做出反应、报告，并用当前的准确数据对它们进行指导和处理。这种状态变化的迅速响应使 MES 减少企业内部没有附加值的活动，有效地指导工厂的生产运作过程，从而使其既能提高工厂及时交货能力，改善物流的流通性能，又能提高生产回报率。MES 还通过双向的直接通信在企业内部和整个产品供应链中提供有关产品行为的关键任务信息。"

从上述定义中可以看出，MES 具备以下特征。

(1)MES 承上启下。MES 对企业层的需求计划进行分解细化，安排协调生产任务和加工设备，对生产现场各类问题及时进行协调和优化配置。

(2)MES 采用双向通信方式，既向生产现场人员传递作业计划任务，又向相关部门反馈生产具体执行情况。

(3)MES 更强调生产现场的控制与协调。

因此，MES 是实现企业计划层与控制层之间信息畅通的必由之路。通过 MES 把生产计划与车间作业现场控制联系起来，贯通了企业管理层和生产现场设备层之间的信息通道，解决了上层生产计划管理与底层生产过程之间的脱节问题。

这里需要指出的是：近几年国内开始实施"中国制造 2025"，智能制造工程作为"中国制造 2025"的重要战略举措，它把智能制造作为主攻方向，着力发展智能产品与智能装备，推进生产过程数字化、网络化、智能化。实施"中国制造 2025"，除装备智能化、研发并行化外，生产过程中的智能化管控是"中国制造 2025"真正落地的一个重要切入点。而智能化生产管控的主体是 MES，因此，距离"工业 4.0"要求最近且可实施的技术平台就是 MES。

7.4.3　MES 功能模块

美国 MESA 给出了 MES 的十一个功能模块：分派生产单元、资源配置与状态、作业/详细调度、产品跟踪与谱系、人力管理、文档控制、性能分析、维护管理、过程管理、质量管理和数据采集/获取模块，如图 7-18 所示，表 7-3 是对这 11 个功能模块的简要说明。

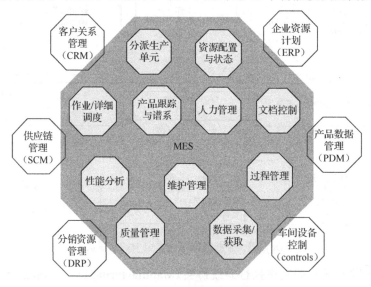

图 7-18　MESA 定义的 MES 功能模型

表 7-3　MES 功能模块简介

序号	功能模块	功能模块英文全称	功能简介
1	分派生产单元	dispatching production units	管理和控制生产单元的流程
2	资源配置与状态	resource allocation and status	管理车间资源状态及分配信息
3	作业/详细调度	operations/detail scheduling	生成作业计划，安排作业顺序
4	产品跟踪与谱系	product tracking and genealogy	提供在制品的状态信息
5	人力管理	labor management	提供员工操作状态信息
6	文档控制	document control/specification management	管理、控制与生产单元相关的记录
7	性能分析	performance analysis	提供最新的生产过程信息
8	维护管理	maintenance management	跟踪和指导设备及工具的维护活动
9	过程管理	process management	对生产过程进行监控
10	质量管理	quality management	记录、跟踪和分析产品及过程的质量
11	数据采集/获取	data collection/acquisition	采集生产过程中各种必要的数据

1) 分派生产单元模块

以任务、订单、批次、数量以及作业指令对生产流程进行管理，针对生产过程中出现的突发问题及时修改作业指令，调整加工顺序。还可以通过重新安排生产和补救措施，改变已下达的计划，以及利用缓冲区来控制生产单元的负荷。

2) 资源配置与状态模块

管理车间的制造资源，如设备、工具、物料、辅助设备以及派工单、领料单、工序卡等相关作业指令和文件，提供设备的实时状态，确保设备正常开工所必需的资源，对生产过程所需的资源进行详细的记录，以保证车间滚动作业计划的顺利执行。

3) 作业/详细调度模块

按照在制品的优先级、属性、几何和工艺特征安排加工顺序或路径，使得设备的调整或准备时间最少。根据不同的加工路径以及加工路径的重叠与并行情况，通过计算出加工时间或设备负荷，从而获得较优的加工顺序或路径。

4) 产品跟踪与谱系模块

管理加工过程(从原料、在制品、零部件到成品)中每个生产单元的在制品，实时记录在制品的状态、物料(供应商、批号、数量等)消耗状况、在制品暂存、返工、报废、入库等情况，在线提供计划的实际执行进度，反映出在制品和产品的当前状态情况，追溯产品在加工过程中的各项记录。

5) 人力管理模块

记录员工的作息时间、操作技能、变动和调整情况、间接活动(如领料、备料、准备时间等)，作为成本分析和绩效考核的依据。

6) 文档控制模块

统一管理与生产单元、生产过程相关的文档/表单，如作业指令、操作指导书、工艺文件(配方)、图纸、标准操作规程、加工程序、计划任务文档、质量信息记录文档、质量体系文档、批次记录、工程变更通知、交接班记录、批量产品记录、工程设计变动通知，以及文档的历史记录和版本等。

7) 性能分析模块

实时提供实际产出、预计产出、生产周期、在制品和产品的完工情况、质量数据统计分析结果、与历史数据对比结果、资源利用率、车间直接费用等。

8) 维护管理模块

对生产过程中的设备(含刀具、夹具、量具、辅具)进行管理，记录设备的基本信息(加工范围、精度、对象、持续工作时间等)、设备当前状态(设备负荷、可用性)、设备维修计划、设备故障和维修情况。

9) 过程管理模块

监测生产过程中的每项操作活动以及过程，使得生产单元有序、按时地执行作业指令。记录异常事件的详细信息(发生时间、现象、原因、等级等)，并对异常事件做出报警或自动纠正处理。

10) 质量管理模块

在生产过程中实时采集质量数据，对质量数据进行分析、跟踪、管理和发布。运用数理统计方法对质量数据进行相关分析，监控产品的质量，同时鉴别出潜在的质量问题；对造成质量异常的操作、相关现象、原因，提出纠正或校正的措施或提出质量改进意见和计划。

11) 数据采集/获取模块

通过手工或自动等方式及时获取加工过程中产生的相关数据，如加工对象、批次、数量、时间、质量状态、过程参数、设备启停时间、能源消耗等。这些数据可能存在于生产单元相关的文档/记录中，是性能分析模块的数据源。

7.4.4　MES/MRPⅡ/CAPP 集成

车间层 MES 的两大数据来源为：工厂层 MRPⅡ下达的车间生产计划任务和车间内 CAPP 系统提供的工艺信息。MRPⅡ系统根据 MES 反馈的在制品信息、半成品库存信息、零件生产周期、生产完成情况、设备状态/能力/负荷等信息下达车间的生产计划,从而保证了车间计划任务的可行性和合理性;MES作为MRPⅡ系统的具体执行层,进一步分解和细化了计划任务,从而弥补了MRPⅡ系统在车间级管理与控制功能上的不足,见图7-19。

MES可以检索工厂层的物料、工具和中央零件库的库存台账,并依据各级计划产生的领料单从这三大系统中领取生产所需的原材料、工装和零备件等。

CAPP根据MES提供的物料、工具等规格、状态、库存情况以及设备型号、状态、利用情况等信息,确定更为合理的工艺路线;MES依据CAPP系统提供的工艺路线进行工序分解,利用工装目录进行生产准备包管理。

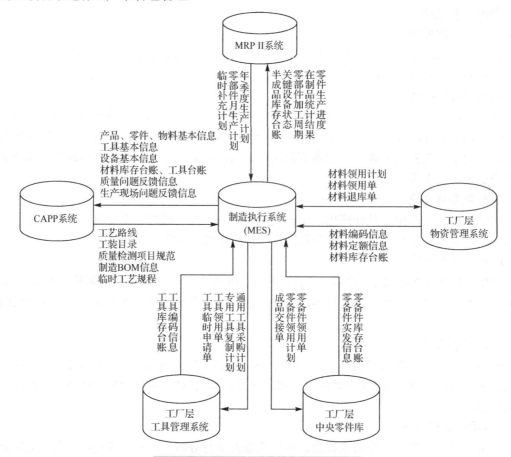

图7-19 MES/MRP Ⅱ/CAPP 的信息集成

思 考 题

1. 请分析 MBD 技术和传统数字化设计方法的主要区别。

2. 请给出 ERP 的 4 个主要发展阶段及其各自特点。

3. 请简述质量检验、统计质量控制、TQM 和 6σ 管理 4 种质量管理方法的各自特点及主要区别。

4. 请结合自己的理解,综述一个机械加工车间内部的主要业务及日常运作流程。

第8章 智能制造技术

8.1 智能制造技术的内涵与趋势

8.1.1 智能制造技术的内涵

制造业是国民经济的物质基础和产业主体，是经济高速增长的引擎和国家安全的重要保证，也是国民经济和综合国力的重要体现。进入21世纪以来，以互联网和计算机为代表的信息技术对生产制造产生了巨大的影响，促进了制造业的转型升级，推动传统制造向智能制造（smart manufacturing，SM）方向发展。当今，智能制造一般指集成和应用新一代信息技术和先进制造技术等，贯穿企业生产制造的各个环节，实现产品研发、产品制造、产品服务和生产管理等过程的实时感知、智能分析和智能决策，具有产品智能化、装备智能化、生产智能化、服务智能化、管理智能化等特征的新型制造模式，如图8-1所示。

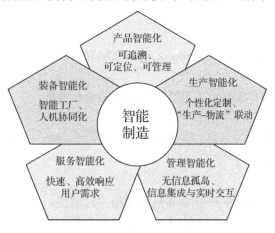

图8-1 新兴的智能制造

物联网（internet of things，IoT）、云计算（cloud computing，CC）、大数据（big data）、信息物理系统（cyber-physical system，CPS）和数字孪生（digital twin）的发展，极大地促进了具有智能制造特征的新兴制造模式的出现，如云制造（cloud manufacturing）、物联制造（internet of manufacturing things，IoMT）、社群制造（social manufacturing）和网络化协同制造等。云制造是以云计算技术为支撑，服务于产品制造全生命周期的智能制造新模式。云制造通过采用云计算、物联网和信息化制造等技术对制造服务和制造资源进行虚拟化处理，并根据任务需求进行动态构建和管理，促进各类资源的高效协同利用，提高生产效率，为产品全生命周期提供按需使用的服务。物联制造以物联网技术为支撑，通过应用各类先进传感和信息技术，构建面向整个制造生产过程的泛在感知和全面互联互通，提高整个生产系统的实时性、敏捷性、协同性和自主性。社群制造借助于网络技术和信息通信技术，将用户接入到与产品和服务相关的活动中，提高产品创新能力，打破企业与外部的边界，实现企业的开放协作和平等共享。

网络化协同制造旨在充分利用互联网技术，通过将研发流程、企业管理流程与生产产业链流程有机地结合起来，提升制造业数字化、网络化、智能化水平。

从上面对各个新兴制造模式的描述中可以看出，虽然各个模式的支撑技术、应用范围、特征和目标不尽相同，但都有一定程度的重叠和一致性，都以新一代信息技术为基础，以智能、协同和泛在感知等为特征，其核心都是智能制造，都将物联网与智能制造技术融合而形成的产物。智能制造技术广泛地来说，可以看成新一代信息技术，包括云计算、大数据、信息物理系统和数字孪生等。而在具体应用某一种智能制造模式时，智能制造技术被赋予了具体的意义。对于物联制造来说，并不是物联网技术在制造企业中的简单应用，而是多种智能制造技术相互支撑和应用，包括网络化传感技术、智能装备、数据互操作、智能物料配送、工业大数据、多尺度动态建模和仿真等。因此，对于不同的智能制造模式，其对应的智能制造技术不尽相同，但其内涵都是以新一代信息技术为支撑，推动制造业向知识和信息集成的智能制造方向发展，其技术特征主要有如下几项。

1) 泛在感知

通过普适计算随时随地获取需要的信息和服务。

2) 智能的行动和反应

在一般情况下，通过对信息的分析、推理和预测，结合已有知识和相关情景感知并自行做出判断和决策。

3) 全面的互联互通

通过互联网和物联网等实现任何物品之间的互联互通。

4) 协同性

通过全面的互联互通实现企业内部和企业之间的合作协同。

5) 自主性

主动采集制造资源相关的信息，并进行相应的分析和判断，最后做出决策，具有 CPS 的自主性。

6) 实时性

通过物联网的动态感知对生产异常和问题做出实时调整。

7) 敏捷性

对用户的需求能够快速响应。

8) 绿色化

对环境的负面影响最小，资源使用率最高，并能使企业的经济效益和社会效益达到最优。

9) 自组织性

根据计划任务自行调整系统结构。

10) 产业边界模糊化

制造与服务相融合。

11) 生产/决策分布化

根据已知的数据、信息和知识等，在正确的时间和地点做出合理的判断或决策。

12) 人及其知识集成

通过物联网把人与物相互连接，并能形成互动，可以改善系统的性能。

13) 安全与预测

通过感知层的实时监控，把握生产状况，保障生产的安全性，并根据历史记录和相关信息对即将到来的问题或异常进行预测，可以防患于未然，减少企业的损失。

8.1.2　智能制造的目标

智能制造是具有智能化的制造模式，是物联网与智能制造技术相结合的产物。实现智能制造主要有三个方面：智能产品、智能生产和智能服务。智能产品是发展智能制造的前提和基础，由三种部件构成，分别为物理部件、智能部件和连接部件。物理部件主要有微处理器、传感器、存储装置和控制软件等；智能部件主要是进一步提升物理部件的功能和价值；连接部件主要有接口和各种连接协议等，它主要是进一步加强智能部件的功能和价值，让数据和信息可以在产品、系统、企业和用户之间畅通无阻，并且可以让产品的部分价值脱离开产品本身，创造更多的价值。智能产品具有四个方面的功能，分别为监测、控制、优化和自主。监测指的是智能产品通过内部的传感器和外部数据感应源对自身所处的环境和状态进行全面的监测，如果出现情况异常，产品能够自动向用户或者企业发出警告信息。控制指的是针对不同的状态和环境在产品内部设置相对应的算法和命令，根据这些算法和命令做出反应和调整。优化指的是对产品的历史记录和实时数据进行分析，并通过相应算法，大大提高产品的利用率、产出比和生产效率。自主指的是将监测、控制和优化相互融合，产品就可以达到前所未有的智能化程度。

智能生产指的是以智能制造系统为核心，通过智能工厂（smart factory，SF）这个载体，使用物联网和设备监控技术，在工厂和企业之间形成互联互通的数据网络，可以掌握产品的各个流程，加强对生产过程的控制力，实时地采集数据，进而合理安排计划与进度，能够实现产品生产过程的实时管理和优化。智能生产涵盖了产品的工艺设计、底层智能设备、自动化生产线、制造执行系统（MES）和企业管理系统等。

智能服务是一个大的生态系统，是未来行业产业创新集群的集中体现。随着"互联网+"和智能制造的发展，与此相适应的智能服务将迎来新一轮的增长爆发期。它指的是通过传感器采集到的设备数据，由网络上传到企业的数据中心，经系统软件对上传数据进行分析，判断设备的运行状态和是否需要进行设备维护处理。例如，维斯塔斯通过在风机的机舱、叶片、塔筒和地面控制箱内安装相对应的传感器、处理器和存储器等，从而实现实时监测风机的运行状态。

发展智能制造的目标最终在于生产率、敏捷性、质量和可持续四个方面，如图 8-2 所示。提高企业的生产效率，扩大企业的效益，拓展企业的升值空间，主要表现在下面几个方面：首先是能够大大缩短新产品的研制周期。通过智能制造，一个产品从理念设计到最终传递到用户手中的时间相较以前的传统制造会大大减少。其次是通过系统的远程监控和预测性维护可以为生产设备和企业减少高昂的空置时间，提高机器和设备的使用效率，从而变相获得更大的效益。再次是能让生产制造更加灵巧。通过采用智能化的设备和产品，建立互联互通的网络，上层生产系统能够随时随地获得当前的生

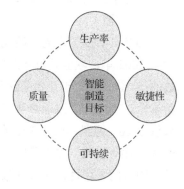

图 8-2　智能制造目标

产活动状况，并根据相应的计划自主地调整制造资源，实现整个系统的最优化生产，保证产品质量，开启了大规模批量定制甚至个性化生产的大门。最后是能够创造新价值。通过发展或采用智能制造，企业的中心会由产品转向服务，利用服务在产品整个生命周期中找到价值的突破点，促进企业的可持续发展。

8.1.3　智能制造的现状与趋势

1. 美国

2009 年，奥巴马与美国工商业领袖举行了一次"圆桌会议"，作为仅有的两名代表之一，IBM 首席执行官彭明盛首次提出"智慧地球"这一概念，建议新政府投资新一代的智慧型基础设施。当年，美国将新能源和物联网列为振兴经济的两大重点。

2010 年 Chand 和 Davis 在著名杂志《时代周刊》发表题为 *What is Smart Manufacturing* 的文章，将 SM 目标分为三个阶段：①工厂和企业范围的集成，通过整合不同车间工厂和企业的数据，实现数据共享，以更好地协调生产的各个环节，提高企业整体效率；②通过计算机模拟和建模对数据加以处理，生成"智能制造"，使柔性制造、生产优化和更快的产品定制得以实现；③由不断增长的制造智能激发工艺和产品的创新，引起市场变革，改变现有的商业模式和消费者的购物行为。

继 IBM 提出的"智慧地球"上升为国家战略之后，奥巴马总统于 2011 年 7 月 24 日宣布实施先进制造联盟计划（Advanced Manufacturing Partnership Plan），同日美国智能制造领导联盟（SMLC）发表题为《实现 21 世纪智能制造》（*Implementing 21st century smart manufacturing*）的报告，制定了智能制造的发展蓝图和行动方案，试图通过采用 21 世纪的数字信息和自动化技术加快对 20 世纪工厂的现代化改造过程，以改变以往的制造方式，借此获得经济、效率和竞争力方面的多重效益，除节省时间和成本外，还可以优化能源使用效率、改善能耗并促进环境的可持续发展。此外，还可以降低工厂维护成本，改善产品、人员和工厂安全性，减少库存，提高产品定制能力和增强产品供货能力。

"工业互联网"的概念最早是由美国通用电气公司于 2012 年提出的，随后联合另外四家信息技术巨头组建了工业互联网联盟，将这一概念大力推广开来。"工业互联网"的主要含义是：在现实世界中，机器、设备和网络能在更深层次与信息世界的大数据和分析连接在一起，带动工业革命和网络革命两大革命性转变。

2. 欧盟

1995 年，欧盟作为创始成员联合启动了"智能制造系统"计划以及为期十年的项目研究。截至 2005 年，欧盟共有 482 家企业和组织参与其中，并且主持了其中 37 个项目，占项目总数的 54%。2007 年开始的欧盟第七个"框架计划"（FP7）提出利用智能制造实现制造模式的新革命。2010 年，欧盟牵头启动了一项名为 IMS2020 的路线图项目，项目提出了"智能制造系统 2020"愿景，以及 5 个关键领域主题。2015 年 3 月，欧洲宣布了"单一数字市场"战略的优先行动领域，并将发展智能工业作为其中之一。该战略关注 3 大关键领域：提高数字商品和服务的易用性，培育繁荣数字网络和服务的环境，打造具备长期增长潜力的欧洲数字经济和数字社会。

欧盟国家智能制造的工业基础雄厚，核心技术和部件基本能够自足保障，在终端产品、机床、机器人、电气、自动化、通信、软件等方面都具备世界一流水平的企业和研究机构。

在欧盟特别是作为制造业强国的德国，提出 SF 的概念，旨在利用物联网技术和设备监控技术加强信息管理和服务，掌握产销流程，提高生产过程的可控性，减少生产线上的人工干预，即时正确地采集生产线数据，以及合理地安排生产计划与生产进度，利用智能技术构建一个高效节能、绿色环保、环境舒适的人性化工厂。

在德国学术界和产业界的建议和推动下，"工业 4.0"项目在 2013 年 4 月的汉诺威工业博览会上被正式推出，这一战略的目的主要是在新一轮工业革命中占领先机。这一研究项目是 2010 年 7 月德国政府《高技术战略 2020》确定的十大未来项目之一，旨在支持工业领域新一代革命性技术的研发与创新。

德国是全球制造业中最具竞争力的国家之一，其装备制造行业全球领先。这是由于德国在创新制造技术方面的研究、开发和生产，以及在复杂工业过程管理方面高度专业化。德国拥有强大的机械制造业实力，在全球信息技术能力方面占据前沿地位，在嵌入式系统的研究和自动化工程的应用领域具有很高的技术水平，这些都表明了德国在全球制造工程领域中的领导地位。因此，德国以其独特的优势开拓新型工业化的潜力：工业 4.0。

前三次工业革命源于机械化、电力和信息技术。现在，将物联网和服务应用到制造业正在引发第四次工业革命，如图 8-3 所示。将来，企业将建立全球网络，把它们的机器、存储系统和生产设施融入 CPS 中。在制造系统中，CPS 包括智能机器、存储设备和生产设施，它们能够相互独立地自动交换数据，并自主进行动作和控制。这有利于从根本上改善生产制造、工业工程、资源利用、物流供应和产品全生命周期管理的工业过程。正在兴起的智能工厂采用了一种全新的生产方法。智能产品通过独特的形式能够随时随地地被识别和定位，能记录和察觉它们自己的历史情况和实时状态，并能找到为了实现其目标状态的候补路线。嵌入式制造系统实现了工厂和企业在业务流程这一环节上的纵向网络连接，实现了在分散的价值网络上的横向连接，实现了从开始下单直到物流配送的实时管理。此外，它们形成的且要求的端到端工程贯穿整个价值链。

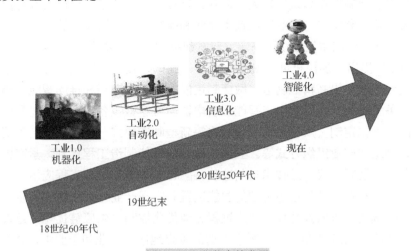

图 8-3　工业革命的发展

"工业 4.0"拥有巨大的潜力。智能工厂使个体顾客的需求得到满足，这意味着即使生产一次性的产品也能获利。在"工业 4.0"中，动态业务和变动的工程过程使得生产在任何时刻都能发生变化，也能让供应商可以灵活应对生产过程中的诸多干扰与失控。制造过程中提供的端到端的透明度有利于优化决策。"工业4.0"也将带来创造价值的新方式和新的商业模式。特别是，它将为各个新生企业和小型企业提供更多发展机遇，并提供下游服务。

此外，"工业4.0"将应对并解决当今世界所面临的一些挑战，如资源和能源利用效率、城市生产和人口结构变化等。"工业4.0"使资源生产率和效率增益不间断地贯穿于整个价值网络。它使工作的组织考虑到人口结构变化和社会因素。智能辅助系统将工人从执行例行任务中解放出来，使他们能够专注于创新、增值的活动。鉴于即将发生的技术工人短缺问题，这将允许年长的工人延长其工龄，保持更强的生产力。这让工作组织变得更加灵活，工人也能更好地平衡他们的工作和私人生活，进而继续进行更加高效的专业工作，为企业和社会创造更多价值。

3. 日本和韩国

日本于1989年提出智能制造系统，且于1994年启动了先进制造国际合作研究项目，其中包括公司集成和全球制造、制造知识体系、分布智能系统控制、快速产品实现的分布智能系统技术等。2004年，日本总务省提出了u-Japan计划，这个计划力图实现人与人、物与物、人与物之间的连接，并希望将日本建成一个任何人和物体都可以随时随地连接的泛在网络社会。近年日本提出通过加快发展协同化机器人和无人化工厂提升其制造业的国际竞争力。

2006年，韩国确立了u-Korea计划，这个计划的目的是建立无所不在的社会，在人们生活环境中构建智能型网络和各类新技术应用，让人们能够随意地享受智能科技的服务。2009年，韩国通信委员会出台了《物联网基础设施构建基本规划》，并将物联网确定为新的经济增长动力，提出到2012年实现"通过构建世界最先进的物联网基础实施，打造未来广播通信融合领域超一流信息通信技术强国"的目标。

4. 中国

《中国制造2025》是在新的国际国内环境下，中国政府立足于国际产业变革大势，作出的全面提升中国制造业发展质量和水平的重大战略部署，是实施制造强国战略第一个十年的行动纲领。虽然我国制造业总量比较大，但存在能耗高、产业附加值比较低等问题，并且中国制造的传统竞争不断削弱，企业实现技术突破和品牌建设，再实现智能化，提高产品质量和定制化程度，就可以向微笑曲线更高端方向发起挑战，实现弯道超车，获取更高的利润率。《中国制造2025》提出：加快机械、航空、船舶、汽车、轻工、纺织、食品、电子等行业生产设备的智能化改造，提高精准制造、敏捷制造能力；统筹布局和推动智能交通工具、智能工程机械、服务机器人、智能家电、智能照明电器、可穿戴设备等产品研发和产业化；发展基于互联网的个性化定制、众包设计、云制造等新型制造模式，推动形成基于消费需求动态感知的研发、制造和产业组织方式等。五大工程中的智能制造工程提到，紧密围绕重点制造领域关键环节，开展新一代信息技术与制造装备融合的集成创新和工程应用。支持政产学研用联合攻关，开发智能产品和自主可控的智能装置并实现产业化。依托优势企业，紧扣关键工序智能化、关键岗位机器人替代、生产过程智能优化控制、供应链优化，建设重点领域智能工厂/数字化车间。在基础条件好、需求迫切的重点地区、行业和企业中，分类实施流程制造、离散制造、智能装备和产品、新业态新模式、智能化管理、智能化服务等试点示范及应用推广。建立智能制造标准体系和信息安全保障系统，搭建智能制造网络系统平台。覆盖的十个领域包括新一代信息技术产业、高档数控机床和机器人、航空航天装备、海洋工程装备及高技术船舶、先进轨道交通装备、节能与新能源汽车、电力装备、农机装备、新材料、生物医药及高性能医疗器械。

8.2 典型智能制造新模式

8.2.1 云制造

1. 云制造的背景与概念

中国制造业经历了多年的发展和积累，已经具备庞大、成熟的规模体系和巨大的生产能力，并逐渐成长为在全球制造领域内具有强大竞争力的国家。中国制造已经取得了世界瞩目的巨大成就。制造业是国民经济的根本基础，是整个国民经济结构的中流砥柱。

然而，当前我国制造业发展仍然面临着严峻的挑战。一方面，随着工业产业的高速增长，大量工业固定投资导致了工业产能过剩、产能利用率低等问题；另一方面，工业技术研发投入水平低、生产技术管理落后、自主创新能力不足等问题已严重制约现代制造企业，尤其是中小型企业的发展。在实际生产中，由于缺乏高效的制造资源管理平台和服务运营模式，海量、离散的制造资源和生产能力难以高效地利用、整合和及时共享，造成资源利用率低等现象。与此同时，传统的制造资源配置方法已经无法满足日益复杂、定制化和快速变化的产品需求。因此，亟须结合先进的制造模式和高新技术，高效整合制造资源，促进资源共享，提高资源利用率；增加制造资源配置的协同性、柔性、敏捷性，以应对多变的任务需求，从而提升制造资源的服务质量和企业的核心竞争力。

近年来，云计算、物联网、射频识别、面向服务技术等信息传感技术在工业制造领域的广泛应用，正加速传统生产型制造模式向服务型制造模式转变，给现代制造业发展赋予了蓬勃生机。在此背景下，李伯虎院士结合已有的先进制造模式如敏捷制造、制造网格等，提出了一种面向服务的网络化制造——云制造，利用网络和云制造服务平台，按用户的需求组织网络中制造资源(制造云)，为用户提供各类按需制造服务的一种网络化制造新模式。云制造是在"制造即服务"理念的基础上，融合现有的信息化制造技术、网络化制造、物联网及云计算等新兴技术，实现各类制造资源的统一、集中、智能化管理和经营，为用户在产品全生命周期活动中提供可随时获取的、按需使用的、安全可靠的、优质廉价的制造资源与能力服务。云制造模式自提出至今，国内外学者已针对它的基本概念、体系架构、关键技术和实施应用做了广泛而深入的研究。

云制造系统由云提供端、云请求端以及云制造服务平台组成，云提供端向服务平台提供相应的制造服务，云请求端向平台发布服务需求，云制造服务平台依据用户的需求，在云端化等技术的支持下为云请求端合理地配置相应的服务。云制造服务平台分为两种运行机制，一种是面向集团企业的"私有云"服务平台，其构建者与管理者、云提供者和云请求者是集团和集团内部的相关单位，目的是更好地整合企业内部的制造资源与制造能力，提高资源和能力的利用率；另一种是面向中小企业的"公有云"服务平台，更强调企业与企业之间的制造资源和制造能力的整合，资源的提供者和服务的请求者来自不同的企业，通过云平台实现资源和能力的交易，从而提高整个社会的资源利用率。

2. 云制造的服务架构

基于对现有云制造系统的框架研究，本节给出了一种云制造模式下的多粒度加工资源云服务建模与自组织配置框架，选取传统制造车间中的加工设备及其组成的制造单元为研究对象，提出了多粒度加工资源制造服务建模方法，建立了多粒度加工资源云服务自组织协同架构，并设计了协同架构下多粒度加工资源云服务自组织优化配置算法。

如图 8-4 所示，该框架主要由多粒度加工资源制造服务建模方法、多粒度加工资源云服务自组织协同架构、多粒度加工资源云服务自组织优化配置算法三个模块构成。

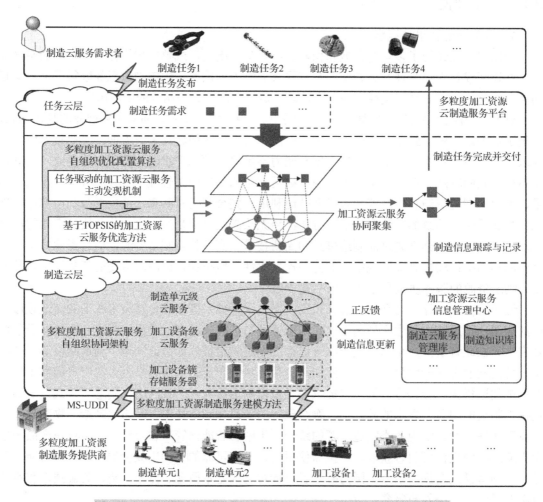

图 8-4　云制造模式下多粒度加工资源的云服务建模与自组织配置框架

1) 多粒度加工资源制造服务建模方法

面向制造车间中的多粒度加工资源制造服务建模是实现加工资源云端化的关键过程。首先针对底层加工设备，采用集合论的方法形式化描述其基本信息、加工能力信息、实时状态信息和服务评价信息，构建加工设备服务模型。在此基础上，建立加工设备与制造单元间的映射关系，从基本信息、聚合制造能力信息、实时状态信息和评价信息四个方面对制造单元服务模型进行形式化描述。采用本体论和语义 Web 技术分别建立加工设备和制造单元的本体模型，并利用 Protégé 软件进行本体模型的开发，最后通过 MS-UDDI 将加工资源制造服务注册和发布到云制造平台中，形成制造云服务并汇聚到相应的制造云池中，从而实现多粒度加工资源制造服务的云端化。

2) 多粒度加工资源云服务自组织协同架构

通过制造云服务管理库对多粒度加工资源云服务进行分层管理；利用聚类算法实现加工设备的精准分类并存储在相应的加工设备簇存储服务器上。采用半分布式的 P2P 结构建立多粒度加工资源云服务自组织网络，定义加工设备对等节点、制造单元超级节点和加工设备簇超级节点。设计节点间的通信机制，实现制造信息交换与流通。建立多粒度加工资源自组织演化模型，描述任务驱动的加工资源协同聚集方法。设计制造信息记忆模块，通过制造知识库跟踪和记录制造过程信息和资源聚集的协同效应，并反馈到各对等节点上。提出加工资源管理学习方法，更新各节点上的资源信息，优化资源自组织网络并加强资源间协同能力。强化的协同能力又进一步提高协同效应，如此不断循环，驱动加工资源协同聚集—记忆—反馈—学习的进化过程。设计制造单元重构机制，动态调整、优化配置制造单元内的加工设备，从而适应实际制造过程中的生产异常和任务需求变化。

3) 多粒度加工资源云服务自组织优化配置算法

多粒度加工资源云服务自组织优化配置算法是实现加工资源云服务协同聚集的根本保障。设计任务驱动的加工资源云服务主动发现机制，增强加工资源的主动性，使得它们主动寻找任务并发出加工请求。根据制造任务的粒度不同，采用集合论的方法分别描述零件级制造任务、工序级制造任务。结合基于语义规则的匹配方法衡量任务工艺需求和资源加工能力之间的匹配度，完成匹配的资源进入服务候选集。加工资源云服务协同聚集的过程中会生成大量的可选服务组合方案。针对制造单元级、加工设备级云服务组合方案，分别建立相应的服务质量评价体系。采用基于 TOPSIS 的服务评价方法，综合考虑加工资源间的协同关系，对加工资源制造服务组合方案进行评价，快速输出最优服务组合，完成加工资源云服务协同聚集过程，实现加工资源的敏捷、优化配置。

与当前存在的制造资源优化配置方法相比，本书提出的体系架构与方法能够精准感知车间底层加工设备的实时制造信息；在此基础上体现制造单元在具体活动中的动态加工能力。加强底层加工设备之间、加工设备与上层制造单元之间、制造单元之间制造信息的无缝流通。提出了加工资源云服务自组织协同架构，针对不同制造任务需求，在加工资源云服务快速、准确的发现机制和科学的评价、决策方法的支持下，实现加工资源云服务自组织协同聚集和优化配置。从而强化企业内部资源之间的协同关系，提高对不同制造任务的响应能力、适应能力，从而提升服务质量。

3. 云制造的典型技术特征

1) 制造资源物联化

在云制造模式下，各种软硬制造资源能够通过条形码、无线射频识别(RFID)、摄像头等传感设备，实现资源状态的实时主动感知，然后通过信息网络传递信息，通过对信息数据的统计分析，可以进一步作用于产品的制造过程。例如，对于设备使用或闲置等状态信息的感知，可以作用于计划调度；通过对设备工作数据的采集，对生产过程进行有效的监控与管理。

2) 制造资源虚拟化

在云制造系统中，用户面对的是基于云平台的虚拟化制造环境。通过虚拟化技术，可以将一个物理的制造资源虚拟成一个信息化制造资源作用于虚拟化制造环境，并在此基础上实现虚拟化制造资源的管理与动态调度。虚拟化技术是实现制造资源服务化与协同化的关键技术基础。

3）制造资源服务化

云平台中汇集了大量的制造资源，基于虚拟化技术，这些制造资源可以通过服务化技术进行服务封装和组合，形成满足各种需求的各类服务，如设计服务、生产加工服务等。其目的是为用户提供优质廉价、按需使用的网络化服务。

4）制造资源协同化

协同是所有先进制造模式的典型特征，对复杂产品而言尤为重要。云制造使制造资源通过物联化、虚拟化、服务化、云计算等信息技术，形成相对灵活、互联、互操作的协同资源模块。通过协同化技术，这些云服务模块能够动态地实现产品全生命周期的互联、互通、协同，从而满足不同用户的生产需求。

5）制造资源智能化

云制造的另一典型特征是实现整个制造系统及整个产品全生命周期的智能化。云制造服务系统能够不断发展和运行的核心是知识和智能化技术，云制造系统在集合各种制造资源的同时，也集合了各种知识并构建了知识库；另外，随着云制造系统的不断进化，云中积累的知识规模也在不断扩大。集成和不断进步的知识及智能化技术将为云制造系统的各环节、各层面提供智能化支持。

8.2.2　物联制造

1. 物联制造的背景与概念

网络深刻地改变着人类的生产和生活方式。特别是进入 21 世纪以来，随着信息技术与自动识别技术的迅猛发展，物联网(IoT)概念与技术应运而生。

物联网理念最早可以追溯到比尔·盖茨 1995 年出版的《未来之路》一书。在此书中，比尔·盖茨提及物物互联，只是当时受限于无线网络、硬件及传感设备的发展，并未引起重视。1998 年，美国麻省理工学院创造性地提出了当时称作 EPC 系统的物联网构想。1999 年，建立在物品编码、RFID 技术和互联网的基础上，美国 Auto-ID 中心首先提出物联网概念。

物联网在制造行业生产过程中的应用可以极大地提高制造企业的核心竞争力。将信息技术融入制造过程的各个阶段，如传统的产品设计、制造工艺过程、产品销售与售后服务，使得企业提高了产品质量、生产水平与销售能力，从而极大地提高了制造企业的核心竞争力。随着互联网、云计算、物联网、数据仓库、信息安全等技术的出现和发展，并与制造技术融合，特别是集成协同技术、制造服务技术和智能制造技术，形成了制造业信息化的核心使能技术，推动着以绿色、智能和可持续发展为特征的新一轮产业革命的来临，一种新型的智能制造模式——物联制造(IoMT)应运而生。物联制造的概念和技术研究还处于萌芽阶段，不同领域的专家学者对物联制造的定义和特征有不同的见解。

由物联网的定义可知，从某种意义来说，物联制造就是应用物联网技术使得在制造生产过程中制造资源的信息和数据能够被制造系统实时地感知，从而再根据所需生产计划活动来调整和组织制造资源，确保生产过程的质量和效率，进一步推动制造向全球化、绿色化和个性化的方向发展。

《计算机集成制造系统》期刊在"物联制造与 RFID 技术"专栏将其定义为："物联制造

是将网络、嵌入式、RFID、传感器等电子信息技术与制造技术相融合，实现对产品制造与服务过程及全生命周期中制造资源与信息资源的动态感知、智能处理与优化控制的一种新型制造模型。"传统制造的发展过程从机械化、自动化、数字化到最终实现智能化，物联制造就是实现智能化的一种新型制造模式。

西北工业大学张映锋教授等认为物联制造是通过在传统的 MES 中引入物联网技术，形成各类制造资源物物互联、互感，在此基础上通过采用实时多源制造信息驱动的优化管理技术，实现从生产订单下达至产品完成整个过程的制造执行过程的主动感知、动态优化和生产过程在线监控，并能通过多源信息的增值和决策技术实现制造执行过程的高效运作。

华南理工大学姚锡凡教授等认为"中式"的物联制造(IoMT)就是"西式"的 SM，虽然表达有所不同，但其内在理念是一致的，都是物联网增强的智能制造模式，也是物联网与智能制造技术相融合的产物，它通过泛在的实时感知、全面的互联互通和智能信息处理，实现产品/服务全生命周期的优化管理与控制以及工艺和产品的创新。

与当前已有制造执行系统相比，基于物联技术的制造执行系统的核心目标是通过更精确的过程状态跟踪和更完整的实时数据以获取更丰富的信息，并在科学的决策支持下对生产现场进行更科学的管理，它通过分布在物理制造资源中的物联技术和智能，基于多源信息的融合及复杂信息处理与快速决策技术，主动地发现异常，采用实时多源制造数据对生产过程进行全方位的监控与优化。制造资源的物物互联、互感，生产过程的主动感知与监控，多源信息的透明与增值，执行过程的动态优化，以及管理的智能化等是基于物联技术的制造执行系统的重要特征。

2．物联制造的服务架构

为了实现物联制造系统的智能决策，设计了如图 8-5 所示的物联制造系统智能控制参考体系构架，它从底层到顶层依次包括对象感知、信息整合、智能建模、智能方法和应用服务五部分的内容。

1）对象感知

对象感知是指面向物理制造资源，通过配置各类传感器和无线网络，采集多源制造数据，同时从管理的角度出发，在传感器信息注册、异构传感器群管理器、传感器数据获取功能封装服务、数据获取服务调用等技术的支持下，为各类传感器在异构通信网络环境下主动地感知和传输各类制造资源的实时制造活动提供服务，以实现物理制造资源的互联、互感，确保制造过程多源信息的实时、精确和可靠获取。

2）信息整合

信息整合是指在获得生产过程制造数据的基础上，为将源自异构传感器上多源、分散的现场数据转化为可被制造执行过程决策利用的标准制造信息提供服务，通过对多源数据关系定义、信息整合规则、信息增值处理实现多源数据在制造执行环境中的增值，最终整合并转换为可直接为制造执行过程监控与优化服务的标准制造信息(如 ISA95/B2MML 标准)。

3）智能建模

智能建模是指针对底层生产设备和搬运设备，在感知到的多源多维制造数据的基础上，建立制造服务状态(如动态队列、服务负荷、服务流程状态、设备能耗、加工质量等)与感知事件间的映射关系，从而能够通过感知的事件理解制造服务的状态，提高制造资源的透明性和自身的感知交互和主动发现能力，提升制造服务的决策能力和智能水平。

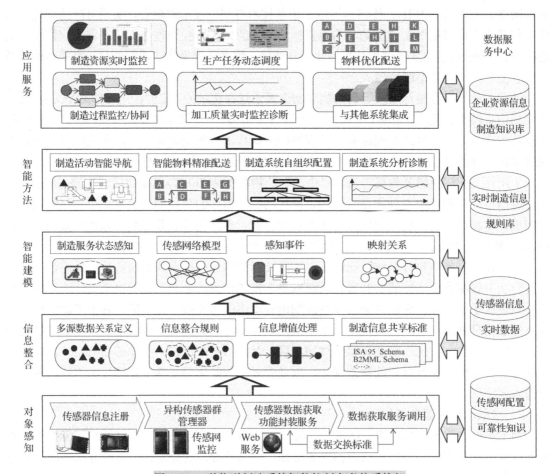

图 8-5　一种物联制造系统智能控制参考体系构架

4) 智能方法

智能方法包括制造活动智能导航、智能物料精准配送、制造系统自组织配置以及制造系统分析诊断。在制造资源智能化的基础上，可以实时知晓设备的状态，通过对制造活动的智能导航，将加工任务和装配实时、准确地和相应的制造资源匹配。智能物料精准配送是指搬运设备通过抢任务，完成配送任务，将物料在准确的时间送达准确的地点。为了应对计划变更、设备故障等问题，制造单元通过感知制造系统实时状态，主动发现任务，并进行动态配置，减少管理人员的调度工作量。制造系统分析诊断是指通过对制造系统中的关键事件建模，基于决策树实时分析生产过程性能，从而及时消除制造系统出现的故障。

5) 应用服务

面向制造企业的不同用户，从利用生产现场的多源信息以实现制造执行过程的优化管理的角度，通过提供制造资源实时监控服务、生产任务动态调度服务、物料优化配送服务、制造过程监控/协同服务、加工质量实时监控诊断服务、制造系统运行协同优化服务以及与其他系统集成服务等实现物联制造执行过程的信息透明、过程实时感知和动态优化管理。

3. 物联制造的服务特点

1) 制造过程各制造资源实时状态的全面感知

通过融合信息技术、自动化技术和传感网技术，实现物物互联，对制造企业中需要监控、连接、互动的产品和制造资源的多源信息进行自动采集和全面感知，同时对制造过程中的人、机、料、质量、进度计划、工艺参数、生产环境、工装模具、水电气等制造资源的实时状态信息进行可靠传输和智能处理。

2）具有主动感知与智能的底层加工制造资源

传统的制造执行系统由于缺乏有效的传感设备和通信网络，使得产品制造过程中的一些关键环节及信息难以被及时、准确地反映，状态信息的获取是被动式的。这导致了制造执行系统运作效率低下、工序流程周转不畅、在制品缺乏有效控制、库存积压等问题。融合了物联网技术的底层加工制造资源，能够实时反馈产品、制造资源及自身的状态信息，决策者能把握制造瞬间的动态规律，从而能够实现数字化高效、高质生产。通过传感器、RFID、全球定位系统等技术，实时采集任何需要监测的物体或过程，实现物与物、物与人的泛在链接，达到对物品和过程的智能化感知、识别、管理及自我决策。

3）制造系统关键性能参数的实时感知

制造系统关键性能参数的感知主要包括实时进度、产品质量及实时制造成本的实时感知。

传统流程下，生产数量的统计、生产报表的制作由统计员工手动完成，并递交生产管理人员。这种方式信息反馈延迟严重，导致生产异常情况不能及时处理，效率低下。而物联制造系统通过数据终端自动采集生产数量，实时反映零件、部件及产品的生产进度，计划人员根据这些数据对现场生产情况及时跟踪处理和调度，保证生产计划按时完成，大大提高了生产效率。当生产过程发生变化时，物联制造系统通过对人、机、料、环境等资源状态变化的全面实时感知，在数据终端和电子看板上提醒质量检验，对产品的合格数、不良数、工废数及料废数等进行在线统计；对产品的缺陷数量、类型、发生时间、操作员等信息进行追溯查询。

根据物联制造系统的实时监测和消息通知功能，分析造成生产浪费的主要因素。根据作业计划和进度安排，按需配送物料，同时将物料属性和来源与生产指令绑定，以便实时核算产品的电能耗和机物料消耗成本。通过数据终端对设备运行的监控，物料消耗进程被实时核减，并在计算机和电子看板上实时显示需求数量、欠料数量和工位上剩余物料的可加工时间。

4）实时信息驱动的制造过程智能化管控

动态获取制造单元和加工现场的实时生产信息，并向制造任务动态调度层及其他企业管理层进行实时传输。根据这些实时获取的生产信息和数据，以及制造单元上层下达的指令信息，如新任务的加入、交货期更改等，建立制造任务动态调度模型及决策模型，产生满足实际生产需求的调度方案和决策方案，实现对制造过程自动化、智能化的控制和管理。

8.2.3　社群制造

1. 社群制造的背景与内涵

随着经济的发展，信息化、服务化和社会化成为制造业的主要发展方向。企业内外的各种制造资源通过云端互联，制造信息化和服务化等方式催动着制造业的活力，提高了整个制造业的生产价值。

从产品设计和产品研发角度来看，用户全面参与整个产品的设计、制造以及运维所有过程已经成为主流，大规模定制等制造模式得到了快速的发展，这些都对现有的制造企业和生产方式提出了很大的挑战。需求方提出需求以后，可以通过在线平台与设计者或设计社区共同完成产品的概念设计，制造企业或者制造社区自主形成制造服务链，快速完成产品的制造过程。与此同时，通过社交工具和综合管理平台能够及时掌握生产的实时状态，实现信息共享，保证生产的顺利进行。在此模式下，对市场变化的及时响应能力得到了显著提高，保证了创新产品快速进入市场。

生产服务重心的转移使得传统制造企业的组织结构逐渐哑铃化，产品的设计以及产品后续服务成为企业关注的重点，而价值增值相对较低的制造过程则通过外包等形式完成。由此，围绕核心企业涌现出了大量的中小型企业和众包社区，在物联网以及社交网的基础上，形成了一个能快速响应市场需求、完成产品设计和制造任务的多功能社群制造社区。大量存在的分布式制造资源得以聚集，更多、更专业、更快的服务可以提供给客户，形成了合作共赢的美好局面。

在技术方面，互联网技术、通信技术、云计算等新兴技术的发展，加速并保证了企业间的信息共享、生产协作以及社交互联。由此，国内外很多专家和科研人员提出了敏捷制造、制造网格、云制造、物联制造等先进的制造模式，从而应对信息化、服务化和社会化的制造业新方向。这些模式都在一定程度上实现了社会资源的集成共享和协同生产，但是它们都有各自的服务重点，上述问题也没有得到系统的解决，社群制造模式应运而生。

"social manufacturing"（SocialM）一词最先由《经济学人》杂志在 2012 年的专题报告"第三次工业革命"中提出，意指提供 3D 打印和其他生产性服务的在线社区使得人人都可以参与产品的生产制造。

中国科学院王飞跃等将其译为社会制造，指出在 3D 打印技术和社会计算的驱动下，社会需求与社会生产能力将实时有效地结合，实现"所想即所得"（from mind to product）。

西安交通大学江平宇教授将社群制造模式（SocialM）定义为："一种专业化服务外包/众包驱动的、构建在社会化制造资源自组织配置与协作共享基础上的新型制造模式。一种通过资源集群化自组织、分散的社会化制造资源集聚形成各类分布式社群，并在利益协调及商务社交机制下以社群作为运营主体进行分散的制造服务。"

总结来说，社群制造是一种新的信息-物理-社会互联和面向服务的制造模式，它驱动分布式制造资源通过社会网络自组织形成动态资源社区，为用户提供与生产和产品相关的服务，并通过信息物理社交综合管理平台与用户进行协作。促进社会化资源配置、社会化交互、业务协作和全方位的生产管理，高效灵活地完成产品生命周期任务。

2. 社群制造的服务框架

本节从生产性服务的实现和服务执行机制的角度构建了社群制造综合管理平台的体系架构（图 8-6）。

图 8-6 中将整个制造系统分为了以下几个部分：社群管理、匹配服务、优化改进、生产管理、协同管控以及综合管理平台几个部分。

（1）社群管理：就是将组织起来的资源社区、用户社区、合作社区和制造社区进行合理化的区分及整合，以便于供需双方进行简单的直接交互。社群管理注重以下几点：第一，明确社群的定位，了解和确定社群的目标用户和核心优势；第二，确定市场的需求并明确社群的服务内容；第三，对社群人员进行任务分配，中小型企业帮助核心企业共同完成生产任务；第四，加强社区内的资源与信息共享，利用社交软件进行协作决策。

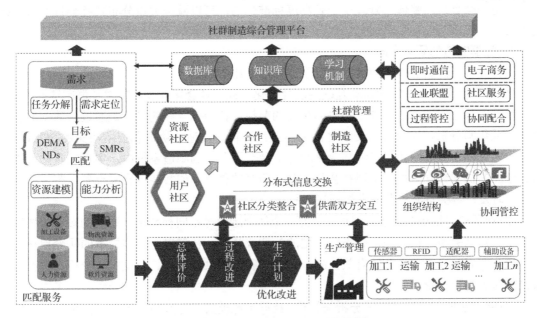

图 8-6　一种社群制造系统的服务框架

(2)匹配服务：主要运用合理化的建模语言以及标准化描述，将庞大的社会资源与社会需求进行精确的匹配，从而实现一种高效、高质量的目标，实现双方的共赢局面。匹配服务的过程与云制造类似，即使用基于语义规则的匹配方法衡量任务需求和资源能力之间的匹配度，完成匹配的资源进入服务候选集。这些服务主要针对零件级以上的制造任务。针对社会制造资源的服务组合方案，建立相应的服务质量评价体系，综合考虑社会资源间的协同关系，对加工资源制造服务组合方案进行评价，选出最优服务组合，实现加工资源的敏捷、优化配置。

(3)优化改进：指匹配之后，制造社区按照生产计划安排生产运输工作，在多方接触的过程中实时地按照当前状态或突发事件改进工作流程，进而得到一个新的生产计划，如此反复，精益求精。与传统的改进方式不同，用户可以作为参与者进入制造系统，将自己的个性化需求反映给企业或者生产个体，提高用户的满意度。

(4)生产管理：指利用各种传感设备，将生产和运输的实时信息同步发送给需求者与生产管理者，便于掌握任务进度，及时发现异常等。生产管理的过程利用了先进的智能技术，如物联网、大数据等。

(5)协同管控：指企业与用户之间、企业与企业之间通过社交网络进行生产任务的合理化协调和控制。社群制造系统就像一台不停运转着的精密机器，其中每个企业或者生产个体就像是机器上的各个部件，任何一个部件出了问题就会对整台机器的运转造成影响。表面上来看，生产过程相对分散，事实上它们之间有着千丝万缕的关系，它们都必须为共同的生产目标而运作。因此，一定要通过社交网络或社交媒体实现信息的协同、业务的协同和资源的协同。

(6)综合管理平台：指统一管理产品全生命周期的综合平台，同时将以上信息存储在数据库中，便于不同操作者使用。这个平台指的不仅仅是社群制造系统管理软件，而是一个管理体系，是社会制造体系中使用的有形和无形相结合的管理体系。管理平台有高度的集成性，可以集成制造过程中全部的管理应用。管理软件平台有高度的协同性，让生产制造任务的综合管理是一个有机的整体。管理平台是高度标准化的，可以减少大量分布式社会资源缺乏标准的问题。

3．社群制造的研究方向

现有关于社群制造模式的研究主要聚焦于以下几个方面。

(1)基于信息物理系统和移动互联网的社会化互联。社会化互联是实现社群制造的基础，是各参与主体之间进行信息共享和协同交互的前提。社会化互联的目标是通过对数据的实时感知、采集与分析，实现社会资源之间的自组织集群、自适应协调和自主决策的交互过程。同时，通过移动互联网使用户和社会化制造资源全面参与到制造系统中，实现实时的、透明的、全面的协同交互。如何实现社会化互联是研究的重点，如智能可穿戴设备、智能移动终端如何研发；各类资源和参与者如何接入系统等。

(2)社群的自组织与配置。用户、企业、个体制造商等不同社会生产系统的参与主体通过社交工具建立关系，自组织形成不同类型的社群或社区。社群自组织与配置的研究旨在实现对大量分布式社会制造资源的有效控制，为社群制造的供需匹配、交互关系分析、生产过程监控管理等提供支持。

(3)社交协同与交互关系的分析与管理。社群制造模式下各参与主体之间依靠多样、动态、复杂的社会交互关系联系在一起，形成广泛的社群制造网络。对社群制造网络的分析，有助于指导供需匹配决策、管理交互关系、提高协同效率、挖掘用户倾向以及预测市场动向。其主要研究内容有：采用复杂网络分析社群制造网络内各成员的交互关系；采用神经网络或深度学习算法挖掘潜在的交互关系；采用大数据分析方法分析、预测生产扰动和市场动向；根据大数据分析进行个性化服务推荐等。

(4)考虑社交因素的协同管理与决策。社群制造模式下各类参与者之间的协同与交互关系不断加强，他们之间的社交因素时刻影响着生产规划和运作管理决策。而社会参与者的角色不同，他们所关注的内容和目标并不统一。因此，需要综合考虑不同参与者的社交行为与社交内容，从而进行管理与决策。该研究的重点是：基于社交媒介工具和新兴信息技术的协同管理应用的研发；优化处理不同个体间协同的利益均衡、合作选择决策等。

(5)社群制造系统开放式服务平台。社群制造依赖于大量分布的社会化制造资源、用户等，它们之间可以借助平台提供的信息共享、协同管理、社会交互等功能自主进行交互和合作。因此社群制造平台一定是公共、开放式、工具化和面向服务的。后期的主要研究内容是社群制造系统开放式服务平台的软件及 App 研发，实现交互过程随时随地、实时透明。

8.2.4　网络化协同制造

1．网络化协同制造的定义

2015 年 7 月 4 日，国务院发布《国务院关于积极推进"互联网+"行动的指导意见》，其中的"互联网+"协同制造是重点行动之一，旨在推动互联网与制造业融合，提升制造业数字化、网络化、智能化水平，加强产业链协作，发展基于互联网的协同制造新模式。在重点领域推进智能制造、大规模个性化定制、网络化协同制造和服务型制造，打造一批网络化协同制造公共服务平台，加快形成制造业网络化产业生态体系。

在网络化协同制造模式下，产品全生命周期的各个阶段(设计研发阶段、生产制造阶段、服务运维阶段等)将不再被单独完成。当出现任务需求时，产品概念设计、原材料采购、生产任务分配、生产规划、实际生产的各个阶段将会通过互联网、物联网等网络通信技术形成实时互联，及时、快速、高效地保证客户的个性化生产需求。

这种灵活度高、柔性强的生产制造模式推动着制造业前进的新方向——网络化协同制造。它在面对多变的用户需求时，能够快速地做出应对，满足用户的大规模个性化需求，保证制造企业的竞争力与活力。制造业也会在此基础上实现制造到服务的转型升级。

实际上，国际著名的咨询机构 ARC 针对生产制造模式新的发展，在 2000 年就已经详细地分析了制造业以及信息化技术发展现状，从新兴科技的发展以及市场需求等角度对生产制造模式的影响进行全面分析研究的基础上，提出了用工程、生产制造、供应链三个维度描述的数字工厂模型。

从生产过程管理、企业业务管理一直到产品全生命周期管理形成了协同制造模式（collaborative manufacturing model，CMM）。此协同制造模式为制造模式的转变描述了一个美好的蓝图。它利用信息化技术和网络化技术，将产品研发过程、企业业务管理与生产制造过程有机地结合在一起，形成一个协同制造过程，进而使得产品设计、产品生产、产品服务和供应链管理有机地融合在一个完整的制造系统之中，使企业的价值创造不再单一地出现在生产环节，而是扩展到上游设计与研发和下游生产服务环节，最终形成一个集成企业工程管理、生产制造过程控制、供应链管理的网络协同制造系统。

2．网络化协同制造的基本内容

当前，现实物理世界和网络信息空间可共同组成一个虚实交互的协同空间，网络信息空间对未来制造业的发展和竞争力的提升有着举足轻重的作用，未来制造业将进入一个信息物理交互的协同时代。

网络化协同制造的内容是通过信息化和网络化技术将生产制造过程涉及的制造商、生产个体、需求发布者联系在一起，形成一个资源集成、业务集成、制造参与者合作的网络协同结构，旨在实现市场需求与设计研发的协同、设计研发与生产过程的协同、生产过程与管理的协同、生产管理与信息交互的协同，最终形成一个完整的网络制造系统——网络化协同制造。一个协同制造网络平台是其核心内容，如图 8-7 所示。平台参与者包含多个制造企业或参与者，他们进行信息交互、业务协作，共同完成生产任务。企业、价值链和产品全生命周期三个维度贯穿于各个价值链中的制造参与者之间。

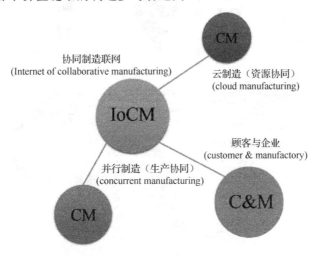

图 8-7　网络化协同制造背景下的协同制造网络平台模型

网络化协同制造将成为未来智能制造的核心，协同制造平台由三个"CM"元素构成。

1）顾客与企业（C&M）

用户通过新兴的网络化工具与社交媒体和企业或者生产者之间进行交流，表达自己的需求，提出自己的建议，企业或生产者依此完善自己的设计和生产任务。企业也会通过交互工具吸引用户积极参与到设计与生产环节中，从而提高产品质量，提升用户的满意度。

2）并行制造（CM）

并行制造是网络化协同制造的核心内容。以往，制造业企业会通过相对固定的原料、设备、生产、运输、销售五大环节组织生产制造。在并行制造时代，这五个环节可以相对独立，变成五个可以自主决策的模块。每个模块都有自己的运行结构。根据消费者需求，五个模块可以通过网络化交互，自行高效整合，生产过程并行交叉进行，不仅能满足生产制造的工艺需求，而且能大幅缩短产品研发与制造过程，降低成本，以高度柔性化的制造模式去满足不同消费者的个性化定制需求。

3）云制造（CM）

在生产后端，通过云制造积极调整供应链，使之具备更强的资源整合能力，做到低成本、高效率和短工期。供应链协同主要体现在企业内协同和企业间协同。在一个制造企业内部，核心是完成某个零件或产品的生产，这个过程涉及企业内部的生产管理、设备管理、物流管理、质量管理及人员管理等多个要素。要求这些要素之间加强信息交互，避免制造过程中的信息孤岛，企业内部各个系统之间的协同越来越重要。随着制造规模的扩大，设计的企业和参与者会越来越多，企业之间往往需要互相调度，合理地利用人力、设备、物料等资源，信息的实时性要求越来越高，这就要求不同工厂之间能够做到网络协同，确保实时的信息传递与共享。

3．网络化协同制造的主要研究方向

相对于"工业4.0"，我国的"互联网+"协同制造更加具体。例如，《国务院关于积极推进"互联网+"行动的指导意见》中详尽描述了如下四点（图8-8）。

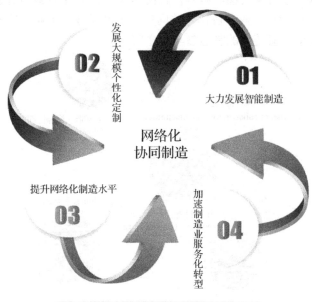

图8-8　网络化协同制造的主要研究方向

(1)大力发展智能制造。

智能制造基于物联网、云计算、大数据、信息物理系统等新一代信息技术,贯穿于设计、生产、管理、服务等制造活动的各个环节。智能制造系统是一种由智能机器和人类专家共同组成的人机一体化系统,它强调在制造过程中,以一种高度柔性与集成的方式,借助计算机和通信技术,对整个制造过程进行分析、判断、推理、构思和决策,取代或延伸制造环境中人的部分脑力劳动,同时,收集、存储、完善、共享、继承和发展人类专家的制造智能。

在当前形势下,应该发挥我国通信技术和制造业大国的优势,提高制造企业数字化、信息化、智能化水平,在这场工业革命中占得先机,早日完成智能制造的制造模式转型升级。

(2)发展大规模个性化定制。

传统生产模式下,用户不能充分参与到企业的制造活动中,生产的产品种类单一,创新能力不足。伴随着电子商务、互联网等信息技术的发展,用户对于产品的个性化需求越来越高,促使企业的转型升级。在网络化协同制造模式下,企业与用户可以通过互联网平台进行实时信息交流,改变固化的生产模式,使设计、制造、服务的所有环节紧密、高效地协作,实现"个性化"与"规模化"理念的相辅相成。

随着互联网技术和制造技术的快速发展,柔性大规模个性化生产线将得以实现,按需生产、大规模个性化定制将成为制造业的常态。

(3)提升网络化制造水平。

传统制造业因为技术、资源的限制,研发设计、制造、物流等环节都独立完成,浪费了大量的时间和成本。在网络化协同制造模式下,通过互联网平台开放的协同服务,可实现企业内部甚至全社会范围内的协同共享,这大大缩短了产品的研发周期,减少了大量的人力物力,众包平台及云制造平台就是经典的案例。在国内已涌现大量网络化制造模式案例,且都取得了或多或少的成功。这种网络化协同模式的发展能有效改善我国制造业目前普遍存在的生产与创新能力低、成本高等问题,激发制造业新的活力。

(4)加速制造业服务化转型。

在制造业工艺普遍成熟的今天,制造本身对于产品带来的价值增值相对局限,在生产成本的基础上,如何进行增值性服务,使得用户获得更加良好的产品体验成为制造业的关注重点。网络化协同制造模式下,企业或制造商可以利用物联网、大数据分析等互联网新技术,采集、整合和分析产品全生命周期的海量数据,反馈到研发、制造等生产环节,形成各环节紧密协作、服务链与价值链快速联动的新态势。现如今已有许多企业通过云计算、大数据技术提升自身的服务能力,通过数据分析等方式,及时为用户进行预警并给出相应的解决方案,从而将原始的被动服务转变为实时的主动服务,实现了向服务型制造的有效转型,大大提高了用户满意度,使用户享受更好的产品体验。制造业服务化转型,能大幅提高产品的价值,提高制造企业的市场竞争力,与用户形成合作双赢的局面。

8.3 智能制造系统中的关键技术

8.3.1 智能装备模型

1. 智能装备需求分析

底层加工设备和制造资源位于整个智能制造系统的底部,构成了整个硬件系统的核心。

对于整个生产过程而言，它又是上层指令和调度信息的主要执行者，同时也是一线生产信息的反馈者。因此将传统的加工制造资源和工业化生产与计算机、传感器等物联网技术相结合是实现系统相关成员的互联互通、制造执行过程的主动感知和动态优化等物联制造体系智能化、信息化、自动化建设的关键。加工制造资源的智能化极大地区别于传统的车间生产案例，它将信息反馈迟滞、易出错、效率低下的"黑箱"式生产模式转换为主动反馈、服务优化同时具有容错重构能力的透明式作业模式。利用相关的网络和计算机技术将生产器械拟人化为人机互联、机器与机器互联的实体对象，实现分布式环境下的信息汇报和采集、数据整合、生产优化、实时监控等功能，从而达到提高生产效率、资源配置合理化、生产过程绿色化的目的。

相关人员通过对企业和工厂进行长时间的科学调研和归纳总结发现，现代化企业生产流水线已在一定程度上摆脱了对人力资源的依赖，保证了生产的流畅性。但同时由于生产模式的简单、单一，工业系统在遇到突发事件时缺乏稳定性、灵活性和自我容错及调整能力，轻则易造成生产停止、减缓，重则导致产品不达标、订单违约等严重后果。例如，突发的紧急任务可能导致周转不畅、生产线利用率不高、生产原料不足、原料漏装错装等情况。将所有问题追本溯源地来看，造成被动生产局面的根本原因是决策层和执行层之间信息沟通的不及时、不充分，使得决策层无法在第一时间进行错误纠正，致使错误蔓延和堆积，最终导致生产活动的混乱和崩溃。同时实时生产数据的收集和整合力不足，也导致上层调度对于下层生产活动缺乏预见性和指导性，为日后车间的正常运作埋下隐患。因此有关底层生产资料和生产过程的信息感知、优化管理、监督指导等问题一直是工业工程领域研究的热点课题。为了能够切实提高企业生产各个环节的沟通协作力和生产效能，需要从以下几个方面进行具体研究。

1）操作引导问题

现代生产对产品质量及供货期都提出了很高的要求。在生产任务密集的工业生产中，由于缺乏生产现场的相关数据以及相关数据处理方法，生产系统无法根据制造装配进度和相关加工需求动态地对加工操作流程加以引导，从而可能引发由于某些生产环节的操作不当而造成的交货期推迟甚至是产品质量缺陷。

2）生产协作问题

在线性生产过程中涉及多个环节和生产资源的协调。当缺少对设备的实时监控和管理时，一个过程的出错就可能导致应急预案失效和处理不当而影响上下游节点的生产。因此智能制造系统需要具有协调上下游生产关系、错误回滚、自我修复等机制保证生产线的稳定性和健壮性。

3）任务优化问题

为了能够及时完成订单任务并实现流水线的最大利用率，决策层需要根据相关的生产信息考虑不同的生产任务中的具体作业和工艺流程的差异、权重的不同等因素来对生产任务进行合理的统筹规划和动态优化调整。

通过上述相关背景和问题分析，底层加工制造资源的智能化建模是构建现代化的工厂制造体系、践行《中国制造2025》的发展规划、实现生产过程主动感知与动态调度的核心技术和必由之路。在具体实现上也只有通过相关物联网与建模技术，提高底层设备的智能化和感知能力，才能实现空间上分散的、异构的生产对象和生产资源的跨平台访问，提高底层制造资源的兼容性和可扩展性，确保与上层调度系统的及时有效的沟通和透明的信息共享，最终构建出智能系统的底层智能化架构。

2. 智能装备模型框架

在实际生产运行的过程中，装配站的高效有序运作需要整个复杂产品生产线上的多个工序协作配合。鉴于装配过程涉及的生产资源繁多，任务安排复杂，决策难度较大，这里以装配资源的智能化建模及相关决策方法为例，展示生产制造过程中可以运用的建模方法及决策工具。

与传统的装配站相比，本节设计的智能装配站为生产管理提供了科学有效的决策方案或决策依据，其智能化水平直接表现在生产状态的主动感知以及任务安排的智能化决策两方面。为了实现生产状态的主动感知，生产线上需要安装相关的传感器等设备，从而实现加工状态的实时感知，利用数据处理模型及相关信息增值方法，可以向用户提供相应的生产服务，如任务的调度或装配操作的引导提示等。鉴于上述的需求分析，智能装配站在制造资源可以被实时感知交互的基础上，设计了实时操作引导服务、工序间协作生产信息服务、任务队列优化服务等模块，以面向服务的结构为生产管理者提供了易于获取且调用方便的决策信息。本节讨论的由实时信息驱动的装配活动智能导航服务的体系架构如图 8-9 所示。

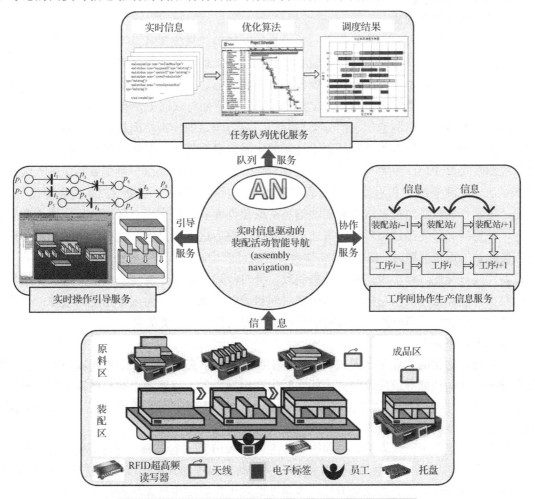

图 8-9　实时信息驱动的装配活动智能导航服务的体系架构

装配活动智能导航服务体系的底层结构是由生产现场信息的实时采集技术与主动感知策略等共同组成的。通过运用 RFID 技术对人员、工作台和在制品等信息进行采集，在每个装配站安置 RFID 超高频读写器，在原料区、装配区和成品区分别配置相应的天线，为生产员工、关键零部件和承载物料的容器配备电子标签，并建立电子标签与对应绑定的制造资源的注册表，实现对制造资源的生产活动或装配过程等动态信息的采集和记录。

实时操作引导服务用于为员工的装配操作提供实时引导和丰富的辅助信息，减少装配环节中因操作不当或物料错装而引起的质量问题，依据采集的实时状态信息，捕获当前时刻装配进程，基于该任务的 Petri 网模型，调用多媒体信息库中该操作的多元信息，为操作员工提供装配过程可视化操作引导。工序间协作生产信息服务用于及时获取与当前装配任务相关联的上下游工序所在的装配站的实时生产信息，建立上下游装配站之间的动态联系，以及时了解协作装配站群上的实时信息，辅助导航系统做出正确的优化与决策。任务队列优化服务依据装配站上的实时信息以及工序间的协作信息，针对在装配过程中所出现的异常，以最小化加权总提前时间和总滞后时间为优化目标，动态地优化每个装配站的任务序列，减少在制品的停滞等待时间，确保整个生产系统装配过程的流畅性。

3. 智能装备关键技术

1) 实时信息采集方法

实时装配导航的顺利实施依赖于高效可靠的制造信息采集工具及手段。为了获取与装配站有关的生产过程中人员、物料、在制品等实时状态信息，结合第 4 章所设计的采集制造信息的整体解决方案，本节将射频识别设备、各类传感器、通信设备等物联网硬件设施运用于装配站，协助整合各类制造资源，为装配过程的信息感知与获取提供有力的保障。

为了便于多源实时制造信息的分类与管理，将装配站的物理空间划分为原料区、装配区和成品区三个区域，针对每个区域制造资源的实时信息分别进行采集，在此基础上，通过在每个装配站安置 RFID 超高频读写器，在原料区、装配区和成品区分别配置相应的天线，为生产员工、关键零部件和承载物料的容器配备电子标签。同时，建立 RFID 超高频读写器、天线、电子标签以及对应制造资源间的信息关联数据库和物料在三个区域的流动约束和规范流程，使物料必须先经过原料区，再通过装配区，最后进入成品区。这样，当移动制造资源进入装配站的每个区域时，RFID 超高频读写器就可以检测到该制造资源的信息，从而基于硬件设备完成对装配过程实时信息的动态获取。针对故障信息无法直接获取的问题，依据历史故障数据，设计故障类型与排除故障所需时间对应的信息模板，对未曾出现的故障，由维修人员预估排除故障所需时间，以人机交互的模式输入和传输此类信息。

2) 生产指导服务

为实现自动化的工业生产模式，解决人工参与带来的高成本和低效能问题，本节将介绍设备端制造活动智能导航应用服务中的实时生产指导服务。该服务以客户的需求为基础，以 XML 文件为数据的主要承载和传输方式，并结合工业环境中的实时生产信息，生成针对需求的工业制造具体流程，为相关人员和设备提供指导服务。

生产指导服务主要依靠装配过程的实时信息和 Petri 网进行建模。通过解析相关的实时信息库和模型，建立工艺流程上下游关系和可视化动态流程图，并辅以实时进度看板和图纸、文档等其他多媒体功能。力求全方位、多角度地为用户展示生产流程和进度，使其能够全面掌握生产信息，准确地指导生产服务。在按照引导服务进行运转的过程中，散布在底层的传感器如 RFID 等设备会实时采集信息，并以 XML 格式的形式进行传输。系统结合当前环节、传感器反馈的信息以及 Petri 网反映的约束关系进行下一环节的生产预测和动态指导服务，从而增强生产线的流畅性和系统的鲁棒性。Petri 网利用实时生产数据可以对制造过程精准建模，用于展现并监控制造过程，同时基于生产计划及加工知识对操作者提供引导服务。

3）工序间协同服务

工业生产过程中由于任务的顺序、优先级不同，天然地存在关键环节的生产约束问题，在没有合理协同调度机制下可能会导致上下游生产迟缓，工作站"饥饿"，甚至致使整个流水线彻底瘫痪等问题。本节继生产指导服务之后，引入工序协同服务机制，及时获取生产链服务和工艺流程信息，从而动态调配各工作站的任务序列，建立上下游环节的紧密联系。通过建立统一的通信机制，注重相关生产资源间的信息和数据共享服务，统筹规划，变单一静止的生产资源为多样动态的工作网络。最终建立健全稳定流畅、利用率高的工业运转体系。

4）任务队列优化服务

生产异常往往是难以完全消除的，针对装配过程而言，常见的异常状况包括产品及在制品原料不足、上游制造设备故障、装配线故障、产品交货期提前、新任务插入而打乱原计划等。基于实时信息的任务队列优化服务发生异常时，做出及时快速的响应，把当前装配站中任务的执行状况、与本装配站中待装配任务关联的上下游装配站的状态信息等作为新的输入，重新对装配站任务队列进行优化排序。为了能够快速得到优化结果，依据任务交货期的先后截取前 $m(m \leqslant 10)$ 项任务进行任务队列优化，将前 m 项任务更新后的工序交货期与初始调度结果进行比对，如果有一定的偏离，通过生产系统预先定义的规则判断能否通过局部队列调整解决，对于能够通过局部调整处理的异常，采用设计的启发式算法，对任务序列进行优化调整，对于无法在局部处理的异常，则及时提交上层管理决策系统，以尝试对系统整体进行资源布局的调整。

8.3.2　智能物料配送技术

1. 需求分析与优化目标

随着工业无线网络、传感网络、射频识别（RFID）、微电子机械系统等技术的迅猛发展，企业管理对生产过程的实时监控与动态优化提出了更高的要求。作为保证生产过程高效、高质进行的关键环节的车间物料配送方法也因此得到了广泛的关注与研究，特别是如何提升物料配送任务的动态可优化性。

车间物料配送属于生产物流的一部分，与生产工艺的过程密不可分，它是指伴随企业内部生产过程的物流活动，即按照产品工艺流程及生产过程要求，实现原材料、零部件、半成品、成品等物料在工厂内部中转存储仓库与车间、工位与工位之间流转。生产制造企业物料配送的基本思想就是对生产供应中的各类物料实施多品种、小批量的准时配送，保证生产的高速、稳定运行，从而实现对车间物流的合理组织。物料能否及时、准确、以合理的方式到达生产节点，决定了企业生产物流是否顺畅，也决定了企业生产效率高低，生产物料的及时有效配送是制造过程顺畅运转的保障。

无论是近年发展迅速的拉动式物料配送还是发展多年的推动式物料配送都对车间物料的配送起到了积极的作用，并促进了企业的生产，但是在应对全球市场竞争加剧的层面，仍需在以下方面作出突破。

1)物料配送任务的分配模式

当前物料配送任务的分配模式主要是由物料配送系统根据待完成的物料任务、搬运员工和搬运载体的数据,以整体时间最短为目标,将物料配送任务分配至相应的搬运员工和搬运载体上。然而,这种集中式的分配方法难以处理因搬运任务、搬运员工和搬运载体较多时产生的 NP 难问题,即难以获得全局最优解,而且优化时间长,难以适应因生产变更等导致的物料配送任务实时优化情形。

2)配送资源的实时状态信息

作为物料搬运主体的载体(如推车)等配送资源的实时状态信息较少被考虑到现有的物料配送模型中,然而,对于物料搬运任务的动态分配,其卸货后的实时位置信息将为选择下一个搬运任务提供非常重要的基础信息。

3)配送任务的组合优化

现有物料配送模型和方法较少涉及配送任务的组合优化问题,事实上,结合搬运载体的实时容量对将要执行的配送任务进行组合,并通过生产的实时需求对搬运任务组合进行优化,对保证物料的配送质量、提升物料配送的效率和降低物料搬运成本具有重要的影响。

2. 智能配送模型框架

图 8-10 为基于过程感知的物料任务分配策略,它是以搬运载体为中心来进行物料任务分配的。在这种分配策略下,所有的配送任务会形成一个配送任务池,搬运载体也会将它的实时状态信息传递到后台服务器。搬运载体处于空闲状态时,它就会向任务池中的任务发出执行请求,通过与服务器进行信息交互,搬运载体会获得与其实时状态匹配的最优任务队列,并按照获取的操作信息执行配送任务。一旦搬运载体获取的任务都被执行完毕后,它就会自动将其实时状态信息发送给服务器,并继续请求执行任务,直至所有的物料配送任务执行完毕。可以看出,搬运载体是通过一种"抢"任务的形式主动获取配送任务的,所以,基于过程感知的物料任务分配策略是一种主动式的分配策略。与传统的物料任务分配策略相比,基于过程感知的物料任务分配策略具有以下优势。

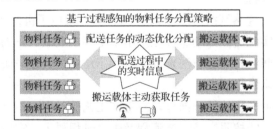

图 8-10　基于过程感知的物料任务分配策略

(1)在任何时间,搬运载体都能够根据其实时状态信息获取最优的配送任务序列去执行。

(2)因为每次只对一个搬运载体进行任务优化分配,所以,该策略的复杂度是稳定的,并不会随着搬运载体和任务的增加而增加。

(3)因这种分配策略是由实时信息驱动的,所以,由异常信息不能及时反馈导致的计划和执行之间的偏差会大大减少。

通过分析上述的基于过程感知的物料任务分配策略,结合现有的软件和硬件技术提出一种以搬运载体为核心的智能配送模型,图 8-11 为其体系构架图。该模型包括三个部分:具有

感知和交互能力的搬运载体、搬运载体端的实时信息感知模型与传递机制、实时信息驱动的
两阶段物料任务动态分配方法。

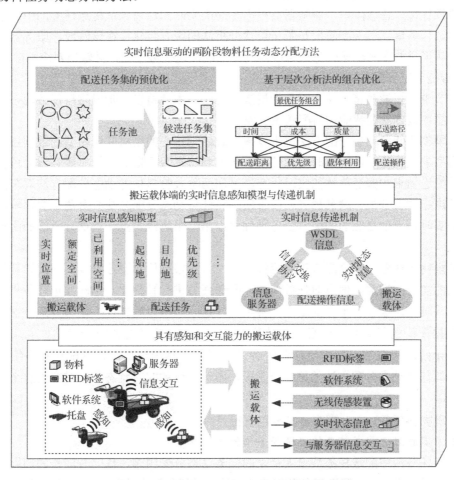

图 8-11　一种以搬运载体为核心的智能配送模型

　　具有感知和交互能力的搬运载体是实现以搬运载体为核心的主动配送模型的基础，它位
于所提出模型的最底层，为搬运载体端实时信息感知模型和信息传递机制提供准确、可靠的
实时信息。通过对搬运载体配置各类传感器(如 RFID 标签)、软件系统和无线传感装置，实
现搬运载体的智能化，使得搬运载体能够感知自身的实时状态信息(如工作状态、承载情况
等)，同时获取当前的车间物料任务信息，并通过软件系统实现搬运载体与后台服务器的交互，
得到与自身匹配的最优配送任务。

　　搬运载体端的实时信息感知模型与传递机制是以搬运载体为核心的主动配送模型的中间
环节，起到建立信息感知模型和信息传递的作用。它能够将智能搬运载体获取的实时信息转
换成信息模型，并将获取的信息感知模型通过信息传递机制传递给后台服务器，服务器会根
据当前搬运载体以及物料任务的实时状态信息，并利用实时信息驱动的分段式物料任务动态
分配方法，对车间物料任务进行优化分配，同时信息传递机制会将获得的优化信息传递给底
层的智能搬运载体，以便搬运载体执行物料任务。

　　实时信息驱动的两阶段物料任务动态分配方法是以搬运载体为核心的主动配送模型的优

化环节,它位于所述任务分配模型的最顶层。两阶段物料任务动态分配方法根据搬运载体端传递的实时信息模型,通过两个阶段对当前搬运载体进行任务的优化分配:一个阶段是配送任务集的预优化,在该阶段,服务器会根据车间的实时配送需求从配送任务池中选取部分任务形成候选任务集;另一个阶段是基于层次分析法的组合优化,在该阶段,服务器会利用层次分析法从形成的多种配送任务组合中得到最优的配送任务序列,并输出对应的配送信息。

3. 智能动态分配方法

在本节中,智能决策方法主要是指层次分析法。本节将以两阶段物料任务动态分配方法来说明智能决策方法在智能物料配送中的应用。

两阶段物料任务动态分配方法位于以搬运载体为核心的物料配送模型的最顶层,是该物料配送模型的优化环节。当实时多源信息被传递到信息服务器后,信息服务器会根据当前车间的实时配送需求和搬运载体的实时状态,采用两阶段物料任务动态分配方法对车间的物料配送任务进行动态分配。顾名思义,两阶段物料任务动态分配方法具有两个优化阶段:第一个阶段是实时需求信息驱动的配送任务预优化;第二个阶段是基于层次分析法的配送任务组合优化。

两阶段物料任务动态分配方法的流程如下,首先根据信息服务器提供的配送任务信息模型和车间的实时配送需求信息对任务池中的配送任务进行预优化,形成候选任务集,在候选任务集的基础上形成多种可行的配送任务组合,这是两阶段物料任务动态分配方法的第一个阶段;根据车间的优化目标信息,构建物料任务动态分配的层次分析模型,利用构建的模型对第一个阶段形成的可行配送任务组合进行评价,从中选出最优的配送任务组合,这是两阶段物料任务动态分配方法的第二个阶段。搬运载体的实时状态信息贯穿着整个任务分配过程。

两阶段物料任务动态分配方法具有以下特点。

1)基于实时配送需求信息的配送任务预优化

针对因任务池中配送任务数量大带来的任务动态分配困难、优化时间长的问题,结合车间的实时配送需求,采用配送任务预优化的方法,对任务池中的部分配送任务进行优先配送,从而避免了因任务数量大造成的数据冗余现象,在保证车间所需物料及时配送的同时,提高了配送任务的动态分配效率。

2)多优化目标的层次分析模型

以搬运载体完成配送任务组合所需的配送距离、配送任务组合的优先级、搬运载体的利用情况代替传统的配送时间、配送成本以及配送质量,作为获取最优配送任务组合的优化目标,更加客观地体现物料配送任务动态分配的目的;通过层次分析法建立物料配送任务动态分配的层次分析模型,对可行的配送任务组合进行综合分析评价,最终得到最优的配送任务组合,实现配送任务的动态优化分配。

8.3.3　数字孪生技术

为了实现智能制造,满足制造企业的智能化生产需求,当今制造技术的发展特点是个性化、绿色化、社会化、全球化和智能化等,世界各国也为此制定了诸多发展战略和计划,如"工业 4.0"、"工业互联网"、"中国制造 2025"和"互联网+制造"等。虽然物联网的应用大大增加了制造系统对制造过程的感知能力,但如何实现现实世界与信息世界的交互与融合,仍然是实现智能制造的瓶颈之一。近年来，数字孪生这一有着超乎想象的概念被提出并受到广泛的关注，它提供了一种实现现实世界和虚拟世界之间交互与融合的有效方法。

数字孪生的原始概念最早由 Michael Grieves 教授于 2003 年在美国密歇根大学的产品全生命周期管理的课程上提出，指的是"与物理产品等价的虚拟数字化表达"。虽然当时并不叫做数字孪生，但其概念包含了数字孪生的全部组成部分，即现实空间、虚拟空间及两者之间的交互和联系的通道，可以认为其是数字孪生的雏形。2011 年，Michael Grieves 教授及其合作者在《几乎完美：通过 PLM 驱动创新和精益产品》一书中使用了数字孪生这一名词并沿用至今。随后，美国国防部将数字孪生技术用在航天飞行器的使用维护与健康保障中，利用飞行器模型设计数据和传感器反馈的实时数据，在数字空间构建与真实状态完全同步的虚拟模型，能够跟随和显示物理实体对象的全生命周期过程。美国国防军需大学(DAU)将数字孪生定义为：数字孪生是充分利用物理模型、传感器更新、运行历史数据等，集成多学科、多物理量、多尺度、多概率的仿真过程，能够在虚拟数字空间映射对应的实体物理对象的全生命周期过程。在新一代信息技术的支撑下，数字孪生技术为实现现实世界与信息世界的交互与融合提供了一种途径。

在制造企业中，车间是制造活动发生最频繁的场所，同时也是生产计划和制造过程执行的场所，在车间实现现实世界和信息世界的同步交互与更新能够提高生产过程的灵活性和透明性，满足智能制造对智能车间的要求。陶飞等将数字孪生技术应用于制造车间中，提出数字孪生车间(digital twin workshop，DTW)的运行新模式，通过物理车间和虚拟车间的双向真实映射和实时交互，实现车间生产要素管理、车间生产活动计划和车间生产过程控制在一定约束条件下的优化配置。

1. 数字孪生车间

数字孪生车间主要由虚拟车间(cyber workshop)、物理车间(physical workshop)、车间服务系统(workshop service system，WSS)和车间孪生数据(workshop digital twin data)组成，如图 8-12 所示。

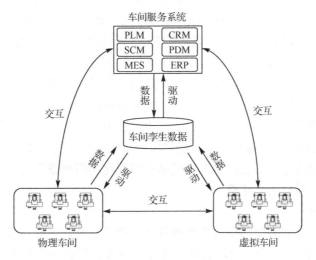

图 8-12　数字孪生车间组成部分

物理车间是现实世界客观存在的实体对象，是执行制造生产活动的设备集合，负责接收由车间服务系统下达的生产订单和任务，并且根据虚拟车间提前仿真和优化得到的生产命令进行执行；虚拟车间是物理车间在信息世界的数字化镜像，是物理车间的忠实刻画，主要负责对安排的生产计划进行仿真、评估和优化等，并对物理车间发生的活动进行实时监测、预测和调控等；车间服务系统是车间各类数据驱动的车间服务的功能集合，主要负责对车间数据进行处理和分析，并提供精准化、智能化的服务支持，如物料的智能配送和生产过程的优化控制等；车间孪生数据是融合物理车间、虚拟车间和车间服务系统的相关数据的集合，同时为物理车间、虚拟车间和车间服务系统的运行和交互提供数据支持。

2．物理车间

数字孪生技术驱动下的物理车间与传统的车间相比，在实现更智能化、精准化、服务化的同时，需要其具备多源异构实时数据的感知和融合能力，以及车间中"人-机-物-环境"等要素相互融合的能力。

在实现多源异构实时数据的感知和融合方面，对于不同类型和不同通信接口的数据，需要构建标准的数据通信装置和交换协议，在转换和对接异类数据的同时，能够基于统一的通信服务协议，将实时数据上传到车间孪生数据，并与车间服务系统和虚拟车间进行交互。对于多类型、多粒度和多尺度的数据，需要进行统一的数据清洗、数据规约和数据转换等一系列标准化的操作，实现各类数据的可交互、可操作和可溯源等功能，并通过关联、集成和分类等操作，实现车间多源异构实时数据的融合。

此外，生产过程中复杂多变的情况决定了车间中各类生产要素需要实现共融。生产要素个体能够根据自身情况(如工艺数据、制造数据、环境数据和异常干扰等)对其他个体发送请求，也可以对其他个体发送的请求做出响应，并且在局部最优或全局最优的条件下进行自适应协同和优化。相较于以人为中心的传统决策方式，在面对和处理异常时，"人-机-物-环境"等要素实现共融的物理车间更加智能和灵活。

3．虚拟车间

虚拟车间从要素、行为和规则三个方面构建了物理车间在信息世界的数字化模型，在要素层面，虚拟车间对物理车间中存在的人、机、物、环境等要素从几何因素和物理属性方面构建数字化和虚拟化的模型。在行为层面，虚拟车间构建在生产计划驱动下和异常干扰下(如紧急插单或设备故障等)的物理车间的联动和变动的行为模型。在规则层面，虚拟车间根据物理车间的历史运行数据和演化规律构建评估、优化和预测等规则模型。

在实际生产前，虚拟车间基于物理车间构建的仿真模型，对车间服务系统下达的生产计划进行仿真和分析，模拟真实的生产全过程，能够发现在生产计划中可能存在的问题，进而对生产计划进行调整和不断优化。在实际生产中，虚拟车间通过物理车间获得的实时信息和数据，对后续生产过程进行不断的仿真，能够发现可能会出现的问题并及时做出调整和优化。同时，虚拟车间可以将生产要素和生产情况等以可视化的图形或界面呈现出来，为用户提供直观的认识，提高与用户的交互感。

4．车间服务系统

车间服务系统是在数据驱动下的各种服务或功能的集合，主要负责通过获得的车间孪生数据为车间的智能化提供支持，如调整生产活动/计划或管理各生产要素等。在生产开始之前，车间服务系统在车间孪生数据的驱动下，生成满足任务需求及约束条件的初始生产计划，然后基于虚拟车间对初始生产计划不断仿真和评估，对初始生产计划做出调整和优化。在实际生产过程中，车间服务系统接收到来自物理车间和虚拟车间的各种反馈信息，根据这些信息，车间服务系统对生产计划实时调整以应对各种变化。车间服务系统具有多层次的管理功能，可以实现对生产资源的优化配置和管理、生产计划的自适应优化及各生产过程的协同控制等，从而在车间整体层面上提高效率。

5．车间孪生数据

车间孪生数据主要包括与物理车间相关的数据、与虚拟车间相关的数据、与车间服务系统相关的数据和三者相互融合而形成的数据。生产要素数据、生产活动数据和生产过程数据等是与物理车间相关的数据，如环境数据、制造数据和工艺设计数据等。与虚拟车间相关的数据主要指虚拟车间仿真运行的数据，如模型数据、评估和优化数据等。与车间服务系统相关的数据包括从底层生产过程到上层企业管理的数据，如物流数据、产品数据和销售数据等。三者相互融合产生的数据指的是对物理车间、虚拟车间和车间服务系统的相关数据进行分析和处理而衍生的数据。在车间孪生数据的驱动下，实现了全要素、全流程和全业务的系统集成功能，消除了企业管理中的信息孤岛，实现了物理车间、虚拟车间和车间服务系统之间的交互。

6．数据孪生车间的关键技术

根据数据孪生车间的系统组成，其关键技术可分为 5 部分，如图 8-13 所示。

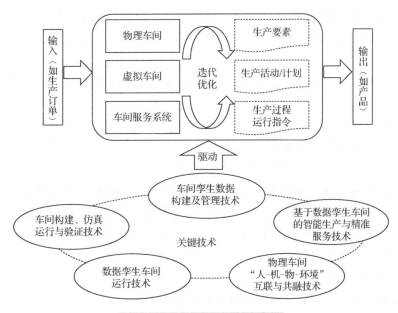

图 8-13　数字孪生车间关键技术

(1)物理车间"人-机-物-环境"互联与共融技术：包括异构制造资源协议解析与数据获取技术、异构多源多模态数据融合与封装技术、异构资源分布式协同控制技术等。

(2)数据孪生车间运行技术：包括多源数据协同控制技术，自组织自适应动态调度技术，虚实实时交互技术和数字孪生车间运行标准、协议和技术规范等。

(3)车间构建、仿真运行与验证技术：包括虚拟车间建模技术、多维多尺度模型集成与融合技术、车间虚拟现实和增强现实应用技术等。

(4)车间孪生数据构建及管理技术：包括多类型、多时间尺度、多粒度数据规划与清洗技术，数据结构化集群存储技术，车间大数据技术等。

(5) 基于数据孪生车间的智能生产与精准服务技术：包括车间设备健康管理技术与服务、产品质量实时控制与分析技术及服务、物料智能跟踪与配给技术等。

8.3.4 工业大数据技术

1. 工业大数据需求分析

近年来，随着物联网技术的普遍应用，在工业企业的生产和管理过程中产生了海量的数据，包括信息化的数据、物联网的数据、跨界的工业和用户数据、工业和供应商跨界的数据等，这些数据具有多模态、高通量、强关联的特点，统称为工业大数据。借助 Hadoop、MapReduce 等分布式计算和并行处理方法，企业管理者可以实现对工业大数据的深度挖掘、融合、信息增值等目标，有效解决信息孤岛问题，提供实时在线的工业解决方案，以便为工业从自动化到智能化跨越发展提供核心动力。

2011 年 5 月，大数据一词最早出现在麦肯锡公司发布的研究报告——《大数据：创新、竞争和生产力的下一个新领域》之中。后来，越来越多的人发现了其研究价值。美国发布了大数据研究与发展计划，韩国积极推进大数据中心战略，中国也制定了《大数据产业发展规划(2016—2020 年)》。

在生产制造方面，随着物联网、智能装配等智能制造技术的使用，制造业从产品设计过程、产品生产过程以及产品使用过程多个阶段可以获取大量的制造数据。整理、存储这些海量的数据，并在此基础上挖掘其潜在价值，可以辅助管理者进行计划决策、掌握市场变化、改进生产工艺、减少生产异常以及降低服务成本，大数据的有效使用已经成为未来企业的核心竞争力之一。

然而，当前的制造系统透明程度较低，生产过程采集的数据种类很少，也存在大量的缺失，这些生产数据很难用于对制造系统的分析；同时，由于生产过程相对独立，获得的生产数据也相对分散，不同企业之间的信息交互也有限，这些独立存在的数据使用价值相对较小；产品数据管理、产品全生命周期管理等现有生产数据管理系统在一定程度上实现了数据的存储，但是存储类型相对单一，数据不管从数量还是质量上都远远不能为未来制造模式提供更多的帮助；现有数据的分析内容比较单一，且分析方法只注重数据的表面价值，其潜在价值没有得到深入挖掘。这些问题或多或少限制了制造数据对于制造系统的推动作用，限制了制造业信息化、数字化的发展步伐。

对传统制造业而言，发展和使用工业大数据技术能够实现制造过程数据的全面感知、采集、存储和分析。利用实时制造可感知并利用生产实时数据，可以实现生产效率和产品质量的提升，实现制造过程的全方位实时监控，实现对制造资源的智能调度与决策优化，最终实现集感知、分析、决策、控制于一体的人机物协同生产过程。

工业大数据技术的发展旨在优化生产过程，提高制造能力和提升服务质量，用户可以享受高效、优质、个性化的产品与服务，实现企业与用户的双赢。

2. 工业大数据应用框架

工业大数据应用的目标是构建覆盖整个工业流程、整个环节和产品全生命周期的数据链，工业大数据在实际应用当中涉及的主要环节有数据采集、数据存储、数据处理以及数据应用等，如图 8-14 所示。

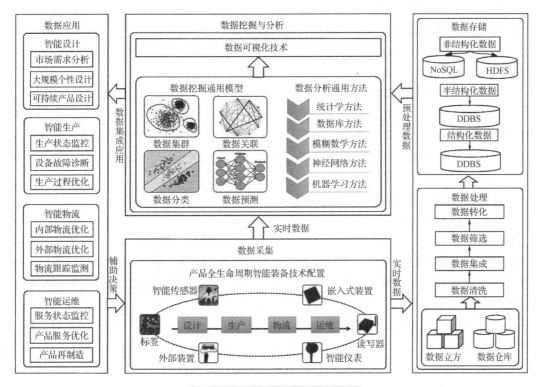

图 8-14　一种大数据技术应用框架

工业大数据的实际应用主要体现在以下几个方面。

1) 数据全方位集成与存储

大数据技术产生以前，生产过程记录数据有限，并且在存储的时候杂乱、冗余，造成了大量数据缺失，存储的数据能发挥的作用也微乎其微。但是在大数据时代，先进的大数据采集技术能够对产品全生命周期的数据进行全面采集，并且利用先进的存储技术，保证数据的准确性以及持久性，为后续数据分析打好了基础。

2) 实现生产设备的故障诊断及预测

数据采集完成后，可实现对设备各类数据的统计，包括设备运行的状态参数、设备运行的工况数据、设备使用过程中的环境参数，以及设备的使用情况等。这些数据构成了大数据分析的基础数据。在此基础上，利用先进的分析算法和模型，可以实现设备的故障诊断和故障预测。

3) 保证生产设备的优化运行

在故障诊断和预测的基础上，设备的实时信息以及工作状态得到实时的监控，通过对生产任务的分析与分配，可以更加合理化和智能化使用设备，提高生产效率，保证生产的稳定性，并且设备的使用更加高效、节能、持久，提高设备的可用率。

4) 实现大规模定制

经济的发展带动人们生活水平的提高，个性化需求已经成了消费者的追求目标之一。这就需要企业提高生产灵活性。通过大数据分析，实时掌握市场需求，然后将客户的需求直接反映到生产系统中，及时组织生产，使得大规模定制化成为现实。

5) 实现供应链的优化配置

通过 RFID 等物联网技术可以帮助工业企业获得完整的产品供应链的大数据，在此基础上，对这些数据进行综合分析，能够减少库存成本，加快配送速度，提高产品销量，实现整体供应链的低成本以及高效率。

6) 实现产品的可持续服务

随着物联网技术的发展，对于已使用的产品，可实现运行数据的全面收集，从而可统计已售出产品的安全性、可靠性等使用情况，在这些数据的基础上，产品运行数据可以直接转化到生产过程中，改进生产流程、提高产品质量、开发新产品，更进一步，对于优化产品的研发也有着举足轻重的作用。

3. 工业大数据关键技术

工业大数据关键技术如下。

1) 大数据采集技术

数据的采集是指通过 RFID 等传感设备采集传感数据、社交网络和移动互联网采集社交数据等方式获得的各种类型的结构化、半结构化及非结构化的海量数据，是大数据服务模型的基础。

从数据集成模型来看，现有的数据抽取与集成方式可以大致分为以下 4 种类型：基于物化或 ETI 方法的引擎、基于联邦数据库或中间件方法的引擎、基于数据流方法的引擎及基于搜索引擎的方法。

2) 大数据预处理技术

大数据预处理技术主要完成对已接收数据的辨析、抽取、清洗等操作。

①抽取：因获取的数据可能具有多种结构和类型，数据抽取过程可以帮助我们将这些复杂的数据转化为单一的或者便于处理的构型，以达到快速分析处理的目的。②清洗：对于大数据，并不全是有价值的，有些数据并不是我们所关心的内容，因此要对数据通过过滤去噪从而提取出有效数据。

数据处理的主要步骤如下：①数据清理，通过填写缺失的值，光滑噪声数据，识别或删除离群点，以及解决不一致性来清理数据。②数据集成，集成多个数据库、数据立方体或文本。在为数据仓库准备数据时，数据清理和数据集成作为预处理步骤进行。③数据归约，得到数据集的简化表示，小得多，但能够产生同样或接近的分析结果。④数据变换，规范化、数据离散化和概念分层。

3) 大数据存储及管理技术

大数据存储与管理技术要用存储器把采集到的数据存储起来，建立相应的数据库，并进行管理和调用。大数据存储和管理发展过程中出现了如下几类大数据存储和管理数据库系统：分布式文件存储数据库、NoSQL 数据库、NewSQL 数据库。

4) 大数据分析及挖掘技术

数据挖掘就是从大量的、不完全的、有噪声的、模糊的、随机的实际应用数据中，提取隐含在其中的、人们事先不知道的但又是潜在有用的信息和知识的过程。

根据挖掘方法可粗分为：机器学习方法、统计方法、神经网络方法和数据库方法。机器学习方法中可细分为：归纳学习方法(决策树、规则归纳等)、基于范例学习方法、遗传算法等。统计方法中可细分为：回归分析(多元回归、自回归等)、判别分析(贝叶斯判别、费歇尔判别、非参数判别等)、聚类分析(系统聚类、动态聚类等)、探索性分析(主元分析、相关分析等)等。数据库方法主要是多维数据分析或 OLAP 方法,另外还有面向属性的归纳方法。

5) 大数据可视化技术

可视化作为解释大量数据最有效的手段之一率先被科学与工程计算领域采用。对分析结果的可视化用形象的方式向用户展示结果,而且图形化的方式比文字更易理解和接受。常见的可视化技术有标签云、历史流、空间信息流等。可以根据具体的应用需要选择合适的可视化技术。

在此基础上,可以采用人机交互技术,利用交互式的数据分析过程来引导用户逐步地进行分析,使得用户在得到结果的同时更好地理解分析结果的由来,也可以采用数据起源技术,通过该技术可以帮助追溯整个数据分析的过程,有助于用户理解结果。

思 考 题

1. 简述智能制造的内涵。
2. 简述智能制造的研究目标与发展趋势。
3. 比较说明当前先进制造模式(如云制造、物联制造、社群制造)的优点和特色。
4. 简述数字孪生技术的概念并描述数字孪生车间的主要组成部分。
5. 简述工业大数据的发展背景及关键技术。

第9章　先进制造技术新概念

9.1 "互联网+"制造

1. 基本概念

1)"互联网+"制造的提出

"互联网+"是伴随着互联网在社会各领域中的扩张而出现的。作为一种引领社会经济文化发展的先导理念,从宏观看,其代表着第三次信息技术革命之后互联网在世界各国整体战略地位的提升,全球范围内以互联网为核心的网络新秩序正在形成;从微观看,"互联网+"推动了互联网技术与社会经济文化发展的创新融合,催生出许多新的经济形态和产业业态,为社会经济发展的创业与创新提供了重要的平台支撑。

基于互联网的设计/制造/服务一体化是工业化与信息化高度融合的集中体现形式之一。随着互联网、大数据、云计算、机器人、人工智能等信息技术的快速发展,在全球范围内实现了产品设计、制造、服务的异地协同,基于统一标准格式的数据传输、大数据计算、共享等服务,增强了资源的有效配置,满足了用户的大规模个性化定制的要求,基于网络的产品设计、制造、服务一体化成为制造业发展的必然趋势(图9-1)。

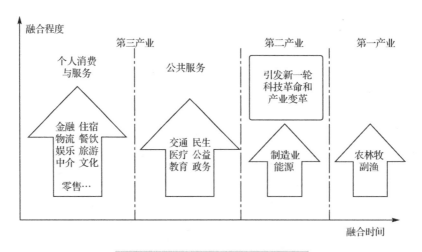

图9-1　互联网与相关行业的融合程度

2)"互联网+"制造的基本概念

根据《国务院关于积极推进"互联网+"行动的指导意见》界定,"互联网+"制造是指推动互联网与制造业融合,提升制造业数字化、网络化、智能化水平,加强产业链协作,发展基于互联网的协同制造新模式。在重点领域推进智能制造、大规模个性化定制、网络化协同制造和服务型制造,打造一批网络化协同制造公共服务平台,加快形成制造业网络化产业生态体系。由此得知,"互联网+"制造是基于新一代信息技术所支撑的制造业与信息化深度融合发展的产物，是对传统制造业的一种颠覆性创新，也是一种新型制造业的发展新形态。

2．主要特征

1）应用效应

"互联网+"战略的根本目的在于催生出效益更高、质量更好的新生态。它不只是物理融合，还要参与和促成互联网空间的化学反应。"互联网+"效应包括乘数效应、去中心化效应、大规模定制效应和马太效应。

(1)"互联网+"乘数效应。乘数效应是指"互联网+"行动中某一变量的增减所引起的经济社会总量变化的连锁反应程度。

(2)"互联网+"去中心化效应。未来的"互联网+"模式是去中心化，而不像过去是一个集市。这种去中心化效应，是场景化的，是跟地理位置有关的，千人千面，每个人的需求都能实现。

(3)"互联网+"大规模定制效应。"互联网+"使"蓝海"战略在网络世界回避了同质化、低利润的"红海"混战，进入差异化、低成本的"蓝海"开拓。

(4)"互联网+"马太效应。互联网产业的特殊成本结构、网络效应、资本运作模式对市场结构产生了重要影响。互联网产品的高固定成本、低复制成本特点意味着互联网产品的平均成本随着用户数量的增加而下降，传统经济中的竞争性均衡被打破。互联网行业更容易产生"强者更强，弱者更弱""赢者通吃，输家出局"的马太效应，从而使互联网行业的市场结构趋于寡头垄断。

2）分享经济

"互联网+"协同制造发展的内生动力倡导制造业内外资源互利共享，高效对接制造业供求资源，最大限度地分享闲置资源利用率带来的额外利润，为协同制造主体提供经济、快捷、绿色、高效的共生商业模式。

(1)分享经济呈现出明显的新趋利功能。协同制造是互联网时代的典型新业态。其发展动能呈现四种趋利功能。

① 宏观经济叠加功能。在可覆盖互联网空间，降低经济中的搜索成本、提高跨界融合匹配效率、减少组织之间的交易成本、凸显正外部性和网络效应。

② 微观经济的开放合作功能。互联网对制造业组织封闭性疆域进行颠覆性创新，免费理论为实现制造业孤岛的网络化深度链接提供了智力支持，企业间的关联费用正在转化为新的商业利润。

③ 合作规制放大信任功能。在"互联网+X"领域，以 IP 地址域名提供众创身份，通过正式制度安排与非正式制度安排，吸引草根低门槛准入协同制造领域创业。

④ 经济伦理自律功能。即强调网络社会伦理的规制产生的个体自律和群体自律。

(2)分享经济对于共享主体实行全方位激励。目前正在世界范围内兴起的分享经济，是互联网技术加生态文明催化下的新经济业态。在"互联网+"协同制造过程中，因共享免费(低费)、平台公共服务、众创创新效益溢出等经济外部性，形成了对于全部共享主体的全方位激励。

① 分享经济兴起的动力是互联网技术和人类面临的能源环境危机压力，它为社会分享自己闲置或暂时不用的物品提供了可能。

② 分享经济分享的是个人和家庭闲置的剩余物品。

③ 分享经济是一场民间自发形成的新经济业态革命，是一种全新的市场交换经济。

④ 分享经济衍生出分享的消费方式和商业模式，是一种使物尽其用，更加节约能耗、节约社会资源的新经济形态。

(3)分享经济运作模式携带规则体系约束。分享经济必须分享规则，强调在管制与放松管制获得制定分享经济规则的灵感。里夫金则将其规则细化为：界面内共享激励有效、协同时空的资源质量调拨制度安排、共享利益主体民主协商、共享空间互为监管、违规者必遭惩戒、构建低成本协同运作机制、政府通过共享组织活动制度合法性说明。

3) 摩尔定律

"互联网+"制造是"中国制造2025"的重要实现形式，既是先发优势的积淀，也是后发优势的支撑，特别是信息技术的指数成长的规律性体现。早在1965年英特尔公司创始人之一的摩尔考察其计算机样件的技术突破规律性时提出研究命题：同一个面积的集成电路可容纳的晶体管数量，一到两年增加一倍。人们以计算机中央处理器为例，考察1971~2011年的晶体管在芯片增长数量的经验数据来验证摩尔定律的理论假设。其实摩尔定律不仅是纯粹技术增长的规律性特征，也代表了信息技术驱动发展的范式转变。库兹韦尔将摩尔定律作为一种信息大爆炸的临近奇点(the singularity)认为，信息技术动力(性价比、速度、容量以及宽带)正在以指数级速度增长，几乎每年都要翻一番。随着制造业数字化、智能化水平的迅速提升，"互联网+"制造的成长性将符合摩尔定律的组织成长范式。

3. 实施

国务院印发《国务院关于深化制造业与互联网融合发展的指导意见》，提出"到2018年底，制造业重点行业骨干企业互联网'双创'平台普及率达到80%"的目标。如何实现这一目标，国务院明确了主要任务。

1) 打造制造企业互联网"双创"平台

组织实施制造企业互联网"双创"平台建设工程，支持制造企业建设基于互联网的"双创"平台，深化工业云、大数据等技术的集成应用，汇聚众智，加快构建新型研发、生产、管理和服务模式，促进技术产品创新和经营管理优化，提升企业整体创新能力和水平。

2) 推动互联网企业构建制造业"双创"服务体系

组织实施"双创"服务平台支撑能力提升工程，支持大型互联网企业、基础电信企业建设面向制造企业特别是中小企业的"双创"服务平台，鼓励基础电信企业加大对"双创"基地宽带网络基础设施建设的支持力度，进一步提速降费，完善制造业"双创"服务体系，营造大中小企业合作共赢的"双创"新环境，开创大中小企业联合创新创业的新局面。

3) 支持制造企业与互联网企业跨界融合

鼓励制造企业与互联网企业合资合作培育新的经营主体，建立适应融合发展的技术体系、标准规范、商业模式和竞争规则，形成优势互补、合作共赢的融合发展格局。

4) 培育制造业与互联网融合新模式

面向生产制造全过程、全产业链、产品全生命周期，实施智能制造等重大工程，支持企业深化质量管理与互联网的融合，推动在线计量、在线检测等全产业链质量控制，大力发展网络化协同制造等新生产模式。

5)强化融合发展基础支撑

推动实施国家重点研发计划，强化制造业自动化、数字化、智能化基础技术和产业支撑能力，加快构筑自动控制与感知、工业云与智能服务平台、工业互联网等制造新基础。

6)提升融合发展系统解决方案能力

实施融合发展系统解决方案能力提升工程，推动工业产品互联互通的标识解析、数据交换、通信协议等技术攻关和标准研制，面向重点行业智能制造单元、智能生产线、智能车间、智能工厂建设，培育一批系统解决方案供应商，组织开展行业系统解决方案应用试点示范，为中小企业提供标准化、专业化的系统解决方案。

7)提高工业信息系统安全水平

实施工业控制系统安全保障能力提升工程，制定完善工业信息安全管理等政策法规，健全工业信息安全标准体系，建立工业控制系统安全风险信息采集汇总和分析通报机制，组织开展重点行业工业控制系统信息安全检查和风险评估。

4．对传统制造企业的新挑战

传统制造企业推动互联网与传统业务融合，将引发商业模式的聚变创新，打破难以为继的工业经济时代的传统逻辑，建立网络经济时代新的价值创造和获取的运行机制。综合众多现有理论研究成果和一些先行先试的做法与经验，可以发现传统制造企业"互联网+"商业模式创新主要沿着两个方向展开(图 9-2)：一是顾客价值主张，制造企业利用互联网技术发展来提高产品服务的智能化水平，从而增强、扩展或者创造新的客户价值主张；二是价值活动系统，制造企业利用互联网来改进、重构甚至创造新的企业和行业价值链或价值网络。

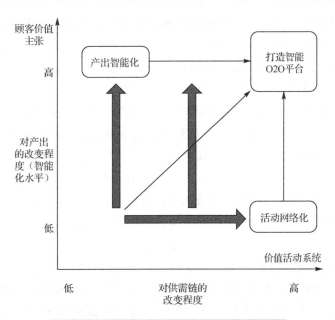

图 9-2　制造企业"互联网+"商业模式的创新

两个方向的发展最终向智能 O2O 平台汇合，制造企业的价值内涵、价值创造的主体以及如何创造、送达和获取价值的方式发生革命性的改变。当然，这三种创新路径对于不同的制造企业和业务是否合适以及如何具体设计都是不同的，因为不同企业的产品特性、资源能力水平都有所差异，互联网造成的影响也不同。例如，对于产品数字化和标准化程度较高的制造企业(家电和 3C 产品制造商)而言,"互联网+"造成的影响和冲击较强,企业开展商业模式创新的变革程度更大,也更有可能采用产出智能化的创新路径。相反,对于产品数字化和标准化程度较低的制造企业,则可能采用利用互联网重塑价值链的创新路径。制造企业应当针对自身的业务特点和组织特征来设计符合企业自身情况的"互联网+"商业模式创新路径,并且在执行的过程中不断调整和优化。

1) 产出智能化

传统制造企业实现"互联网+"商业模式创新的一条快捷路径是产出智能化。提高产品的数字化和智能化水平,从而增强企业现有的顾客价值主张,如用户使用起来更简便、产品性能更稳定等;或者扩展产品的功能和价值,如在线监测诊断服务、预防性维护服务等;甚至创造出全新的顾客价值主张,如基于位置的服务、自然的人机交互等。制造企业在物理产品的基础上嵌入各种各样的 IT(如软件),使其进化成由硬件、传感器、通信元件和软件等构成的智能产品系统,而且产品之间可实现网络连接和通信。这意味着产品系统更有效地满足顾客的多样性和个性化需求。近些年,受到物联网、移动互联、大数据、人工智能等互联网新技术的推动和资本的大力追捧,产出智能化成为手机、穿戴设备、家电、家居等传统制造行业转型升级的发展趋势。

2) 活动网络化

新一代互联网技术正加速对传统制造企业价值链的各个环节进行渗透和改造,不仅仅是对现有的活动增加一些新的互联网手段,更重要的是会引发传统工业化要素与互联网新基因的重新组合,产生化学聚变反应。制造企业价值活动的数据化和互联网化将催生各种新业态、新商业模式和新经济增长点。产出智能化商业模式创新路径更多的是局限于产品结构层面的变革,对企业价值链及其组织方式的冲击较小。站在顾客的立场上讲,顾客真正需要的不是产品与服务本身,而是产品与服务能否完美地解决他们自身面对的问题或者帮助他们更效、更便利、更低成本地完成他们希望完成的工作任务。因此,制造企业必须深入挖掘顾客自身的工作任务需求,对以传统的供产销为主的单一产业价值链进行根本性的变革,增加新的活动、调整活动间的链接关系以及改变活动的治理方式,建立起全新的跨产业价值网络和商业生态,来更系统地解决顾客问题。一个明显的趋势是:越来越多的制造企业从销售产品向提供服务和解决方案转型。罗尔斯•罗伊斯飞机发动机公司开发"按时收费"的服务模式,爱立信和华为通信超过 50%的收入来自交钥匙通信解决方案,远大空调提供"供热供冷"服务等,这些企业从产品主导的商业模式向服务主导的商业模式的转型取得了巨大的成功。

3) 打造智能 O2O 平台

一个 O 是线上(online),线上是比特的虚拟世界;另一个 O 是线下(offline),线下是原子的物理世界。过去两个世界是平行的,现在新一代互联网技术成为打通物理世界和虚拟世界的桥梁,实现万物互联、无缝对接。由于移动比特比移动原子更快速、更便捷和更经济,所以企业通过增强移动比特来辅助移动原子,可以优化或者变革移动原子的方向和方式,驱使原子世界中物理资源利用率和生产力发生革命性的提升。O2O 结合,互联网与传统产业的产品服务和价值链深度融合,聚变形成各式各样的新商业模式,将展现强大的生命力。在传统产业中,实现物理资源的碎片整合和供需关系的重构是 O2O 结合创造价值的核心。传统企业可以使用新一代互联网技术将产业中分散的买方/卖方、信息、物品(产品、设备等)和活动环节虚拟化并连接起来，对这些未被充分利用的分散资源进行统一集中管理、统筹调配使用，扩大了传统产业的需求和供给，并提高了供需匹配和市场交易的效率。一方面，供给侧将原本闲散的资源集中起来充分利用，从而创造出新的供给；另一方面，需求侧创造出原本不存在但顾客重视的新消费场景，充分释放未被充分满足的市场需求，最终创造新的增量市场。

9.2　工业大数据制造

1. 基本概念

1)工业大数据

2012 年，通用电气公司(GE)首次明确了工业大数据的概念，该概念主要关注工业装备在使用过程中产生的海量机器数据。中国电子技术标准化研究院发布的《工业大数据白皮书(2017 版)》指出，工业大数据是指在工业领域中，围绕典型智能制造模式，从客户需求到销售、订单、计划、研发、设计、工艺、制造、采购、供应、库存、发货和交付、售后服务、运维、报废或回收再制造等整个产品全生命周期各个环节所产生的各类数据及相关技术和应用的总称。图 9-3 展示了工业大数据的价值。其以产品数据为核心，极大地延展了传统工业数据范围，同时还包括工业大数据相关技术和应用。

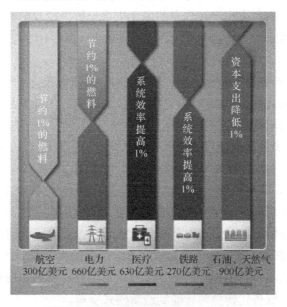

图 9-3　工业大数据的价值：1%的威力

那么，基于何种背景下，人们提出了工业大数据呢？第一，数字化装备和产品已经普及；第二，装备和产品网络化连接(互联网+)不断成熟；第三，工业企业正逐步开始向服务型制造转型；第四，"从摇篮到摇篮"制造的必然要求。毫无疑问，无论是中国的"中国制造 2025"，还是德国的"工业 4.0"，抑或是美国的"先进制造伙伴(AMP)计划"都顺应了工业大数据的发展潮流。

工业大数据来源于产品全生命周期的各个环节,包括市场、设计、制造、服务、再利用等,每个环节都会产生大数据。而"全"生命周期的数据汇合起来则更加庞大。当然,企业外、产业链外的"跨界"数据也是工业大数据"不可忽视"的重要来源。因此,企业数据、机器数据和互联网数据这三条数据流汇聚成了工业大数据。

2) 工业大数据变革制造业

大数据驱动智能制造加快发展,加快互联网与制造业快速融合,是传统制造业变革与升级的重要内容。大数据智能应用发展对生产、生活都产生重大影响,以数据挖掘分析为核心的应用和服务为经济社会发展带来了深刻变革。

工业大数据技术是指工业大数据中所蕴涵的价值得以挖掘和展现的一系列技术和方法,包括数据采集、预处理、存储、分析挖掘、可视化和智能控制等。工业大数据是智能制造的关键技术,主要作用是打通物理世界和信息世界,推动生产型制造向服务型制造转型。其在智能制造中有着广泛的应用前景,在产品市场需求获取、产品研发、制造、运行、服务直至报废回收的产品全生命周期过程中,工业大数据在智能化设计、智能化生产、网络协同制造、智能化服务、个性化定制等场景都发挥出巨大的作用。

2. 主要特征

从工业大数据的数据特点来看,工业大数据首先符合大数据的 4V 特征,即规模(volume)大、类型(variety)杂、速度(velocity)快及质量(veracity)低。

(1)规模大:制造企业中的各种传感器和智能终端产生大量的数据,工业数据的规模是十分庞大的,而数据价值的大小和潜在信息的多少取决于数据规模的大小。工业大数据是海量的,大型工业企业的数据集将达到 PB 级甚至 EB 级(注:1024GB=1TB,1024TB=1PB,1024PB=1EB)。

(2)类型杂:类型杂就是指数据类型的多样性和数据来源的广泛性。数据被分为结构化数据和非结构化数据,工业数据分布广泛,存在于机器设备、工业产品、管理系统、互联网等各个环节,并且一般结构复杂。

(3)速度快:速度快就是指获得数据和处理数据的速度很快。几年前的一份 IDC(互联网数据中心)发布的名为《数字宇宙》的报告提出,预计到 2020 年全球数据使用量将会达到 35.2ZB(1024EB=1ZB),面对如此庞杂的数据,处理数据的速度和效率是至关重要的。与传统数据库相比,对数据要求处理速度更快、实时性更高,要求实时采集生产中的数据,进行实时分析和监控,并将分析结果反馈至有关人员,辅助企业做出科学的决策和判断。

(4)质量低:一般来说,数据价值的高低与数据总量的大小成反比,其中有用数据极为有限。工业大数据更强调用户价值驱动和数据本身的可用性,包括提升创新能力和生产经营效率及促进个性化定制、服务化转型等智能制造新模式变革。

除此之外,作为对工业相关要素的数字化描述和在赛博空间的映像,工业大数据集还具有多模态、强关联、高通量等特征。

(1)多模态:多模态就是指非结构化类型工程数据,包括设计制造阶段的概念设计、详细设计、制造工艺、包装运输等 15 大类业务数据,以及服务保障阶段的运行状态、维修计划、服务评价等 14 大类数据。多模态体现了工业系统的系统化特征,反映工业系统的各方面要素,不是数据格式的差异性,而是数据内结构呈现出多模态特征。

(2)强关联：一方面，产品生命周期同一阶段的数据具有强关联性，如产品零部件组成、工况、设备状态、维修情况、零部件补充采购等；另一方面，产品生命周期的研发设计、生产、服务等不同环节的数据之间需要进行关联。工业数据之间的强关联反映的是工业的系统性及其复杂动态关系，数据之间的关联更多体现在语义层面。

(3)高通量：高通量就是指工业传感器要求瞬时写入超大规模数据。嵌入传感器的智能互联产品已成为工业互联网时代的重要标志，是未来工业发展的方向，机器数据已成为工业大数据的主体。机器设备所产生的时序数据涉及海量的设备与测点，数据采集频度高(产生速度快)，数据总吞吐量大，7d×24h 持续不断，呈现出高通量的特征。

3．涉及的关键技术

工业大数据处理的过程涉及多个不同阶段，如图 9-4 所示。工业大数据生命周期的主要环节如图 9-4 的上半部分所示，图 9-4 的下半部分是工业大数据应用中所要考虑的非功能性要求，这些需求使得分析任务具有挑战性。

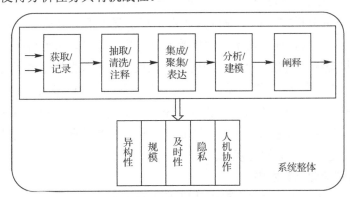

图 9-4　工业大数据生命周期

工业大数据产业的关键技术一般有多样性数据的采集技术、高通量数据的写入技术、低质量数据的处理技术、多模态数据的管理技术、强关联数据的集成技术及强机理业务的分析技术等。

(1)多样性数据的采集技术：由于协议封闭，甚至无法完成从设备对数据的采集，在可以采集的情况下，在一个工业大数据项目实施过程中，通常也需要数月的时间对数据格式与字段进行梳理。挑战性更大的是多样性的非结构化数据，由于工业软件的封闭性，数据通常只有特定软件才能打开，从中提取更多有意义的结构化信息工作通常很难完成。这类挑战需要工业标准化的推进与数据模型自动识别、匹配等大数据管理技术进步共同解决。

(2)高通量数据的写入技术：在越来越多工业信息化系统以外的数据被引入大数据系统的情况下，数据的写入吞吐达到了百万数据点/秒到千万数据点/秒，大数据平台需要具备与实时数据库一样的数据写入能力。针对数据写入面临的挑战，工业大数据平台需要同时考虑面向查询优化的数据组织和索引结构，并在数据写入过程中进行一定的辅助数据结构预计算，实现读写协同优化的高通量数据写入。

(3)低质量数据的处理技术：大数据分析期待利用数据规模弥补数据的低质量。事实上制造业企业的信息系统数据质量仍然存在大量的问题，这些质量问题都大大限制了对数据的深入分析，因而需要在数据分析工作之前进行系统的数据治理。

(4) 多模态数据的管理技术：各种工业场景中存在大量多源异构数据，如结构化业务数据、时序的设备监测数据、非结构化工程数据等。每一类型数据都需要高效的存储管理方法与异构的存储引擎，但现有大数据技术难以满足全部要求。另外，从使用角度来说，异构数据需要从数据模型和查询接口方面实现一体化的管理。

(5) 强关联数据的集成技术：工业大数据分析更关注数据源的完整性，而不仅仅是数据的规模。由于信息孤岛的存在，这些数据源通常是离散的和非同步的。工业大数据应用需要实现数据在物理信息、产业链以及跨界 3 个层次上的融合。

物理信息融合表现为在设计开发阶段主要管理数字产品，而在制造服务阶段主要管理物理产品，跨生命周期管理需要融合数字产品和物理产品，从而构建工业信息物理融合系统。产业链融合表现为在互联网大数据环境下，以资源整合优化为目标的云制造模式得以迅速发展，智能产业链需要突破传统企业边界，实现数据驱动的业务过程集成。跨界融合是指在"互联网+"的环境下，企业需要将外部跨界数据源进行集成。

(6) 强机理业务的分析技术：工业过程通常是基于强机理的可控过程，存在大量理论模型，刻画了现实世界中的物理、化学、生化等动态过程。强机理对分析技术的挑战主要体现在 3 个方面：①机理模型的融合机制，如何将机理模型引入数据模型或者将数据模型输入机理模型；②计算模式上的融合：机理模型通常是计算密集型(CPU 多核或计算 Cluster 并行化)或内存密集型(GPU 并行化)，而数据分析通常是 I/O 密集型，二者的计算瓶颈不同，需要分析算法甚至分析软件特别的考虑；③与领域专家经验知识的融合方法，突破现有生产技术人员的知识盲点，实现过程痕迹的可视化。

4. 大数据与制造业融合发展

促进大数据与制造业融合发展，可以从以下几个方面入手。

(1) 加强工业信息基础设施建设。加快工业宽带网络的建立，使其容量更大、服务质量更可靠，加强制造业领域无线宽带网络规划布局，部署面向智能制造单元、智能工厂及物联网应用的工业互联网，使其低延时、高可靠。引导互联网企业、工业软件企业与制造企业紧密融合，面向制造业重点领域信息物理系统及智能车间、智能工厂建设，构建无线传感网、工业控制网、工业云平台及云应用、工业大数据平台等新兴信息基础设施体系，实现数据的统一采集、管理和高效处理。

(2) 推进制造业数据资源的建设。推进传感器等数据采集终端的大规模应用，以及多渠道、多层面采集获取数据。引导和支持骨干企业、行业组织建设低成本、高效率的制造业大数据存储中心和分析中心，汇聚形成系统、全面、及时、高质量的数据资源。完善制造业数据资源建设相关体制机制，创新政策激励手段，规范数据资源性质，明确数据的所有权、使用权，科学合理界定公共信息资源边界，形成各方积极参与、互利共赢的数据资源建设态势。

(3) 加快制造业大数据核心技术的突破。开放自主可控的制造业大数据平台软件和重点领域、重点业务环节应用软件，支持创新型中小企业开发专业化的制造行业数据处理分析技术和工具，提供特色化的数据服务。推动多学科交叉融合，开展制造业大数据分析关键算法和关键技术研究。

(4) 促进大数据分析应用能力的提升。建设一批高质量的制造业大数据服务平台，推动软件与服务、设计与制造资源、关键技术与标准的开放共享，增强制造业大数据应用能力。选择重点领域，组织实施制造业大数据创新应用试点，推动制造模式变革和工业转型升级，培育发展制造业新业态，推进由"中国制造"向"中国智造"转型升级。

(5)加强数据安全保障能力的提高。研究制定面向制造业领域信息采集和管控、敏感数据管理、数据质量等方面的大数据安全保障制度。研究制定数据分级标准，明确制造业大数据采集、使用、开放等环节涉及信息安全的范围、要求和责任。推动数据保护、个人隐私、数据资源权益和开发利用等方面的标准化工作和立法工作，明确各方责、权、利。制定出台对制造业数据采集、传输、保存、备份、迁移等的管理规范，加强安全测评、电子认证、应急防范等信息安全基础性工作，有效保障数据全生命周期各阶段、各环节的安全可靠。

(6)注重复合型大数据人才的培养。支持有条件的高校结合计算机、数学、统计等相关专业优势，设立大数据相关专业。鼓励高校和制造企业共同开展职业教育，联合培养同时具备大数据应用能力和制造业专业素质的复合型大数据人才。鼓励高校、科研机构和企业有计划、分层次地引进大数据相关的战略科学家和创新领军人才，依托制造业大数据领域的研发和产业化项目，引进拥有实践经验的大数据管理者、大数据分析员等高端人才。

9.3　先进制造最新进展

9.3.1　生物制造

1. 生物制造的提出

关于生物制造的概念最早可以追溯到 1998 年，由 21 世纪制造业挑战展望委员会主席 Bollinger 博士提出。此后，中国学者在 2000 年前后也对生物制造的概念做出了详细的描述和分析。

2003 年，美国 Sandia 国家实验室在一份研究报告中对生物制造做了如下定义："生物制造是利用生物系统制造的微观行为和机理，通过对微观过程的主动调控，制造出生物系统在自然环境中不能产生的产品。"

随着近年来科学研究的不断深入，人工生物组织和人工器官制造、纳米生物学和生物纳米制造、生物和机电系统的集成制造等技术发展日新月异，成果异彩纷呈，生物制造科学的内涵和外延都发生了深刻的变化。如今的生物制造科学涵盖的内容更加广泛，包括基于生物加工原理的产品制造、生物组织及其功能替代物制造、生物系统检测与操控装置制造、生命体与人工装置的集成制造、可再现生物系统功能和性能的仿生制造等。生物制造是融生命科学、化学、材料、机械制造、纳米科学于一体的先进制造技术，其发展和应用有望为生物、医学和制造技术带来深刻变革，代表着 21 世纪科学发展的前沿。

2. 最新进展

生物制造技术在国内外都获得了格外高度的关注。目前，国内已经在生物制造方面开展了较为深入而系统的研究，部分研究处于世界前列，但就整体而言，与国外先进水平相比仍存在着明显的差距，特别是生物制造的基础研究薄弱，对生物制造中的成型机理机制涉及较少。

1) 骨制造

近年来，随着骨再生修复研究的不断深入，高性能人工骨的制造已受到制造学、医学以及材料学等学科研究人员的共同关注。一方面，针对单一类型材料难以满足骨修复要求的问题，许多研究尝试将不同类型的生物材料结合起来，以期综合各组分材料的优点并克服各自的缺点，达到高度仿生自然骨的目的。另一方面，研究人员已经研发了一系列方法来制备多孔结构，并利用试验手段研究了多孔结构与细胞组织行为之间的关系，但多孔结构与细胞组织的能量交互及其功能形成机制尚不清楚，且所制备的多孔结构与自然骨相比仍有较大差异。

2) 植入/介入器械

医用植入/介入器械在医疗领域占比大，涵盖手术器械、骨植入物、血管支架等。另外，随着互联网、3D 打印、基因测试等新型技术的问世，医用植入/介入器械也逐渐向可穿戴设备、个性化植入物、精准医疗等新领域拓展。医用植入/介入器械直接与机体组织接触，与器械外形优化设计相比，其界面问题起着更为关键性作用，该问题一直是医用植入/介入器械研究的热点。界面问题涉及多个学科的交叉与融合，如界面力学、界面物理化学、界面生物学、微生物学、界面组织学、形态学等。目前无论国际还是国内都已开展了关于植入/介入器械界面问题的相关研究。

3) 细胞打印

目前世界范围内已有300多家专门从事生物3D技术研究和开发的研究机构和公司。例如，美国 Wake Forest 再生医学研究院在生物 3D 领域取得了一系列开创性成果：首次实现干细胞打印并成功分化诱导生成功能性的骨组织，开发出了 3D 皮肤打印机，3D 打印出类似"人造肾脏"的结构体等。此外，国际上已开发出异质集成的血管网络结构、异质集成细胞打印设备，打印出了人颅骨补片、人耳软骨等含细胞异质结构。

总体而言，国内在部分生物制造领域与国际先进水平的差距在不断缩小，甚至少数领域中还处于国际领先地位。然而目前国内整体技术水平还不高，核心技术与装置多以仿制为主，产业化时有较大的知识产权风险。特别是在源头技术创新及应用领域拓展方面还处于追赶阶段，血管网络、皮肤、肝脏等复杂且关键组织器官的研究开发较为滞后，需要在重点领域和核心关键产品上聚焦并实现突破。

9.3.2　4D 打印

1. 4D 打印的提出

4D 打印的提出源于 2013 年麻省理工学院自组装实验室的创始人斯凯拉·蒂比茨(Skylar Tibbits)的一次演讲和现场演示。此概念一经提出，便受到各行各业专家的关注。4D 打印技术以 3D 打印技术为基础，多出来的一个"D"是时间，即"3D 打印技术+时间"，也就是说 4D 打印是 3D 打印结构在形状、性质和功能方面的有针对性的演变。图 9-5 是 Tibbits 等提出的 4D 打印模型。

4D 打印技术能够实现材料的自组装、多功能和自我修复，4D 打印材料具有时间依赖性，与打印机无关，因此，4D 打印技术是一种具有可预测功能的材料制备技术。4D 打印可以制造具有可调节形状、特性或功能的动态结构。4D 打印出的成品通过外界的刺激发生形状、性能和功能的变化，并在数学建模的辅佐下得以实现特定的改变，从而使其满足各个领域中的应用需求。

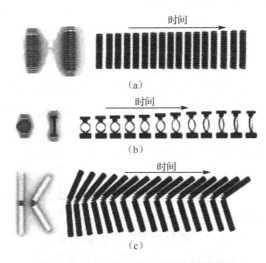

(a)

(b)

(c)

图 9-5　Tibbits 等提出的 4D 打印模型

2．4D 打印的发展趋势

虽然 4D 打印技术及其在智能材料结构中的应用研究尚处于起步阶段,但是其研究和发展应用将对传统机械结构设计与制造带来了深远的影响。

(1)4D 打印智能材料的发展,将改变过去"机械传动+电机驱动"的模式。目前的机械结构系统主要是机械传动与电机驱动的传递方式,未来走向功能材料的原位驱动模式,不再受机械结构体运动的自由度约束,可以实现连续自由度和刚度可控功能,同时自身重量也会大幅度减轻。

(2)4D 打印技术制造驱动与传感一体化的智能材料结构,实现智能材料的驱动与传感性能融合。例如,电活性聚合物(electroactive polymer,EAP)材料具有良好的驱动性能和传感性能,即在电场作用下可以发生形变,而且随着其变形可以输出电压电流信号。将 EAP 材料的驱动性能与传感性能结合,利用 4D 打印技术制造驱动与传感一体化的微创手术柔性操作臂,操作臂既可以通过电场驱动智能材料变形实现操作臂弯曲,又可以在弯曲变形过程中通过智能材料的传感信号控制操作臂精确适当变形而不伤害到人体组织,解决了传统微创手术器械由于缺乏传感功能而在变形过程中对人体造成损伤的问题。

(3)研究发展多种适用于 4D 打印技术的智能材料,对不同外界环境激励产生响应,响应变形的形式更多样化。例如,针对目前 4D 打印智能材料的激励方式和变形形式比较局限的问题,Tibbits 等正在研究开发可以对振动和声波产生响应的智能材料 4D 打印技术。随着 4D 打印智能材料的多样化,4D 打印技术的应用将更加广泛。

总而言之,尽管 4D 打印技术目前尚处于概念阶段,从概念—试验—成长—技术成熟—能满足市场的应用仍有很长的路要走,但 4D 打印技术由于能够创造出具有良好自适应性的物体而被广泛看好。4D 打印技术是新时期印刷技术发展的一个里程碑,其将时间维度与传统的 3D 打印技术相结合,通过对特殊智能材料进行预编程,可随时间推移在宏观等级上实现被打印物体在形态上发生自我调整与组装。其维度的增加不仅可以大大降低物体制造后仓储、运输及安装成本,且彻底颠覆了传统制造业的理念,这一新技术的发明与应用势必引起制造行业的巨大变革。

9.3.3　5D 打印

如果说 3D 打印是对模型或假的东西的打印，那么多了一个"D"的 4D 打印则是在 3D 打印的基础上多了一个时间的维度，用智能材料来实现物品的自组装。例如，打印的成品原来体积小，但由于温度的变化，就会慢慢成长起来，形状则会发生改变，这就是利用了 4D 打印技术。而在 4D 打印的基础上再加一个"D"，则是 5D 技术。4D 打印用智能材料来制作，简单地说是用能够自动变形的材料；而 5D 打印则是用生物材料来完成的，打印出来的成品是可以生长的，可以制造出人造器官。

据报道，如今 5D 打印骨骼试验已在动物身上获得成功。14 年前，中国工程院院士卢秉恒科研团队在一只断腿的羊身上，用"骨髓泥"材料打印了一个骨骼支架，并在支架上挂上经过培养的羊骨细胞组织，半年后羊腿骨痊愈。卢秉恒曾表示，在增材制造路线图中 2013～2023 年计划目标为：利用增材制造技术使相关产品开发周期节约一半，费用降低一半。在金属材料 3D 打印领域，实现工艺和技术的基本成熟，并能够应用于航空航天结构件及发动机关键件的制造。而到 2033 年，预计在打印材料上持续扩展并实现 4D 打印（智能材料与结构）及 5D 打印技术（生物材料与活性器官制造）。

9.3.4　人工智能与先进制造

中国正处于制造业转型升级的关键时期，《中国制造 2025》规划了我国未来先进制造业的发展方向，顺利完成由制造大国向制造强国的转型，已成为未来中国经济发展需要解决的重大课题。基于数字化、智能化、信息化和网络化的新一代人工智能信息技术与先进制造业的创新融合和深度融合，正在引发影响深远的先进制造产业变革。以智能制造为主导的第四次工业革命是未来"工业 4.0"的核心内容，人工智能与先进制造的深度融合具有独特的创新性。

1）融合特征之一：数字化

新一代人工智能是由数据驱动的，而智能制造的基础则是信息物理系统，数据分析让先进制造业真正具备了智能化的基础，这得益于数据量的迅猛增长、计算能力的大幅提升以及机器学习算法的持续优化。数字化是智能化的基础，是核心竞争力。

2017 年 7 月由国务院发布了《新一代人工智能发展规划》，其主要内容包括：大力推进智能制造过程中相关关键技术装备、核心支撑应用软件以及工业制造互联网体系的综合集成应用；深度研发智能制造使能工具与系统、智能产品/智能互联产品以及智能制造云服务平台；深入推广网络化协同制造、离散智能制造、流程智能制造以及远程诊断与运维服务等新型制造模式；积极建立完整的智能制造标准体系，以实现制造全生命周期活动的智能化目标。

先进制造业通过与互联网、信息化和人工智能技术的创新融合，使以"制造产品"为目标的传统制造业转型升级到制造过程的智能化和产品的智能化。智能制造可将大数据、云计算和互联网等高科技信息技术与先进制造工业中的设计、生产、管理和服务等各项工序进行全面深度创新融合，通过融合形成了信息深度自感知、精准控制自执行和智慧优化自决策等新颖功能，其具有以智能工厂为载体、以关键制造环节智能化为核心、以端到端数据流为基础以及以网通互联为支撑的特征，从而实现体系可自我完善的智能制造。数据在先进制造业中同时充当"原料"和"产品"的角色，数据将借助平行区块链的范式达到深层次的创新应用，实现以个性化智能制造和可持续绿色生产的社会制造新模式为特征的未来先进制造业。

2) 融合特征之二：制造智能

人工智能与先进制造业发生关联的新趋势是人工智能的实体化，其也属于一个制造过程，即所谓的"制造智能"。智能制造包括智能制造系统和智能制造技术。智能制造技术是制造技术、自动化技术、系统工程与人工智能相互融合而形成的综合性技术。智能制造系统既是智能制造模式所呈现的载体，也是智能制造技术集成应用所处的环境，能够在先进制造过程中不断地充实知识库，实现自学习功能，而且拥有搜集与理解自身信息和环境信息，同时显现进行规划和分析判断自身行为的能力。作为智能制造核心技术的人工智能，在先进制造过程中各项环节的应用产生了制造智能，努力使制造智能达到或超过人脑所具有的高级智能水平，是智能制造关注的重点。

先进制造业将进入基于泛在信息的智能制造时代，在需求牵引和信息技术驱动下制造业会从传统模式向先进制造领域的信息环境与之相对应的模式转变，从而形成了智能制造空间，智能制造空间的3大特征为：分散与集中相统一的制造系统、虚实结合的设计与制造手段、人机共融的生产方式。智能制造覆盖范围广泛，涉及产品从设计(设计优化包括操作和能量利用方面的相关构思)到产品体系实际运行效率，再到产品应用所达到的智能化程度以及可持续性发展等整个先进制造产品生命周期持续过程的最优化。

随着先进制造业的发展，目前制造业从生产、流通到销售，正越来越趋于数字化和智能化。语言识别和机器视觉等人工智能技术的大量应用，有助于进行产品模块设计和测试，从而使制造业中大规模定制和生产成为现实，极大地提高了生产效率并促使制造设备更加智能化。图像识别、机器学习、智能机器人和智能生产系统等人工智能技术的发展将极大地促进先进制造业的智能化进程。人工智能与精准制造、机器人技术和云计算等深度融合，高度发达的人工智能未来将是先进制造工厂的"智慧大脑"，智能制造更重要的是一种思想而不是一门技术，其导致先进制造业更加智能，其生产过程更加"聪明"且更具有效率。

3) 融合特征之三：集成化

智能制造范畴属于一个大系统工程，其主题是产业模式变革，主线是智能生产，主体是智能产品，基础是以信息-物理系统和工业互联网为代表的智能制造设施建设。网络化、数字化以及智能化技术作为共性使能技术与先进制造技术深度融合，集成式智能化创新应运而生，即所采用的技术并不是创新技术，但全部技术的组合形成了革命性的创新。

先进制造业的网络化、数字化和智能化技术使制造产业模式从大规模标准化生产向个性化、柔性化和定制化规模生产转型，其产业形态则从生产型制造向服务型制造转型，智能制造归属于高科技信息技术、先进制造技术以及人工智能技术在先进制造装备上的综合集成和深度融合。全集成自动化系统可充分集成自动化设备、智能制造的生产管理、自动化控制软件、数控机床以及人机控制，形成先进制造的物理网络，实时采集制造过程数据，分析生产过程中的关键影响因素，监控生产物流的稳定性，检测生产设备的实时状态，达到数字化和智能化生产的目的。要实现信息集成的目标，就需要在先进制造过程中的各个环节实行统一的行业标准体系。

智能制造是集成了系统工程、人工智能、自动化技术和制造技术而形成的综合性技术，其包括机器人操作、智能工艺规划、智能加工、智能物流、智能设计、智能控制、智能调度与管理、智能维护、智能装配、故障诊断、智能检测以及新制造模式等。对于智能制造而言，其是根据产业市场需求的变化，将技术创新、模式创新和组织方式创新集成起来的先进制造系统，是精益生产、虚拟制造、网络化制造、集成制造、敏捷制造等各类先进制造模式和系统的充分综合。我国制造业对智能制造的要求是利用自动化、网络化、数字化和智能化等先进技术，采用灵活、高效和智能的制造新模式，满足高效率的个性化、定制化的先进制造生产与服务的需求。

思　考　题

1. 简述"互联网+"制造的主要特征。
2. 简述工业大数据的基本概念及关键技术。
3. 简述生物制造、4D 打印、5D 打印等先进制造技术的特点。
4. 试论述如何促进人工智能和先进制造的融合发展。

参 考 文 献

陈照峰, 2015. 无损检测[M]. 西安: 西北工业大学出版社.

杜壮, 2014. 超级打印: 打印出来的成品是可以成长的: 专访中国工程院院士卢秉恒[J]. 中国战略新兴产业, (5): 26-27.

巩玉强, 2015. MBD 在国内飞机研制中的应用现状与问题探讨[J]. 航空制造技术, 58(18): 50-54.

郭黎滨, 张忠林, 王玉甲, 2010. 先进制造技术[M]. 哈尔滨: 哈尔滨工程大学出版社.

鞠鲁粤, 2004. 工程材料与成型技术基础[M]. 北京: 高等教育出版社.

雷毅, 丁刚, 鲍华, 等, 2013. 无损检测技术问答[M]. 北京: 中国石化出版社.

李伯虎, 张霖, 王时龙, 等, 2010. 云制造: 面向服务的网络化制造新模式[J]. 计算机集成制造系统, 16(1): 1-7.

李长河, 丁玉成, 2011. 先进制造工艺技术[M]. 北京: 科学出版社.

李伯虎, 张霖, 任磊, 等, 2012. 云制造典型特征、关键技术与应用[J]. 计算机集成制造系统, 18(7): 1345-1356.

李峰, 2011. 特种塑性成型理论及技术[M]. 北京: 北京大学出版社.

李宏远, 2004. 先进复合材料制造技术[M]. 北京: 化学工业出版社.

李亚江, 2013. 异质先进材料连接理论与技术[M]. 北京: 国防工业出版社.

李亚江, 2015. 先进焊接连接工艺[M]. 北京: 化学工业出版社.

刘志峰, 刘光复, 1999. 绿色设计[M]. 北京: 机械工业出版社.

刘治华, 李志农, 刘本学, 2009. 机械制造自动化技术[M]. 郑州: 郑州大学出版社.

刘忠伟, 邓英剑, 陈维克, 等, 2017. 先进制造技术[M]. 4 版. 北京: 电子工业出版社.

卢泽生, 2010. 制造系统自动化技术[M]. 哈尔滨: 哈尔滨工业大学出版社.

陆辛, 张立斌, 杨鲁义, 等, 2002. 电液线爆成型工艺[J]. 锻压技术, 27(2): 34-35.

马幼平, 2008. 金属凝固原理及技术[M]. 北京: 冶金工业出版社.

PANDE P S, NEUMAN R P, CAVANAGH R R, 2011. 六西格玛管理法[M]. 毕超, 崔丽野, 马睿, 译. 北京: 机械工业出版社.

祁国宁, 2005. 图解产品数据管理[M]. 北京: 机械工业出版社.

任小中, 贾晨辉, 2017. 先进制造技术[M]. 武汉: 华中科技大学出版社.

邵欣, 檀盼龙, 李云龙, 2017. 工业机器人应用系统[M]. 北京: 北京航空航天大学出版社.

SICILIANO B, KHATIB O, 2016. 机器人手册[M]. 《机器人手册》翻译委员会, 译. 北京: 机械工业出版社.

STARK J, 2017. 产品生命周期管理 21 世纪产品实现范式[M]. 杨青海, 俞娜, 孙光洋, 译. 北京: 机械工业出版社.

孙家广, 2016. 工业大数据[J]. 软件和集成电路, (8): 22-23.

孙林夫, 2005. 面向网络化制造的协同设计技术[J]. 计算机集成制造系统, 11(1): 1-6.

陶飞, 张萌, 程江峰, 等, 2017. 数字孪生车间: 一种未来车间运行新模式[J]. 计算机集成制造系统, 23(1): 1-9.

王爱民, 2017. 制造系统工程[M]. 北京: 北京理工大学出版社.

王晨, 郭朝晖, 王建民, 2017. 工业大数据及其技术挑战[J]. 电信网技术, (8): 1-4.

王国凡, 2002. 材料成型与失效[M]. 北京: 化学工业出版社.

王润孝, 2001. 先进制造系统[M]. 西安: 西北工业大学出版社.

王润孝, 2004. 先进制造技术导论[M]. 北京: 科学出版社.

王喜文, 2015. 中国制造 2025 解读: 从工业大国到工业强国[M]. 北京: 机械工业出版社.

王细洋, 2017. 现代制造技术[M]. 北京: 国防工业出版社.

邬贺铨, 2015. "互联网+"行动计划: 机遇与挑战[J]. 人民论坛·学术前沿, (10): 6-14.

吴拓, 2011. 现代机床夹具设计[M]. 北京: 化学工业出版社.

夏巨谌, 2005. 塑性成型工艺及设备[M]. 北京: 机械工业出版社.

熊有伦, 王瑜辉, 杨文玉, 等, 2008. 数字制造与数字装备[J]. 航空制造技术, (9): 26-31.

颜伟, 2011. 现代制造及其优化技术[M]. 成都: 西南交通大学出版社.

杨华勇, 赖一楠, 贺永, 等, 2018. 生物制造关键基础科学问题[J]. 中国科学基金, 32(2): 208-213.

杨欣, 许述财, 王家忠, 2011. 机械 CAD/CAM[M]. 北京: 中国质检出版社.

应宗荣, 2005. 材料成型原理与工艺[M]. 哈尔滨: 哈尔滨工业大学出版社.

俞汉清, 陈金德, 1999. 金属塑性成型原理[M]. 北京: 机械工业出版社.

曾芬芳, 景旭文, 2001. 智能制造概论[M]. 北京: 清华大学出版社.

张根宝, 2017. 自动化制造系统[M]. 4 版. 北京: 机械工业出版社.

张国宏, 2013. 柔性夹具: 现代夹具的一个主要发展方向[J]. 湖南农机, 40(7): 120-121.

张柯柯, 涂益民, 2007. 特种先进连接方法[M]. 哈尔滨: 哈尔滨工业大学出版社.

张曙, 2014. 工业 4.0 和智能制造[J]. 机械设计与制造工程, 43(8): 1-5.

张卫华, 江源, 原磊, 等, 2015. 中国工业经济增长动力机制转变及转型升级研究[J]. 调研世界, (6): 3-10.

张映锋, 赵曦滨, 孙树栋, 等, 2012. 一种基于物联技术的制造执行系统实现方法与关键技术[J]. 计算机集成制造系统, 18(12): 2634-2642.

张映锋, 赵曦滨, 孙树栋, 2015. 面向物联制造的主动感知与动态调度方法[M]. 北京: 科学出版社.

周骥平, 林岗, 2014. 机械制造自动化技术[M]. 3 版. 北京: 机械工业出版社.

周家军, 姚锡凡, 2015. 先进制造技术与新工业革命[J]. 计算机集成系统, 21(8): 1963-1978.

周佳军, 姚锡凡, 刘敏, 等, 2017. 几种新兴智能制造模式研究评述[J]. 计算机集成制造系统, 23(3): 624-639.

周俊, 茅健, 2014. 先进制造技术[M]. 北京: 清华大学出版社.

CHAND S, DAVI S J, 2010. What is smart manufacturing[J]. Time magazine, (7): 28-33.

GE Q, SAKHAEI A H, LEE H, et al., 2016. Multimaterial 4D printing with tailorable shape memory polymers[J]. Scientific reports, (6): 31110-31121.

GUBBI J, BUYYA R, MARUSIC S, et al., 2012. Internet of things (iot): A vision, architectural elements, and future directions[J]. Future generation computer systems, 29(7): 1645-1660.

JIANG Y, SONG H, WANG R, et al., 2016. Data-centered runtime verification of wireless medical cyber-physical system[J]. IEEE transactions on industrial informatics, (99): 1.

LENG J W, JIANG P Y, ZHANG F Q, et al., 2013. Framework and key enabling technologies for social manufacturing[J]. Applied mechanics & materials, 312: 498-501.

MARX V, 2013. The big challenges of big data[J]. Nature, 498(7453): 255-260.

TAO F, CHENG J, QI Q, et al., 2018. Digital twin-driven product design, manufacturing and service with big data[J]. International journal of advanced manufacturing technology, 94(9-12): 3563-3576.

THOBEN K D, WIESNER S, WUEST T, 2017. "Industry 4.0" and smart manufacturing: a review of research issues and application examples[J]. International journal of automation technology, 11(1): 4-19.

XU L D, HE W, LI S, 2014. Internet of things in industries: A survey[J]. IEEE transactions on industrial informatics, 10(4): 2233-2243.

ZHANG Y, QIAN C, LV J, et al., 2017. Agent and cyber-physical system based self-organizing and self-adaptive intelligent shopfloor[J]. IEEE transactions on industrial informatics, 13(2): 737-747.

ZHANG Y, REN S, LIU Y, et al., 2017. A big data analytics architecture for cleaner manufacturing and maintenance processes of complex products[J]. Journal of cleaner production, 142: 626-641.